热处理原理及工艺

Principle and Process of Heat Treatment

张英哲　秦庆东　龙绍檑　龙　潇　主编

北　京
冶　金　工　业　出　版　社
2024

内 容 提 要

本书主要介绍了金属热处理原理及工艺，内容包括：金属材料中的扩散现象及固态相变理论，合金的固溶、脱溶沉淀与时效，奥氏体转变，珠光体转变，马氏体转变，钢的退火、正火与回火，贝氏体转变，钢的化学热处理，特种热处理技术，典型材料及部件的热处理。书中编入大量的应用实例，每章后都附有习题，以便进一步学习、巩固与提高。

本书可作为材料科学与工程、焊接技术与工程、材料成型及控制工程等专业的本科生教材，也可供从事金属材料研究及热处理工作的工程技术人员参考。

图书在版编目(CIP)数据

热处理原理及工艺/张英哲等主编. —北京：冶金工业出版社，2022.10（2024.1 重印）

普通高等教育“十四五”规划教材

ISBN 978-7-5024-9305-9

Ⅰ.①热…　Ⅱ.①张…　Ⅲ.①热处理—高等学校—教材　Ⅳ.①TG15

中国版本图书馆 CIP 数据核字（2022）第 189201 号

热处理原理及工艺

出版发行　冶金工业出版社　　**电　话**　(010)64027926

地　址　北京市东城区嵩祝院北巷 39 号　　**邮　编**　100009

网　址　www. mip1953. com　　**电子信箱**　service@ mip1953. com

责任编辑　高　娜　美术编辑　彭子赫　版式设计　郑小利

责任校对　郑　娟　责任印制　禹　蕊

北京虎彩文化传播有限公司印刷

2022 年 10 月第 1 版，2024 年 1 月第 2 次印刷

787mm×1092mm　1/16；16 印张；383 千字；243 页

定价 49. 00 元

投稿电话　(010)64027932　投稿信箱　tougao@cnmip. com. cn

营销中心电话　(010)64044283

冶金工业出版社天猫旗舰店　yjgycbs. tmall. com

（本书如有印装质量问题，本社营销中心负责退换）

前　言

“热处理原理及工艺”是高等院校金属材料专业、焊接技术与工程专业、材料成型及控制工程专业等的必修课程之一。

本书的主要内容包括：金属材料中的扩散现象及固态相变理论，合金的固溶、脱溶沉淀与时效，奥氏体转变，珠光体转变，马氏体转变，钢的退火、正火与回火，贝氏体转变，钢的化学热处理，特种热处理技术，典型材料及部件的热处理。本书的每章后面都附有选择题、简答题、综合分析题以及创新性实验项目设计等习题。其中，选择题、简答题和综合分析题方便帮助学生对所学知识进行进一步练习和巩固，创新性实验项目的设计与训练有助于开发学生的创新思维，使得学生在学以致用的过程中对所学知识融会贯通，同时还能激发学生科研热情，培养学生的钻研精神，从而为国家培养高素质建设人才。

本书共10章，主要由贵州理工学院材料与能源工程学院长期从事金属材料和焊接技术方面科研或教学的教师集体完成。其中第1章、第3章、第8章由龙潇编写，第2章和第6章由张英哲编写，第4章、第5章以及第7章由龙绍檑编写，第9章、10章由秦庆东编写。在本书的校稿过程中，得到了李晓鹏、李翔、卢雪东、陈必宾、常子恒和孙晓鹏等同学的帮助。同时，作者在编写过程中，参考了大量的文献资料，在此对文献作者表示衷心的感谢！

本书的出版得到了贵州省教育科学规划课题和贵州理工学院焊接技术与工程专业建设经费的支持。

由于作者水平有限，书中难免有不当之处，敬请读者批评指正！

作　者
2022年6月

目　录

1 金属材料中的扩散现象及固态相变理论

1.1 研究金属材料中扩散现象及固态相变理论的意义

材料科学理论和材料制备及加工等过程的研究都离不开原子或离子的扩散和相变。扩散与相变是密不可分的。除了少数无扩散马氏体相变外，绝大部分材料发生的各类相变都与原子扩散运动有关。在大部分情况下，讨论原子的扩散必然会涉及相变过程，了解扩散规律能更深入理解相变的过程与结果。研究相变的规律就能更好地掌握原子运动的方式与速率。一般情况下，在扩散型相变中，原子扩散决定了相变的过程。扩散和相变过程是各类材料制备、加工和使用中许多重要的物理、化学及物理化学过程得以实现的基础。金属材料中的扩散现象一般可以分为液态金属中的扩散和固态金属中的扩散。

固态相变的实质是固态物质内部的组织结构发生变化。在金属凝固后呈固相时，在不同的温度下，会发生不同相之间的互相转换，如δ铁素体转变为奥氏体，奥氏体转变为铁素体等。同时也存在钢中化合物的形成，如二相粒子的析出。一般的高强度微合金钢中会添加少量的微量元素，在降温过程中，会有化合物在晶界析出。由于金属材料不同相有不同的性能，因此热处理就是用各种手段和方法来控制固态相的转变，达到特有性能。因此，相变热力学及元素扩散动力学是金属热处理的理论基础。本章着重介绍固态相变及扩散。

1.2 固态金属中的扩散现象

从微观层面而言，扩散是物质中原子或分子的迁移。一般来说，液体或气体中的扩散现象较为明显，如将墨水滴入清水，可以直观地观察到扩散现象。而固体中的扩散现象，则不易直观地观察到。在金属热处理的过程中，元素在基体中的扩散是完成相变的重要基础，因此，本节着重介绍固态金属扩散的相关理论基础。

1.2.1 固态金属中扩散的基础理论

1.2.1.1 固态扩散的本质

扩散的本质是物质中原子或分子的迁移。扩散可发生在液态、气态和固态介质中。本书主要介绍在固态介质中的扩散。

要研究固态中原子的扩散，就必须明确相关扩散的基础理论。在研究的范畴内，金属大多数是晶体。晶体中原子按一定的规律呈周期性地重复排列，如图 1-1 所示，每个原子都处于呈周期性规律变化的结合能曲线的势能低谷中，这样系统自由能最低。由于相邻两原子间有势能，在没有外力干扰下，相邻原子不会结合在一起，也很难互换位置。原子所具有的能量与系统温度高低有关，温度越高，原子振动越剧烈。但是，即使体系的温度不变，各原子的振动剧烈程度也有差异，这种现象即为能量起伏。

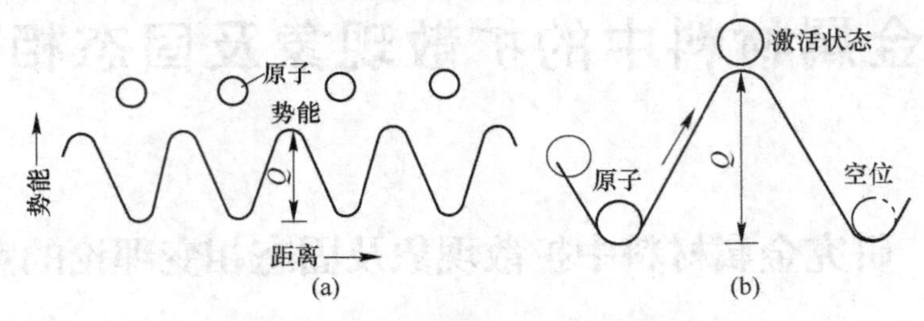

图 1-1 固态金属中原子间的周期势场
(a) 金属的周期势场示意图；(b) 激活原子的跃迁示意图

如前所述，若要实现宏观物质传递，那必须改变不同方向上原子的迁移概率。通过改变原子间周期势场即可改变跃迁概率，如图 1-2 所示。如果晶体周期场的势能曲线由图 1-1 变为图 1-2 中倾斜的样式，原子由左向右跃迁所需的活化能（Q）要小于反向由右向左跃迁所需活化能($Q+\Delta G$)，就造成统计学意义上原子定向向右迁移，那宏观结果将是物质向右传递。上述原子向左和向右迁移的活化能之差 ΔG，即吉布斯自由能差，是推动原子迁移的动力，该推动力可由同相中原子浓度梯度造成的化学势差或其他外加场，如应力场提供。

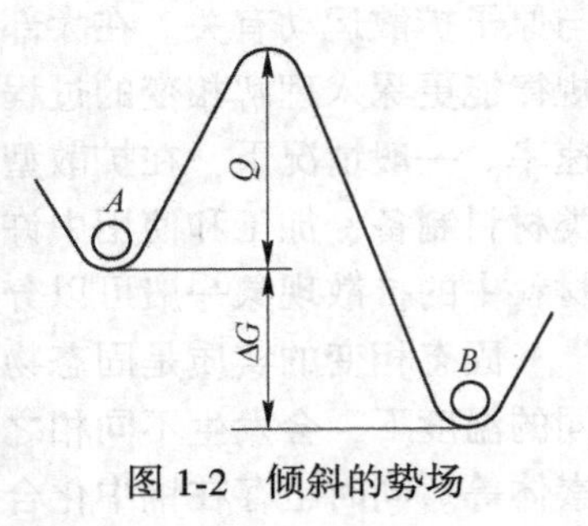

图 1-2 倾斜的势场

1.2.1.2 固态金属中扩散的条件

固态金属中扩散的本质是微观原子、分子迁移的宏观统计学结果，涉及几个重要的知识点。第一，原子需要足够的能量克服势能；第二，需有一个扩散推动力使原子朝不同方向迁移的概率不同，否则宏观意义上不会存在扩散。这就是固态金属中扩散的两个基本条件：较高的温度和扩散驱动力。但扩散还有另外两个必要条件：时间与固溶。

(1) 较高的温度。由于原子热振动是金属原子扩散的原因，当低于一定温度时，扩散的过程将很难进行，所以在热处理中适当的高温是必须的。

(2) 扩散驱动力。任何过程要发生，必须满足热力学条件。因为在同相中，原子的扩散方向通常为原子浓度减小的方向，可以用浓度差判断，但在金属热处理中，某些杂质在晶界的富集，使晶界附近杂质元素浓度要远高于晶内，因此，扩散驱动力应为化学势的差异。当然，温度梯度、应力梯度、表面自由能差、电场、磁场也可以引起扩散。

(3) 足够长的时间。必须通过大量次数的跃迁，宏观尺度上才能表现出物质的扩散现象。所以，必须有足够长的时间让原子跃迁扩散。

1.2.1.3 固态金属中的扩散机制

对于不同晶格结构的金属材料，原子的扩散方式也不尽相同。由于直接观察原子的迁移过程很难实现，为了研究原子迁移扩散的机理，总结出了几种重要的固态扩散模型。

A 换位扩散

换位扩散是在置换固溶体或纯金属中，相邻的两个相同或性质近似的原子之间发生位置互换进行扩散的过程，如图 1-3（a）所示。但是此模型存在一定的问题，在实际过程中很难实现，两原子位置互换，则必须两原子同时跃迁和换位置，要求晶格中出现严重的畸变才能实现，扩散活化能非常高。基于此，学者又提出了环形换位模型，如图 1-3（b）所示，即由相邻的三个或四个原子依次进行环形旋转式位置交换。其引起的晶格畸变要小得多，扩散活化能也小得多，在实际过程中出现的概率较大。

B 空位扩散

由于绝对完美晶体是不存在的，每一个晶体在一定的温度条件下会有一定浓度的空位，空位使临近原子的迁移所需的活化能降低，更容易迁移至空位中，如图 1-4 所示。一般而言，温度越高，固态金属中的空位浓度就越高，金属中的原子也就越容易扩散，因此，提高温度在一定程度上有利于促进空位扩散。

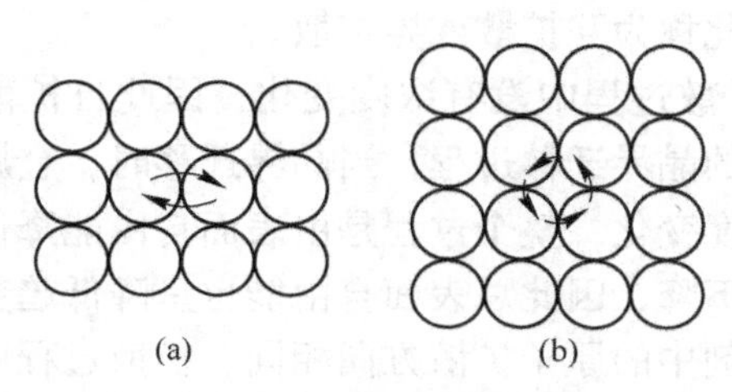

图 1-3 固态金属中换位扩散示意图

（a）两原子位置互换；（b）四原子旋转式位置交换

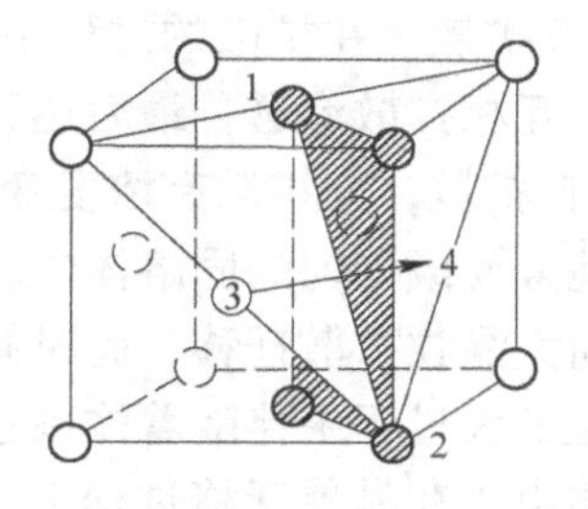

图 1-4 面心立方晶体空位扩散示意图

C 间隙扩散

间隙固溶体是指溶质原子不是占据溶剂晶格的结点位置，而是填充在溶剂原子间的间隙中的一类固溶体。如图 1-5 所示，在间隙固溶体中，溶质原子的扩散，是从一个间隙位置跳到另一个间隙位置。或者在置换固溶体中，溶质或溶剂原子从原来所在的平衡位置跳到间隙位置，然后再向其他间隙位置迁移扩散，如图 1-6 所示。以上两种扩散方式均为间隙扩散。在大多数间隙固溶体晶格中，大部分间隙位置都是空置的，因此，大多数溶质原子周围都有大量空位供迁移扩散用。如奥氏体，当奥氏体中碳含量为 2. 11%（质量分数）时，相当于在每 5 个晶胞中才有 2 个碳原子，因此在每个碳原子周边有大量的间隙空位。在置换固溶体中，由于原子尺寸较大，原子间隙较小。因而，处于平衡位置的原子要跳入这些间隙位置，并且通过两个原子之间更小的间隙移动到另一个间隙位置是比较困难的，

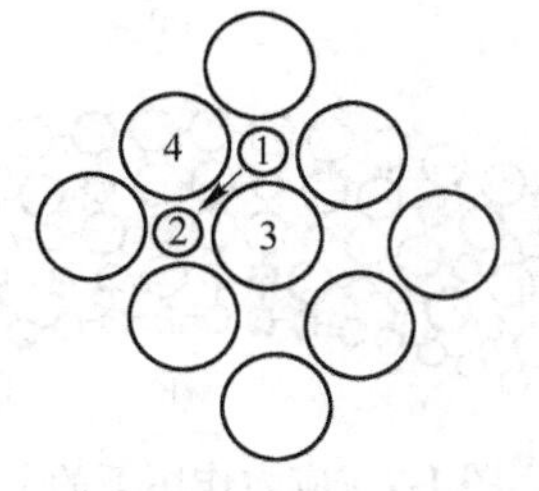

图 1-5 间隙原子扩散的示意图

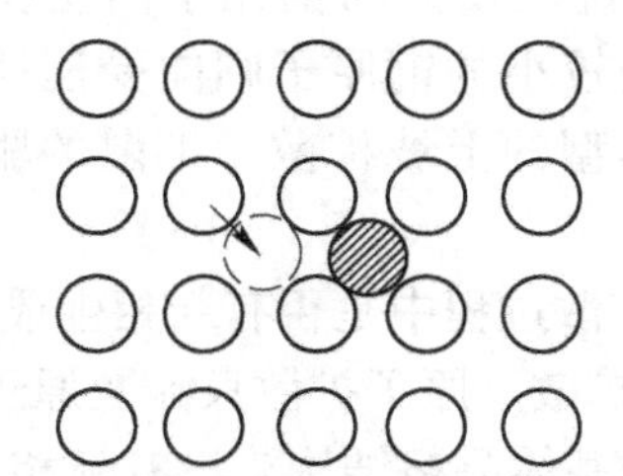

图 1-6 置换原子的间隙扩散示意图

前人为此提出了挤列式和顶替式两种间隙扩散模型。

挤列式间隙扩散，即含有 n 个原子的原子列，在多挤入了一个原子变成了 $n+1$ 个原子后，形成类似刃型位错的状态，这样沿原子列向前移动便相对容易。顶替式间隙扩散，是处于平衡位置的原子首次跳入间隙后，不再继续迁移至其他间隙中，而是将邻近处于平衡位置的原子推入间隙，自身则占据该平衡空位，持续进行上述过程，便实现了物质的间隙扩散。

1.2.1.4 固态扩散的分类

固态扩散按照不同标准有不同的分类方法，常用的有按是否有浓度变化、扩散方向与浓度梯度方向是否相同、扩散时是否有新相生成等标准分类。

（1）按扩散是否引起浓度变化分类。

1）互扩散。在扩散的过程中伴有原子浓度分布的变化，扩散原子与金属基体原子相对运动，互相扩散渗透，最后达到平衡，因此称为互扩散或异扩散。

2）自扩散。互扩散有浓度变化，而自扩散过程中没有浓度变化，因此自扩散只可能发生在纯金属或均匀的固溶体中。如纯金属的晶界迁移过程，当晶界迁移时，金属原子由小晶粒向大晶粒扩散迁移，此时并不伴有浓度变化，整个过程是由表面自由能降低来驱动的。晶粒长大过程中伴随着体系总的表面积下降，因此总表面自由能也呈降低趋势。均匀的固溶体由于在晶界迁移过程中，溶质和溶剂中的原子扩散方向相同，扩散过程中的浓度不发生变化。

（2）按扩散方向与浓度梯度方向异同分类。

1）下坡扩散。如果扩散原子是从高浓度向低浓度区域扩散，这种扩散即为下坡扩散，下坡扩散过程会使系统成分趋于均一化，在实际热处理过程中，渗氮、渗碳等工艺即属于下坡扩散。

2）上坡扩散。上坡扩散过程中，物质由低浓度向高浓度方向扩散，使扩散物发生富集现象。上坡扩散会发生在不同相之间，但是不同相、不同材料之间的扩散现象，不能简单使用浓度大小评判扩散方向。如碳钢和硅钢焊接后，进行热处理，硅钢中的碳会通过界面向碳钢侧不断富集。

除了化学势因素，在实际生产中，弹性应力差、电势差、温度差、磁场等作用也可以引起上坡扩散。以单相固溶体 Al-Cu 合金为例，将成分均匀的 Al-Cu 合金板弯折并加热。如图 1-7 所示，直径较大的铝原子向受拉伸的一侧扩散，直径较小的铜原子则向受压缩一侧扩散。这就是典型的上坡扩散，扩散的驱动力为应力差。

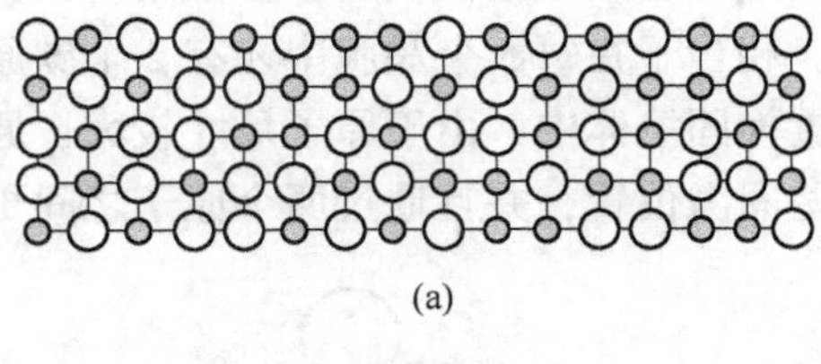
(a)

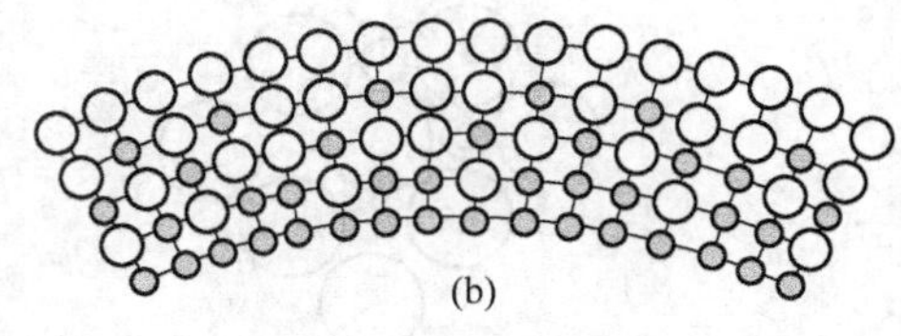
(b)

图 1-7 应力作用下的上坡扩散
（a）扩散前；（b）扩散后
○—Al（$r=0.143$nm） ●—Cu（$r=0.128$nm）

（3）按扩散过程中是否有新相生成分类。

1）原子扩散。原子扩散只涉及原子的迁移过程，不影响基体晶格结构，没有新相生成。

2）反应扩散。通过扩散有新相生成，即是反应扩散，也可称为相变扩散。通过相的形成即可判断扩散的类型。如在钢的热处理过程中，依据 Fe-O 相图（见图 1-8）可知，当热处理温度为 1000℃，工件表层氧的质量分数为 31%时，从内到外，稳定存在组织依次为 γ-Fe、FeO、Fe_3O_4、Fe_2O_3，各相中氧含量呈上升趋势。但由于氧在不同相中的溶解度范围不同，因此相与相界面处氧含量通常会有突变，如图 1-9 所示。

图 1-9 中，同相中氧的含量不是定值而是一个变化范围。由相律可知，对于任意系统，除温度、压力外，没有其他作用场或能量转换条件时，系统自由度 $F=C-P+2$，在压力与温度均不变的情况下，自由度则为 $F=C-P$，其中 F 为自由度，C 为系统中组元数，P 为相数。以上述 Fe 与 O 的反应为例，在单相区时自由度 $F=2-1=1$，此时在一定范围内改变氧的含量，单相固溶体是可以稳定存在的，如图 1-9 所示。但是，如果系统内存在两相，此时自由度 $F=2-2=0$。表明如果要使两相稳定存在，系统内物质的浓度不能发生变化，因此便不会存在互扩散行为。所以，在二元系内，反应扩散的扩散层内不存在两相区。

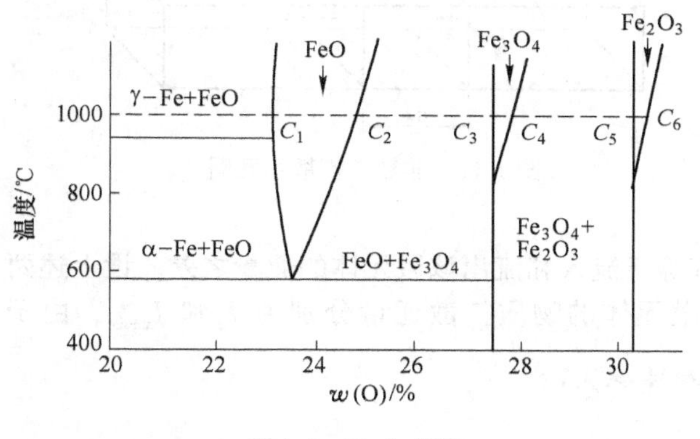

图 1-8 Fe-O 相图

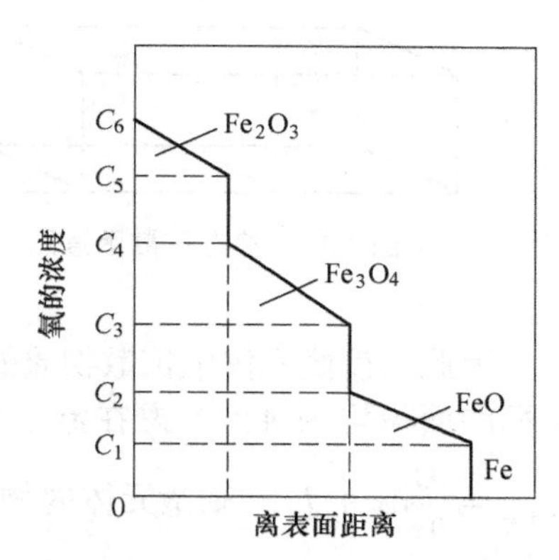

图 1-9 氧化层中不同位置处氧含量的变化

1.2.2 扩散定律

在不考虑外加场的影响下，从热力学角度讲，扩散过程发生的前提是两点间同种物质化学势存在差异，由化学势差推动扩散过程进行。在同种介质中浓度差推动扩散进行，下述菲克第一定律和菲克第二定律则定量描述了该推动力与扩散速率的关系。

1.2.2.1 菲克第一定律

1855 年，菲克（A. Fick）总结出了菲克第一定律。稳态条件下（系统内各点的扩散物浓度不随时间变化而改变），菲克第一定律指出：扩散过程中，单位时间内通过垂直于扩散方向的单位面积的扩散通量 J 与浓度梯度 $\mathrm{d}C/\mathrm{d}x$ 成正比，其数学表达式为：

$$J = -D\frac{\mathrm{d}C}{\mathrm{d}x} \tag{1-1}$$

式中，J 为扩散通量，即单位时间内，沿扩散方向通过垂直于扩散方向单位面积的扩散物质量；D 为扩散系数；$\frac{\mathrm{d}C}{\mathrm{d}x}$ 为体积浓度梯度；负号表示物质的扩散方向与浓度梯度方向相反。

扩散通量 J 即在单位时间通过图 1-10 中虚线截面扩散物质的量，扩散系数 D 是描述扩散速度的重要物理量，D 的大小受材料的成分、结构、温度等特性影响。但在实际中，大多属于非稳态扩散过程。因此，菲克第二定律应用更为广泛。

1.2.2.2 菲克第二定律

非稳态扩散，是指在扩散过程中，系统中各点的浓度随时间变化而改变。非稳态扩散较复杂，特别是物质在流体介质中的扩散，受对流影响。为了确定在非稳态扩散过程中各截面间的浓度差与截面间距离和时间两个变量间的关系，需要建立偏微分方程。在系统中取相距 dx 的两个垂直于 x 轴平面剖取的微元体，如图 1-11 所示。由质量守恒定律可知，自左边箭头截面处进入微元体的物质扩散通量，在数值上等于通过右边箭头截面离开微元体的物质扩散通量与微元体内的物质浓度变化率 $\left(\frac{\partial C}{\partial t}\right)$ 之和。

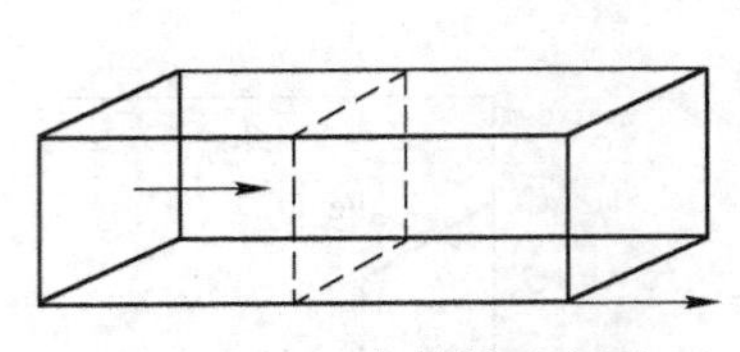

图 1-10 稳态扩散示意图

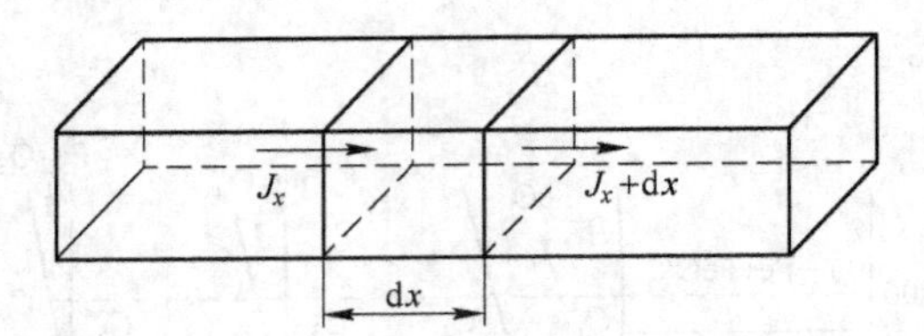

图 1-11 非稳态扩散示意图

因此，该微元体中扩散物质的增加率等于流入和流出该微元体的通量之差。设上述两平面的面积均为 A，考虑在流入和流出微元体的物质扩散通量分别为 J_x 和 $J_{x+\mathrm{d}x}$，由于 $J_{x+\mathrm{d}x} = \frac{\partial J}{\partial x}\mathrm{d}x + J_x$，则微元体内物质的积存速率为：

$$-A\frac{\partial J}{\partial x}\mathrm{d}x = AJ_x - AJ_{x+\mathrm{d}x} \tag{1-2}$$

同时，微元体内扩散物质的积存速率也可以用物质的体积浓度 C 的变化率表示，体积为 $A\mathrm{d}x$ 的微元体内物质的积存速率为：

$$\frac{\partial(CA\mathrm{d}x)}{\partial t} = \frac{\partial C}{\partial t}A\mathrm{d}x \tag{1-3}$$

由式（1-2）和式（1-3）联立可得：

$$\frac{\partial C}{\partial t} = -\frac{\partial J}{\partial x} \tag{1-4}$$

将菲克第一定律表达式（1-1）与式（1-4）联立，可得：

$$\frac{\partial C}{\partial t} = \frac{\partial}{\partial x}\left(D\frac{\partial C}{\partial x}\right) \tag{1-5}$$

式（1-5）即为菲克第二定律的表达式，如扩散系数 D 与浓度无关，为常数，则式（1-5）可写作：

$$\frac{\partial C}{\partial t} = D\frac{\partial^2 C}{\partial x^2} \tag{1-6}$$

1.2.2.3 扩散定律的应用

由上可知，菲克第二定律由第一定律推导得出，因此它在稳态扩散和非稳态扩散条件下均适用。由菲克第二定律的微分表达式可知，当 D 为常数时，C 为因变量，x 和 t 为独立的自变量，所以方程的解具有 $C=f(x,\ t)$ 的形式。

在液态合金非平衡凝固时，在凝固前沿会产生枝晶偏析。凝固后造成宏观上成分的不均匀，会直接影响产品性能。均匀化退火的实质是溶质元素非稳态的固相扩散过程。可用菲克第二定律解析，需要扩散的初始条件及边界条件求解。如图 1-12 所示，由于在横截二次晶轴方向上，溶质原子的浓度一般呈正弦波形变化，因此溶质扩散初始浓度为：

$$C_x = C_p + A_0 \sin(\pi x/\lambda) \tag{1-7}$$

式中，A_0为铸态合金中原始成分偏析的振幅，它代表溶质原子浓度最高值 C_{max}与平均值 C_p之差；λ 为溶质原子浓度的最高点与最低点之间的距离，即枝晶间距。在均匀化退火时，由于溶质原子从高浓度区域扩散迁移至低浓度区域，会导致正弦波的振幅逐步减小，但是扩散过程中波长 λ 不变，因此可以得到下述两个边界条件：

（1）x 位置为零点时，溶质浓度为 C_p；

（2）x 位置为 $\lambda/2$ 时，溶质浓度处于正弦波的峰值，$dC/dx=0$；

因此，有了初始浓度条件及两个边界条件，便可将上述条件代入菲克第二定律表达式求解。如要求枝晶中心成分偏析振幅降低到初始的 1%，求解结果所需退火时间为 $0.467\lambda^2/D$。

由此可知，工件均匀化退火所需时间与枝晶间距的平方成正比，与扩散系数 D 成反比。根据计算结果，如果改变工艺手段，降低枝晶间距，就可以大幅度减少均匀化退火时间。当使 λ 值减少一半时，均匀化退火时间便可缩短到优化前工艺的 1/4。改变扩散系数的方法则相对较少，一般使用高温工艺增加扩散系数，缩短工艺时间。

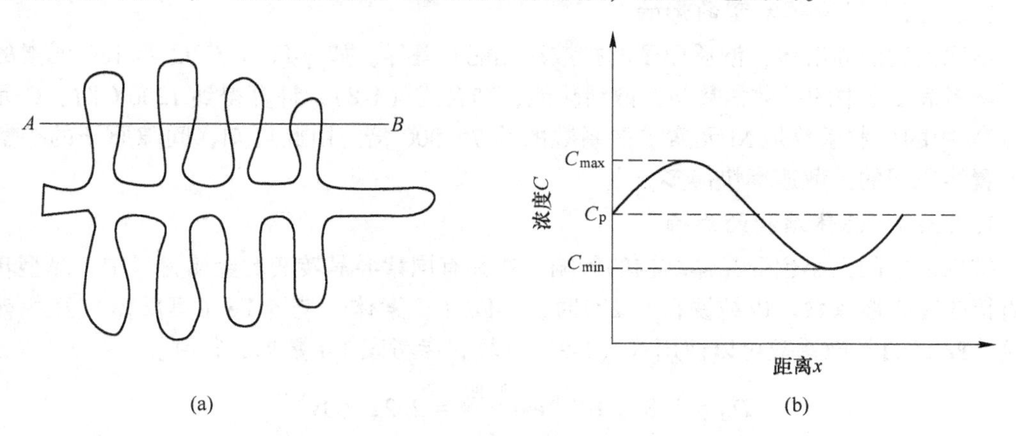

图 1-12 铸件中的枝晶偏析（a）及溶质原子在枝晶二次轴之间的浓度分布（b）

1.2.3 影响扩散的因素

由菲克第一定律可知，物质的扩散通量大小由两个参数决定，第一是扩散系数 D，第二个是浓度梯度 dC/dx。在体系浓度梯度条件不变的情况下，扩散的快慢主要由扩散系数 D 决定，而 D 的大小服从阿伦尼乌斯方程：

$$D = D_0 \exp(-E_a/RT) \tag{1-8}$$

式中，D_0为扩散常数；E_a为扩散活化能；R为气体常数；T为热力学温度。可见，扩散系数直接受扩散常数、扩散活化能、温度的影响。在实际生产中，温度、压力、扩散介质、组织、成分等都可能影响以上参数。因此，可通过控制参数调节扩散速率。

1.2.3.1　温度的影响

温度会影响原子在固态金属中的扩散速率。由式（1-8）可知，在知晓D_0和E_a的前提下，便可计算不同温度下的扩散系数。下面总结了部分常见扩散过程的D_0和E_a，见表1-1。

表1-1　金属中常见扩散元素的扩散常数与扩散活化能

基体	扩散元素	$D_0/m^2 \cdot s^{-1}$	$E_a/kJ \cdot mol^{-1}$
γ-Fe	Fe（自扩散）	1.8×10^{-5}	270
	C	2.0×10^{-5}	140
	Ni	4.4×10^{-5}	283
	Mn	5.7×10^{-5}	277
α-Fe	Fe（自扩散）	19×10^{-5}	239
	C	0.2×10^{-5}	84
Al	Cu	0.84×10^{-5}	136
Ag	Ag（晶内）	7.2×10^{-5}	180
	Ag（晶界）	1.4×10^{-5}	90

1.2.3.2　固溶体类型的影响

不同类型的固溶体，溶质原子的扩散活化能有差异。如γ-Fe中C元素和Ni元素的扩散。参考表1-1中的扩散常数与扩散活化能，结合式（1-8），计算得到1200℃时，C元素在γ-Fe中的扩散系数是Ni元素扩散系数的约760000倍。由此可知，间隙原子的扩散速率比置换原子的扩散速率快得多。

1.2.3.3　晶体结构的影响

扩散系数的大小也受晶体结构的影响，在具有同素异晶转变的金属材料中，晶型转变会直接改变扩散系数。以纯铁在912℃时，α-Fe（铁素体）与γ-Fe（奥氏体）互相转变为例，Fe的自扩散系数可以使用式（1-8）计算，参考表1-1数据，得到：

$$D_\gamma = 1.8 \times 10^{-5}\ e^{\frac{-270 \times 10^3}{8.314 \times 1185}} = 2.22 \times 10^{-17}$$

$$D_\alpha = 19 \times 10^{-5}\ e^{\frac{-239 \times 10^3}{8.314 \times 1185}} = 5.47 \times 10^{-15}$$

由计算结果可知，α-Fe的自扩散系数要远大于γ-Fe的自扩散系数。在900℃时，置换原子Ni在α-Fe中的扩散系数比Ni在γ-Fe中高约1400倍；间隙原子N在527℃时在α-Fe中的扩散系数比在γ-Fe中高约1500倍。当晶体致密度较高时，原子迁移克服的势能较高。所以为了强化扩散速率，钢材的渗氮温度大都确定在共析转变温度以下。

1.2.3.4　晶体缺陷的影响

如图1-13所示，在固态金属材料中，扩散可以在组织的外表面、晶粒内部、晶界、亚晶界、位错等处发生。在缺陷周围，点阵有畸变，储存着畸变能，这样在固态相变时便释放出来作为相变驱动力的组成部分，因此新相往往在缺陷处优先形核，从而提高形核率；此外，晶体缺陷对晶核的生长和组元扩散过程也有促进作用。表面扩散时，扩散原子受阻力最小，扩散最快，其次为晶界、亚晶界，晶内扩散则最慢。在位错和空位等具有晶格缺陷处，原子扩散阻力较小，扩散较容易。

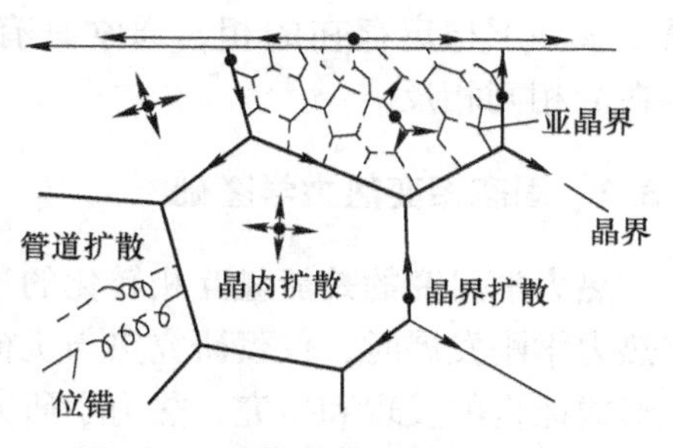

图 1-13　固态晶体中的扩散形式

1.2.3.5　化学成分的影响

实际应用生产的金属材料，以消耗量论，绝大部分是由两种或两种以上元素组成，加入的合金元素间可能会有相互作用，从而影响合金元素在材料基体中的扩散过程。多组元金属材料中，不同原子在不同基体材料中的影响规律不尽相同。有的可以加速扩散，有的可以减慢扩散，具体扩散能力可以用相互作用系数进行表示。

1.3　固态相变理论基础

外界条件会使材料具有各种结构。金属材料的热处理，就是利用材料在外界条件改变时能发生固态相变的性质，通过加热及冷却的方法控制金属材料的组织，从而获得所需的性能。钢的热处理基本理论和工艺已经比较成熟。针对种类更多的有色金属材料而言，虽然其固态相变过程更为复杂，但有色金属合金热处理技术也日趋完善。本节主要介绍固态相变的基础理论。

1.3.1　相及相变

1.3.1.1　相的描述

物理化学中，对相的描述为化学成分与物理性质均一的系统，对合金体系而言，相指合金中结构相同、性能和成分均一，并以界面相互分开的组成部分。只由一种固相组成的材料，称为单相材料，由两种或两种以上的不同相组成的材料，称为多相材料。固态材料中常见的相有单质、固溶体、化合物等，在系统温度或压力变化时，相可以发生变化。

1.3.1.2　相变的定义

相变，指外界条件连续改变时，物质聚集状态发生的突变，具体的突变可体现在：

(1) 结构的变化。狭义上结构的变化指物态或晶型的改变，如温度和压强变化时，液、固、气三相的转变。广义上结构的变化，还包括电子态和分子取向的变化，如分子取向有序的液晶转变，电子自旋有序导致的磁转变等。

(2) 物理性质的改变。如一般导体-超导体的转变、顺磁体-铁磁体的转变。这些物理性质的改变一般认为是某种长程有序状态的出现或消失造成的。

(3) 化学成分连续或不连续的改变。在一确定封闭体系中，化学成分连续或不连续地变化，通常是由系统内化学成分分布改变造成的。上述三种变化可以单独出现，也可以一起出现，如脱溶沉淀往往是成分与结构的变化同时发生。此外，当物质从一相向另一相中转变，在转变时，物质的有序度和对称性会发生变化。一般而言，较高温度条件下稳定存在的相，通常具有相对低的有序度，对称性较高。较低温度下稳定存在的相则相反。

1.3.2 固态相变热力学基础

热力学研究的是能量互相转化的过程，以及各种物理和化学变化过程中的能量效应。在热力学刚发展时，仅仅研究热与机械功之间的关系，但随着电能、化学能、辐射能及其他形式能量的发现和研究，热力学研究范畴逐渐扩大。固态相变热力学，是研究固态相变过程中能量转换的科学，是相变理论的重要组成部分，为学习固态相变热力学，需要先明确一些基本概念。

1.3.2.1 热力学第一定律

热力学第一定律是能量守恒定律也是最基础的最重要的热力学定律。热力学第一定律就是热、功之间的互相转化，热可以从一个物体传递给另一个物体，也可以与其他形式的能量互相转换，转换过程中，能量的总量不变。热力学第一定律的数学表达式为：

$$\Delta U = Q + W \tag{1-9}$$

式中，ΔU 为系统内能（热力学能）的变化，内能是状态函数；Q 为传热量，系统吸热时，Q 为正值，系统放热时，Q 为负值；W 为功，系统对环境做功时，符号为负，环境对系统做功时，符号为正。热（Q）与功（W）的数值与过程的途径有关，不是状态函数，是系统与环境能量交换的具体形式。热力学第一定律指出，针对任何过程，系统内能的增加值等于它吸收的热量值减去体系对外界所做功的值，体现了能量守恒和转化的规律。当体系中发生无限小的变化时，式（1-9）可以用微分式表示：

$$\mathrm{d}U = \delta Q + \delta W \tag{1-10}$$

对只做体积功的系统，有 $\mathrm{d}U = \delta Q - p\mathrm{d}V$；对于等容过程，$\mathrm{d}U=\delta Q_{\mathrm{v}}$，积分可得 $\Delta U= Q_{\mathrm{v}}$，针对等容且不做非体积功的过程，体系内能的变化等于体系吸收或释放的热量。针对等压过程，$\Delta U = Q_p + p(V_2 - V_1)$，此时，体系内能的变化由传热和做体积功的数值确定。

1.3.2.2 热力学第二定律

热力学第一定律强调的是能量守恒，不符合能量守恒定律的装置称为第一类永动机。但是，热力学第一定律无法给出过程进行的方向和限度，因此热力学第二定律对热力学第一定律做了补充。通过热力学第二定律的推导演绎，可以建立热力学判据判断自发过程的方向和限度，这也是热力学在实际生产过程中最重要的应用。

热力学第二定律有多种表述方式，最常用的有两种：

（1）热不可能自发地从低温物体传到高温物体而不引起环境的任何变化。

（2）不可能从单一热源吸收热量，并把该部分热全部转化为功，而不产生其他任何影响。

第一种表达是按照热传导的方向来表述，而第二种是从能量消耗的角度说的，说明第二类永动机不可能实现。热力学第二定律是关于在有限空间和时间内，一切和热运动有关的物理、化学过程具有不可逆性的经验总结。热力学第二定律表明，自然界中一切自发过程都不可能自动恢复到初态，要使系统从终态回到初态，必须借助外界的作用。

1.3.3 固态相变特征

固态相变驱动力为新相与母相自由能之差，且必须是新相自由能小于母相时，相变才有可能发生。我们将着重介绍与固态相变相关的基本概念。金属固态相变主要特征有相变阻力大，新相晶核与母相之间存在一定的晶体学位相关系，母相晶体缺陷对相变起促进作用，应变能的作用、原子扩散。

1.3.3.1 相界面

如上所述，母相对新相的形核长大影响不可忽视，新相与母相接触的相界面是两种晶体的界面，可分为共格界面、半共格界面和非共格界面三种，如图 1-14 所示。

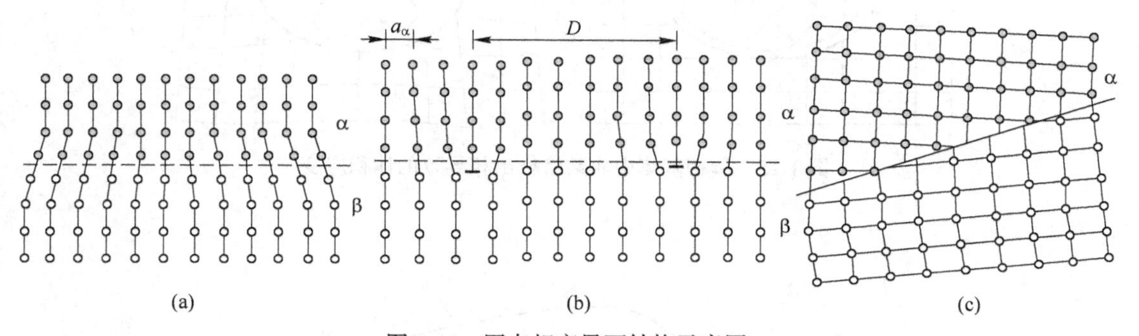

图 1-14 固态相变界面结构示意图

（a）共格界面；（b）半共格界面；（c）非共格界面

（1）共格界面。指新相与旧相界面上的原子同时位于两相晶格的节点上，即两相的晶格是互相衔接的，相界面上的原子为两者所共有。共格界面两侧保持一定的位向关系，沿界面两相具有相同或近似的原子排列，两相在界面上原子有较好的匹配。理想的完全共格界面只在孪晶面（界）出现。

（2）半共格界面。若两相在相界面处的晶面间距差距较大，则相界面上的原子不会完全对应。因此，出现这种情况时，界面上将产生位错，以降低界面的弹性应变能。此时，界面上两相原子只能部分匹配，这样的界面称为半共格界面或部分共格界面。

（3）非共格界面。当新相与母相在界面处的原子排列相差很大时，两相在界面处完全失配，从而形成非共格界面。界面处增加的自由能称为界面能。界面能包括两部分：化学能与弹性应变能。化学能是由于相界面处同类键、异类键的强度和数量变化引起的，化学能也称为界面能中的化学项；而弹性应变能是由新相和母相变化导致的，弹性应变能也称为界面能中的几何项。

不同类型的相界面有不同的界面能。由于界面上原子排列的不规则性导致界面能升高，所以非共格界面能最高，半共格界面能次之，而共格界面能最低。与此相关，界面结构的不同，对于新相的形核、长大过程以及相变后的组织形态等都有很大的影响。

1.3.3.2 应变能

应变能是一种势能，一般以应变和应力的形式储存在物体中，因此也称作变形能。如图 1-15 所示，当新相和母相的比容不同时，新相的形成将受到母相的阻碍而产生弹性应变能。Nabbaro 研究得到了各向同性基体上均匀的不可压缩包容物的体积应变能：

$$\Delta G_S = \frac{2}{3}\mu\Delta^2 Vf\left(\frac{c}{a}\right) \tag{1-11}$$

式中，V 是基体中不受胁的空洞体积；Δ 为体积错配度；f 为形状因子。因此，体积应变能与体积错配度的平方成正比，同时，体积应变能还受析出新相形状的影响。如图 1-16 所示，圆盘、片状的新相体积应变能最小，针状次之，球形的则最大。

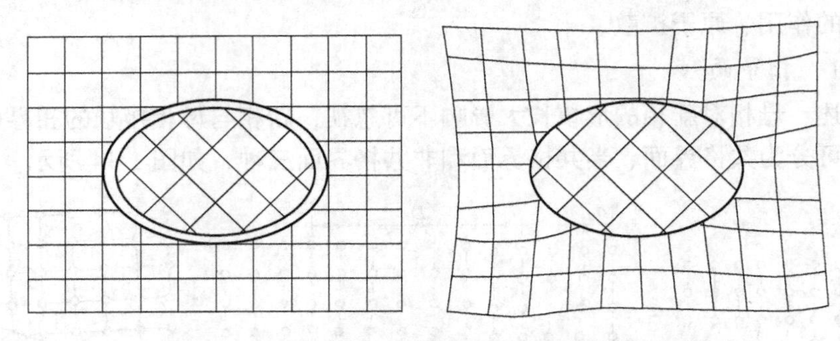

图 1-15 母相基体中非共格析出相导致的体积应变

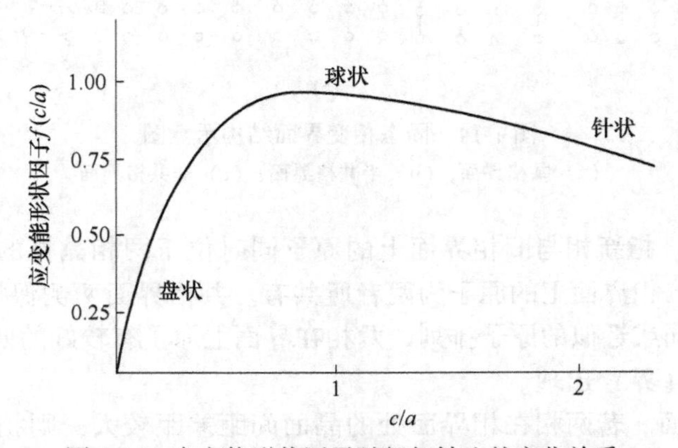

图 1-16 应变能形状因子随新相轴比的变化关系

共格界面的界面应变能最大，半共格界面次之，而非共格界面的界面应变能则为零。相变阻力的产生是新相与母相之间界面能和应变能共同作用的结果。

1.3.3.3 位向关系

新相与母相之间会有一定的晶体学关系，且是一种位相关系，通常由原子密度大而匹配较好的低指数晶面相互平行来保持。如果界面结构为非共格，新、旧相之间没有确定的晶体学关系。在固态相变时，新相与母相之间的位向关系通常以新相的某些低指数晶面与母相的某些低指数晶面平行，以及新相的某些低指数晶向与母相的某些低指数晶向平行的关系来表示。如钢铁材料中的马氏体转变，相变由面心立方的 γ 奥氏体向体心立方的 α 马氏体转变时，新相的 {110} 面与母相的密排面 {111} 平行，母相的密排面方向<110>与母相<111>平行。

1.3.3.4 晶体缺陷

晶体缺陷对固态相变具有明显的影响。晶体缺陷能够促进新相的形核、长大及物质的扩散。一般而言，空位可促进溶质原子的扩散，因此淬火空位及形变空位的存在对扩散型相变具有重要促进作用。晶体缺陷除对扩散型相变有影响外，对无扩散相变也有影响，可阻碍位错运动，如晶体缺陷可以使马氏体转变的 M_s 点降低。晶界和位错等晶体缺陷有时虽对新相的形核有利，但也可造成晶体长大时相界面移动困难，在一定程度上阻碍了新相长大。以双相组织为例，由于界面的交互作用，使界面迁移困难，因此其晶粒不易粗化。

固态相变时，新相往往在母相的一定晶面形成长大，母相中的这个晶面称为惯习面。一般认为，惯习面是相变中原子移动距离最小，即畸变最小的晶面。以亚共析钢的粗大奥氏体中析出铁素体为例，除沿奥氏体晶界析出外，铁素体还沿奥氏体的 {111} 面析出，如图 1-17 所示，称魏氏组织，前述奥氏体的 {111} 面即为铁素体的惯习面。由于马氏体总是在母相的特定晶面上析出，伴随着马氏体相变的切变，大都与此晶面平行，此晶面为基体与马氏体相所共有，称为马氏体惯习面。

图 1-17 亚共析钢的魏氏组织

1.3.4 固态相变形核

在金属的热处理中，非匀相固态相变占重要地位，而形核是非匀相转变的起始。实际过程中，形核不仅受热力学因素（如临界核心和形核功等）影响，也受动力学条件的影响。

1.3.4.1 均匀形核

根据弗兰克尔形核理论，新相核的形成与起伏现象有关。一般来说，任何体系的能量或性质是其构成的原子或分子能量或性质的统计平均值，但个别微小体积的能量或性质与整个体系的平均值却有偏差，这种偏差有时甚至是很大的，这种现象称为起伏或涨落现象。

在恒温、恒压下，当体系内因浓度起伏而出现新相核时，体系的吉布斯自由能变化可表示为：

$$\Delta G = \frac{4}{3}\pi r^3 \Delta G_V + 4\pi r^2 \sigma \tag{1-12}$$

式中，r 为球形新相核的半径；ΔG_V 为单位体积新相核的吉布斯自由能变化；σ 为单位面积新相与旧相间的界面能。式（1-12）中，第 1 项为新相核形成时吉布斯自由能的减少值，第 2 项则为核心形成时新相核表面吉布斯自由能的增加值。如两项之和使 ΔG 小于零，那么新相核能自发地形成。

当旧相中有新相核形成时，$\Delta G_V < 0$，但 $4\pi r^2\sigma > 0$，因而由式（1-12）可见，其第 1 项为负值，并随 r 的增加而负值增大，如图 1-18 中曲线（1）所示；第 2 项为正值，并随 r 的增加而增大，如图 1-18 中曲线（2）所示。两者综合的结果是，随 r 的增加，ΔG 初期增加，但达到极大值后 ΔG 降低，如图 1-18 中曲线（3）所示。ΔG 达到极大值的核称为临界核，其半径称为临界半径，用 r^* 表示。这种核具有的能量称为临界吉布斯自由能，用 ΔG^* 表示。因此，只有由起伏形成的核半径大于临界形核半径时，这种核才能稳定存在，因为这类核在长大过程中，体系的吉布斯自由能是减小的。

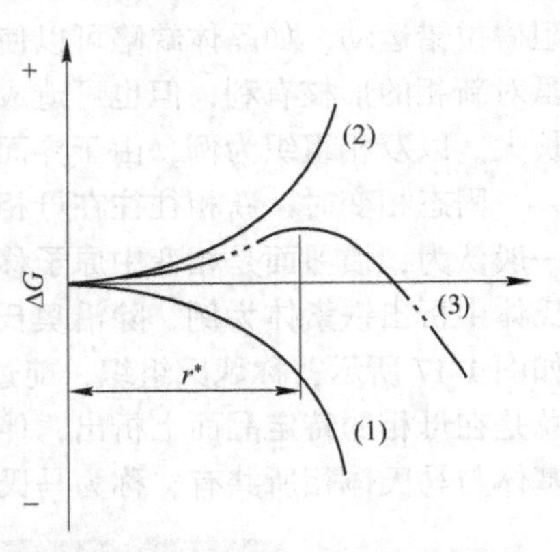

图 1-18　均匀形核时 ΔG 与 r 的关系

因此，相变过程中并不是所有的晶胚都可以转变为稳定晶核，只有那些尺寸等于或大于临界半径的晶胚才能转变为稳定晶核。系统中核心的形成和长大为一动态过程。在此过程中，一批又一批临界核心因长大而离开临界核心队列，同时相起伏和热涨落又不断产生新的临界核心。成核开始后的一段时间内，系统中临界核心的密度将达到动态平衡。

1.3.4.2　形核率

形核和扩散一样需要克服势能，而 ΔG^* 则是活化过程所需的活化能，是形核过程所必须克服的阻碍，其值等于临界核表面能的 1/3，而其余不足的界面能由系统中起伏现象来补偿。因此，由浓度引起的能量起伏是形核的必要条件。但是，为使组成晶核的物质从旧相经过界面向新相处供给，还需要有物质扩散的活化能 E_D。因此，新相核出现的频率 I，即每秒单位体积旧相中形成的核数为：

$$I = A\exp\left[-\frac{\Delta G^*}{RT}\right]\cdot B\exp\left[-\frac{E_D}{RT}\right] = k_0\exp[-(\Delta G^* + E_D)/RT] \tag{1-13}$$

式中，k_0 为指数前常数，即 $A \cdot B$。因此，由式（1-13）所示，形核率由 ΔG^* 与 E_D 共同控制，前一项为热力学项，为形核本身所需克服能量大小；后一项为动力学项，为核心产生所需克服物质扩散的活化能。

以降温过程中相变为例，冷却开始时，形核率随过冷度的增加而增大，当超过极大值之后，形核率又随过冷度的增加而减小，当过冷度非常大时，形核率接近于零。这是因为温度越高，过冷度较小时，原子有足够高的扩散能力，此时的形核率主要受形核功的影响，过冷度增加，形核功减小，晶核易于形成，因而形核率增大；但当过冷度很大（超过极大值后）时，原子扩散活化能急剧增加，原子的扩散能耗增大，所以尽管随着过冷度的增加，形核功进一步减少，但原子扩散越来越困难，形核率反而会明显降低。

因此，首先形成的晶核需要不小于临界核，晶核才能稳定存在并进一步长大。同时，形核过程中出现的活化能越小，则核心形成的速率就越大，这主要与体系的过饱和度及新旧相间的界面张力有关。

1.3.4.3 非均匀形核

一般而言，固相中有大量非平衡的缺陷，如空位、位错、层错、晶界、表面、夹杂物等，它们的存在，使缺陷附近的自由能增高。若在其处形核可以减少缺陷，松弛能量，降低形核所需的形核功。如果松弛的这部分能量为ΔG_d，那么系统自由能的变化为：

$$\Delta G = V(\Delta G_V - E_V) + Ar - \Delta G_d \tag{1-14}$$

式中，V为晶核体积；ΔG_V为单位体积新相核的吉布斯自由能变化；E_V为单位体积新相产生所引起的弹性畸变能；A为晶核表面积；r为晶核半径。

A 表面形核

在固相杂质表面形成的晶核可能有各种不同的形状，为了方便计算，假设晶核为球冠形，半径为r，如图1-19所示。图中θ表示晶核与基底的接触角，$\gamma_{\alpha\beta}$表示晶核与β相之间的表面能，$\gamma_{\alpha s}$表示晶核与基底之间的表面能，$\gamma_{\beta s}$表示β相与基底之间的表面能。表面能可以用表面张力的数值表示，当晶核稳定时，三种表面张力在交点处达到平衡，有：

$$\gamma_{\beta s} = \gamma_{\alpha\beta}\cos\theta + \gamma_{\alpha s} \tag{1-15}$$

$$\cos\theta = (\gamma_{\beta s} - \gamma_{\alpha s})/\gamma_{\alpha\beta} \tag{1-16}$$

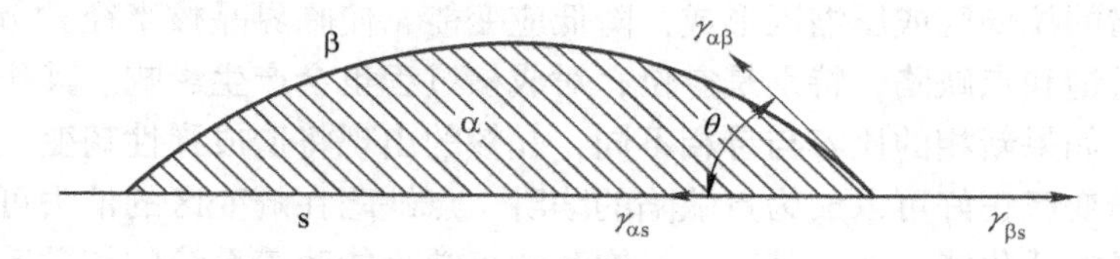

图1-19 非均匀表面形核示意图

由几何关系，可得到晶核与β相的接触面积$A_{\alpha\beta}$、晶核与基底的接触面积$A_{\alpha s}$、晶核的体积V为：

$$A_{\alpha\beta} = 2\pi r^2(1 - \cos\theta) \tag{1-17}$$

$$A_{\alpha s} = 2\pi r^2\sin^2\theta \tag{1-18}$$

$$V = \pi r^3(2 - 3\cos\theta + \cos^3\theta) \tag{1-19}$$

由于

$$A\gamma = A_{\alpha\beta}\gamma_{\alpha\beta} + A_{\alpha s}\gamma_{\alpha s} \tag{1-20}$$

$$\Delta G_d = A_{\alpha s}\gamma_{\alpha s} \tag{1-21}$$

将式（1-19）、式（1-20）代入式（1-13），可得基底上形成晶核时系统总的自由能的变化为：

$$\Delta G_{s(r)} = A_{\alpha\beta}\gamma_{\alpha\beta} + (\gamma_{\alpha s} + \gamma_{\beta s})A_{\alpha s} - V(\Delta G_V - E_V) = \Delta G_{(r)}f(\theta) \tag{1-22}$$

式中，$\Delta G_{(r)}$为β相中出现半径为r的球形α核心导致系统自由能变化；$f(\theta)$为晶核形状因子。单球冠时：

$$f(\theta) = (2 + \cos\theta)(1 - \cos\theta)^2/4 \tag{1-23}$$

由式（1-22）可求出临界核心半径r_s^*及成核自由能ΔG_s^*分别为：

$$r_s^* = r^* \tag{1-24}$$

$$\Delta G_s^* = \Delta G^* f(\theta) \tag{1-25}$$

因为$f(\theta) \leqslant 0$，所以α相依托杂质表面成核总可以降低成核势能。

B 界面形核

如果忽略应变能，则晶界上形成的晶核形状为“双球冠”或“橄榄”形，如图 1-20 所示，此时晶核的形状因子$f(\theta)=(2+\cos\theta)(1-\cos\theta)^2/2$。一般而言，在三个晶粒交界的晶棱及四个晶粒相交的晶角上成核的自由能较小，更容易形核。需要注意的是，实际材料中的界面成核位置、晶棱成核位置和晶角成核位置依次递减，与材料的晶粒度有关。当成核地点的维数下降时，成核自由能下降，但同时可以提供的成核位置数也下降。大的相变驱动力、大的晶粒度、小的$\gamma_{\alpha\beta}$有利于均匀成核；反之，则有利于非均匀成核。

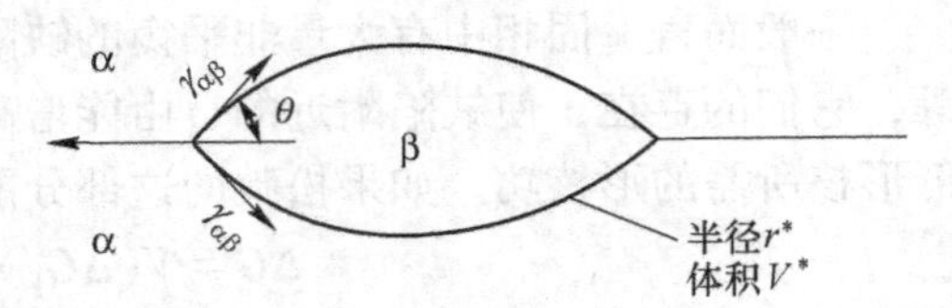

图 1-20 晶界形核晶核的形状

1.3.4.4 其他晶体缺陷的作用

晶核除了可在界面和晶界上形成外，也可在晶体中某些缺陷处形成。晶体可在母相的位错线上成核，即位错形核。由于晶体中位错密度往往很大，因此位错对形核的影响往往不容忽视，而且在实际生产研究中，也观察到了位错形核现象。例如，比容大或小的晶核可以在刃型位错的拉伸区或压缩区形成，降低应变能，使临界晶核半径r^*减小。

母相中的过饱和点缺陷，特别是空位，对成核过程也会产生影响。其作用主要表现在两方面：首先，如果新相的比容与母相不同，晶核的出现将造成弹性畸变，如果形核处有点缺陷，弹性畸变区正好可以成为点缺陷的陷阱，点缺陷在畸变区的消失可有效松弛弹性畸变，从而使成核活化能下降。其次，过饱和的点缺陷能改善系统的扩散动力学条件，使系统中各元素的扩散系数增大，扩散速率加快，可以加速脱溶沉淀相变的成核过程。除此之外，空位的大量聚集、崩塌可形成位错圈，在一定程度上促进了位错形核。

1.3.5 非匀相固态相变的长大

当晶核半径大于临界半径时，晶核能稳定存在。此时晶核长大能减小系统的吉布斯自由能，所以晶核有进一步长大的趋势，为固态相变的发生创造了有利条件。新相核心的长大表现为相界面朝着母相迁移，相界面的迁移涉及界面两侧结构及成分的变化。在不同体系和外界条件下相界面迁移的微观机制差异较大。因此，本节主要介绍形核后核心的长大机制。

1.3.5.1 固态相变的长大类型

A 界面类型及迁移方式

在金属及合金中，大多数相变以形核和长大的方式进行，即新相首先在母相中的某些位置形核，随后这些核与母相的界面向周围的母相迁移。在形核阶段产生界面，而在长大阶段此界面向母相推移，因此在转变中的任何时刻，系统中都可以分为母相及新相。虽然新相的形核阶段是非常重要的，很多转变的特征由它决定，但是实际相变中的大部分是在晶核长大过程中，靠物质在母相-新相界面扩散迁移的输运形成的。

相界面大致可以归结为两种不同类型：滑动型和非滑动型界面。滑动型界面是依靠界面上位错的运动而促使界面向母相中移动，滑动界面的移动与温度无关，是一种非热激活迁移。比如在面心立方晶格结构和密排六方晶体结构间有一种由肖克利位错构成的可滑动半共格界面，这种界面从宏观上看可以是任意面，但从微观结构看，界面由一组台阶构成，如图 1-21 所示。台阶高度是两个密排面的厚度，台阶的宽面保持半共格。界面位错的滑移面在面心立方晶格结构和密排六方晶体结构中是连续的，位错的伯格斯矢量与宏观界面成一定角度。当这组位错向面心立方晶格推进时，将引起面心立方晶格向密排六方转变；反之导致密排六方结构向面心立方结构转变。

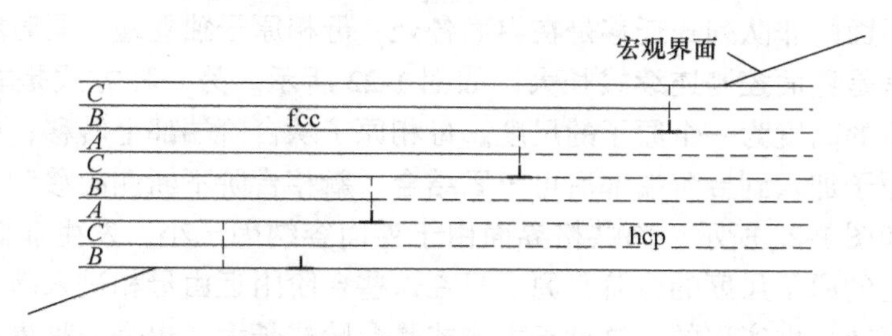

图 1-21 由 Shockley 位错构成的面心立方晶格（fcc）与密排六方晶格（hcp）间可滑动面

大多数界面是非滑动型的，它的迁移是通过类似于任意大角度晶界迁移，即由单个原子近乎随机地跳越界面进行的。原子从一个相摆脱而把自己黏附在另一个相上所需要的额外能量由热激活提供，所以，非滑动型界面的迁移是热激活控制的，温度对其影响非常大。

B 界面容纳因子

原子由母相移动至新相有一个其是否接受的问题，新相接受由母相转移原子的难易程度称为界面容纳因子，以符号 A 表示。当 A 为 1 时，表示新相完全接受由母相跃迁来的原子；当 A 为 0 时，表示新相完全不接受由母相跃迁来的原子。对于非共格界面，其容纳因子接近于 1，因为该界面有一层过渡层，过渡层中的原子很容易跃迁到具有规则排列的新相区域，于是新相长大。与此同时，母相中的原子转移到排列不规则的过渡区，并不断消失。

C 长大类型

按照长大是否涉及界面滑动，可以把固态相变分为两大类。以滑动界面迁移方式进行的相变称为协同型或队列型相变，这种相变强调了原子越过界面的协调性。相反，原子越过界面的非协调输运称为非协同型或非队列型转变。队列型相变时，任一原子的最近邻原子在转变前后基本不变。所以母相和新生成相的成分必定一致，且转变过程中没有扩散现象，如马氏体型转变，机械孪晶的形成也涉及滑动界面迁移。

非队列型转变时，母相和新相的成分可以相同也可以不相同。如果成分无变化，原子以多大速率跨过界面，也就决定了新旧相界面的迁移速率的大小，新相就以该界面迁移速率长大，这种转变称为界面控制转变；当母相与新相成分不同时，新相的长大需借助扩散过程，这种转变速率受整体的扩散速率控制，称为扩散控制转变。

1.3.5.2 固态相变的长大机制

新相的稳定晶核一旦形成，随之便是通过相界面的移动而得到长大，即开始晶核的生长过程。一般来说，等温生长的速率取决于相变的驱动力和跃迁到新相上原子的迁移机理。

对于非队列式转变来说，如果新相与母相具有不同的化学成分，那么新相的生长不仅需要原子穿越相界面这一过程，同时还涉及扩散成分在母相中的扩散。此时，新相的生长速率将取决于两者中较慢的环节，但固相中的扩散速率一般较慢，在大多数情况下，新相生长的限制性环节为物质在母相中的扩散过程。如果新相和母相具有相同的化学组成，那么控制生长速率的过程将是原子由母相穿过界面，移动到新相上这一短程扩散过程，属界面控制机制。

非共格相界面的非队列式迁移是在界面各处，母相原子独立地、同时穿过界面，成为新相原子，这就是界面控制连续式长大，如图 1-22 所示。另一种方式是非共格界面呈台阶状结构，台阶的高度为一个原子的尺度。母相原子从台阶端部上转移，由于台阶平面是原子密排面，原子加入到台阶端部后可牢固结合。新相台阶不断侧向移动，而界面则向法线方向迁移，如图 1-23 所示。而共格界面由于界面容纳因子小，发生非队列式迁移时必须借助相界面上的原子尺度的台阶，原子只在这些台阶附近由母相进入新相，界面推移是靠这些台阶的横向长大实现的，这种长大方式是台阶式长大，也是一种界面控制机制。

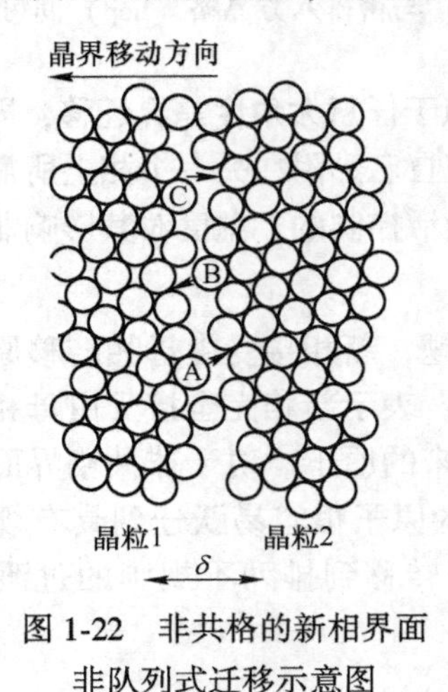

图 1-22　非共格的新相界面
非队列式迁移示意图

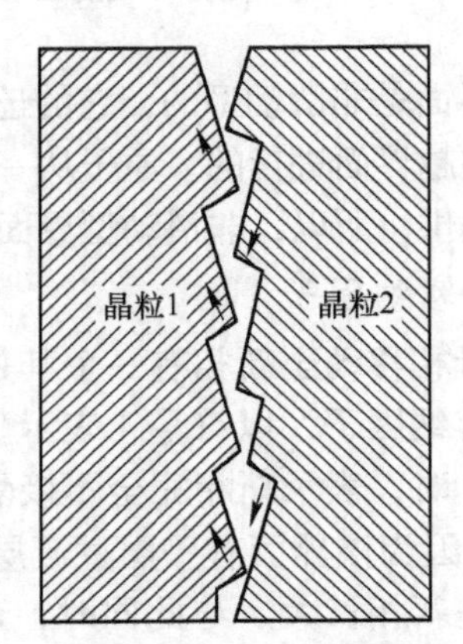

图 1-23　非共格的新相界面
台阶式长大示意图

A　扩散控制长大

在相变过程中，新相与母相具有不同的化学组成时，随着新相稳定晶核的形成与长大，在新相附近的母相中，会出现由于扩散引起的溶质原子浓度减小的现象，从而产生浓度梯度。但远离新相的溶质原子，将朝着新相作长程扩散，不断地提供新相长大所需的组分物质。因此，长程扩散为新相生长的重要环节，并时常对新相的生长速率起决定性的作用。

B　界面控制长大机制

（1）连续长大。包括非共格界面原子跨越界面的短程扩散以及滑动界面的协同型长大。

（2）台阶机制。如果新相晶核的生长过程受控于界面区原子的短程扩散，则属于界面控制型生长。在这种情况下，新相界面向母相的推移有两种方式。一种是在界面所在各处，母相原子可独立、同时地穿过界面而成为新相的原子。这种生长模式的界面在微观上是粗糙的，可由多个原子层构成，但界面的移动则是连续的，并在界面各处同时发生。另一种生长模式是台阶生长机制，其界面在微观上是光滑的，但存在原子尺度的台阶，母相中的原子只在这些台阶附近进入新相，界面的推移往往通过台阶的横向生长完成。只有当这种台阶横向扫过后，界面才会向前完成一个原子尺度的生长。需要说明的是，光滑界面生长和粗糙界面生长之间没有明确的界线，经常随着系统热力学参数的改变而发生互相转化。此外，在固态相变过程中，如果新相和母相间完全不共格，则其生长机制时常类似于连续生长，如果两相结构不同，但存在一些匹配较好的界面，那么这些共格界面的生长就会出现类似光滑界面生长的情况，需要借助台阶机制。

如图 1-24 所示，如果新相 β 以台阶机制生长，由于台阶端面为非共格界面，其移动速率较快，而台阶宽面为共格界面，其移动速率较慢。设台阶横向生长速率为 u，纵向生长速率为 v，台阶的高度和宽度分别为 h 和 λ。

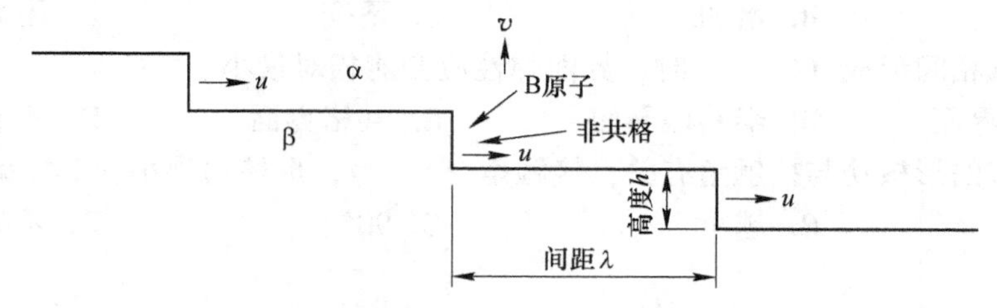

图 1-24　台阶生长原理示意图

以台阶机制推进的相变过程中，伴随着台阶的移动和消失，共格相界面得以向前推进，共格相界面要继续推移，就需要提供新的台阶，晶体的螺型位错提供了持续的台阶机制。图 1-25 为针状莫来石晶体的螺型位错台阶机制生长的实例。

图 1-25　针状莫来石晶体的螺型位错台阶机制生长

习　题

一、选择题

1. 固相材料中原子扩散的驱动力是（　　）。

   A. 浓度梯度　　B. 化学势梯度　　C. 温度梯度　　D. 活度

2. 在空位扩散中，如果迁移到空位的原子是基质原子，扩散属于（　　）。

A. 间隙扩散　B. 杂质扩散　C. 堆挤扩散　D. 自扩散

3. 以下（　）工艺没有运用原子扩散的理论。

A. 渗氮　B. 渗碳　C. 硅晶片掺杂　D. 单晶硅结晶

4. 在空位机制中，原子的扩散可以看作是空位的移动（　）。

A. 对　B. 错

5. 在间隙固溶体中，溶质原子的扩散方式一般为（　）。

A. 间隙机制　B. 原子互换机制　C. 空位机制　D. 置换机制

6. 以下不属于扩散型相变的有（　）。

A. 逆共析转变　B. 共析转变　C. 马氏体转变　D. 金属凝固结晶

7. 金属冷却过程中，均匀形核的开始阶段，形核率随着过冷度的增加而（　）。

A. 减小　B. 增加　C. 不变　D. 不确定

8. 当新相与旧相间形成（　）时，界面弹性应变能相对最小。

A. 非共格界面　B. 半共格界面　C. 共格界面　D. 不确定

9. 非均匀形核的形核功与接触角有关，接触角（　），形核功越小，形核率越高。

A. 越大　B. 越小　C. 90°　D. 不确定

二、简答题

1. 何为下坡扩散？
2. 一级相变和二级相变有何区别？
3. 晶体缺陷对固态相变有何影响？
4. 原子扩散和反应扩散有何区别？
5. 何为晶界扩散？

三、综合分析题

1. 浓度差会引起扩散，扩散是否总是从高浓度处向低浓度处进行，为什么？
2. 试从热力学角度，描述均匀形核过程。

四、综合创新性实验

温度及加热保温时间对固相扩散过程有明显影响，适当的高温能改善固相扩散的动力学条件。以纯铁为固相扩散基体材料，纯铜为扩散钎料，在真空钎焊炉内将两块纯铁板材叠加水平放置，两板材间放置少许铜粉。真空条件加热至1090℃、1120℃及1150℃，分别保温10min、20min、40min。取出试样，经切割制样，使用SEM-EDS检测断面渗透层组织及铜离子分布情况，讨论温度及保温时间对扩散的影响，试用菲克扩散定律计算本实验条件下，不同温度铜在铁中的扩散系数。

2 合金的固溶、脱溶沉淀与时效

2.1 固　溶　体

2.1.1　固溶体的概念

当一种组元 A 加到另一种组元 B 中形成的固体仍保留为组元 B 的晶体结构类型时，这种固体称为固溶体。固溶体中不同组分的结构基元之间以原子尺度相互混合，并不破坏原有晶体结构。原有的 B 可看作溶剂，外来的 A 可看作溶质，生成固溶体的过程可看作一个溶解过程。组元 A、B 可以是元素，也可以是化合物。

2.1.2　固溶体的分类

2.1.2.1　*按溶质原子在溶剂晶格中的位置划分*

按溶质原子在溶剂晶格中的位置划分，固溶体可以分为置换固溶体和间隙固溶体。

溶质原子占据溶剂晶格中的结点位置而形成的固溶体称置换固溶体，如图 2-1（a）所示。当溶剂和溶质原子直径相差不大，一般在 15%以内时，易于形成置换固溶体。比如铜镍二元合金置换固溶体中，镍原子可在铜晶格的任意位置替代铜原子。

溶质原子分布于溶剂晶格间隙而形成的固溶体称间隙固溶体，如图 2-1（b）所示。间隙固溶体的溶剂一般是直径较大的过渡族金属，而溶质一般是直径很小的碳、氢等非金属元素，其形成条件是溶质原子与溶剂原子直径之比必须小于 0.59。

一般情况下，形成置换固溶体体积基本不变或略有膨胀。而间隙固溶体生成后溶剂晶体的晶格常数会增大，当增大到一定的程度，将使固溶体不稳定而离解，所以间隙固溶体不可能是连续固溶体。晶体中间隙是有限的，容纳杂质质点的能力一般不超过 10%。

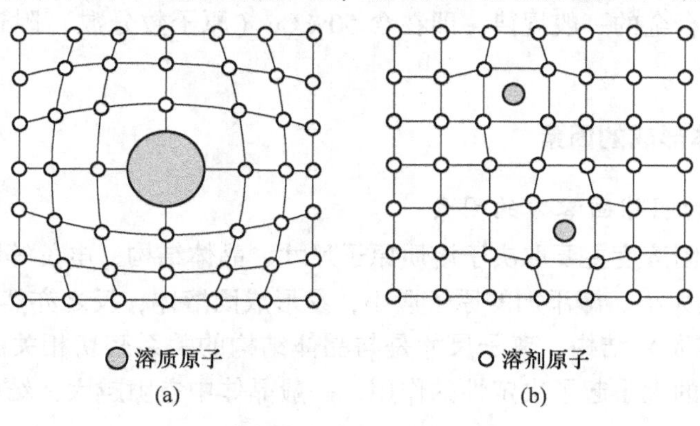

图 2-1　置换固溶体（a）和间隙固溶体（b）

2.1.2.2　按溶质原子在溶剂晶体中的溶解度划分

按溶质原子在溶剂晶体中的溶解度，可分为无限固溶体和有限固溶体。

无限固溶体指溶质和溶剂两种晶体可以按任意比例无限制地相互固溶。无限固溶体又叫连续固溶体，无限固溶体只可能是置换固溶体。图 2-2 为 MgO-CaO 无限固溶体相图。

有限固溶体指溶质只能以一定的溶解限量溶入溶剂中。对于有限固溶体，溶质在有限范围内溶解度随温度升高而增加，如图 2-3 所示。

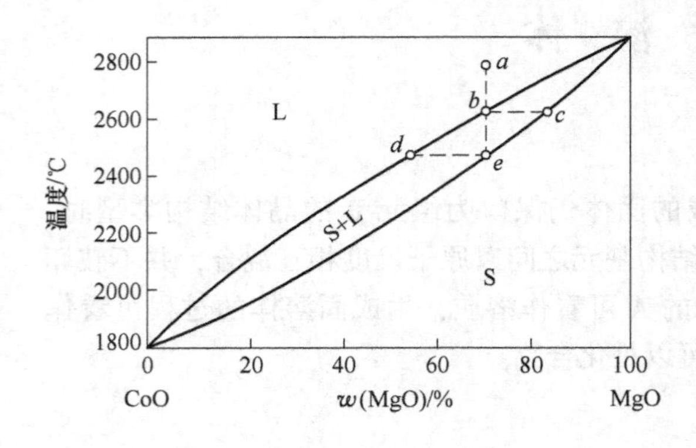

图 2-2　MgO-CoO 无限固溶体相图

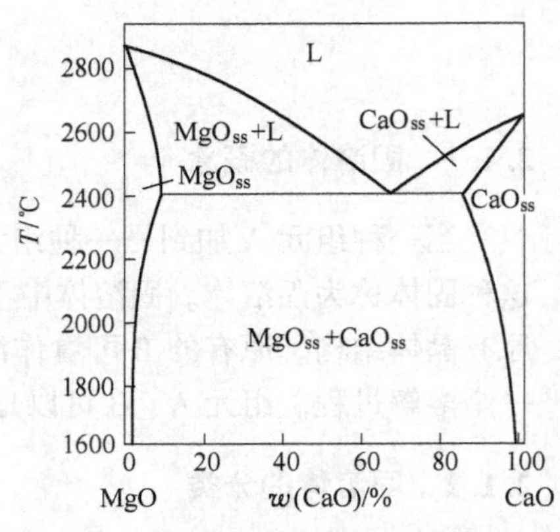

图 2-3　MgO-CaO 有限固溶体相图

2.1.2.3　按溶质原子与溶剂原子的相对分布划分

按溶质原子与溶剂原子的相对分布来分，可分为有序固溶体和无序固溶体。

溶质原子有规则地占据溶剂结构中的固定位置，而且溶剂与溶质原子之比一定，这种固溶体称为有序固溶体。大部分金属元素之间形成的化合物属于中间相，中间相的晶体结构已经不同于组员中任意成分的结构。因此，区分有序固溶体和金属化合物的最简单办法就是看他们的晶体结构类型是否与溶剂的晶体结构一致，如果与溶剂的晶体结构相同，则该固体为有序固溶体，否则为化合物。

在讨论固溶体的概念时，认为溶质质点（原子、离子）在溶剂晶体结构中的分布是任意的、无规则的，这便是无序固溶体的概念。铜合金为无序固溶体状态时，其成分性能关系符合固溶体型合金的一般规律，即在含 50%Cu（原子数分数）附近合金有最高的电阻率和抗拉强度。

2.1.3　影响固溶体形成的因素

2.1.3.1　影响间隙固溶体的因素

间隙固溶体的固溶度主要取决于溶质原子尺寸、晶体结构、电价等因素。

（1）杂质质点大小。即添加的原子愈小，易形成固溶体，反之亦然。

（2）晶体（基质）结构。离子尺寸是与晶体结构的关系密切相关的，在一定程度上来说，结构中间隙的大小起了决定性的作用。一般晶体中空隙越大，结构越疏松，越易形成固溶体。

（3）电价因素。外来杂质原子进入间隙时，必然引起晶体结构中电价的不平衡，这时可以通过生成空位，产生部分取代或离子的价态变化来保持电价平衡。例如 YF_3 加入 CaF_2 中，当 F^- 进入间隙时，产生负电荷，由 Y^{3+} 进入 Ca^{2+} 位置来保持位置关系和电价的平衡。

2.1.3.2 影响置换固溶体的因素

金属元素彼此之间一般都能形成置换固溶体，但溶解度视不同元素而异。影响固溶体溶解度的因素有很多，主要有晶体结构、原子尺寸、化学亲和力（电负性）、原子价等。

（1）晶体结构因素。溶质与溶剂的晶体结构类型是否相同，是其能否形成无限固溶体的必要条件。当晶体结构不相同的时候，即使在满足尺寸条件的前提下最多也只能形成有限固溶体。比如 MgO-NiO、Al_2O_3-Cr_2O_3、Cu-Ni、Cr-Mo、Mo-W 等，由于它们尺寸相近、晶体结构相同，所以可以形成有限固溶体，而 Fe-Al、Ti-Al、Ti-Ni 等晶体之间只能形成有限固溶体。

（2）原子尺寸。原子尺寸是影响置换固溶体溶解度的最重要因素。一般情况下，相互替代的溶质质点尺寸越接近，则固溶体形成的畸变越小，其固溶量也越大。

$$\delta = \left| \frac{r_1 - r_2}{r_1} \right|$$

若以 r_1 和 r_2 分别代表溶剂或溶质离子半径，一般情况下：

1）$\delta<15\%$时容易形成无限置换固溶体；

2）$15\%<\delta<30\%$时易形成有限置换固溶体；

3）$\delta>30\%$时，一般不能形成置换固溶体。

例如，在 MgO-CoO 固溶体中，$r_{Mg^{2+}}=0.08$nm；$r_{Co^{2+}}=0.074$nm，溶质-溶剂晶体可按任意比例无限互溶，形成无限置换固溶体。在 MgO-CaO 固溶体中，$r_{Ca^{2+}}=0.1$nm，由于金属原子之间的半径差距较大，达到了 28%，因此只能形成有限固溶体。

（3）电负性的影响。一般情况下，电负性之差小，固溶度大。原子价（或离子价）相同、多组元复合取代总价数相等是形成无限固溶体的必要条件。如果原子价（或离子价）不相同，则最多只能形成有限固溶体。例如表 2-1 所示，当以 Cu 作为溶剂的时候，不同价态金属在 Cu 中的溶解度是不同的。从表 2-1 中可以发现，价态差别越大，则该溶质在溶剂中的固溶度越低。

表 2-1 不同价态金属在 Cu 中的溶解度

溶质	Zn	Ga	Ge	As
价态	2	3	4	5
在 Cu 中的溶解度/%	38	20	12	7

（4）原子价因素。溶质元素的原子价越高，溶解度越小。电子浓度值大时易形成化合物，电子浓度小时，易形成固溶体。

2.1.4 固溶体的特征

固溶体的基本特征有：

（1）溶质和溶剂晶体在原子尺度上相互混合，溶质与溶剂之间未形成化合物，但也不是简单的机械混合，不属于混合物。

（2）形成后的固溶体保持了溶剂的晶体结构类型，但是会引起溶剂的晶格点阵畸变，改变晶胞参数。晶格畸变会引起晶格畸变能，所谓晶格畸变能是指点阵畸变使晶体能量升高，这种升高的能量即为晶格畸变能。

$$\varepsilon' = 8\pi G r_B^3 \left(\frac{r_A - r_B}{r_A}\right)^2$$

在局部范围内，原子偏离其正常的点阵平衡位置，造成点阵畸变。在金属材料中，点阵畸变会使得晶体能量升高，阻碍位错的运动，使材料强度、硬度升高，塑性、韧性下降。

（3）有限固溶体中的溶剂存在固溶度，无限固溶体中溶质和溶剂可以任意无限互溶。

（4）在溶解度范围之内，杂质含量可以改变，固溶体的结构不会变化，只有单相固溶体。但是当溶质的含量超过溶剂的固溶极限之后，就会出现第二相。

2.2 固溶处理

2.2.1 固溶处理的概念

固溶处理（solution treatment）指将合金加热到一定温度后保持足够长的时间，使一种或几种相（一般为金属间化合物）溶入固溶体中，然后快速冷却到室温的金属热处理工艺。经过固溶热处理的合金，其组织可以是过饱和固溶体或通常只存在于高温的一种固溶体相，因此在热力学上处于亚稳态，在适当的温度或应力条件下会发生脱溶或其他转变。

2.2.2 固溶处理的作用

固溶处理是常见的热处理工艺，它的应用主要表现在如下几个方面。

（1）为时效做准备。在铁碳合金中，固溶处理往往是为了溶解基体内碳化物、γ′相等以得到均匀的过饱和固溶体，便于时效时重新析出颗粒细小、分布均匀的碳化物和γ′等强化相。

（2）消除由于冷热加工产生的应力，使合金发生再结晶。

（3）获得合适的晶粒度。对于长期高温使用的合金，要求有较好的高温持久和蠕变性能，应选择较高的固溶温度以获得较大的晶粒度；对于中温使用并要求较好的室温硬度、屈服强度、拉伸强度、冲击韧性和疲劳强度的合金，可采用较低的固溶温度，保证较小的晶粒度。高温固溶处理时，各种析出相都逐步溶解，同时晶粒长大；低温固溶处理时，不仅有主要强化相的溶解，而且可能有某些相的析出。对于过饱和度低的合金，通常选择较快的冷却速度；对于过饱和度高的合金，通常为空气中冷却。

（4）固溶强化。溶入固溶体中的溶质原子造成晶格畸变，晶格畸变增大了位错运动的阻力，使滑移难以进行，从而使合金固溶体的强度与硬度增加。这种通过溶入某种溶质元素来形成固溶体而使金属强化的现象称为固溶强化。在溶质原子浓度适当时，可提高材料的强度和硬度，而其韧性和塑性却有所下降。

固溶强化的程度（或效果）不仅取决于它的成分，还取决于固溶体的类型、结构特点、固溶度、组元原子半径差等一系列因素。间隙式溶质原子的强化效果一般要比置换式溶质原子更显著。另外，溶质和溶剂原子尺寸相差越大或固溶度越小，原始晶体结构受到的干扰就越大，位错滑移就越困难，固溶强化效果也越显著。

（5）消除应力与软化，以便继续加工或成型。

（6）稳定晶格，阻止某些晶型转变的发生。例如 ZrO_2 是一种高温耐火材料，熔点2680℃，但发生相变时会伴随很大的体积收缩，这对高温结构材料是致命的。若加入 CaO，则和 ZrO_2 形成固溶体，无晶型转变，体积效应减少，使 ZrO_2 成为一种很好的高温结构材料。

$$\text{单斜} \overset{1200℃}{\longleftrightarrow} \text{四方}$$

（7）活化晶格。形成固溶体后，晶格结构有一定畸变，处于高能量的活化状态，有利于进行化学反应。例如，Al_2O_3 熔点高（2050℃），不利于烧结，若加入 TiO_2，可使烧结温度下降到1600℃，这是因为 Al_2O_3 与 TiO_2 形成固溶体，Ti 置换 Al 后，带正电，为平衡电价，产生了正离子空位，加快扩散，有利于烧结进行。

（8）获得良好的电、热、磁等功能。固溶体的电学、热学、磁学等物理性质随着杂质（溶质）浓度的变化，一般出现连续的甚至是线性的变化，也随成分而连续变化，但是在相界上往往出现突变。例如，$PbTiO_3$ 和 $PbZrO_3$ 都不是性能优良的压电陶瓷。$PbTiO_3$ 是铁电体，相变时伴随着晶胞参数的剧烈变化，冷却至室温时，一般会发生开裂，所以没有纯的 $PbTiO_3$ 陶瓷。$PbZrO_3$ 是反铁电体。这两个化合物结构相同，Zr^{4+} 和 Ti^{4+} 尺寸差不多，可生成连续固溶体 $Pb(Zr_yTi_{1-y})O_3$，其中 $y=0\sim1$。随着固溶体组成的不同，常温下有不同的晶体结构。在 $PbZrO_3$-$PbTiO_3$ 系统中发生的是等价置换，形成的固溶体结构完整，电场基本均衡，电导没有显著变化，一般情况下，介电性能也改变不大。

2.2.3 固溶处理的影响因素

加热温度、保温时间和冷却速度是固溶处理应当控制的几个主要参数。

（1）加热温度。加热温度原则上可根据相应的相图来确定。上限温度通常接近于固相线温度或共晶温度。在这样高的温度下合金具有最大的固溶度且扩散速度快。但温度不能过高，否则将导致低熔点共晶和晶界相熔化，即产生过烧现象，引起淬火开裂并降低韧性。最低加热温度应高于固溶度曲线，否则时效后性能达不到要求。不同的合金，允许的加热温度范围可能相差很大。某些铜合金和合金钢的加热温度范围较宽，而大部分铝合金的淬火加热温度范围则很窄，有的甚至只有±5℃。

（2）保温时间。保温的目的是使溶质充分固溶到溶剂晶格中去。保温时间主要取决于合金成分、材料的预先处理和原始组织以及加热温度等，同时也与装炉量、工件厚度、加热方式等因素有关。原始组织细、加热温度高、装炉量少、工件断面尺寸小，保温时间就较短。

（3）冷却速度。固溶处理中一般采用快速冷却。快冷的目的是抑制冷却过程中第二相的析出，保证获得溶质原子和空位的最大过饱和度，以便时效后获得最高的强度和最好的耐蚀性。

2.2.4 固溶处理的应用

碳在奥氏体不锈钢中的溶解度与温度有很大影响。奥氏体不锈钢在经400~850℃的温度范围内时，会有高铬碳化物析出，当铬含量降至耐腐蚀性界限之下，此时存在晶界贫铬，会产生晶间腐蚀，严重时能变成粉末。所以，有晶间腐蚀倾向的奥氏体不锈钢应进行固溶热处理或稳定化处理。

对于大多数有色金属合金而言，固溶处理的目的是获得过饱和固溶体，为随后的时效处理作组织准备。

2.3 合金的脱溶沉淀

2.3.1 脱溶过程和脱溶物的结构

将在平衡状态图上固溶度随温度降低而减少的合金从固溶度线上的某一温度降温以后，该固溶体合金中将逐步析出第二相（沉淀相）、形成溶质原子聚集区以及亚稳定过渡相，这一过程称为脱溶（也称为析出或沉淀），固体的脱溶过程是一种扩散型相变。

脱溶的速度与固溶体所处的温度密切相关，如果温度较高，由于扩散系数较大，原子扩散速度较快，如果脱溶发生在室温以上的某一温度，则称为人工时效。当温度较低，固溶体处于室温的时候，也会发生缓慢的脱溶现象，因此该脱溶过程往往需要较长的时间，即如果脱溶发生在室温，则称为自然时效。无论是人工时效还是自然时效，脱溶形成平衡相之前，根据合金成分不同，会出现若干个亚稳脱溶相或过渡相。

以A1-4%Cu合金为例，α相过饱和固溶体经过足够长时间的人工时效或者自然时效后，将形成α相固溶体和平衡相θ相（$CuAl_2$）组成的双向混合物。在θ相形成之前，会出现三个过渡脱溶物相，出现的顺序依次为：G.P.区⟶θ″相⟶θ′相⟶θ相。

（1）G.P.区的形成及其结构。Guinier和Preston各自独立地分析了Al-Cu合金时效初期的单晶体，发现在母相固溶体的{100}面上出现一个原子层厚度的Cu原子聚集区，由于与母相保持共格联系，Cu原子层边缘的点阵发生畸变，产生应力场，成为时效硬化的主要原因。后来将这种在若干原子层范围内的溶质原子聚集区即称为Guinier-Preston区，简称G.P.区，如图2-4所示。

G.P.区是溶质原子聚集区。它的点阵结构与过饱和固溶体的点阵结构相同。换言之，当从过饱和固溶体形成G.P.区时，晶体结构并未发生变化，所以一般把它当作“区”，而不把它当作新的“相”看待。G.P.区与过饱和固溶体（基体）是完全共格的。这种共格关系是靠正应变维持的，属于第一类共格。G.P.区具有如下特点：

1）过饱和固溶体的分解初期形成，且形成速度很快，通常为均匀分布；

2）晶体结构与母相过饱和固溶体相同，与母相保持第一类共格关系；

3）在热力学上是亚稳定的。

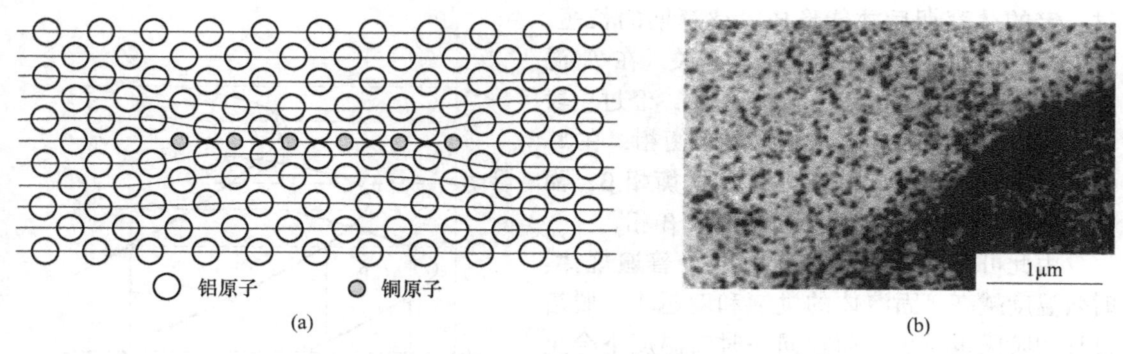

图 2-4　G. P. 区示意图

（a）Al-Cu 合金 G. P. 区；（b）Al-4%Cu 合金经过 130℃时效 10^4min G. P. 区组织

（2）θ″相的形成与结构。G. P. 区形成之后，当时效时间延长或时效温度提高时，以 G. P. 区为基础，沿其直径方向和厚度方向（以厚度方向为主）长大形成过渡相 θ″相，如图 2-5 所示。θ″相的晶胞有五层原子面，中央一层为 100%Cu 原子层，最上和最下的两层为 100%Al 原子层，而中央一层与最上、最下两层之间的两个夹层则由 Cu 和 Al 原子混合组成（Cu 为 20%～25%），总成分相当于 $CuAl_2$。图 2-5 为 θ″周围的畸变区。

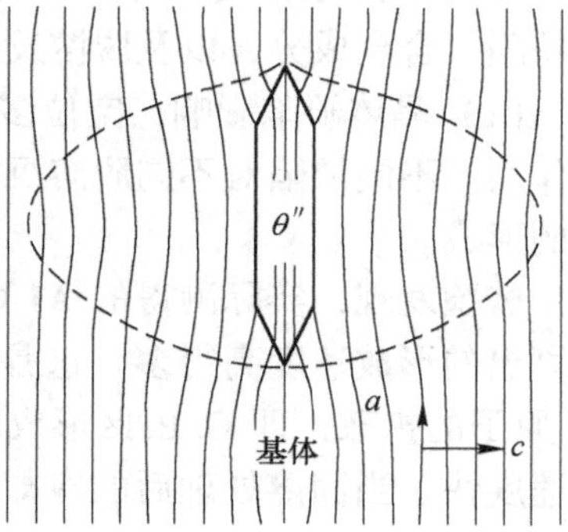

图 2-5　θ″周围的畸变区

θ″相与基体相仍保持完全共格关系，θ″相具有正方点阵，点阵常数为：$a=b=0.404$nm，与母相相同，$c=0.78$nm，较母相的两倍（0.808nm）略小。θ″相仍为薄片状，片的厚度为 0.8～2nm，直径为 14～15nm。随着 θ″相的长大，在其周围基体中产生的应力和应变也不断地增大。

（3）θ′相的形成与结构。在 Al-Cu 合金中，随着时效过程的进展，片状 θ″周围的共格关系部分遭到破坏，θ″相转变为新的过渡相 θ′相。θ′相也具有正方点阵，点阵常数为：$a=b=0.404$nm，$c=0.58$nm。θ′相的成分与 $CuAl_2$ 相当。θ′相的点阵虽然与基体相不同，但彼此之间仍然保持部分共格关系，两点阵各以其｛001｝面联系在一起。θ′相和 α 相之间具有下列位向关系：$(100)_{\theta'}$// $(100)_{\alpha}$；$[001]_{\theta'}$// $[001]_{\alpha}$。

（4）平衡相的形成及其结构。在 Al-Cu 合金中，随着 θ′相的成长，其周围基体中的应力和应变不断增大，弹性应变能也越来越大，因而 θ′相逐渐变得不稳定。

当 θ′相长大到一定尺寸后将与 θ′相完全脱离，成为独立的平衡相，称为 θ 相。θ 相也具有正方点阵，不过其点阵常数与 θ′相及 α 相相差甚大。θ 相的点阵常数为：$a=b=0.6066$nm，$c=0.4874$nm。θ 相与基体无共格关系，呈块状。

2.3.2　固溶体脱溶的特点

过饱和固溶体的脱溶驱动力是化学自由能差，脱溶过程是通过原子扩散进行的，因此与珠光体及贝氏体转变一样，过饱和固溶体的等温脱溶动力学曲线也呈 C 字形。

从等温脱溶 C 曲线（见图 2-6）可以看出，无论是 G. P.区、过渡相和平衡相，都要经过一定的孕育期后才能形成。孕育期的长短、亚稳相的数目与过饱和度及温度有关。在 T_1 温度下时效时，时效初期形成 G. P. 区，经过一段时间后形成过渡相 β′，最终形成平衡相；在 T_2 温度时效时，仅形成过渡相 β′和平衡相 β；而在 T_3 温度时效时，则仅形成平衡相 β 相。

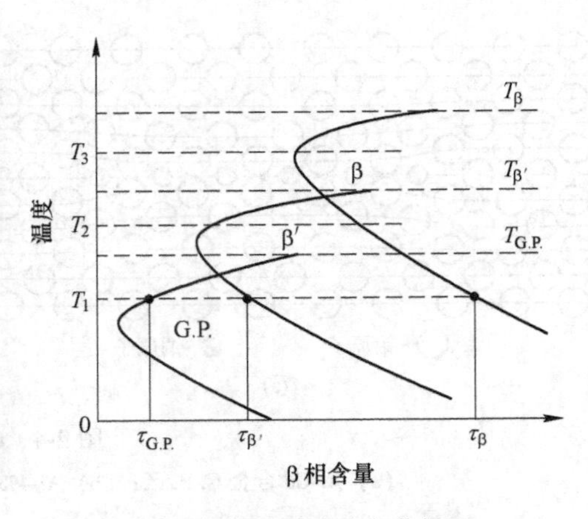

图 2-6 等温脱溶动力曲线图

由此可归纳出脱溶过程的一个普遍规律：时效温度越高，固溶体的过饱和度越小，脱溶过程的阶段也越少；而在同一时效温度下合金的溶质原子浓度越低，其固溶体过饱和度就越小，则脱溶过程的阶段也就越少。

影响等温脱溶沉淀动力学的因素主要有晶体缺陷、合金成分，以及脱溶发生的温度。

（1）晶体缺陷影响。空位多，则脱溶沉淀的速度快。晶界、位错等具有与空位相似的作用。不同缺陷对不同脱溶沉淀相的影响不同。空位促进 G. P. 区的形成，位错促进 θ′相的形成。

试验发现，实际测得的 A1-Cu 合金中 G. P. 区的形成速度比按 Cu 在 Al 中的扩散系数计算出的形成速度高得多。这是因为固溶处理后淬火冷却所冻结下来的过剩空位加快了 Cu 原子的扩散，即 G. P. 区形成时，Cu 原子是按空位机制扩散的，空位多，则脱溶沉淀的速度快。当固溶处理后的冷却速度足够快，在冷却过程中空位未发生衰减时，扩散系数 D 可由下式求出：

$$D = A\exp\left(\frac{Q_D}{kT_A}\right)\exp\left(-\frac{Q_F}{kT_H}\right)$$

可见，固溶处理加热温度越高，加热后的冷却速度越快，所得的空位浓度就越高，G. P. 区的形成速度也就越快。

Al-Cu 合金中的 θ″相、θ′相及 θ 相的析出也是需要通过 Cu 原子的扩散来完成。位错、层错以及晶界等晶体缺陷具有与空位相似的作用，往往成为过渡相和平衡相的非均匀形核的优先部位。其原因一是可以部分抵消过渡相和平衡相形核时所引起的点阵畸变；二是溶质原子在位错处发生偏聚，形成溶质高浓度区，易于满足过渡相和平衡相形核时对溶质原子浓度的要求。位错促进 θ′相的形成。塑性形变可以增加晶内缺陷，故固溶处理后的塑性形变可以促进脱溶过程。

（2）合金成分的影响。合金熔点低，则脱溶沉淀速度快；熔点高，则脱溶沉淀速度慢。溶质原子与溶剂原子的性能差别大，则沉淀速度快，过饱和度大，沉淀速度快。

（3）温度的影响。随等温温度升高，原子扩散迁移率增大，脱溶速度加快；但温度升高时固溶体的过饱和度减小，临界晶核尺寸增大，因而又有使脱溶速度减慢的趋势，所以脱溶动力学曲线呈 C 字形。

（4）相变驱动力与相变阻力。固溶体脱溶时的能量变化符合一般的固态相变规律。脱溶驱动力是新相和母相的化学自由能差，脱溶阻力是形成脱溶相的界面能和应变能。形成 G. P. 区时的相变驱动力最小，因为过渡区和母材相处于共格关系。由于平衡相和中间

相 θ′相的结构差异最大，非共格关系，因此平衡相出现的相变驱动力是最大的。

但是 G. P. 区与基体完全共格，形核和长大时的界面能较小，并且 G. P. 区与基体间的浓度差较小，较易通过扩散形核并长大，所以，一般过饱和固溶体脱溶时首先形成 G. P. 区。尽管形成平衡相 α 相的相变驱动力最大，但由于 α 相与基体非共格，形核和长大时的界面能较大，所以不易形成。

过饱和固溶体脱溶时，溶质元素含量较多的合金其体积自由能差较大。因此，在时效温度相同时，随溶质元素含量增加，即固溶体过饱和度增大，脱溶相的临界晶核尺寸将减小；而在溶质元素含量相同时，随时效温度降低，固溶体过饱和度增大，临界晶核尺寸亦减小。

2.4 合金的时效

2.4.1　时效的概念

合金在淬火或者经过一定的塑性变形后，在一定的温度下放置较长时间，因为原子的扩散，固溶体相关元素贫化、晶粒回复与再结晶以及脱溶沉淀相析出，其性能随时间的变化而变化，这一过程称为时效热处理过程。能够发生时效现象的合金称为时效型合金或简称为时效合金。

时效处理一般分为两种类型，一种是人工时效处理，另一种是自然时效处理，如图 2-7 所示。人工时效处理是指合金在人为设置的温度下保温一定时间而获得相应性能的热处理工艺；自然时效是指合金在室温下保温一段时间而获得相应性能的热处理工艺。

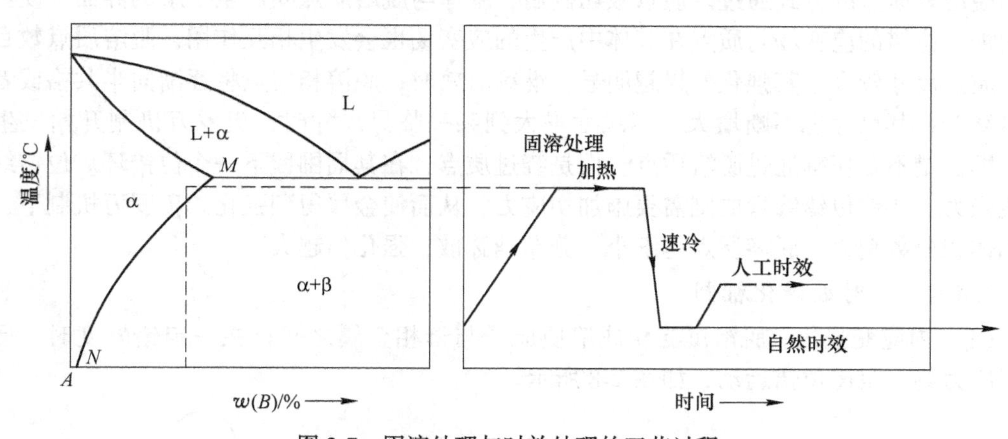

图 2-7　固溶处理与时效处理的工艺过程

自然时效和人工时效处理均是使合金在特定的温度下保温一段时间，溶质原子从过饱和的固溶体中析出，从而产生脱溶现象。一般情况下，合金经淬火处理后自然时效就开始了，不同的金属材料自然时效的时间各不相同，有的金属材料时效几个小时就可达到性能要求，而有的却需要几天甚至几个月的时效才能满足工作要求。为了加快时效速率，使溶质原子更快地从过饱和的固溶体中析出，通常会对合金进行人工时效，从而提高时效的效率。人工时效通常情况下是指等温时效，即如上所述在某一特定温度下进行保温处理，还有一种是非等温时效处理，即在高于室温且变化的温度下进行时效处理。

冷时效是在较低温度下进行的时效，其硬度曲线变化的特点是：硬度一开始迅速上升，达到一定值后硬度缓慢上升或者基本保持不变。一般 Al 合金或 Cu 合金冷时效只形成 G. P. 区。

温时效是在较高温度下进行的时效，其硬度曲线变化的特点是：在初期有一孕育期，以后硬度迅速升高，达到一极大值后，硬度又随时间延长而下降。一般认为温时效析出的是过渡相与平衡相。

2.4.2 时效强化机理

经固溶处理的过饱和固溶体在室温或室温以上进行时效处理后，材料的硬度或强度发生显著增加的现象称为时效强化。引起合金发生时效强化的原因是过饱和固溶体在时效过程中有可能发生沉淀、偏聚、有序化等反应的产物，从而增加了位错运动的阻力。位错与析出产物交互作用下硬化机制有位错剪切析出相粒子、基体与粒子间相界面积增加、析出相与基体的层错能差异、基体与析出粒子的切变模量不同。

另外，析出相与基体共格应变场交互作用、参数不匹配、有序共格沉淀硬化作用以及位错运动产生反相畴界，使位错不能通过析出相而弯曲绕过形成位错环等均可产生硬化。控制时效温度、时间等条件可使合金获得不同的组织结构和强化效果。

金属时效强化的机制是位错与脱溶质点之间的相互作用。当运动位错遇到脱溶质点时，在质点周围生成位错环的方式或绕过质点的方式克服脱溶质点的阻碍，使得位错运动产生一个附加的切应力。一般在时效开始阶段，脱溶相与基体共格，尺寸很小，位错可以切割脱溶相质点的方式通过。质点被切割后，基体与脱溶质点间产生了新的界面，使界面能增加，位错的应变场与质点在基体中产生的应变场也会发生相互作用，脱溶质点数目越多，质点尺寸较大，其强化效果越明显。继续时效时，脱溶相质点将逐渐向半共格或者非共格转变，其尺寸也不断增大，当尺寸增大到某一临界尺寸时，奥罗万机制开始发生作用，即位错不是切割通过脱溶质点，而是绕过质点，在其周围留下一个位错环。位错线具有线张力，要使位错线弯曲则需要施加切应力，从而使金属得到强化。奥罗万机制下，脱溶相体积分数越大，脱溶质点越细小、分布越弥散，强化值越大。

2.4.2.1 时效硬化机制

（1）内应变强化。脱溶沉淀相或溶质原子与母相金属之间存在一定错配度时，便产生了应力场，阻碍位错运动，如图 2-8 所示。

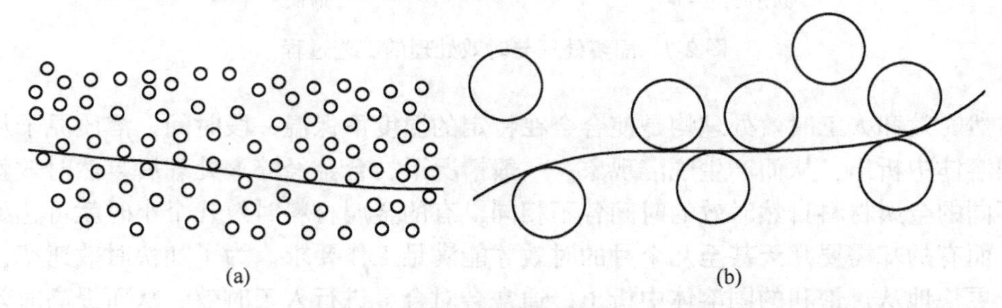

图 2-8 位错线在应力场中的分布
（a）位错线在高度弥散应力场中直线通过；（b）在间距较大的应力场中弯曲通过

（2）切过颗粒强化。当析出相位于位错的滑移面上，且析出相比较软时，位错线就可切过析出相而通过，如图 2-9 所示。

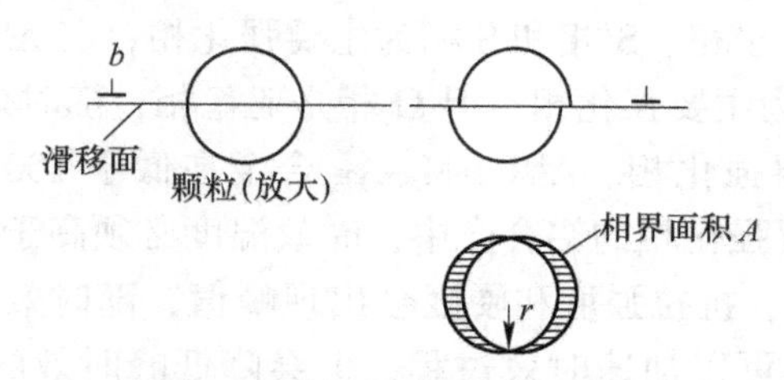

图 2-9 位错切过第二相颗粒

（3）绕过析出相强化（奥罗万机制）。当析出相位于位错的滑移面上，且析出相很硬时，位错线无法切过而只能绕过析出相，如图 2-10 所示。

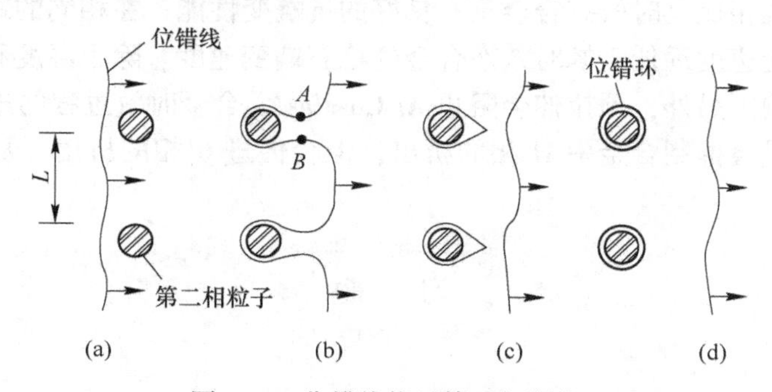

图 2-10 位错线绕过第二相颗粒

$$\tau_{绕} = 2Gb/L$$

式中，G 为切变模量；b 为柏氏矢量；L 为相邻析出相颗粒间距。得出如下结论：

1）相邻析出相颗粒间距越小，则强化效应越大；

2）当颗粒体积分数一定时，脱溶相颗粒半径越小，则强化效应越显著；

3）当脱溶相半径一定时，其体积分数越大，则强化效应越高。

2.4.2.2 回归现象

若把经过低温时效硬化的合金放在固溶处理温度之下比较高的温度下短期加热并迅速冷却，时效硬化现象会立即消除，硬度基本恢复到固溶处理状态，称为回归。

回归现象的产生原因为：通过时效形成的 G. P. 区在加热到稍高于 G. P. 区固溶度曲线温度时，G. P. 区会溶解，因而导致硬化现象消失。而过渡相和平衡相则由于保温时间短来不及析出。

2.4.2.3 时效对合金的组织和性能影响

时效强化是合金主要的强化途径之一，所以通过控制时效制度来控制合金的时效析出相对其性能影响非常重要。时效温度、时效时间、时效次数和材料本身的应力状态以及合金元素决定了析出相的种类、大小和数量，从而影响了合金的性能。

在不同的时效温度下合金的强化相不一样，如 Al-4%Cu 合金中，时效温度低于 130℃时，G. P. 区为主要强化相；在 150~170℃时，θ″相为主要强化相；在 225~250℃时，θ′相为主要强化相；高于250℃时，θ相为主要强化相。在Al-Cu-Mg合金中由于Mg的加入，改变了合金的时效析出序列，时效过程中会有S相及其亚稳相析出，随着时效温度的升高，合金分别以GPB区、S″相、S′相和S相为主要强化相；在Al-Cu-Mg-Ag合金中，由于Ag的添加，会使Ω相成为主要强化相，但Ω相是亚稳相，随时效温度的升高，最终会转变成θ相，使其成为主要强化相。Al-Cu-Mg-Ag合金在低于100℃时效时不会有Ω相析出，所以在以Ω相为主要强化相的铝合金中，时效温度必须高于100℃。在同一温度下进行时效时，随时间的延长，抗拉强度和硬度会出现峰值，随时效温度的升高，峰值左移。当时效温度过高时，虽然可以加速时效过程，但会降低峰时效的硬度。相关文献研究发现，Al-Cu-Mg-Ag合金多级断续时效处理工艺，二次时效温度为室温和65 ℃时效时，合金强化主要是固溶强化和G. P. 区强化；二次时效温度高于100℃时，主要强化相由θ′相逐渐转变为Ω相。此外，文献研究了时效对Al-Cu-Mg-Ag合金高温抗蠕变性能的影响，结果显示与峰时效相比欠时效态合金具有良好的抗蠕变性能，在相同的蠕变条件下欠时效态合金的稳态蠕变速度远低于峰时效态合金的稳态蠕变速度。除了温度和时间外，形变对时效也会产生影响。另外，预拉伸会阻止Al-Cu-Mg-Ag合金时效过程的进行，降低峰时效的硬度。预变形量会抑制合金中Ω相的析出，但会促进θ′相的析出，从而降低了合金的强度。

习　题

一、选择题

1. 间隙固溶体形成条件是溶质原子与溶剂原子直径之比必须（　　）0.59。

A. 大于　　B. 小于　　C. 等于　　D. 小于或等于

2. 对于有限型固溶体，溶质在有限范围内溶解度随温度升高而（　　）。

A. 减小　　B. 增加　　C. 不变　　D. 无规律

3. 添加的原子（　　），越（　　）形成固溶体。

A. 越小，易　　B. 越大，难
C. 越大，易　　D. 越小，难

4. 离子尺寸是与晶体结构的关系密切相关的，结构中间隙的大小起了决定性的作用。一般晶体中空隙越（　　），结构越（　　），越（　　）形成固溶体。

A. 小，紧密，难　　B. 大，疏松，易
C. 大，紧密，难　　D. 小，疏松，易

5. 经过固溶热处理的合金，其组织可以是过饱和固溶体或通常只存在于（　　）的一种固溶体相。

A. 低温　　B. 室温　　C. 高温　　D. 高温和室温

6. 固溶处理的影响因素（　　）。

A. 加热温度　　B. 保温时间　　C. 冷却速度　　D. 以上均是

7. 在θ相形成之前，会出现三个过渡脱溶物相，出现的顺序依次为：（　　）。

A. G. P. 区 θ相 θ′相 θ″相　　B. G. P. 区 θ″相 θ′相 θ相
C. θ相 θ″相 θ′相 G. P. 区　　D. θ′相 θ″相 G. P. 区 θ相

8. 奥罗万机制下，脱溶相体积分数越（　　），脱溶质点越（　　）、分布越弥散，强化值越（　　）。

A. 小，小，大　　　　B. 大，小，大

C. 小，大，大　　　　D、大，大，小

9. 合金在室温下保温一段时间而获得相应性能的热处理工艺称为（　　）。

A. 人工时效　　　　B. 机械时效

C. 自然时效　　　　D. 等温时效

10. 二次时效温度为室温和65 ℃时效时，合金强化主要是固溶强化和（　　）强化。

A. G.P.区　　B. θ″相　　C. θ′相　　D. θ相

二、简答题

1. 什么是固溶体?

2. 固溶体的分类方式有哪些?

3. 固溶处理的作用有哪些?

4. 简述等温脱溶沉淀动力学的影响因素?

5. 时效强化的本质是什么?

三、综合分析题

1. 论述时效处理的本质及其对合金组织和性能的影响。

2. 简要分析时效强化对Al-4%Cu合金组织和性能的影响。

四、综合性创新性实验设计

系统研究7A55铝合金的热处理工艺，在大量试验的基础上，仔细观察并认真思考热处理工艺对7A55铝合金微观组织演变和性能的影响规律。最终设计出合理的热处理工艺参数，使得其HV0.5达到80以上或使其屈服强度超过400MPa。

3 奥氏体转变

钢的热处理加热温度分为A_1温度以下和A_1温度以上两种，在A_1温度以下加热，基体不发生多型性转变，这类热处理主要包括部分退火和回火工艺，温度加热到A_1温度以上后，基体将发生多型性转变。钢的组织结构将转变为奥氏体，这类热处理包括正火、淬火和部分退火工艺。钢的室温组织（铁素体、珠光体等）在微观上的成分是不均匀的，尤其是不同组织中的碳含量不同，因此钢在加热转变为奥氏体的过程中，会有碳和合金元素的再分配。奥氏体晶粒的大小、成分的均匀性等对随后的冷却转变及其转变产物的性能都有重要影响，因此加热得到适当的奥氏体组织，是保证热处理质量的重要环节。

3.1 奥氏体的结构及性能特性

钢组织中的奥氏体为多种化学元素固溶于 γ-Fe 中形成的固溶体，属于面心立方晶格。碳等间隙原子位于奥氏体晶胞八面体间隙的中心，如图 3-1 所示。由于碳原子的半径为 0. 077nm，γ-Fe 的最大间隙半径，即八面体间隙半径为 0. 053nm，因此受制于空间体积因素，碳在 γ-Fe 中的最大溶解度只能达到 2. 11%（质量分数）。

碳原子的固溶会使前述八面体间隙发生膨胀，产生畸变。随着碳原子溶入量的增大，畸变量增大的同时，晶体的晶格常数也随之增大，如图 3-2 所示。晶格常数的增大会在一定程度上影响过冷奥氏体的无扩散相变。

除了碳、氮等原子，多数合金元素如锰、硅、镍等，也可以取代晶格中的铁原子，从而形成置换固溶体，其溶解度差异较大。部分原子仅能存在于晶界、位错等缺陷处，如硼。

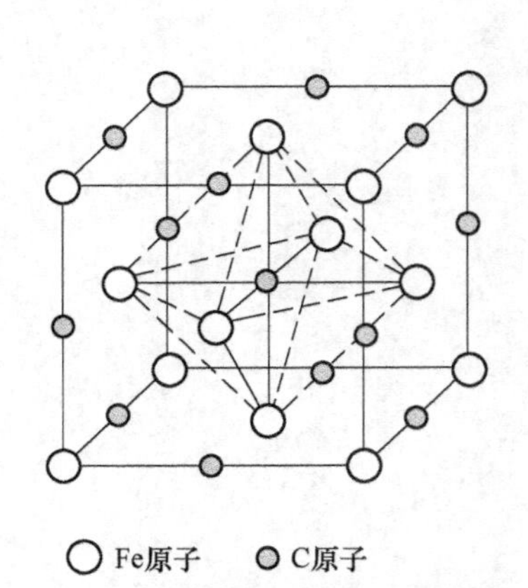

图 3-1　碳原子在奥氏体晶胞中的位置

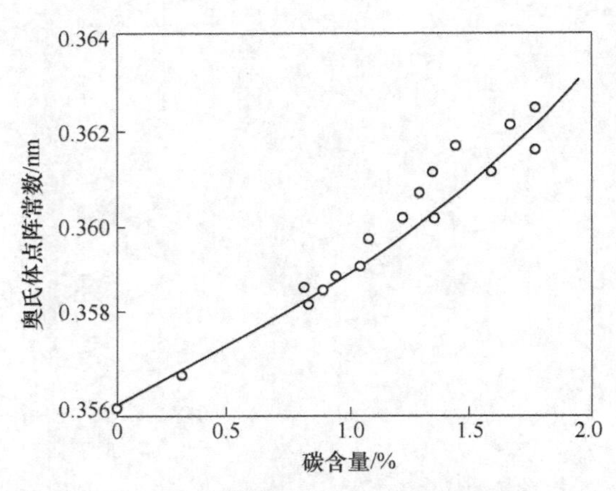

图 3-2　碳原子含量对奥氏体点阵常数的影响

3.2 钢在加热时的组织转变过程

钢材在加热过程中温度升高，在一定条件下会转变生成奥氏体，本节即介绍钢在加热过程中的组织转变规律。

3.2.1 奥氏体转变的热力学条件

3.2.1.1 相变驱动力

但凡一个化学或物理过程要实现，首先要满足热力学条件，奥氏体转变的热力学驱动力便是新相与旧相之间的吉布斯自由能之差。由图 3-3 可知，珠光体与奥氏体的吉布斯自由能随温度的升高均呈降低趋势，由于珠光体与奥氏体曲线的斜率不同，因此，在温度变化过程中两条曲线有一交点。这一点即是 Fe-C 相图上的共析温度 727℃，为临界温度点 A_1，当温度低于 A_1时，珠光体的吉布斯自由能更小，可稳定存在，因此发生 A →F+Fe_3C 的分解反应；当温度高于 A_1时，奥氏体的吉布斯自由能低于珠光体的吉布斯自由能。珠光体将逆共析转化为奥氏体。

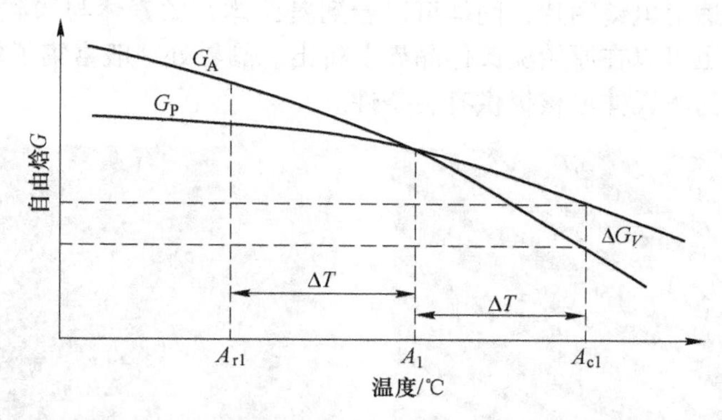

图 3-3 奥氏体、珠光体的吉布斯自由能（自由焓）与温度的关系

3.2.1.2 临界转变温度

从热力学上讲，某过程要发生，必须要有一定推动力，因此转变不可能发生在平衡状态，而实际加热或冷却时的相变开始温度不会刚好是前述的共析 A_1温度，需要一定的过冷度或过热度 ΔT。因此，相的转变也存在滞后现象，即转变开始温度随着加热速度的加快而升高，随着降温速率增大而减小。为了统一标准，一般将在特定加热速率下（一般为 0.125℃/min）实际测定的临界温度用 A_{c1}（加热时）表示，冷却时的临界温度用 A_{r1}表示。

铁碳合金缓慢加热时，奥氏体的形成温度范围可以从 Fe-Fe_3C 相图中得出。从 Fe-Fe_3C 相图可知，针对上述的共析钢，在加热到 *PSK* 线（A_1）之前，其组织结构并不会发生明显的变化，而只有当加热温度超过 A_1一定范围后（一定过热度），珠光体才开始转变为奥氏体。反之，如果钢从奥氏体状态缓慢冷却，当温度低于 A_1一定范围后（一定过冷度），奥氏体即才开始转变成珠光体。

对于亚共析钢，经过 GS 线（A_3）时，会发生奥氏体与铁素体之间的相互转化，对于过共析钢，经过 ES 线（A_{cm}）时，会发生奥氏体与渗碳体之间的相互转化。所以，$Fe-Fe_3C$ 相图中的 A_1、A_3、A_{cm} 称为钢冷却或加热过程中组织转变的平衡临界温度点，即无限接近于热力学平衡条件下，钢发生组织转变的温度。

3.2.2 加热过程中奥氏体的形核

大量研究表明，奥氏体一般在铁素体和渗碳体的界面上形核。除此之外，其形核位置也可以是珠光体的边界、铁素体嵌块的边界等，奥氏体的形核符合固态相变的一般规律。

通常认为，奥氏体在铁素体和渗碳体的界面上形核，这是由于奥氏体碳含量区间介于铁素体（0.02%）和渗碳体（6.67%）之间，因此，奥氏体最有可能在铁素体和渗碳体的界面上出现形核。在相界面上碳原子有吸附，且含量较高，界面扩散速率较快，极易形成较大的浓度涨落，使相界面某一微区达到形成奥氏体晶核所需的碳含量。此外，铁素体和渗碳体界面上自由能也较高，容易造成能量的起伏，能满足形核的热力学条件，促进晶核的形成。因此，奥氏体晶核最容易在铁素体和渗碳体界面处形成。图 3-4（a）为 T8 钢加热时，扫描电镜（SEM）图片；图 3-4（b）为合金含量 Cr 2.6%，C 0.96%的铁基合金加热后检测得到的透射电镜图片，同样可以看到奥氏体在铁素体与渗碳体界面析出形貌。同时，奥氏体晶核也可以在原始奥氏体晶界上析出。晶界处一般富集了较多的碳原子和其他元素，因此也可为奥氏体形核提供有利条件。

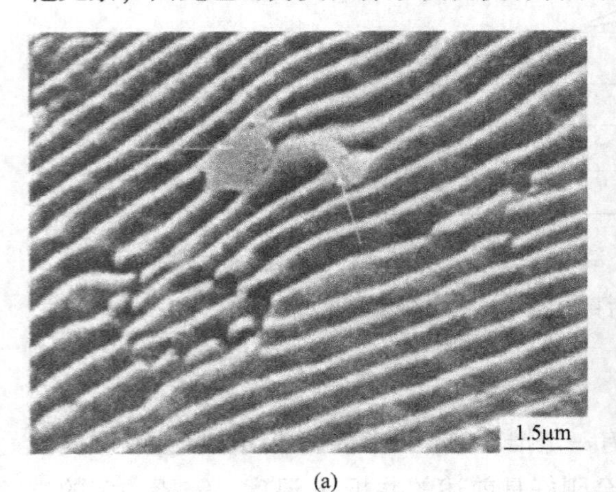

(a)

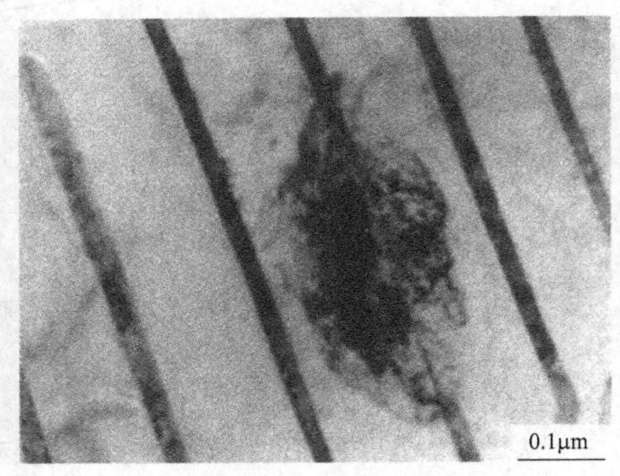

(b)

图 3-4 奥氏体在珠光体与渗碳体界面析出形貌

（a）SEM 像；（b）TEM 像

相关研究表明，奥氏体也可在珠光体领域的边界上形核，如图 3-5 所示，图中的符号 M_2、M_1 表示奥氏体在冷却时转变为马氏体组织。奥氏体的形核是扩散型相变，可在渗碳体与铁素体相界面上形核，也可在珠光体领域的交界面上形核，还可在原奥氏体晶界上形核。这些界面易于满足形核的所有条件。

当原始组织为粒状珠光体时，加热时奥氏体在渗碳体颗粒与铁素体相界面上形核。将含碳 1.4%的铁合金加热至 850℃，并保温 1h，而后以 15℃/h 的速率冷却至 600℃。如图 3-6（a）所示，炉冷后的组织为粒状珠光体，铁素体基体上分布着大量的渗碳体颗粒，将

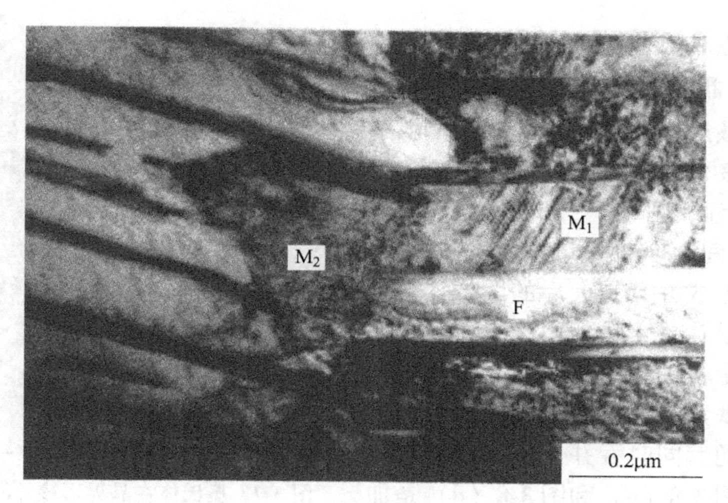

图 3-5　奥氏体在珠光体领域边界形核

其加热到 770℃，等温 150s 后，立即用冰盐水淬冷，制样后用扫描电镜观察其组织，显示在渗碳体与铁素体的相界面上形成奥氏体，由于奥氏体在激冷过程中稳定性较差，从而转变为细片。

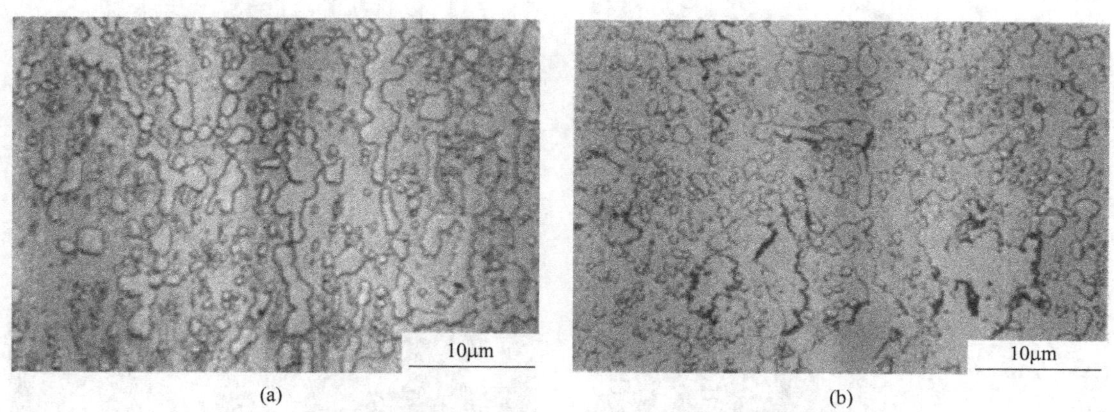

图 3-6　含碳 1.4%铁合金组织形貌（光学显微镜）
（a）粒状珠光体；（b）片状珠光体

奥氏体的形成一般认为是扩散型相变中的体扩散，但是需要注意的是，奥氏体的形成温度范围比较宽，从铁碳相图来看，奥氏体存在于 A_1（727℃）附近到 1400℃的广泛的温度区间内，这里有体扩散，同时也有界面扩散。对于在较低温度下析出长大的奥氏体，例如在 770℃时出现的奥氏体形核长大，则是以界面扩散机制为主。如图 3-7 所示，奥氏体沿着相界面形核长大，包围了渗碳体颗粒，表明相界面处容易形核，奥氏体易于沿着相界面长大，同时说明原子沿着相界面扩散较快，界面扩散占主导地位。

3.2.3　奥氏体晶核的长大

热处理中，当钢件加热到奥氏体相区时，系统中物质扩散的动力学条件大大改善，碳原子扩散速度加快，铁原子和替换原子也能充分扩散。此时界面扩散和体扩散均能进行，因此奥氏体的生成长大是扩散型相变。

3.2.3.1 晶核长大方式

奥氏体形核后，在珠光体内部以扩散的方式长大。图 3-8 所示为奥氏体晶核在珠光体内的长大过程。图 3-8（a）为加热温度 800℃，保温时间为 8s 时，奥氏体晶核在两片渗碳体之间形成并且长大后的图像，可见奥氏体晶核只是在铁素体片中长大，还没有向渗碳体组织生长扩散；图 3-8（b）为保温 20 s 后，一片铁素体和一片渗碳体同时形成奥氏体晶核，随后同时吞并铁素体和渗碳体长大的情形；图 3-8（c）和图 3-8（d）是加热 10s 及 20s 后，奥氏体形核及长大的形貌，是奥氏体吞噬铁素体和渗碳体的实例。

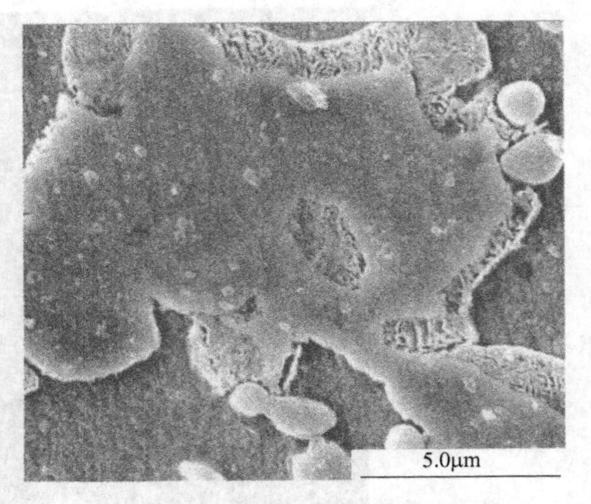

图 3-7 奥氏体在晶界形核并沿着晶界长大

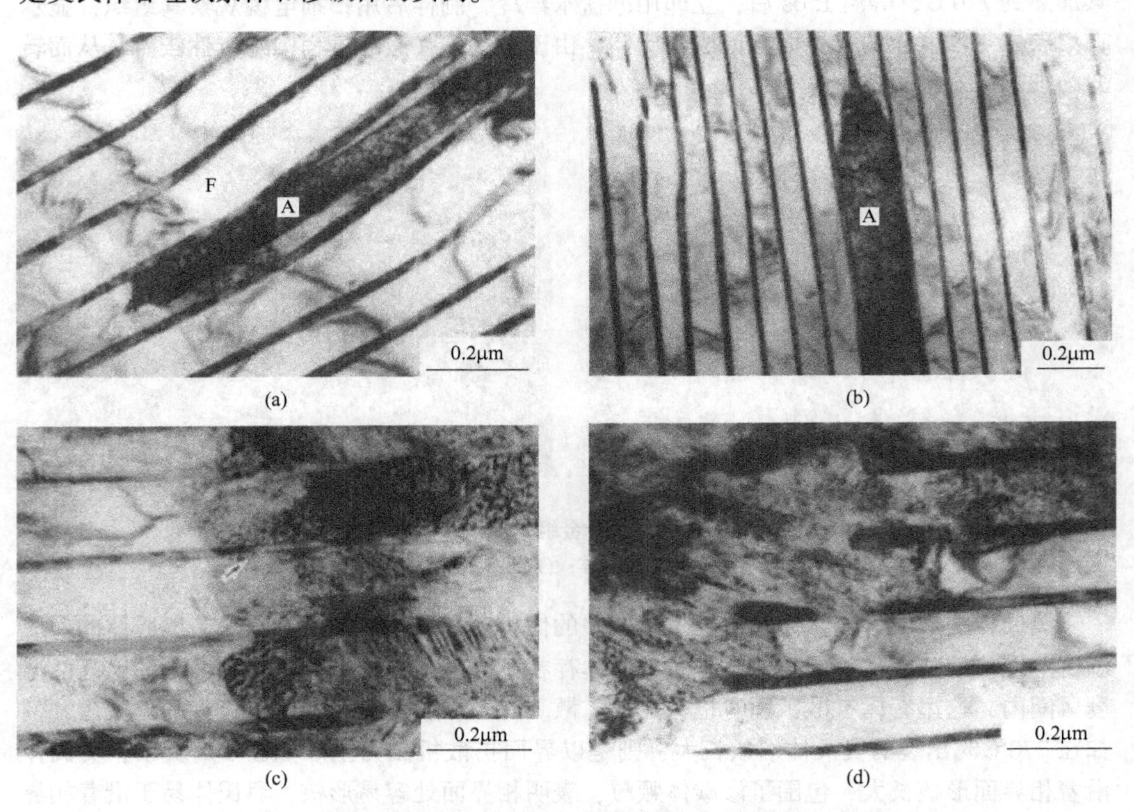

图 3-8 不同加热时间下，奥氏体在珠光体内的形核和长大过程

当原始组织为粒状珠光体时，奥氏体晶核倾向于在铁素体和渗碳体颗粒的相界面上形成，然后迅速向渗碳体及铁素体中生长，图 3-9 为过共析钢的粒状珠光体加热 745℃后，奥氏体在渗碳体和铁素体界面形核长大的实例。

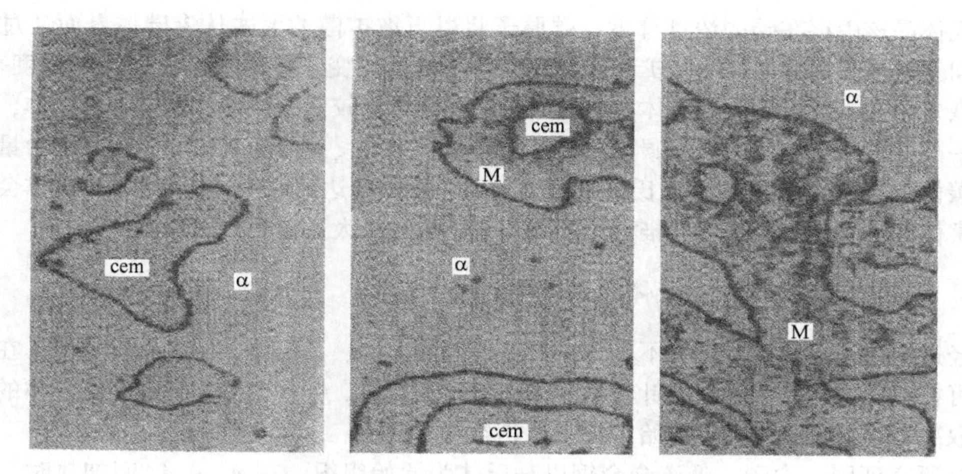

图 3-9 奥氏体在过共析钢粒状珠光体组织中形核长大

3.2.3.2 晶核长大机理

如前所述，当奥氏体晶核在铁素体和渗碳体界面上形成时，会形成 γ-α 和 γ-Fe_3C 两个新的相界面。因此，奥氏体晶核的长大过程实际上是 γ-α 和 γ-Fe_3C 界面向原铁素体和渗碳体中迁移侵蚀的过程。如果奥氏体在 A_{c1} 以上某温度 T_1 时形成，且与渗碳体及铁素体接触的相界面为平直的，如图 3-10 所示，那么相界面处各相的碳含量可由 Fe-Fe_3C 相图确定，如图 3-11 所示。由图 3-11 可知，碳原子在奥氏体晶核内部分布是不均匀的。可将与铁素体交界面处奥氏体中的碳含量记为 $C_{\gamma\text{-}\alpha}$，而与渗碳体交界面处的奥氏体中的碳含量标记为 $C_{\gamma\text{-cem}}$。由前面的分析可知，$C_{\gamma\text{-cem}}$ 大于 $C_{\gamma\text{-}\alpha}$。因此，在奥氏体晶核长大的过程中，

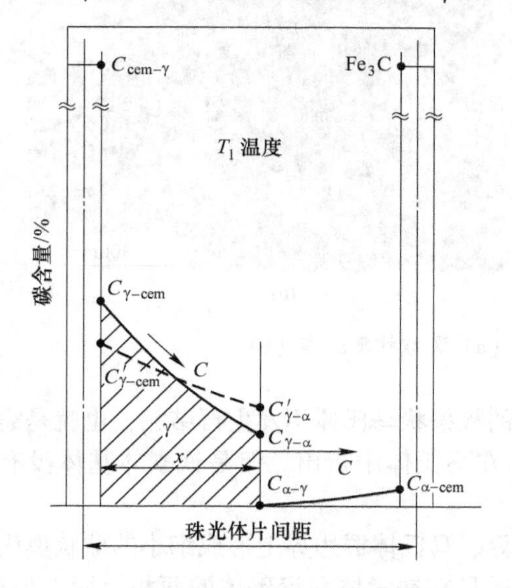

图 3-10 奥氏体晶核在珠光体中长大时晶核相界面推移示意图

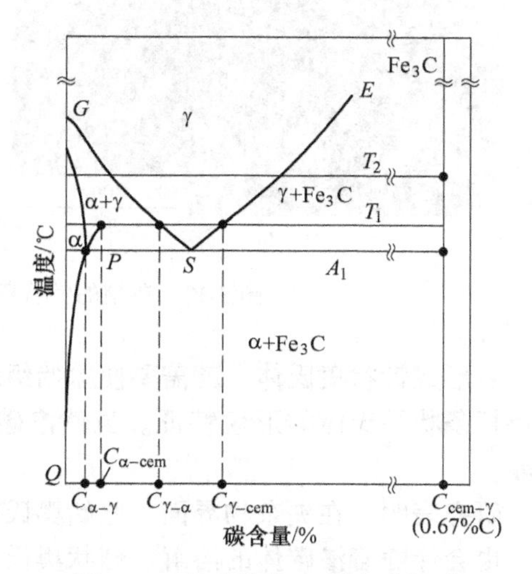

图 3-11 奥氏体在 T_1 温度形核时各相的碳浓度

在奥氏体晶核中存在碳的浓度梯度，碳原子将以下坡扩散的形式从渗碳体界面通过奥氏体，向铁素体界面方向扩散。扩散开始后，系统浓度改变，破坏了界面处的碳浓度平衡。为了恢复平衡，奥氏体向铁素体方向长大，因此碳含量较低的铁素体转变为奥氏体，而消耗掉一部分碳原子，使其界面碳原子浓度重新恢复为 $C_{\gamma\text{-}\alpha}$。而随着碳的扩散，碳含量较高的渗碳体将分解，使渗碳体-奥氏体界面处的碳含量重新达到 $C_{\gamma\text{-cem}}$。此时，奥氏体会分别向铁素体和渗碳体内两个方向推移，不断长大，这一长大过程是扩散控制过程。

3.2.4 针状奥氏体和球状奥氏体的形成

经过淬火的组织或者回火不充分的组织，如贝氏体、马氏体、回火马氏体等，在加热时常可在奥氏体转变初期获得针状奥氏体和球状奥氏体。针状奥氏体和球状奥氏体的形成直接取决于钢的化学成分、原始组织和加热条件。

有研究证明，中碳、低碳合金钢以马氏体为原始组织，在 $A_{c1}\sim A_{c3}$间加热时，针状奥氏体会在马氏体板条间形成，而球状奥氏体更多时候在原始奥氏体晶界、马氏体群边界及夹杂物边界处形成。一般而言，如果钢中含有推迟铁素体再结晶的合金元素，在一定的温度条件下，更容易生成针状奥氏体。图 3-12 所示钢的成分为 C 0.123%；Ni 3.5%；Mo 0.35%，原始组织为回火马氏体在 $A_{c1}\sim A_{c3}$之间加热时，形成的针状奥氏体和球状奥氏体。

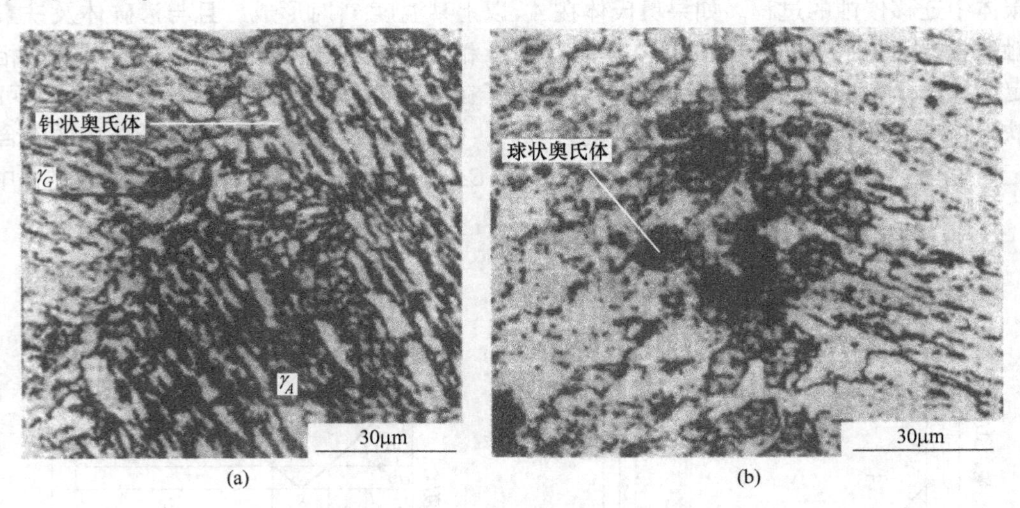

图 3-12 典型的针状奥氏体（a）和球状奥氏体（b）

要形成针状奥氏体，就需要使原始组织中的板条状马氏体不发生再结晶，也就是需要保持板条状马氏体的形貌特征。虽然渗碳体已在马氏体中析出，但是铁素体基体没有再结晶。

研究表明，在夹杂物界面、原始奥氏体晶界、马氏体群边界上形成细小的球状奥氏体时，也会伴随着渗碳体的溶解。球状奥氏体同样是在铁素体和渗碳体的两相界面上形核，再通过碳的扩散逐渐向铁素体和渗碳体中长大。当温度上升至 A_{c3}以上时，在奥氏体形成前，基体 α′板条已经再结晶，α′正板条之间的晶体学位向关系消失，加之升温过程中析出的碳化物尺寸较小，分布较均匀，形成了大量的铁素体和渗碳体界面，更有利于奥氏体晶核的形成，因此，奥氏体失去了在板条界面形核长大的优先条件，不再形成针状奥氏体，取而代之的是在铁素体与渗碳体的界面上形成球状奥氏体。

3.2.5　钢加热过程中的奥氏体化

3.2.5.1　亚共析钢加热过程中的奥氏体化

亚共析钢中的组织是先共析铁素体与珠光体组成的复合组织。当把亚共析钢低速加热到 A_{c1} 温度时，组织中的珠光体首先转变为奥氏体，而组织中的先共析铁素体暂时不发生转变。奥氏体晶核在相界面处形成，随着晶核的长大，珠光体逐步消失，直至完全被消耗殆尽。此时亚共析钢由奥氏体与先共析铁素体两相组成，随着加热温度的持续升高，奥氏体界面逐步向铁素体扩展，此时先共析铁素体逐步被奥氏体吞噬，最后全部转化为细小的奥氏体晶粒。本节以 25 钢为例，介绍亚共析钢加热奥氏体化的具体过程。

25 钢为常用的碳素结构钢，退火后的组织由先共析铁素体与珠光体组成。将退火后的 25 钢试样加热到 700~850℃ 区间的不同温度后，使用盐水进行淬火，测定淬火后试样的硬度，制样后观察其金相组织形貌。得到的组织形貌与硬度变化如图 3-13 和图 3-14 所示。

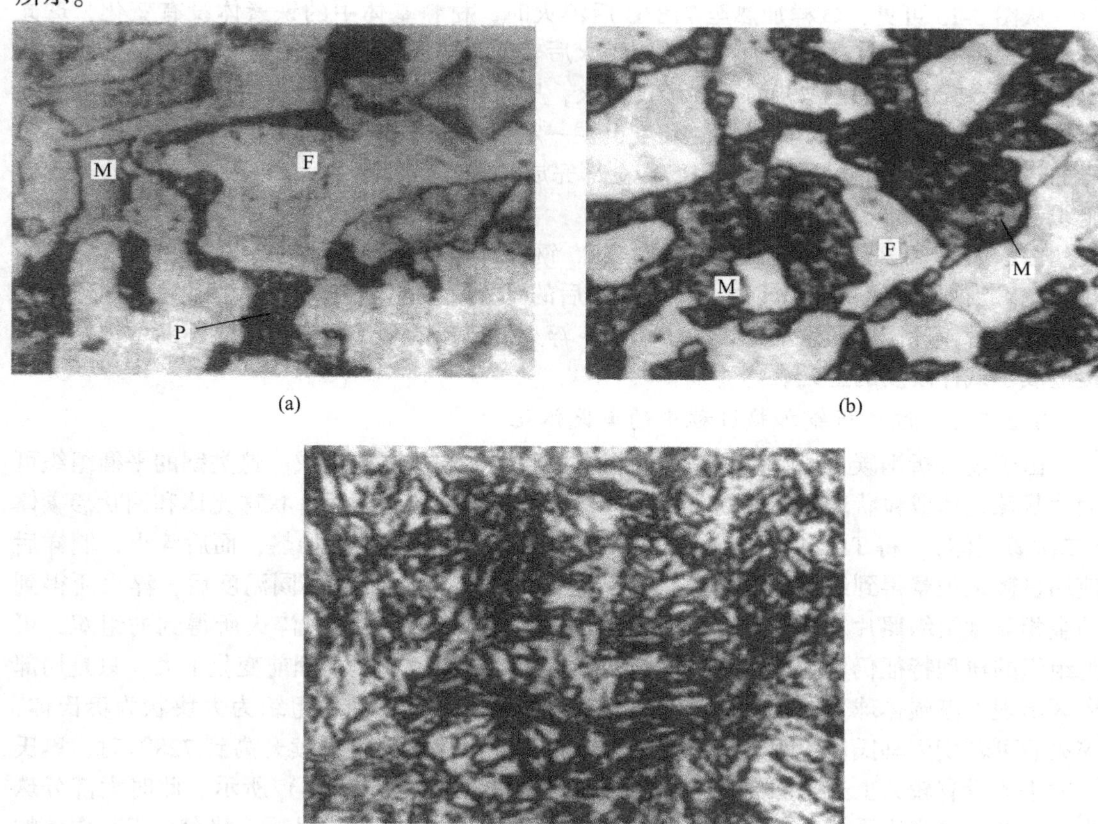

图 3-13　25 钢在不同温度下淬火后的组织形貌（1000×）
（a）718℃，HRC6；（b）730℃，HRC22；（c）830℃，HRC49

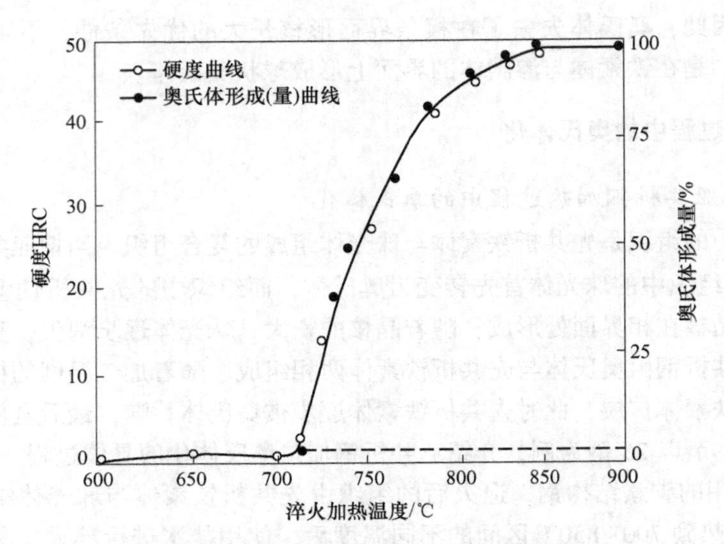

图 3-14　25 钢淬火加热温度与硬度、奥氏体形成量间的关系

从图 3-13 可见，试样加热至 718°C 后淬火时，材料基体中的铁素体没有变化，珠光体组织也仅有一小部分转变为奥氏体，淬火后转变为马氏体，在图中呈浅灰色，如图 3-13（a）所示。试样加热至 730℃后，经过淬火，奥氏体在珠光体中形成并且长大，淬火后马氏体量也大幅度升高，因此试样的硬度也在一定程度上升高，如图 3-13（b）所示。当试样加热至 830℃时，奥氏体化过程已经全部完成，试样经过淬火后，得到了单一的马氏体组织，如图 3-13（c）所示。

由图 3-14 可知，在 A_{c1} 温度以下加热 25 钢并淬火，经过处理的试样硬度没有发生明显变化。当加热温度超过 A_{c1} 时，淬火处理后的试样硬度不断升高，这是因为热处理温度不断升高后，奥氏体的生成量进一步增加，淬火后形成的马氏体量也随之不断增加，这直接造成了试样硬度的上升。

3.2.5.2　过共析钢加热过程中的奥氏体化

由于过共析钢碳含量较高，其平衡组织由渗碳体与珠光体组成，这类钢的平衡组织可为片状珠光体或粒状珠光体。以 T12 钢为例，选择其原始组织为片状珠光体和网状渗碳体（二次渗碳体），将 T12 钢试样在 720~1000℃的温度范围内进行加热，而后淬火，制样后使用显微镜观察得到组织的典型形貌。图 3-15 为 T12 钢加热到不同温度后，淬火所得到的金相显微组织照片。图 3-15（a）为试样加热到 720℃后，经过淬火所得到的组织，可见组织的典型特征仍然为片状珠光体与网状渗碳体构成，与热处理前变化不大，只是局部微区出现了渗碳体球化的现象。当温度上升至 725℃后，得到的组织为大块状为奥氏体，淬火后可转变为马氏体组织，其余组织为珠光体。当淬火温度继续升高到 728℃时，奥氏体的生成量有较大上升，珠光体仍然占 20%~30%，如图 3-15（b）所示。此时大部分珠光体已经转变为奥氏体，但还存在没有溶解完的碳化物，淬火后以颗粒状存在于灰白色的马氏体组织中。当淬火温度上升到 750℃时，淬火后则可得到细小的马氏体组织与网状未溶碳化物，即晶界处的网状二次渗碳体尚未完全溶解，需要继续升高温度。当温度达到 A_{cm} 以上时，网状碳化物才能全部溶解进入奥氏体。

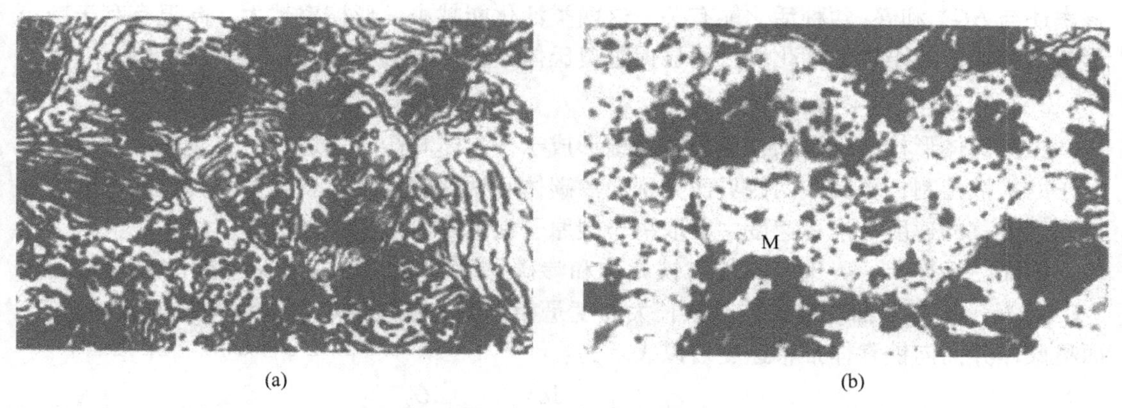

图 3-15　T12 钢不同加热温度淬火后金相组织形貌（光学显微镜，1000×）
（a）720℃；（b）728℃

3.3　奥氏体析出动力学

前面了解了钢材加热过程中奥氏体转变的热力学问题，讨论了相变的驱动力、形核、相组织的转化规律等。在实际应用过程中，人们往往更看重相变的动力学问题，尤其是相变速率等。动力学的问题往往比较复杂，钢的成分、组织、加热温度、加热速率等条件均会影响相的形态与转变速率。因此，为了简化问题，首先讨论等温条件下，即温度恒定时，奥氏体的析出动力学问题。

奥氏体化曲线是在一定温度下，奥氏体生成量与保温时间的关系，一般称作 TTA 图，以区别于奥氏体转变的 TTT 图。奥氏体化是钢材加热时的重要相变过程，对于钢的冷却转变也具有重要影响。在现代工业体系中，出现了快速加热及超快速加热，比如，焊接过程及高频感应表面淬火等。由于快速加热时，系统可能远离平衡状态，其动力学条件可能与传统工艺条件出现较大差别，鉴于以上情况，快速加热情况下的奥氏体化越来越受到人们的关注。奥氏体化曲线 TTA 图则是研究不同加热速率下，温度、时间与奥氏体形成的联系。

3.3.1　奥氏体的形核及长大速率

奥氏体的形核速率和长大速率综合决定了加热过程中奥氏体的生成速率。因此，本节对奥氏体的形核率及长大速率进行着重讨论。

3.3.1.1　奥氏体形核率

假设奥氏体为均匀形核，在均匀形核的条件下，形核率 I 与温度之间的关系服从阿雷尼乌斯公式：

$$I = k_0 \exp[-(\Delta G^* + E_D)/RT] \tag{3-1}$$

式中，I 为形核率；k_0 为常数；ΔG^* 为形核活化能；E_D 为扩散活化能；R 为理想气体常数；T 为热力学温度。

由式（3-1）可知，形核率 I 与温度呈指数关系，温度越高，形核率越大。此外，形

核率还与 ΔG^* 和 E_D 两种活化能有关，这两类活化能越小，形核率越大。高温有利于减小形核活化能，减小扩散活化能，明显促进奥氏体形核。

3.3.1.2 奥氏体长大线速度

由奥氏体形核机理可知，奥氏体晶核形成于铁素体和渗碳体之间时，其长大过程受碳原子的扩散控制，奥氏体两侧界面分别向渗碳体和铁素体推移。奥氏体长大的线速度包括向两侧推移的速度。推移速度主要取决于碳原子在奥氏体中的扩散速度。

前面已经提及，奥氏体晶核与铁素体和渗碳体两相之间形成了两个新的相界面，即 $\gamma\text{-Fe}_3\text{C}$ 及 $\gamma\text{-}\alpha$ 相界面。奥氏体晶核长大速度是相界面向铁素体和渗碳体推移速度的总和，而奥氏体界面向铁素体推移速度可以表示为：

$$v_{\gamma\text{-}\alpha} = -K\frac{D_C^\alpha \frac{dC_1}{dx_1} + D_C^\gamma \frac{dC_2}{dx_2}}{C_\gamma^{\gamma\text{-}\alpha} - C_\alpha^{\gamma\text{-}\alpha}} \tag{3-2}$$

式中，K 为比例常数；D_C^α 和 D_C^γ 为碳在铁素体及奥氏体中的扩散系数；$\frac{dC_1}{dx_1}$ 和 $\frac{dC_2}{dx_2}$ 为铁素体和奥氏体界面处，碳在铁素体和奥氏体中的浓度梯度；$C_\gamma^{\gamma\text{-}\alpha} - C_\alpha^{\gamma\text{-}\alpha}$ 为奥氏体和铁素体相界面间碳的浓度差；负号为碳由浓度高的一侧向浓度低的一侧扩散，为下坡扩散。由于碳在铁素体中的浓度梯度很小，可以视为0，因此有 $\frac{dC_1}{dx_1} = 0$，那么式（3-2）可以简化为：

$$v_{\gamma\text{-}\alpha} = -K\frac{D_C^\gamma \frac{dC}{dx}}{C_\gamma^{\gamma\text{-}\alpha} - C_\alpha^{\gamma\text{-}\alpha}} \tag{3-3}$$

由于渗碳体中碳浓度梯度等于零，那么奥氏体向渗碳体推进的速度则可以用下式表达：

$$v_{\gamma\text{-cem}} = -K\frac{D_C^\gamma \frac{dC}{dx}}{6.67 - C_\gamma^{\gamma\text{-Fe}_3\text{C}}} \tag{3-4}$$

式中，$C_\gamma^{\gamma\text{-Fe}_3\text{C}}$ 为渗碳体与奥氏体在相界面处碳的浓度差；$\frac{dC}{dx}$ 为碳在奥氏体中的浓度梯度。奥氏体向珠光体总的推移速度应为 $v = v_{\gamma\text{-}\alpha} + v_{\gamma\text{-cem}}$，即一边向铁素体推进，另一边向渗碳体推进，但两个方向的推移速度却差别很大。对照 Fe-C 相图，可以查出 780℃时的平衡碳浓度，代入式（3-3）和式（3-4）计算，大致可得 $v_{\gamma\text{-}\alpha}/v_{\gamma\text{-cem}} \approx 14$。

结果说明，在 780℃等温时，奥氏体相界面向铁素体的移动速度比向渗碳体的移动速度快约 14 倍。等温转变温度越高，奥氏体向铁素体的推移速度越快。但是需要注意的是，在共析碳素钢的珠光体中，渗碳体的相对含量约占 13%，因而铁素体片的厚度比渗碳体片厚度大得多。

3.3.2 奥氏体生长速率的影响因素

3.3.2.1 加热温度的影响

通常来说，影响奥氏体的形核率和形成速度的因素都会影响奥氏体的生长速度，温度因素是非常重要的，温度对奥氏体生长速率的影响为以下几点：

(1) 奥氏体的形成速度随着加热温度升高而迅速增大。发生奥氏体转变的孕育期变短，相应的转变终了时间也变短，即奥氏体会更早更快地形成。

(2) 随着奥氏体形成温度升高，形核率增长速率较快，而长大速度的增长则相对较慢。例如，对于 Fe-C 合金，转变温度从 740℃升高到 800℃时，奥氏体的形核率增加 270 倍，形核后的长大速度却只增加 80 倍。因此，奥氏体形成温度升高后，晶核大量快速生成，其长大速率却相对较慢，因此晶粒度减小。

(3) 随着奥氏体形成温度升高，奥氏体相界面向铁素体的推移速度与向渗碳体的推移速度之比升高。在 780℃时，其比值约为 14。而当温度升高到 800℃时，比值将增大到约 19。

3.3.2.2　钢中碳含量及原始组织的影响

增加钢中碳含量，能加速升温时奥氏体的形成速度，这是因为碳含量增加后，钢材组织中碳化物数量增加，增加了铁素体和渗碳体间相界面的面积，从而有效增加了奥氏体的形核的有效界面，有利于形核率的增大。同时，随着碳化物数量的增加，碳原子在基体中的扩散距离相对减小，从而改善了碳原子的扩散动力学条件，同时增大了铁原子和碳原子的扩散系数，这些因素都可以增大奥氏体的形成速度。如图 3-16 所示，可见钢中碳含量由 0.46%增加至 1.35%后，当温度为 750℃时，50%的珠光体转变为奥氏体所需的时间由原来的 6min 缩短为约 1min。

3.3.2.3　钢中合金元素的影响

一般的钢铁材料并不仅由铁、碳两种元素组成，实际应用中，大多数钢材还含有锰、硅、铝、钛、钒等合金元素，而合金元素的添加将在一定程度上影响组织中碳化物的稳定性、碳原子的扩散系数等。而且，合金元素容易分布不均，造成成分的偏聚集，因此合金元素的添加会影响奥氏体组织的形成。合金元素的影响可以归纳为以下几点：

(1) 合金的添加，会改变钢基体中碳的扩散系数。添加与碳亲和力强的碳化物形成元素，如 Cr、V、Mo、W 等后，会直接降低碳在奥氏体中的扩散系数，从而降低奥氏体的形成速度，非碳化物形成元素如 Co、Ni 等的添加，会增大碳在奥氏体中的扩散系数，从而促进奥氏体的形成。

(2) 合金的添加，会改变相变临界点温度。当添加合金元素后，相当于改变了系统的成分及相图，因而改变钢的相变临界点温度，如升高 A_{c1} 或降低 A_{c1}，或使相变在一个温度范围内进行。

(3) 改变珠光体的片层间距，改变碳在奥氏体中的溶解度，从而影响奥氏体的形成速度。

(4) 增加奥氏体成分的不均匀性。由于合金元素的扩散系数较小，一般仅为碳的千分之一到万分之一，奥氏体转变的动力学条件较差，因此，合金钢的奥氏体化需要更长的时间，而且更难以使其成分均匀化。

3.4　奥氏体的长大及晶粒细化

3.4.1　奥氏体晶粒的长大现象

钢的原始组织加热转变为奥氏体后，奥氏体的晶粒往往比较细小，但随着加热温度的升高，保温时间的增加，奥氏体晶粒将合并长大。使用高温原位金相显微镜观察18Cr2Ni4WA钢的奥氏体晶粒的长大过程，在真空条件下，将试样加热至950℃、1000℃、1100℃及1200℃，保温10min后，使用高温原位显微镜观察了试样的奥氏体组织，如图3-16所示。从图中可知，试样加热到950℃以前，能够保持极细的奥氏体晶粒，当加热温度高于950℃，奥氏体化后的晶粒在同样的保温时间下，越来越大；当温度上升到1000℃后保温，奥氏体晶粒继续长大；当加热到1200℃保温后，奥氏体晶粒已经完全粗化。

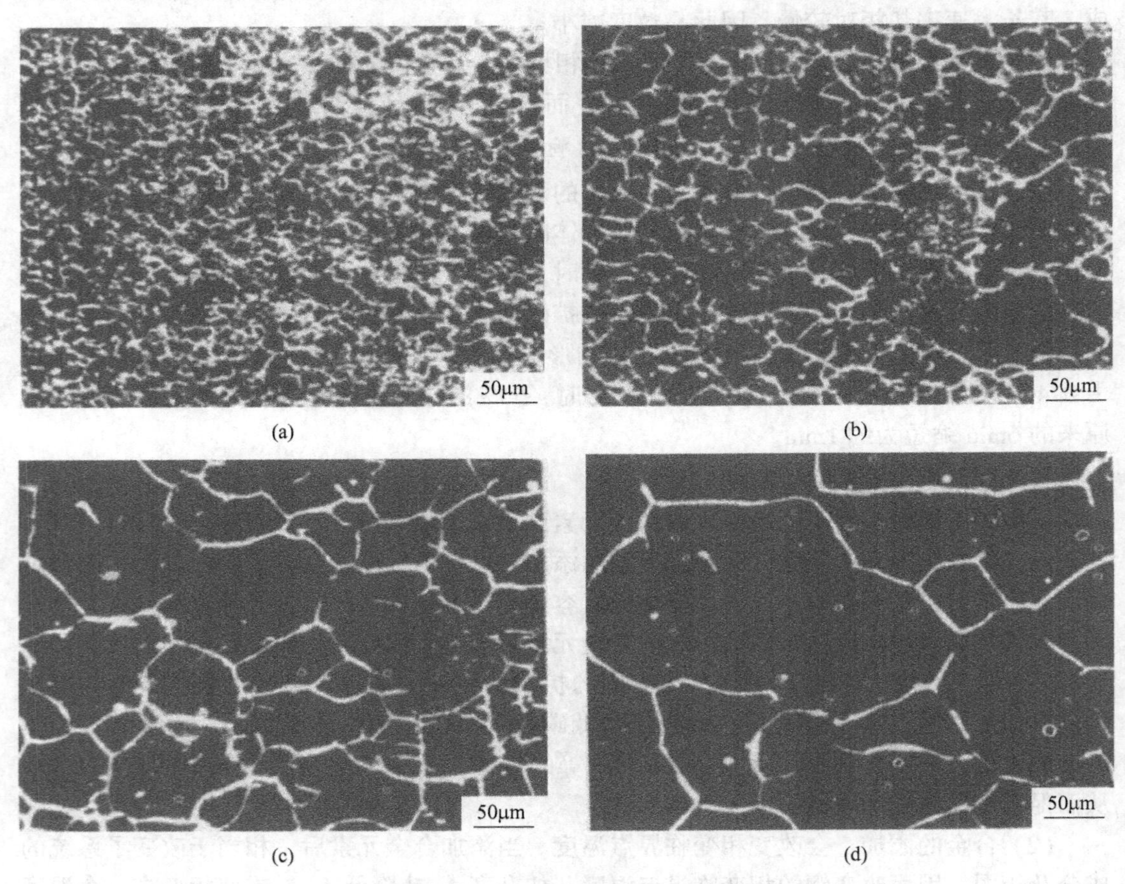

图 3-16　不同温度下，奥氏体晶粒的长大过程（暗场）
（a）950℃；（b）1000℃；（c）1100℃；（d）1200℃

奥氏体晶粒的长大动力学曲线，一般按指数规律变化，可分为三个阶段，分别是加速长大期、急剧长大期和减速期。图3-17为奥氏体晶粒长大的动力学曲线，可见，奥氏体晶粒的平均面积随着加热温度的升高而增大，当奥氏体化温度一定时，随着保温时间的延长，奥氏体晶粒的平均面积增大。从图3-17（a）可见，不同钢种随着温度的升高，长大倾向有所不同，20钢在800℃以上，随着温度的升高，奥氏体晶粒不断长大。对于20CrMnMo钢及18Cr2Ni4WA钢，需要加热到1000℃以上后，其奥氏体晶粒才会明显长大。由图3-17（b）可知，20钢随着保温时间的延长，奥氏体晶粒长大较为明显，而20CrMnMo钢中的奥氏体组织长大较为缓慢。钢在一定温度下，晶粒长大至某一程度后，会停止长大。每个加热温度都有一个晶粒长大期，奥氏体晶粒长大到一定大小后，长大趋势便减缓直至晶粒停止长大。加热温度越高，奥氏体晶粒就合并生长得越大。合金钢中的奥氏体组织不易长大，部分原因是合金元素与碳、氮等在奥氏体晶界析出，阻碍了奥氏体晶粒长大，后续会详细介绍。

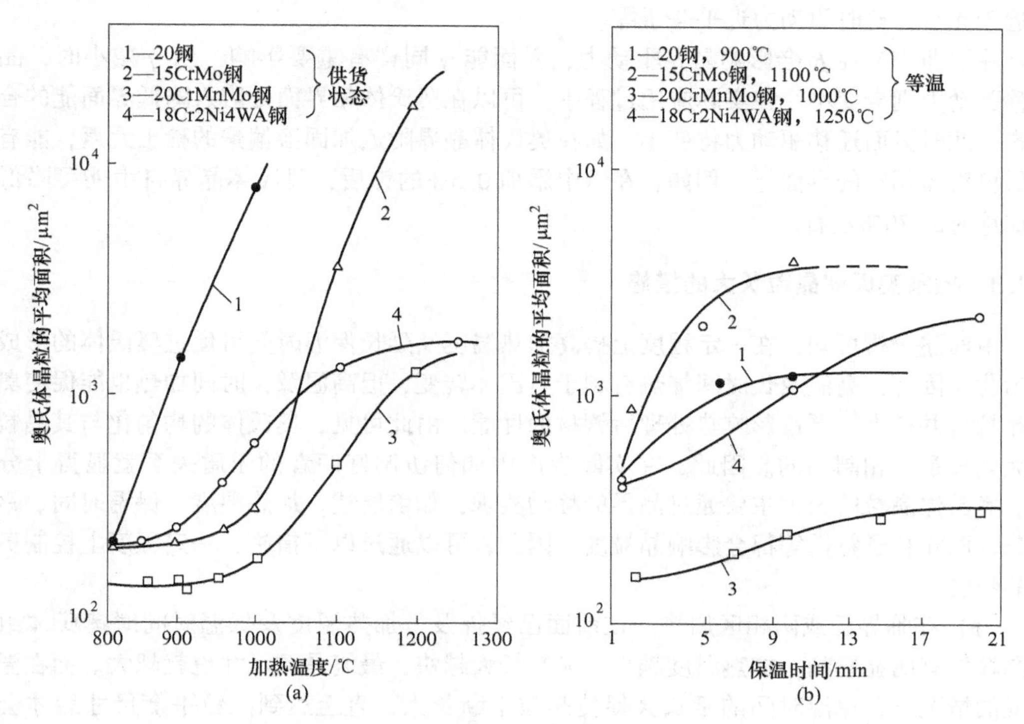

图 3-17 奥氏体晶粒长大动力学曲线

（a）变温长大；（b）恒温长大

3.4.2 奥氏体晶粒的长大机理

讨论奥氏体晶粒长大的热力学推动力是必要的。奥氏体晶粒的长大是通过晶界的迁移完成的，由于奥氏体的初始晶粒较细小，意味着奥氏体的比表面积较大。从热力学角度分析，晶粒细小时，系统表面自由能大，不是自由能最低的稳定状态，因此晶粒有合并长大，减小比表面积的趋势。一定温度下，奥氏体晶粒会发生相互合并的现象。总的趋势是尺寸大的晶粒合并尺寸较小的晶粒。

假设奥氏体晶粒为球形，晶粒曲率半径为 R，此晶粒与其他晶粒接触的界面面积为 $4\pi R^2$，如果晶粒单位界面面积所具有的界面能为 γ，那么此晶粒的总界面自由能为 $4\pi R^2\gamma$。在高温下，晶界会向曲率中心移动，使界面面积缩小，界面自由能降低，有：

$$\frac{dG}{dx} = -\frac{d(4\pi R^2\gamma)}{dR} = -8\pi R\gamma \tag{3-5}$$

设作用于晶界的驱动力为 F，界面移动 dR 时，引起自由能变化为 dG，那么驱动力 F 可表示为：

$$F = -\frac{dG}{4\pi R^2 dR} = \frac{2\gamma}{R} \tag{3-6}$$

由式（3-6）可知，由界面能γ提供的作用于单位面积晶界的驱动力F与界面能γ成正比，与界面曲率半径R成反比，驱动力F的方向指向曲率中心。当晶界平直时，则R趋近于无穷，此时驱动力近乎等于零。

除了曲率半径R会影响晶界驱动力，界面能γ同样有重要影响，当γ减小时，晶界迁移驱动力则会变小。在实际应用过程中，可以在奥氏体相界面处溶入降低界面能的合金元素，此时界面迁移驱动力将变小。如在奥氏体晶界附近加固溶偏聚的稀土元素，能有效降低奥氏体相对的界面能。例如，在钢中添加 0.5%的铈后，奥氏体晶界自由能可降低到不加铈时的70%左右。

3.4.3 控制奥氏体晶粒长大的措施

由前述分析可知，在一定程度上提高加热温度及延长保温时间可促进奥氏体的形成和均匀化。因此，高温及长时间加热有利于奥氏体转变，但高温及长时间加热也能促使奥氏体晶粒合并长大，严重影响热处理后钢材的性能。由此可见，奥氏体的均匀化与其晶粒的长大调控是互相制约的。因此，在实际生产中如何协调好两者的矛盾关系就显得十分重要。奥氏体晶粒的长大主要通过晶界的移动实现，如前所述，加热温度、保温时间、钢的成分、两相粒子特性等都会影响晶粒度。因此，可以通过以下措施，一定程度上控制奥氏体晶粒度。

（1）在临界区或两相区加热。在前面已经提及，加热温度及保温时间对奥氏体组织的晶粒度有明显影响，加热温度越高，晶粒长大越快，最终晶粒尺寸也就越大。而在温度不变的情况下，保温时间的延长会促使晶粒不断长大，直至达到晶粒平衡尺寸后才会停止。因此，为了控制奥氏体晶粒的大小，在热处理工艺参数的确定方面，可在保证产品最终性能满足要求的前提下，尽量选择相对较低的加热温度及较短的加热保温时间。在热处理过程中，可以采用在两相区或靠近临界点的区域进行加热的工艺，这种加热工艺也可称为不完全奥氏体化加热，可以在一定程度上细化奥氏体晶粒。

（2）零保温。在热处理过程中，保温时间包括了材料表面加热到炉温所需的时间、材料烧透时间和组织转变所需的时间。零保温的本质是缩短加热的保温时间，减少晶粒长大的时间。在碳素钢及低合金钢的热处理过程中，可以减少材料的烧透时间和组织转变后的均匀化时间。仅仅保留工件表面加热到工艺温度的时间，即“零”保温淬火。由于保温时间短，奥氏体晶粒细小，淬火后得到更为细小的马氏体，可改善产品质量，同时也可大幅度缩短热处理的工艺周期，提高生产效率。

（3）快速加热。前面已经提到，加热速率增加时，会增加奥氏体转变时的过热度，会加大奥氏体形核驱动力，促使奥氏体大量形核，细化晶粒，同时会加快奥氏体化的速度，减少热处理工艺所需时间。因此，在实际生产过程中，通过快速加热，如感应加热、激光加热等手段，可以得到晶粒非常小的组织。

（4）细化原始组织。原始组织的形貌特征会直接影响加热过程中奥氏体的形核和长大。原始组织越细小，相界面越多，可形核的位置也就越多，有利于得到起始晶粒度较小的奥氏体组织。这种方法与快速加热的区别在于加热温度比较低，奥氏体晶粒合并长大的驱动力比较小，在加热保温的过程中不容易长大，可有效细化奥氏体晶粒。使用非平衡的马氏体、贝氏体或者回火组织进行加热，也容易得到细小的奥氏体晶粒。

（5）循环加热。由前面结论可知，原始组织越细，得到的奥氏体晶粒越细小。利用这一原理，在A_{c1}温度附近进行反复地加热和冷却，则可以得到超细化的奥氏体晶粒。在反复加热过程中，如果提高加热和冷却速度，细化效果会更明显。已有实验表明，将45钢在铅浴中加热到815℃后快速淬火冷却，如此反复循环4次后，可使原始奥氏体6级的晶粒度细化达到12级。

（6）形变热处理。形变热处理工艺是将高温形变与再结晶相结合的晶粒超细化淬火方法。工艺流程为将钢加热到指定热处理温度进行保温，进行大形变量处理后，再进行一段时间的保温后淬火。

由于在形变过程和保温时间内，形变奥氏体进行了动态和静态再结晶，因而可以得到超细化的奥氏体晶粒。形变热处理的关键是形变后的保温时间，形变后的保温时间必须严格控制，以防止奥氏体晶粒在高温下长大粗化。实际生产过程中，这种工艺的典型应用是锻造余热淬火。对一些批量大、形状相对简单，强度和硬度要求较低的零件，如一些杆类、轴类零件，在锻造以后，经过淬火和高温回火调质处理，能有效节约能源，降低生产成本，此类工件一般形状简单，要求淬火不容易产生变形开裂。经过淬火和回火后，锻件即可进行机加工，加工后不再进行热处理。但这种处理需要在锻造车间安排保温炉和淬火槽，如果批量小，经济性也较差。

习 题

一、选择题

1. 奥氏体是碳溶解在（　　）中的间隙固溶体。

   A. γ-Fe　　B. α-Fe　　C. Fe　　D. 立方晶系

2. 奥氏体形成的热力学条件为奥氏体的自由能（　　）珠光体的自由能。

   A. 小于　　B. 等于　　C. 大于　　D. 小于等于

3. 渗碳体转变结束后，奥氏体中碳浓度不均匀，要继续保温通过碳扩散可以使奥氏体（　　）。

   A. 长大　　B. 转变　　C. 均匀化　　D. 溶解

4. 奥氏体的形核位置为F/Fe_3C界面，珠光体团交界处及（　　）交界处。

   A. F/F　　B. Fe_3C/F　　C. Fe_3C/Fe_3C　　D. 先共析F/珠光体团

5. 奥氏体的长大速度随温度升高而（　　）。

   A. 减小　　B. 不变　　C. 增大　　D. 无规律

6. 加热转变终了时所得A晶粒度为（　　）。

   A. 实际晶粒度　　B. 本质晶粒度　　C. 加热晶粒度　　D. 起始晶粒度

7. 连续加热的奥氏体转变温度与加热速度有关。加热速度越大，转变温度（　　），转变温度范围越小，奥氏体（　　）。

   A. 越低，越均匀　　B. 越高，越不均匀
   C. 越低，越不均匀　　D. 越高，越均匀

8. 温度一定时，随时间延长，晶粒不断长大，称为（　　）。

A. 正常长大　　B. 异常长大　　C. 均匀长大　　D. 不均匀长大

9. 奥氏体晶粒半径越小，长大驱动力（　　）。

A. 越大　　B. 不变　　C. 越小　　D. 无规律

10. 亚共析钢在 A_{c3} 下加热后的转变产物为（　　）。

A. F　　B. A　　C. F+A　　D. P+F

二、简答题

1. 什么是奥氏体的起始晶粒度？
2. 何谓奥氏体的本质晶粒度和实际晶粒度？
3. 奥氏体细化晶粒的主要方法有哪些？
4. 与等温转变相比，连续加热时奥氏体转变有什么特点？
5. 影响奥氏体形成速度的因素有哪些？

三、综合分析题

1. 试分析为什么用铝脱氧的钢或加入少量 Ti、Zr、V、Nb、Mo、W 等元素的微合金钢是本质细晶粒钢？
2. 论述奥氏体晶粒的长大过程及影响因素。

四、综合创新性实验

晶粒尺寸直接影响材料的力学性能，挤压轧制等形变处理以及退火等热处理工艺等，都会直接影响材料的晶粒度。请设计一个实验，探索纯钛棒材变形量及热处理制度与其晶粒度之间的关系。

4 珠光体转变

钢的热处理过程包括加热、保温和冷却三个过程，如图 4-1 所示。热处理就是控制加热、保温和冷却三个过程的温度和时间，目的是得到成分均匀的、细小的奥氏体晶粒，而钢热处理后的性能在很大程度上取决于冷却时奥氏体转变形成的产物类型和形态，因此掌握钢冷却时的转变规律，就显得尤为重要。

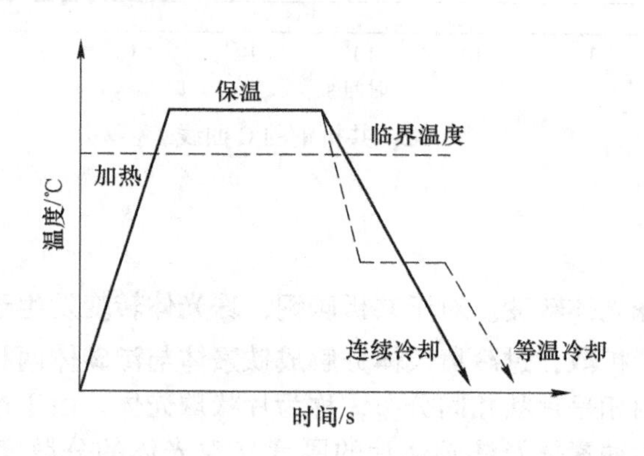

图 4-1　钢的热处理工艺图

本章节将主要围绕过冷奥氏体的冷却转变及珠光体转变进行阐述。

4.1　过冷奥氏体的等温转变

由图 4-1 可以看出，奥氏体化的钢冷却方式有两种：一种是等温冷却，其过程就是将奥氏体化的钢迅速冷却至平衡临界温度 A_1 以下的某一温度，保温一段时间，使过冷奥氏体发生等温转变，转变后再冷至室温；另一种是连续冷却，其将奥氏体化的钢以一定冷却速度一直冷至室温，使过冷奥氏体在一定温度范围内发生连续转变。通常，连续冷却在热处理生产中更为常用。

虽然过冷奥氏体连续冷却在生产上更为常用，但其转变是在一定温度范围内进行的，得到的组织复杂，分析起来困难。然而，等温冷却可以独立改变等温温度和等温时间，这样更有利于理解过冷奥氏体的转变规律。

Fe-C 合金相图揭示的是在平衡或亚平衡条件下成分、温度和组织之间的变化情况，不能表示热处理过程在非平衡条件下的转变规律。处于平衡临界温度 A_1 以下奥氏体称过冷奥氏体，但过冷奥氏体自由能高，处于热力学不稳定状态。过冷奥氏体将按不同机理转变成完全不同的组织，如图 4-2 所示。

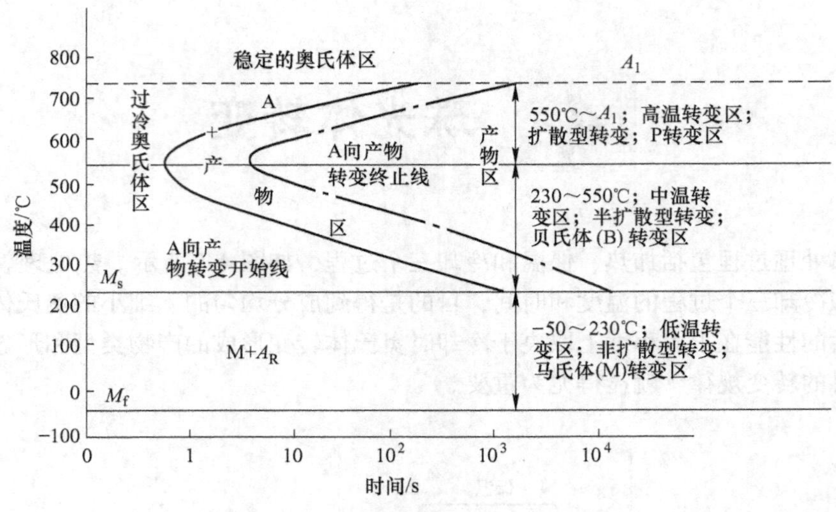

图 4-2 共析钢的 C 曲线

4.1.1 高温转变

高温转变也称为珠光体转变。对于共析碳钢，珠光体转变发生于 A_1 以下至 550℃的温度区间内，铁及碳原子扩散，过冷奥氏体分解成铁素体与渗碳体两相共析混合物，即珠光体。一般情况下，这两相呈片状相间分布，称为片状珠光体。由于过冷奥氏体向珠光体转变温度不同，珠光体中铁素体及渗碳体片的厚度（珠光体的分散度）也不同。不同分散度的珠光体有三种不同的名称：(1) 在 A_1～650℃之间所形成的珠光体，由于分散度较低，铁素体与渗碳体片较厚，用较低倍的光学显微镜鉴别，称为粗大珠光体或珠光体；(2) 在600～650℃形成的珠光体，其片层较薄，需用较高倍的光学显微镜鉴别，称为细珠光体或索氏体；(3) 在 550～600℃形成的珠光体，由于分散度很高，片层极薄，在放大 1000 倍的光学显微镜下也难分辨其片层，称为极细珠光体或屈氏体（也叫托氏体），如图 4-3 所示。

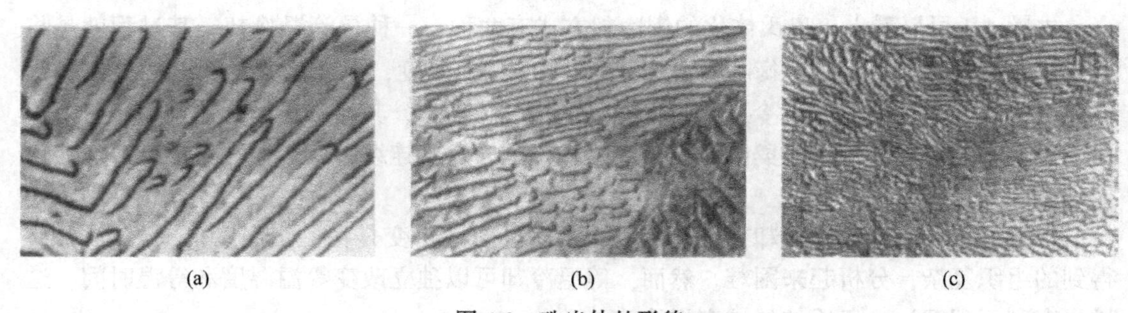

图 4-3 珠光体的形貌

(a) 珠光体，3800×；(b) 索氏体，8000×；(c) 屈氏体，8000×

4.1.2 中温转变

过冷奥氏体的中温转变在共析碳钢中发生于 220～550℃区间。由于转变温度较低，扩散过程不能充分进行，故奥氏体分解成为介稳定的过饱和 α-Fe 与碳化物（或渗碳体）的混合物。这种转变产物称为贝氏体或贝茵体。

在接近珠光体转变温度（550℃稍下）所形成的贝氏体，称为上贝氏体或羽毛状贝氏体。在靠近马氏体转变温度（220℃稍上）所形成的贝氏体，称为下贝氏体，有时也称为针状贝氏体。上贝氏体与下贝氏体的金相形态如图 4-4 所示。

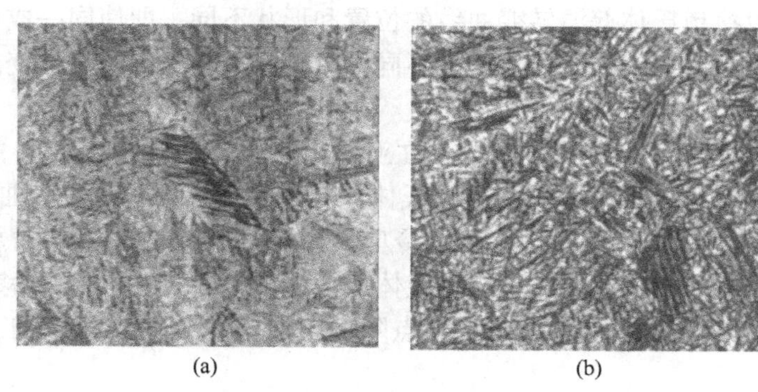

(a) (b)

图 4-4 贝氏体的形貌

（a）上贝氏体；（b）下贝氏体

4.1.3 低温转变

当奥氏体过冷到更低温度时，扩散过程无法进行。此时，过冷奥氏体以非扩散形式转变成马氏体。过冷奥氏体冷却到某一温度以下发生马氏体转变，此温度称为马氏体转变开始点，或简称马氏体点（以 M_s表示 ）。在降温过程中，马氏体转变继续进行。当达到某一定温度后，继续冷却但转变不再进行，此温度称为马氏体转变终了点（以 M_f表示）。在转变过程中铁、碳原子均不发生扩散，生成的马氏体与原奥氏体的成分相同。马氏体乃是碳在 α-Fe 中的过饱和固溶体。低碳马氏体在显微镜下呈板条状，高碳马氏体在显微镜下呈针状，如图 4-5 所示。

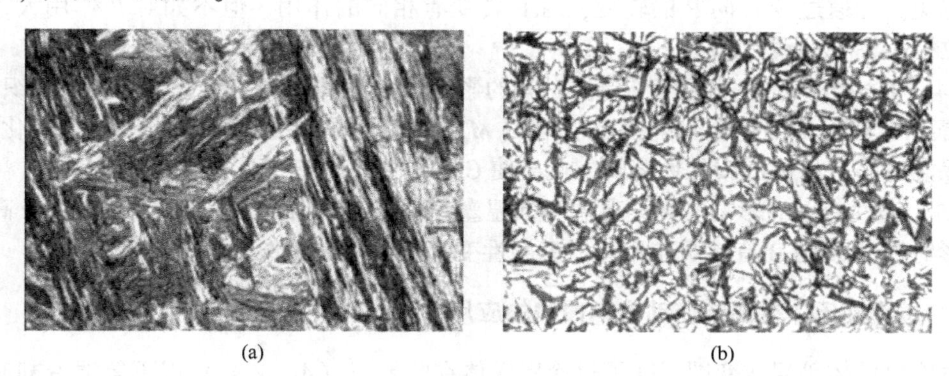

(a) (b)

图 4-5 马氏体的形貌

（a）板条马氏体；（b）针状马氏体

马氏体的性能取决于马氏体的含碳量。除含碳量很低外，马氏体的硬度高，塑性、韧性低，破断强度不高。在实际生产中，通常钢淬火成马氏体以后，需处理成回火组织后使用。

此外，奥氏体的冷却条件可分为平衡冷却条件和非平衡冷却条件。前者是不考虑时间因素的缓慢冷却，$Fe\text{-}Fe_3C$ 相图就是这样获得的；后者受时间因素的影响，所以在生产实践中，更多遇到的是非平衡冷却条件的相变。

不同的钢，过冷奥氏体等温转变曲线的位置和形状不同，即使同一成分的钢，热处理的条件不同，也会引起曲线位置和形状的不同。影响过冷奥氏体等温转变曲线的主要因素有下面几个方面。

（1）碳含量的影响。对珠光体部分，在亚共析钢中，碳含量增加 C 曲线右移；在过共析钢中，碳含量增加 C 曲线左移。对贝氏体部分，随碳含量的增加 C 曲线总是右移的。

（2）合金元素的影响。合金元素对过冷奥氏体等温转变曲线影响的总规律是：除钴和铝（$w(\mathrm{Al})>2.5\%$）以外，所有溶入奥氏体的合金元素都使 C 曲线右移，延长孕育期，增加过冷奥氏体的稳定性，并使 M_s 和 M_f 点降低。根据对 C 曲线的影响，这些合金元素又可分为两类：

1）仅使 C 曲线右移，改变位置。弱碳化物和非碳化物形成元素（在钢中形成弱碳化物和不形成碳化物的元素，如 Mn、Si、Ni、Cu）不改变 C 曲线的形状，只是使 C 曲线右移而改变其位置。

2）既使 C 曲线右移，改变位置，又使 C 曲线分离，改变形状。强和中强碳化物形成元素（在钢中形成强碳化物和中强碳化物的元素。如 Ti、V、W、Mo、Cr）不仅改变了 C 曲线的形状，而且使珠光体转变区和贝氏体转变区分离，出现双 C 曲线。

值得注意的是，合金元素只有溶入奥氏体中，才能使 C 曲线右移。如果合金元素以碳化物存在，则使 C 曲线左移，降低过冷奥氏体的稳定性。这是因为碳化物存在会起到非均匀形核的作用，促进过冷奥氏体的转变，降低其稳定性。多种合金元素的综合作用，使 C 曲线右移的程度大于单一合金元素的作用之和。

（3）奥氏体晶粒尺寸和均匀化的影响。A 晶粒越细小，成分越不均匀，等温转变孕育期越短。加速过冷 A 向 P 的转变，对 B 转变有相同的作用，但不如对 P 作用大，相反 A 晶粒粗大将 C 曲线右移。

（4）原始组织、加热温度和保温时间的影响。在相同的加热条件下，原始组织越细，越易得到均匀的 A，使等温转变曲线右移，M_s 降低。当原始组织相同时，提高 A 化温度，延长保温时间，将促进碳化物溶解，也会使 C 曲线右移。

（5）塑性变形的影响。无论高温和低温塑性变形，均加速过冷 A 到 P 转变。高温塑性变形对过冷 A 到 B 有减缓作用，低温塑性变形对其有促进作用。

4.1.4 过冷奥氏体等温转变动力学曲线的应用

过冷奥氏体等温转变图反映了过冷奥氏体在临界点（A_3 或 A_1）以下等温冷却时的转变规律，为制定钢的热处理工艺、分析热处理后的组织和性能以及合理选用钢材等提供依据。

（1）分级淬火。分级淬火是将奥氏体化的工件以高于临界淬火速度的冷却速度快冷至稍高于 M_s 点的奥氏体较稳定区的某一温度下等温保持一段时间，使工件内外温差减小，然后空冷，使奥氏体转变为马氏体的热处理工艺。

(2) 等温淬火。等温淬火是将奥氏体化的工件以高于临界淬火速度的冷却速度快冷至下贝氏体转变区某一温度等温保持一定时间，使奥氏体转变为下贝氏体的热处理工艺。

(3) 等温退火。等温退火是将奥氏体化后的工件冷却到珠光体转变区某一温度等温保持一定时间，使奥氏体转变为珠光体的热处理工艺。

(4) 形变热处理。形变热处理是将压力加工与淬火结合起来的工艺，目的是获得形变强化和相变强化的综合效果。

4.2 过冷奥氏体连续冷却转变曲线

在实际生产中的热处理，一般采用连续冷却方式，过冷奥氏体的转变在一定温度范围内进行。虽然可以利用等温转变曲线来定性分析连续冷却时过冷奥氏体的转变过程，但分析结果与实际结果往往存在误差。因此，建立并分析过冷奥氏体连续冷却转变曲线显得尤为重要。

4.2.1 过冷奥氏体连续冷却转变曲线的特点

共析钢的过冷奥氏体连续转变曲线最简单，只有珠光体转变区和马氏体转变区，没有贝氏体转变区，这是由于共析钢贝氏体转变时孕育期长，在连续冷却过程中贝氏体来不及转变，温度就降到了室温。共析钢的CCT曲线如图4-6所示。

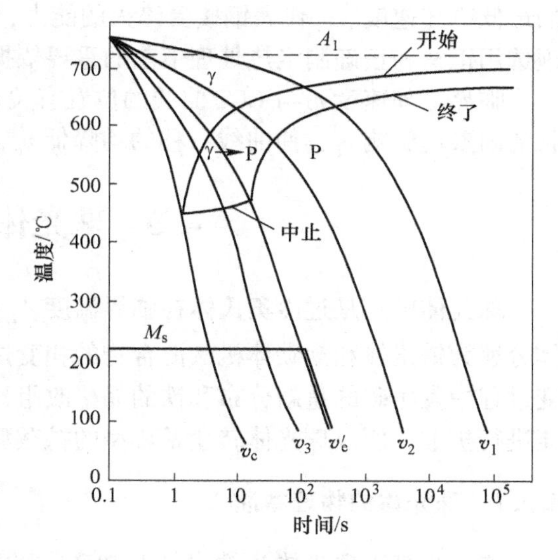

图4-6 共析钢的CCT曲线

由图4-6可知，共析钢的CCT曲线中，M_s和冷速线v_c'以下为马氏体转变区。珠光体转变区由三条曲线构成：左边为过冷奥氏体转变开始线；右边为过冷奥氏体转变终了线；下面连线为过冷奥氏体转变中止线。

冷却速度v_c为上临界冷却速度或临界淬火速度，它表示过冷奥氏体不发生珠光体转变，只发生马氏体转变的最小冷却速度。冷却速度v_c'称下临界冷却速度，它表示过冷奥氏体不发生马氏体转变，只发生珠光体转变，得到100%珠光体组织的最大冷却速度。

(1) 当过冷奥氏体以v_1速度冷却：冷却曲线与珠光体转变开始线相交时，奥氏体向珠光体转变；与珠光体转变终了线相交时，得到100%珠光体。因此，转变后共析钢的室温组织为珠光体。注意，由于珠光体转变是在一定温度范围内进行的，转变过程中过冷度逐渐增大，珠光体的片间距逐渐减小，因此珠光体组织不均匀。

(2) 当过冷奥氏体冷却速度增大到v_c'时：转变过程与v_1时相同，也得到100%珠光体，但转变开始与终了温度降低，转变区间增大，转变时间缩短，得到的珠光体弥散度加大。

(3) 当过冷奥氏体以 v_3 速度冷却时：冷却曲线与珠光体转变开始线相交时，发生珠光体转变；但冷至转变中止线时，则珠光体转变停止；继续冷至 M_s 点以下，未转变奥氏体发生马氏体转变。因此，转变后共析钢的室温组织为 M+P。

(4) 过冷奥氏体冷却速度大于 v_c：奥氏体过冷到 M_s 点以下发生马氏体转变，冷至 M_f 点转变终止，最终得到的组织为马氏体+奥氏体残余。全部过冷奥氏体冷至 M_s 温度以下，发生马氏体转变。由于马氏体转变的不完全性，会有部分过冷奥氏体在室温被保留下来，它们被称为残余奥氏体 A′。因此，转变后共析钢的室温组织为 M+ A′。

4.2.2 临界冷却速度

如前所述，在连续冷却时，过冷奥氏体的转变过程和转变产物取决于钢的冷却速度。使过冷奥氏体不析出先共析铁素体（亚共析钢）、先共析碳化物（过共析钢）或不转变为珠光体、贝氏体的最低冷却速度分别称为抑制先共析铁素体、先共析碳化物、珠光体和贝氏体的临界冷却速度。它们分别可以用与 CCT 图中先共析铁素体和先共析碳化物析出线或珠光体和贝氏体转变开始线相切的冷却曲线对应的冷却速度来表示。

当钢件的冷却速度大于某一临界值时，钢件在淬火后得到完全的马氏体组织，此临界值称为临界淬火速度，通常以 v_c 表示。v_c 是得到完全马氏体组织（包括残余奥氏体）所需的最低冷却速度。v_c 代表钢接受淬火的能力，是决定钢件淬透层深度的主要因素，也是合理选用钢材和正确制定热处理工艺的重要依据。

临界冷却速度 v_c 与 CCT 曲线的位置有关。因此，凡影响 A 稳定性、影响 CCT 曲线形状的因素均影响 v_c，使曲线右移的均降低 v_c，左移的均使 v_c 提高。

4.3 珠光体的组织特征

珠光体转变是过冷奥氏体在临界温度 A_1 以下某一温度范围内发生的转变，也是奥氏体分解为铁素体和渗碳体机械混合物的相变过程，由于转变温度较高，又称高温转变。转变过程中发生碳的重新分布和铁的晶格改组，同时由于相变在高温区进行，铁、碳原子都能进行扩散，所以珠光体转变是典型的扩散型相变。

4.3.1 珠光体的物理本质

许多文献称珠光体为铁素体和渗碳体的机械混合物，此概念不正确，理由有三：其一，铁素体+渗碳体构成的组织不全是珠光体，如碳素钢中的上贝氏体也可以由铁素体和渗碳体两相组成。其二，珠光体组织不是混合物，而是由共析铁素体和共析渗碳体（或碳化物）有机结合的整合组织，是铁素体和碳化物的有机结合和有序配合，铁素体及碳化物两相是成比例的，有一定的相对量。其三，珠光体中的铁素体和碳化物是从奥氏体中共析共生出来的，而且两相以界面相结合，各相之间具有一定位向关系。

片状珠光体中相邻两片渗碳体（或铁素体）中心之间的距离称为珠光体的片间距。温度是影响片间距的一个主要因素。随着冷却速度的增加和奥氏体转变温度的降低，即过冷度不断增大，转变所形成的珠光体的片间距不断减小。这有两点原因：(1) 转变温度越低，碳原子扩散速度越小；(2) 过冷度越大，形核率越高。这两个因素与温度的关系都是非线性的，因此珠光体的片间距与温度的关系也应当是非线性的。一些研究者将其进行简化，处理为线性关系。科学技术哲学告诉我们，自然界大量存在的相互作用是非线性的，线性作用其实只不过是非线性作用在一定条件下的近似。

Marder 也把碳素钢中珠光体的片间距与过冷度的关系处理为线性关系：

$$S_0 = \frac{8.02}{\Delta T} \times 10^3 \tag{4-1}$$

式中，S_0为珠光体的片间距，nm；ΔT 表示过冷度。

本质上钢中的珠光体是共析分解的铁素体和碳化物的有机结合体。强调铁素体和碳化物的来源是共析分解的，所谓有机结合是指两相以界面相结合，在界面处原子呈键合状态，两相以一定的位向关系相配合，而且两相的相对量有一定比例，对于平衡态的珠光体，可以根据 Fe-C 相图，利用杠杆定则计算铁素体和渗碳体的相对量。显然，认为珠光体是“铁素体和渗碳体的机械混合物”的说法有误，说明对珠光体本质的认识不深刻。

4.3.2　珠光体形态

在钢中组成珠光体的相有铁素体、渗碳体、合金渗碳体、各类合金碳化物。珠光体组织有片状、细片状、极细片状的，点状、粒状、球状的，以及粒状、片状渗碳体不规则形态的类珠光体，相间沉淀组织等多种组织形态。按渗碳体的形态，珠光体分为片状珠光体和粒状珠光体两种。

4.3.2.1　片状珠光体

片状珠光体是由一层铁素体与一层渗碳体交替紧密堆叠而成的，如图 4-7 所示。在片状珠光体组织中，一对铁素体片和渗碳体片的总厚度称为“珠光体片层间距”，以 S_0表示，如图 4-7（a）所示。S_0是用来衡量珠光体组织粗细程度的一个主要指标，由式(4-1)进行计算。

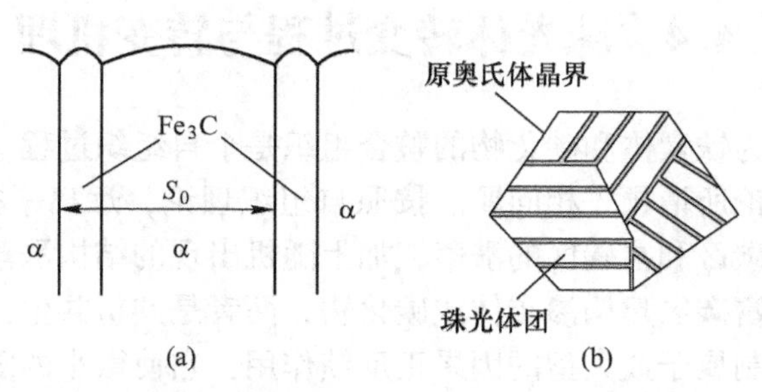

图 4-7　片状 P 的片层间距（a）和 P 团示意图（b）

若干大致平行的铁素体和渗碳体片组成一个“珠光体晶粒”或“珠光体团”，在一个奥氏体晶粒内，可形成几个珠光体团，如图 4-7（b）所示。

片状珠光体依片间距不同，可分成珠光体、索氏体、屈氏体三种，如图 4-8 所示。

4.3.2.2　粒状珠光体

工业用钢中也可见到如图 4-9 所示的在铁素体基体上分布着粒状渗碳体的组织，称为“粒状珠光体”或“球状珠光体”，一般是经过球化退火或淬火后经中、高温回火得到的。

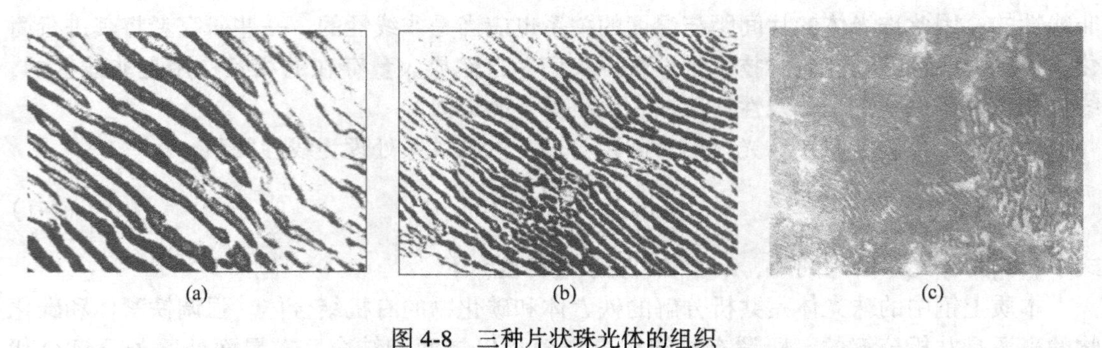
(a)　(b)　(c)

图 4-8　三种片状珠光体的组织
(a) 珠光体 1000× (700℃); (b) 索氏体 10000× (650℃); (c) 屈氏体 1000× (600℃)

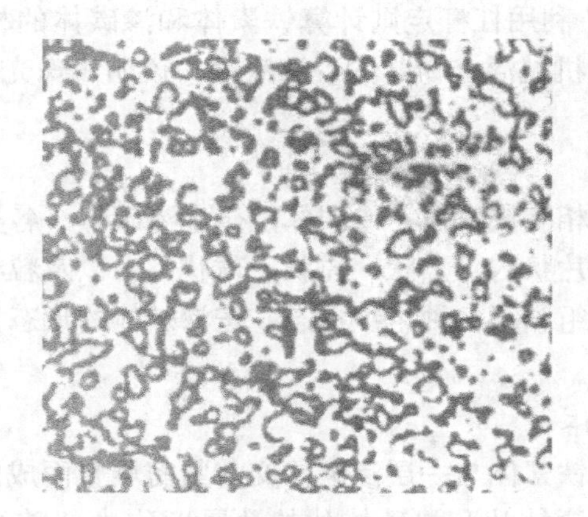
图 4-9　粒状珠光体

4.4　珠光体转变过程与转变机理

奥氏体共析分解为铁素体和碳化物的整合组织是个自组织过程。关于奥氏体转变为珠光体，一直存在着争论所谓领先相问题。按照自组织理论，远离平衡态，出现随机涨落，奥氏体中必然出现贫碳区和富碳区的涨落，加上随机出现的结构涨落、能量涨落，在贫碳区建构铁素体，而在富碳区建构渗碳体或碳化物，两者是共析共生，非线性相互作用，互为因果。这种演化机制属于放大型的因果正反馈作用，它使微小的随机涨落经过连续的相互作用逐级增强，从而使原系统瓦解，建构新的稳定结构。

珠光体的多种形貌是系统自组织的结果。珠光体有片状、粒状、针状、类珠光体以及相间沉淀等多种形貌，但其本质不变。转变机制只有一个，但是自组织的过程和方式不同。系统根据不同的外部条件和内在因素通过自组织，协调地共析分解为不同的组织形貌。如在 A_1 稍下的高温区（过冷度较小），奥氏体将分解为普通片状珠光体；但是若奥氏体中尚存剩余碳化物或成分不均匀，则可能分解为粒状珠光体。当冷却速度稍快时（过冷度增大），则分解为细片状珠光体或点状珠光体。在低碳含钒低合金钢中，奥氏体在冷却过程中则可能分解为相间沉淀组织等。这些均为过冷奥氏体共析分解为珠光体的过程，相变机制一元化，而组织形貌多元化，表现了自然系统自组织功能的神奇性。

4.4.1 共析片状珠光体的形成过程

当共析碳钢由奥氏体转变为珠光体时，是一个由均匀的固溶体（奥氏体）转变为含碳量很高的渗碳体和含碳量很低的铁素体的机械混合物的过程。因此，珠光体的形成过程包含着两个同时进行的过程：一个是通过碳的扩散生成高碳的渗碳体和低碳的铁素体；另一个是晶体点阵的重构，由面心立方的奥氏体转变为体心立方的铁素体和复杂点阵的渗碳体。

4.4.1.1 珠光体领先相

由于珠光体由两相组成，因此形核必然有领先相问题。文献中关于领先相有各种说法：（1）渗碳体和铁素体均可成为相变的领先相；（2）过共析钢中通常以渗碳体为领先相，在亚共析钢中通常以铁素体为领先相；（3）在共析钢中两相都可以成为领先相；（4）过冷度小时，渗碳体是领先相；过冷度大时，铁素体是领先相。这些学说在试验上缺乏依据，在理论上值得探讨。

4.4.1.2 珠光体的形核

过冷奥氏体中的贫碳区和富碳区是珠光体共析分解的一个必要条件。无论是高碳钢、中碳钢，还是低碳钢，加热获得奥氏体组织，奥氏体中本来就存在贫碳区和富碳区。碳原子在奥氏体中的分布是不均匀的，奥氏体均匀化是相对均匀，不均匀是绝对的。如用统计理论进行计算的结果表明，在含 0.85%C 的奥氏体中可能存在大量的比平均碳浓度高 8 倍的微区，相当于渗碳体的碳含量了。这说明奥氏体中存在富碳区，相对地应当有贫碳区。又如，当加热速度从 50℃/s 到 230℃/s 对亚共析钢 40 钢进行奥氏体化时，奥氏体中存在高达 1.4%~1.7%C 的富碳区，相对地必然存在低于钢的平均碳含量的贫碳区。

此外，按照系统科学的自组织理论，远离平衡态，必然出现随机涨落，奥氏体中将出现贫碳区和富碳区的涨落。加上随机出现的结构涨落、能量涨落，一旦满足形核条件时，则在贫碳区建构铁素体核胚的同时，在富碳区也建构渗碳体（或碳化物）的核胚，两者同时同步，共析共生，非线性相互作用，互为因果，共同组成一个珠光体的晶核（$F+Fe_3C$）。这种演化机制属于放大型的因果正反馈作用，它使微小的随机涨落经过连续的相互作用逐级增强，而使原系统（奥氏体）瓦解，建构新的稳定结构（珠光体）。因此，奥氏体分解时，是铁素体和渗碳体共析共生，共同建构珠光体形核（$F+Fe_3C$）的整合机制，不存在领先相，如图 4-10 所示。至今，尚未发现珠光体形成时单独的铁素体“领先相晶核”或者单独的渗碳体“领先相晶核”。

在以往的教科书中，往往以渗碳体为领先相进行讲述，叙述珠光体转变机理。把形核、长大过程用图 4-11 来描述，指出在两个奥氏体晶粒的界面上形成一个渗碳体核心，然后在其旁侧生成铁素体，并且不断长大。

比较图 4-10 和图 4-11，可见在形核机制上有明显原则上的不同。图 4-11（a）所示的是在晶界上形成领先相渗碳体的“晶核”。必须指出它不是珠光体的晶核，珠光体的晶核为两相，即 $F+Fe_3C$。

渗碳体与 γ_1 的界面为半共格界面，这种界面可动性较差，渗碳体不易向 γ_1 晶粒内生长；另一侧与 γ_2 晶粒的界面为非共格界面，具有可动性，晶核将向 γ_1 晶粒内生长。

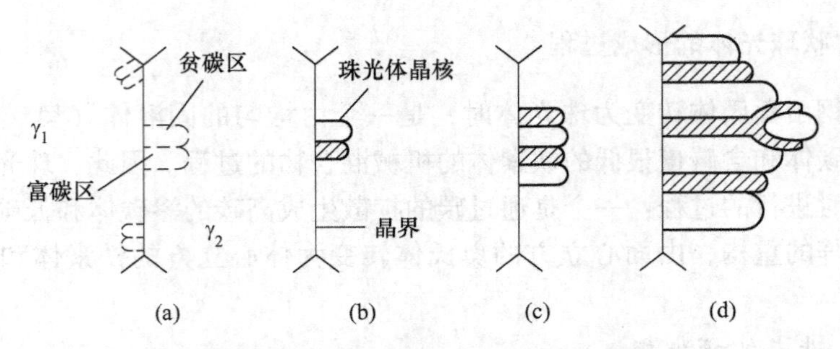

图 4-10 珠光体晶核（F+Fe_3C）的形成及长大示意图

（a）在晶界处出现随机成分涨落；（b）形成珠光体晶核（F+Fe_3C）；（c）（d）晶核长大形成珠光体团

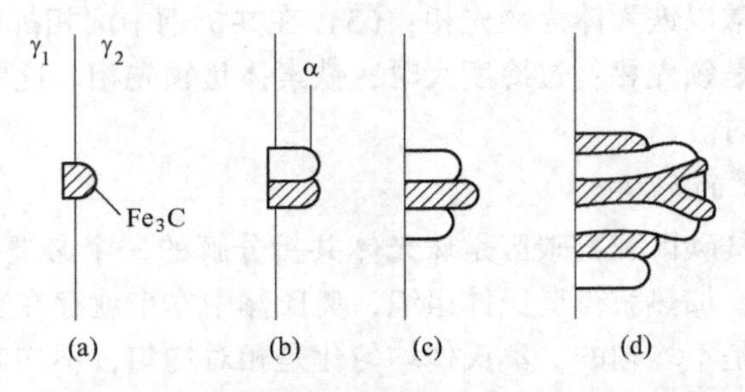

图 4-11 以渗碳体为领先相的形核，长大示意图

（a）渗碳体在晶界形核；（b）铁素体在 Fe_3C 一侧形核；（c）重复形核，长大；（d）分支形核

4.4.1.3 珠光体的长大

珠光体晶核的侧向长大和端向长大，使珠光体晶核迅速长大为珠光体。珠光体晶核的出现，使其侧面更加容易形成贫碳区和富碳区，有利于晶核迅速长大为珠光体。

4.4.2 共析粒状珠光体的形成过程

粒状珠光体在力学性能和工艺性能方面有一定优越性，因此希望碳化物不是以片状而是以颗粒状存在的，即形成粒状珠光体。

获得粒状珠光体的途径有三个：一是在奥氏体+渗碳体两相区加热，或加热转变不充分，将这些过冷奥氏体缓冷得到粒状珠光体；二是通过片状珠光体的低温退火球化获得；三是通过马氏体或贝氏体组织的高温回火获得。

4.4.3 亚（过）珠光体的形成过程

亚（过）共析钢的珠光体转变基本上与共析钢的珠光体转变相似，但需要考虑伪共析转变、先共析铁素体析出和先共析渗碳体析出等问题。

4.4.3.1 伪共析转变

如果将亚共析钢或过共析钢（如合金Ⅰ或Ⅱ）自 A 区以较快速度冷却下来，在先共析铁素体或先共析渗碳体来不及析出的情况下，奥氏体过冷到了 T_1 温度以下区域，因 *GSG'* 线和 *ESE'* 线分别为铁素体和渗碳体在 A 中的溶解度曲线，在此温度以下保温，A 中同时析出铁素体和渗碳体。过冷A将全部转变为珠光体型组织，但合金的成分并非共析成分，其中铁素体和渗碳体的相对含量也与共析成分珠光体不同，随A的碳含量变化而变化。这种转变称为“伪共析转变”，其转变产物称为“伪共析组织”，$E'SG'$线以下的阴影区域称为“伪共析转变区”。

由图4-12可知，过冷A转变温度越低，其伪共析转变的成分范围就越大。

4.4.3.2　亚（过）共析钢先共析相的析出

先共析相的析出是与碳在A中的扩散密切相关的。亚共析钢或过共析钢（如图4-12中合金Ⅰ或Ⅱ）奥氏体化后冷却到先共析铁素体区（GSE'线以左区域）或先共析渗碳体区（ESG'线以右区域）时，将有先共析铁素体或先共析渗碳体析出。

析出的先共析相的量取决于A碳含量和析出温度或冷却速度。碳含量越高，冷却速度越大，析出温度越低，则析出的先共析铁素体（或先共析渗碳体）的量就越少。

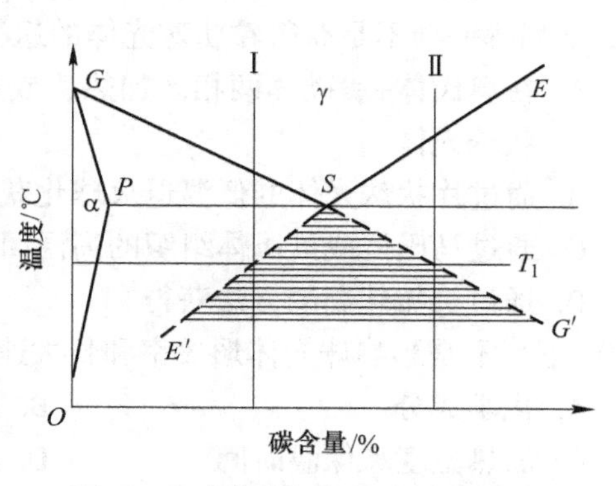

图4-12　先共析相的析出温度范围

习　题

一、选择题

1. 过冷奥氏体是指过冷到（　　）的温度以下，尚未转变的奥氏体。

A. M_s　　B. M_f　　C. A_1　　D. A_{c1}

2. 在过冷奥氏体等温转变图的鼻尖处，孕育期最短，则（　　）。

A. 过冷奥氏体的稳定性最好，转变速度最快

B. 过冷奥氏体的稳定性最差，转变速度最快

C. 过冷奥氏体的稳定性最好，转变速度最慢

D. 过冷奥氏体的稳定性最差，转变速度最慢

3. 过冷奥氏体化温度越高，保温时间越长，则（　　）。

A. 过冷奥氏体越稳定，C曲线越靠左

B. 过冷奥氏体越稳定，C曲线越靠右

C. 过冷奥氏体越不稳定，C曲线越靠左

D. 过冷奥氏体越不稳定，C曲线越靠右

4. 片状珠光体的片层位向大致相同的区域称为（　　）。

A. 亚结构　　B. 魏氏组织

C. 孪晶　　D. 珠光体团

5. 珠光体转变属于（　　）。

A. 扩散型相变　　B. 非扩散型相变

C. 过渡型相变　　D. 半扩散性转变

6. 片状珠光体球化退火时，渗碳体由片状趋于球状的驱动力是（　　）。

A. 体积自由能的下降　　　　　B. 界面能的降低
C. 弹性应变能的下降　　　　　D. B 和 C 两项

7. 奥氏体高温转变的产物是（　　）。
A. 珠光体　　B. 索氏体　　C. 托氏体　　D. 以上都是

8. 以下组织中，强韧性比较高，但是焊接性比较差的是（　　）。
A. 珠光体　　B. 索氏体　　C. 上贝氏体　　D. 下贝氏体

9. 下列哪一项不是获得粒状珠光体的途径（　　）。
A. 在奥氏体+渗碳体两相区加热，或加热转变不充分，将这些过冷奥氏体缓冷得到粒状珠光体
B. 通过片状珠光体的低温退火球化获得
C. 通过马氏体或贝氏体组织的高温回火获得
D. 通过机械轧制的方法获得

10. 下列不是影响珠光体形核率和长大速度的因素是（　　）。
A. 化学成分　　　　　　　　B. 组织结构状态
C. 加热温度和保温时间　　　D. 冷却速度

二、简答题

1. 简述共析钢过冷奥氏体在 $A_1 \sim M_f$ 温度之间不同温度等温时的转变产物及性能。
2. 比较 TTT 曲线与 CCT 曲线。举例说明两种曲线的应用。
3. 根据图 4.10 的结果，从热力学角度说明为什么珠光体转变产物为铁素体+渗碳体。
4. 简述 45 钢从 1000℃缓慢冷却到室温的过程中的组织转变过程。
5. 简述珠光体转变为奥氏体的基本过程。

三、综合分析题

1. 看图填空。

观察过冷奥氏体冷却曲线（见图 4-13），回答下列问题。

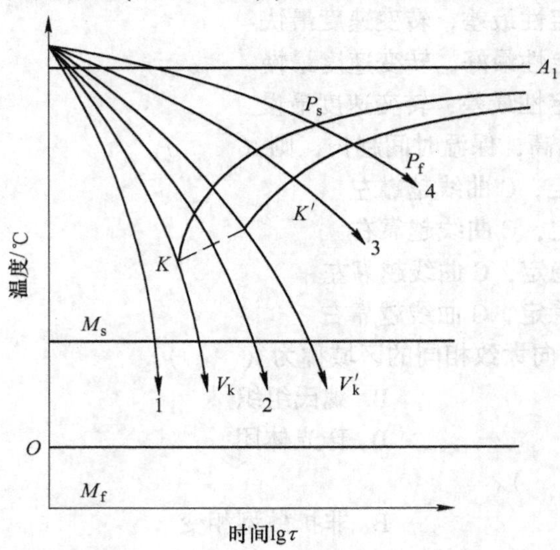

图 4-13　过冷奥氏体冷却曲线

（1）该冷却曲线是属于________冷却。（填“等温”或者“连续”）
（2）冷却方式 1 采用的是________。一般采用这种冷却的热处理方式是________。
（3）冷却方式 2 采用的是________。一般采用这种冷却的热处理方式是________。
（4）冷却方式 3 采用的是________。一般采用这种冷却的热处理方式是________。
（5）冷却方式 4 采用的是________。一般采用这种冷却的热处理方式是________。
（6）V_k 代表________。

2. 过冷奥氏体在什么条件下形成片状珠光体，什么条件下形成粒状珠光体？比较片状珠光体和粒状珠光体的性能差异。

四、创新性实验

珠光体组织具有多层次微观结构（原奥氏体晶粒、珠光体团、珠光体片条等），也存在复杂的相结构（F、Fe_3C 及碳化物等），虽然课本上讨论了珠光体结构对其性能的影响，但是没有进行定量分析。请设计一系列实验，利用 T6 钢，通过合适的热处理工艺，获得不同尺寸的珠光体组织，并对各经过热处理的试样的强度、硬度以及断裂韧性进行评价，并借助 Hall-Petch 关系公式，对晶粒尺寸与材料力学性能之间的关系规律进行分析和总结。

5 马氏体转变

图 5-1 为 20CrNi2Mo 亚共析钢 CCT 曲线，当奥氏体以较大冷速冷却至 M_s 点以下时（在 20CrNi2Mo 钢中冷速大于 30℃/s），就会形成如图 5-2 所示的束状组织。该组织于 19 世纪 90 年代最先由德国冶金学家阿道夫·马滕斯（Adolf Martens，1850~1914 年）在一种硬矿物中发现。马氏体名称源自钢中加热至奥氏体（γ 固溶体）后快速淬火所形成的高硬度针片状组织，为纪念冶金学家 Martens 而命名。人们最早只把钢中由奥氏体转变为马氏体的相变称为马氏体相变。

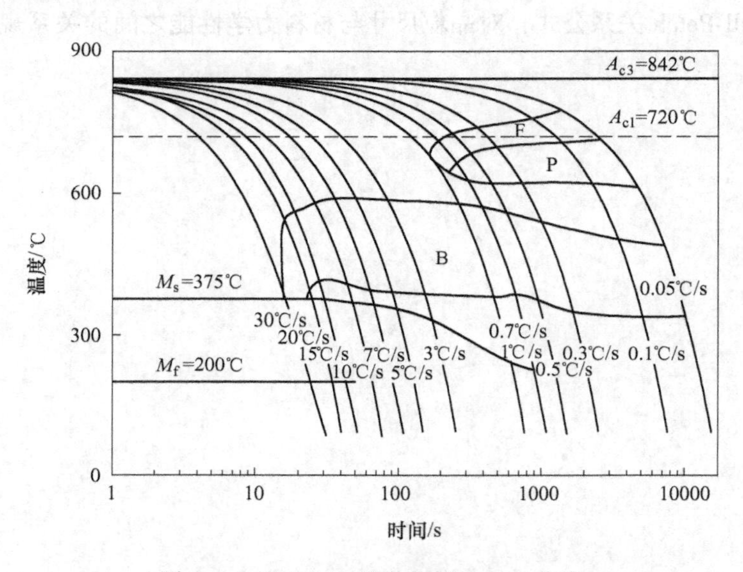

图 5-1 20CrNi2Mo 亚共析钢的 CCT 曲线

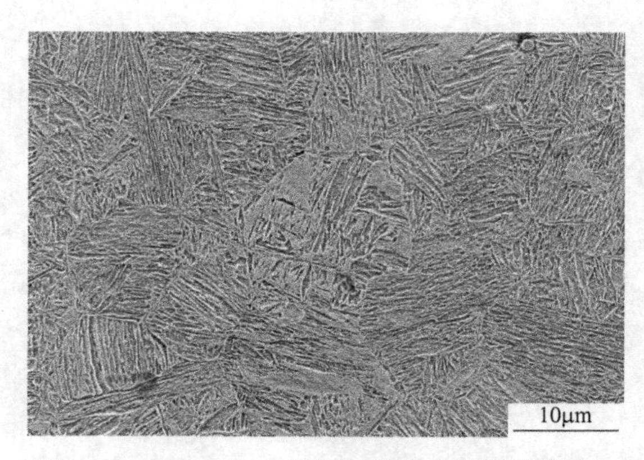

图 5-2 20CrNi2Mo 亚共析钢的淬火处理显微组织

随后，马氏体组织在钢铁材料的生产中得到广泛应用。在20世纪30年代，大量学者利用X射线结构分析方法测得钢中马氏体是碳溶于α-Fe所形成的过饱和固溶体，也因此人们曾一度认为：马氏体就是碳在α-Fe中过饱和间隙固溶体。20世纪40年代前后，这一认知被打破，科学家在Fe-Ni、Fe-Mn合金及许多有色金属中也发现了马氏体相变。此外，不仅在快速冷却过程中发现马氏体转变，在加热过程中也能观察到马氏体转变。目前广泛地把基本特征属马氏体相变型的相变产物统称为马氏体，即凡是符合马氏体相变基本特征的转变过程都称为马氏体相变，其相变产物是马氏体。同时，获得马氏体的工艺称为淬火工艺。

5.1 马氏体组织与力学性能

马氏体虽然为过饱和的单相结构，但其组织形态和亚结构极为复杂。就马氏体的形态而言，有板条状、针状、蝶状等；就其亚结构而言，马氏体的亚结构包括位错、孪晶及层错等。以上这些复杂的形态和亚结构受控于金属材料的化学成分及工艺，表5-1从晶体结构、惯习面、亚结构及组织形态等方面揭示了钢的化学成分与马氏体组织形态的关系，表明钢的化学成分对其晶体结构、惯习面、亚结构及组织形态等影响较大。图5-3为马氏体形态的SEM图和TEM图。

表5-1 钢中的马氏体形态和晶体学特征

钢种及成分	晶体结构	惯习面	亚结构	组织形态
低碳钢（$w(C)<0.2\%$）	体心立方	$\{111\}_\gamma$	位错	板条状
中碳钢（$0.2\%<w(C)<0.6\%$）	体心立方	$\{111\}_\gamma$、$\{225\}_\gamma$	位错、孪晶	板条状、片状
高碳钢（$0.6\%<w(C)<1.0\%$）	体心立方	$\{225\}_\gamma$	位错、孪晶	板条状、片状
高碳钢（$1.0\%<w(C)<1.4\%$）	体心立方	$\{225\}_\gamma$、$\{259\}_\gamma$	位错、孪晶	片状、凸透镜状
超高碳钢（$w(C)>1.5\%$）	体心立方	$\{259\}_\gamma$	位错、孪晶	凸透镜状
18-8不锈钢	hcp（ε'）	$\{111\}_\gamma$	层错	
马氏体沉淀硬化不锈钢	hcp（α'）	$\{225\}_\gamma$	位错、孪晶	板条状、片状
高锰钢（$13\%<w(Mn)<25\%$）	hcp（ε'）	$\{111\}_\gamma$	层错	薄片状

此外，不同热处理工艺，如淬火冷速、温度等，在化学成分相同的情况下，马氏体的形态也会发生改变，如图5-4所示，当淬火冷却速度为10300℃/s时，马氏体形态为板条形态+针状形态，而当冷速增加到16700℃/s，针状马氏体形态明显增加。该结果表明，淬火冷速对马氏体形态也存在较大影响。

5.1.1 马氏体组织形态

钢件经淬火获得马氏体组织，是达到强韧化的重要基础。但由于钢的种类、成分不同，以及热处理条件的差异，会使淬火马氏体的形态和晶体学特征等发生很大变化。淬火马氏体的这些变化又会对钢件的组织和力学性能产生很大的影响。

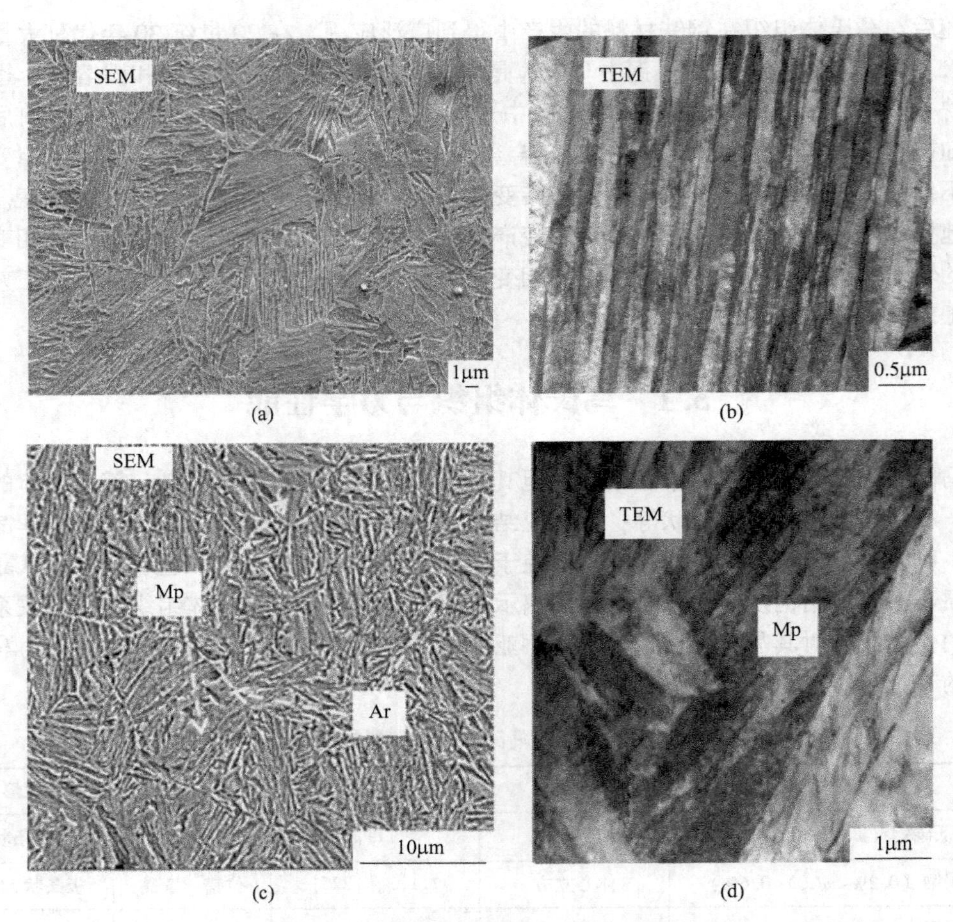

(a) (b) (c) (d)

图 5-3　马氏体形态的 SEM 图和 TEM 图

（a）（b）低碳钢；（c）（d）高碳钢

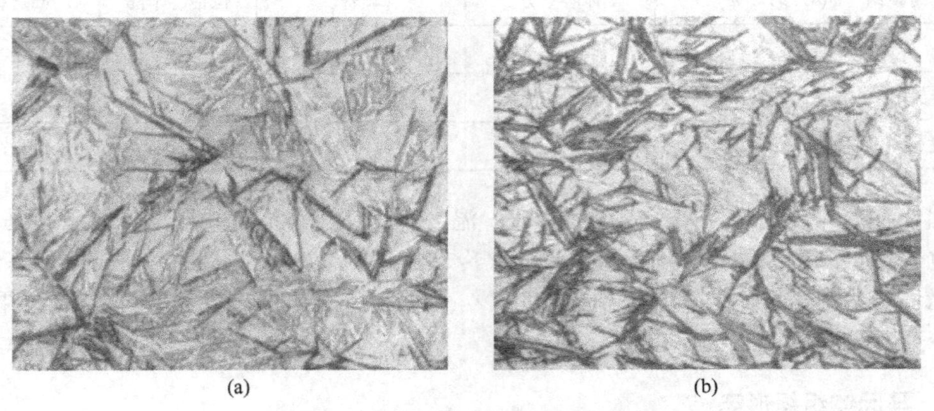

(a) (b)

图 5-4　淬火冷速对马氏体形态的影响

（a）10300℃/s；（b）16700℃/s

5.1.1.1 板条马氏体

板条马氏体（见图 5-5）在低碳、低碳合金及超低碳合金钢中形成，又称低碳马氏体，其形成于200℃以上的较高温度，又称高温马氏体，又因其精细（亚）结构主要为高密度位错，其密度高达（0.3~0.9）$\times 10^{12}\mathrm{cm}^{-2}$，故又称位错马氏体。

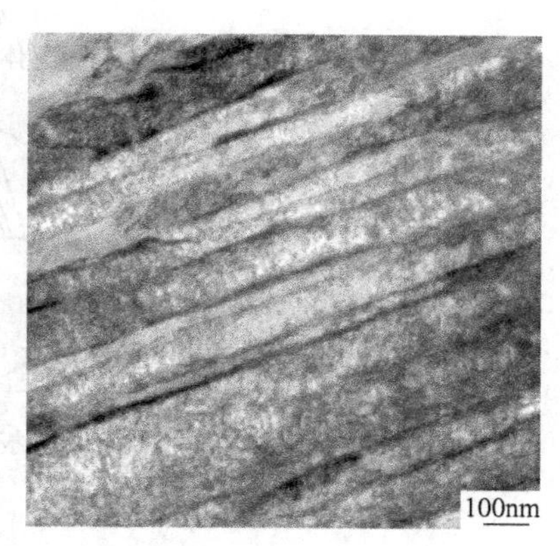

图 5-5 板条马氏体

由于板条马氏体强塑性较好，迄今为止，各国学者，特别是日本、美国学者对板条马氏体组织构成及晶体学特征进行大量研究和深入分析。Marde 等首次提出马氏体板条束和马氏体板条块模型，如图 5-6（a）所示。松田在结合前人的基础上，提出了低碳马氏体结构，如图 5-6（b）所示。他认为一个奥氏体晶粒由几个晶区组成，每个晶区被束状的单元所分割，这些单元简称为板条束（lath packet）。一个晶区内可能由一种板条束或两种板条束组成。我国学者通过光学显微镜研究了 0.2%C-Fe 马氏体组织形态，即成条排列的马氏体，如图 5-6（c）所示。其马氏体的条宽度不一，约为 3μm。相邻马氏体条状间位向差较小，这些大致平行的马氏体条组成一个马氏体“领域”。一个原奥氏体晶粒被几个领域分开。其中 *A*、*B*、*C* 都是马氏体领域，领域内的 L_1、L_2 等表示板条。

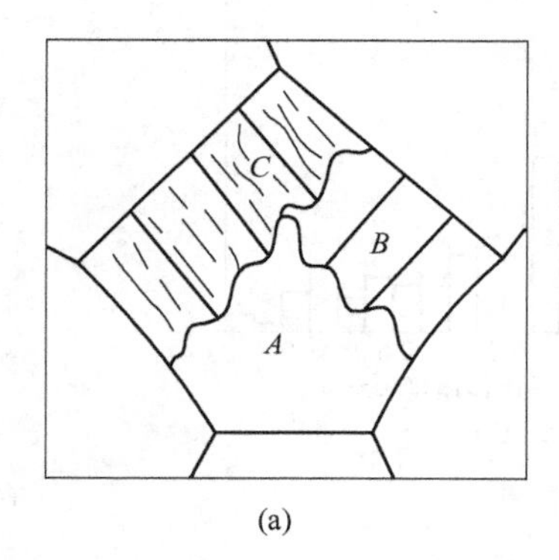

(a)

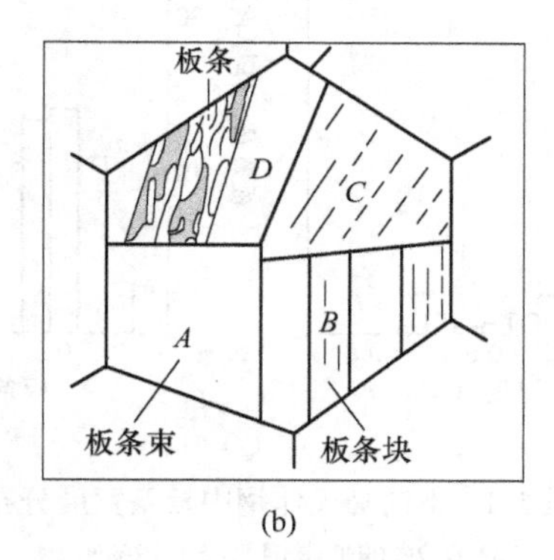

(b)

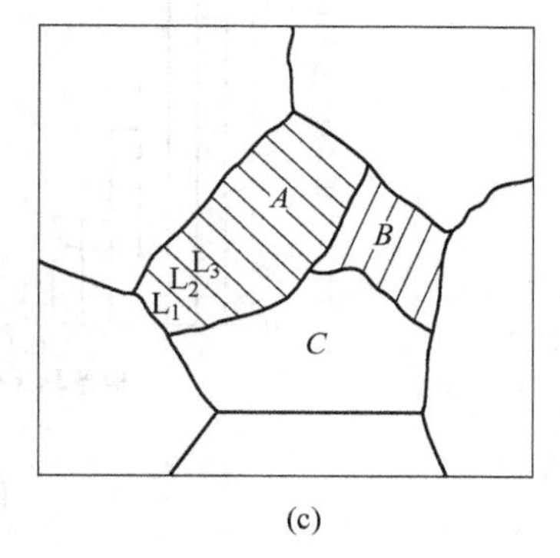

(c)

图 5-6 板条马氏体结构模型

（a）Marder 模型；（b）松田模型；（c）中国学者早期模型

自 20 世纪 90 年代以来，EBSD 技术的出现进一步深化了人们对板条马氏体微观结构的认识。研究结果表明：低碳钢板条马氏体具有多尺度结构，原奥氏体晶粒由若干个板条束（packet）组成，而板条束可以进一步分成板条块（block），板条块是由相同或相近的取向的板条组成，每个板条块也可以再细分为亚板条块（sub-block），亚板条块由相同取向板条（lath）组成，如图 5-7 所示。

马氏体块，是惯习面晶面指数相同且与母相位向关系相同的板条集团。各块间呈大角度，有文献报道该取向角大于原奥氏体晶界、马氏体束界的取向角，约为 60°，即孪晶取向关系，该取向角的形成与马氏体的共格切变密切相关，形成孪晶取向界面，大大降低了界面能，利于马氏体相变。

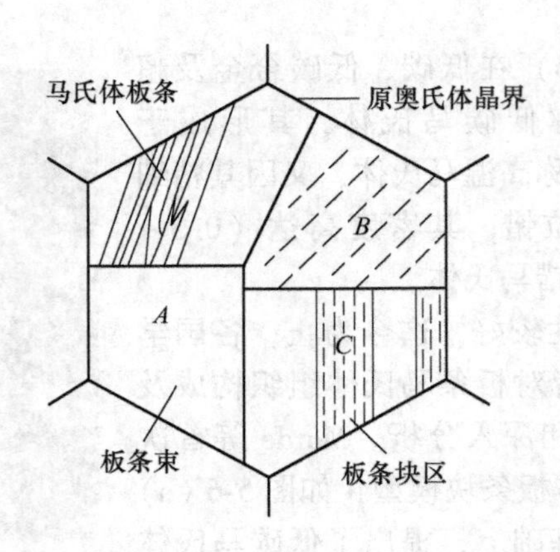

图 5-7 马氏体多层次结构示意图

马氏体板条，是板条马氏体中的单晶体，板条的厚度在不同材料中多数集中在0.15~0.3μm，板条间的取向差为小角度，即1°~10°，如图5-8所示。

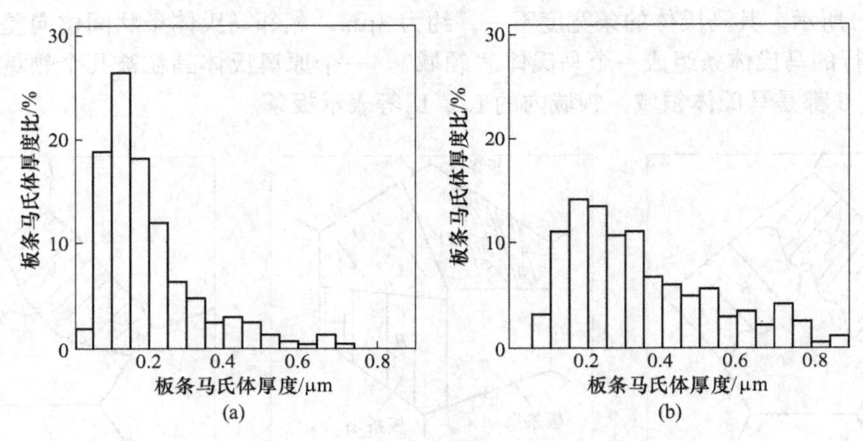

图 5-8 不同马氏体钢中板条宽度分布

(a) 0.2%的低碳钢；(b) 18%Ni 钢

低碳板条马氏体的亚结构主要是位错，以位错缠结方式构成位错胞。板条内的位错密度很高，为10^{10}~$10^{11}cm^{-2}$的数量级，其随碳含量的增加而呈直线增加。这种高密度位错的形成，有研究认为是马氏体形成时，使周围的奥氏体产生变形，形成大量位错，从而使马氏体产生大量位错；也有人认为，板条马氏体中高位错密度可能不直接与相变晶体学相关，而可能是板条生长时经历的压制因素所产生的结果，即内部位错可能由协调变形产生。

5.1.1.2 片状马氏体

铁基合金中出现的另一种典型的马氏体组织是片状马氏体（见图5-9），常见于淬火稍低于M_s点但高于室温的高、中碳钢及高Ni的Fe-N合金中。高碳钢中典型的片状马氏体的形态呈双凸透镜片状，所以称为透镜片状马氏体。因其与试样磨面相截而在显微镜下呈现为针状或竹叶状，故又称为针状马氏体或竹叶状马氏体。由于片状马氏体的亚结构主要为孪晶，因此又有孪晶型马氏体之称。片状马氏体的显微组织特征是马氏体片间并不互相平行。先形成的第一片马氏体将贯穿整个奥氏体晶粒而将晶粒分割为两半，使后形成的片状马氏体大小受到限制。在成分均匀的奥氏体晶粒内，冷至稍低于 M_s 点时，片状马氏体的大小不一，越是后形成的马氏体片越小，如图 5-10 所示。片的大小完全取决于奥氏体的晶粒大小。

图 5-9　片状马氏体

研究表明碳的质量分数不超过 0.6%时，淬火钢的组织全部都是板条状马氏体；碳的质量分数为 0.6%～1.0% 之间时，为板条状马氏体+片状马氏体；碳的质量分数大于 1.0%时，全部是片状马氏体，如图 5-11 所示。国内外都按照这个原则区分各种碳钢的淬火组织类型。

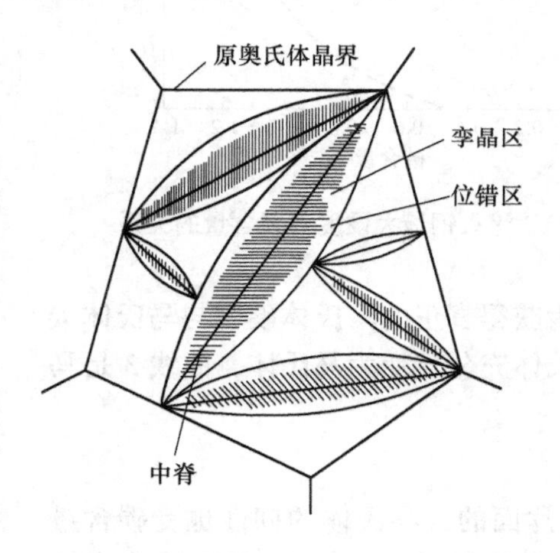

图 5-10　片状马氏体示意图

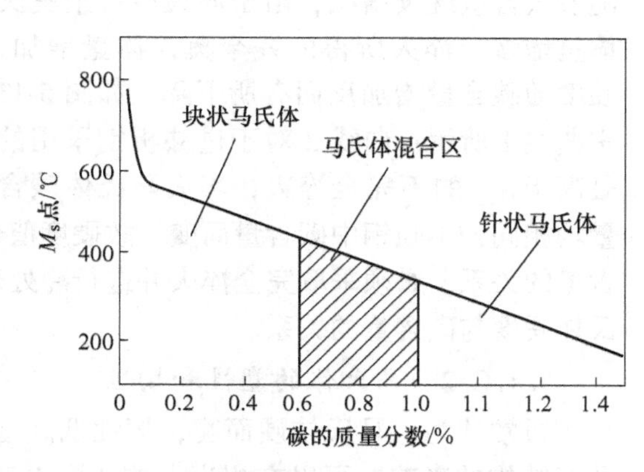

图 5-11　碳含量对马氏体形态的影响

表 5-1 中提到，片状马氏体惯习面为 $(225)_\gamma$ 或 $(259)_\gamma$，与母相的位向关系为 K-S 关系或西山关系。片状马氏体内存在许多相变孪晶，如图 5-12 所示。孪晶接合部分的带状薄筋称为中脊。相变孪晶的存在是片状马氏体组织的重要特征。孪晶间距大约为 5nm，一般不扩展到马氏体的边界上，在片的边际则为复杂的位错组列。

除了常见的两大类板条状马氏体和片状马氏体外，还有蝶状马氏体、粗大薄板状马氏体和ε′马氏体等马氏体形态，其特征可以在《马氏体新形态学》（谭玉华、马跃新，冶金工业出版社）、《热处理原理及工艺》（赵乃勤，机械工业出版社）等中了解到，这里不作介绍。

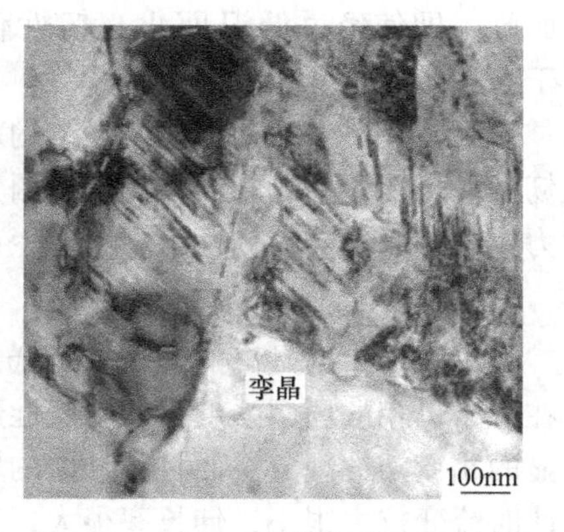

图 5-12　片状马氏体中的相变孪晶

5.1.2 马氏体的力学性能

通过淬火得到马氏体是强化钢制工件的重要手段。在淬成马氏体后，虽然还要根据需要重新加热到不同温度进行回火，但回火后得到的性能在很大程度上仍取决于淬火所得的马氏体性能，因此有必要对马氏体的性能进行了解。

5.1.2.1 马氏体的强度和硬度

钢中马氏体最主要的特点是具有高硬度和高强度。实验证明，马氏体的硬度取决于马氏体的碳含量，而与马氏体的合金元素含量关系不大。图 5-13 是用各种不同成分的钢料得到的马氏体的碳含量对马氏体硬度的影响，强度的变化类似于硬度变化。碳含量低时，淬火后硬度随碳含量增加而增加，当碳含量约为 0.6%时，其硬度达到最大值。但随着碳含量继续增减，由于淬火后残余奥氏体量增多，淬火所得的残余奥氏体量增加，硬度随碳含量增加反而有所下降，如图 5-13 中曲线 1 所示；曲线 2 对于过共析钢采用的是高于 A_{c1} 的不完全淬火，淬火马氏体碳含量均相同，不随钢中碳含量而变，故硬度值也不变。为获得真正的马氏体硬度与马氏体碳含量的关系，必须采取完全淬火并进行冷处理，使奥氏体充分转变为马氏体，曲线 3 是马氏体硬度与碳含量的关系。

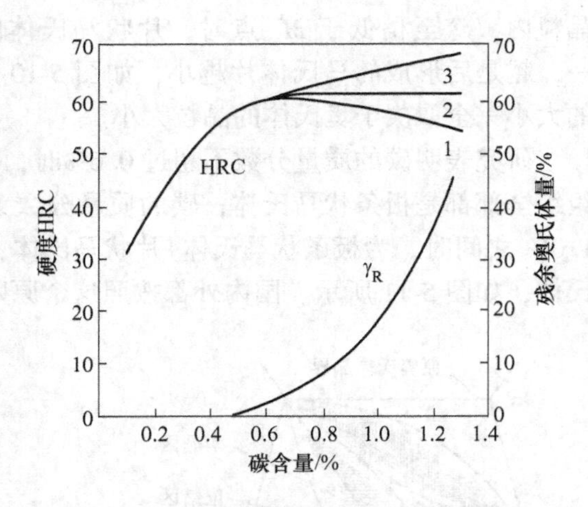

图 5-13 淬火钢最大硬度与碳含量的关系

5.1.2.2 马氏体的塑性和韧性

通常认为，马氏体硬而脆，韧性低。这种观点是片面的，马氏体的韧性也受碳含量及亚结构的影响，可以在相当大的范围内变动。当碳含量低于 0.4%时，马氏体具有较高的韧性，碳含量越低，韧性越高。当碳含量大于 0.4%时，马氏体韧性很低，变得硬而脆，即使经过低温回火，韧性仍不高。从保证韧性考虑，马氏体的碳含量不宜大于 0.4%。

除碳含量外，马氏体的亚结构对韧性也有显著影响。强度相同时，位错马氏体的断裂韧性显著高于孪晶马氏体。这是因为孪晶马氏体滑移系统少，位错不易运动，容易造成应力集中，而使断裂韧性下降。在生产中总是想方设法获得位错马氏体。

5.1.2.3 马氏体的超塑性

超塑性指的是高的伸长率及低的流变抗力。金属及合金在相变过程中塑性增大，往往在低于母相的屈服强度下发生塑性形变，该特性称为相变超塑性。钢在马氏体相变时有明显的相变塑性现象，而且随外力的增加塑性增大。在马氏体转变的同时加力于工件，由于此时流变抗力很小，伸长率很大，工件极易在外力作用下按要求产生变形，这不但提高钢的强度，也优化了钢的塑性和韧性。其原因是马氏体形成能松弛塑性变形所造成的裂纹尖端的应力集中，防止裂纹的形成以及抑制裂纹的扩展。

5.2　马氏体相变特征与转变机理

马氏体相变是无扩散点阵类型改组的共格单相转变，它的转变区别于扩散型相变，在钢铁材料的生产、制备中尤其重要。

5.2.1　马氏体相变的特征

马氏体转变是在低温下进行的一种转变。对于钢来说，此时不仅铁原子已不能扩散，就是碳原子也难以扩散。故马氏体转变具有一系列不同于加热转变以及珠光体转变的特征。

5.2.1.1　马氏体相变的无扩散性

马氏体转变时只有点阵的改组而无成分的改变。如钢中的奥氏体转变为马氏体时，只是点阵由面心立方通过切变改组成体心立方，而马氏体的成分与奥氏体的成分完全一样，且碳原子在马氏体与奥氏体中相对于铁原子保持不变的间隙位置。这一特征称为马氏体转变的无扩散性。其无扩散性体现在以下几点：

(1) 钢中马氏体相变时无成分变化，仅发生点阵改组。也就是说，不管是过共析钢还是亚共析钢，马氏体的含碳量与母相奥氏体相同。

$$\lambda\text{-Fe(FCC)} \longrightarrow \alpha\text{-Fe(BCC)} \tag{5-1}$$

(2) 可以在很低的温度范围内进行，并且相变速度极快。

(3) 原子以切变方式移动，相邻原子的相对位移不超过原子间距，近邻关系不变。

5.2.1.2　马氏体转变的非恒温性

大多数合金系都能发生马氏体相变，但必须将奥氏体以大于临界冷却速度的冷速过冷到某一温度以下才能发生马氏体转变。这一温度称为马氏体转变开始温度，用 M_s 代表。马氏体转变与珠光体转变不同，当奥氏体被过冷到 M_s 点以下任一温度时，不需经过孕育期，转变立即开始，且以极大速度进行，但转变很快停止，不能进行到终了。为了使转变能继续进行，必须降低温度，即马氏体转变是在不断降温的条件下进行的。马氏体转变量是温度的函数，而与等温时间无关。

当温度降到某一温度以下时，虽然马氏体转变量还未达到100%，但转变已不能进行。该温度称为马氏体转变的终了温度，用 M_f 表示。如果某钢的 M_s 高于室温而 M_f 低于室温，则冷至室温时还将保留一定数量的奥氏体，称为残余奥氏体。

马氏体转变量与在某一温度下的停留时间无关，这就是马氏体转变的非等温性，如图5-14所示。马氏体形成量仅取决于冷却到达（M_s 以下）的温度，而与保温时间或冷却速度无关。同一合金系中成分不同的合金，虽然 M_s 值不同，但马氏体形成量与（M_s-T_q）的关系相同。马氏体转变量由以下公式进行计算：

$$f = 1 - \exp[a(M_s - T_q)] \tag{5-2}$$

式中，M_s 为马氏体转变（开始）温度；T_q 为冷却到达温度；a 为常数，取决于合金系，对于含碳0.1%以下的碳素钢，$a=-0.011$。

5.2.1.3　马氏体转变的可逆性

冷却时，高温相可以通过马氏体转变转变为马氏体。同样，加热时，马氏体也可通过

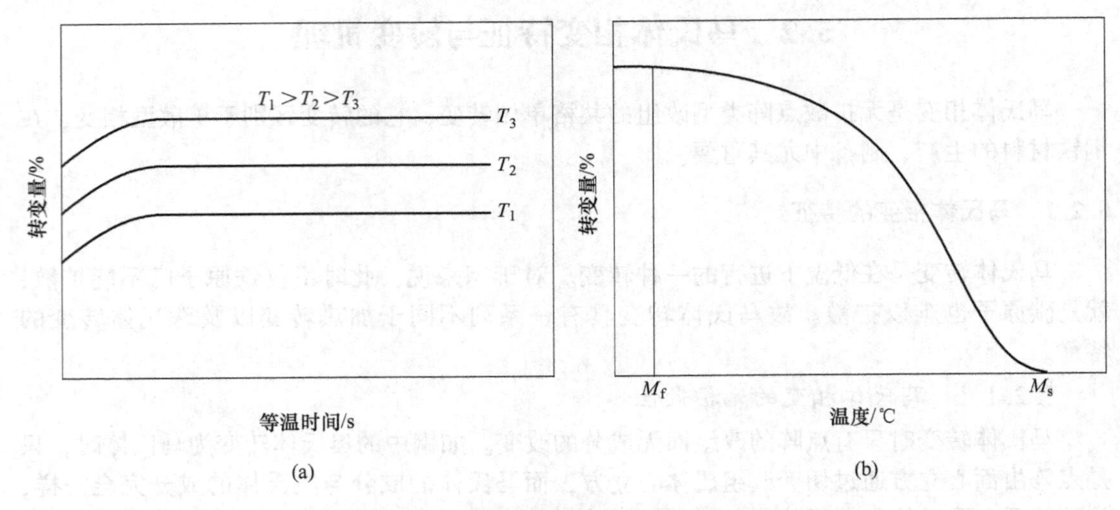

图 5-14 马氏体转变量与等温时间和温度的关系
(a) 等温时间；(b) 转变量

马氏体转变而转变为高温相，即马氏体转变具有可逆性。一般称加热时的马氏体转变为逆转变。逆转变与冷却时所发生的马氏体转变具有相同的特点，与冷却时的 M_s 和 M_f 相对应，逆转变也有转变开始温度 A_s 及转变终了温度 A_f，A_s 较 M_s 为高，两者之差视合金而异。

在 Fe-C 合金中，目前尚未直接观察到马氏体逆转变。一般认为，由于含碳马氏体是 C 在 α-Fe 中的过饱和固溶体，加热时极易分解，因此在尚未加热到 A_s 点时，马氏体因回火就已经分解了，所以得不到马氏体逆转变。有人认为，如果以极快的速度加热，使马氏体在未分解前就已加热到 A_s 点以上，则有可能发生逆转变。如在 Fe-0.8%C 钢以 5000℃/s 快速加热，抑制回火转变，则在 590~600℃发生逆转变。

5.2.2 马氏体转变的晶体学分析

钢的马氏体转变是在低温下发生的，此时不仅铁原子已不能扩散，就是碳原子也已基本上不能扩散，故转变时只有点阵的改组而无成分的改变。转变所得马氏体的成分与转变前的奥氏体成分完全一样。

奥氏体具有面心立方点阵，溶于奥氏体中的碳原子位于铁原子所组成的正八面体中心。马氏体转变时，面心立方的奥氏体通过切变转变为体心立方的 α-Fe 。此时，碳原子仍然停留在六个铁原子所组成的八面体中心。体心立方的 α-Fe 点阵中的八面体不是正八面体而是扁八面体。在八面体的三个轴中有一个是短轴。在短轴方向上的空隙仅为 0.038nm，而碳原子的有效直径为 0.154nm。因此，在平衡状态下，碳在 α-Fe 中的溶解度极小，仅 0.006%。马氏体转变时，成分不发生改变，碳原子仍固溶于 α-Fe 的点阵中而形成过饱和的间隙固溶体。

这些由于通过马氏体转变才得以保留在 α-Fe 点阵的八面体中心的碳原子将使扁八面体发生畸变，使短轴伸长，长轴缩短。

5.2.3 马氏体转变的形核机制

前面已经谈到，马氏体转变是在无扩散的情况下，晶体由一种结构通过切变转变为另一种结构的变化过程。在相变过程中，点阵的重构是由原子做集体的、有规律的近程迁动完成的，并无成分变化。由于这种切变特性，马氏体可以在很低的温度下，以很高的速度进行。虽然如此，马氏体转变仍然是一个形核和长大的过程。

众所周知，形核分为均相形核和异相形核两种，而许多实验结果都指出马氏体相变的形核为异相形核，其形核位置与合金结构的不均匀位置有关，如晶体缺陷（位错、层错）、内表面（由夹杂物造成）以及因晶体生长或塑性变形所造成的形变区等，这些“畸变胚芽”成为了马氏体形核的核心。

对于马氏体的形核，至今为止还没有建立一个大众普遍接受的马氏体形核和长大理论，下述只是阐述马氏体转变的模型和学说。

5.2.3.1 位错形核理论

位错形核论最早由 Knapp 等人提出，它成为所有马氏体相变教材和专著都要详细介绍的理论。他们首先假设在奥氏体内存在一个如图 5-15 所示的铁饼形马氏体核胚。它与母相的交界是位错圈，也就是一系列位错圈围绕而成的扁球状核胚。

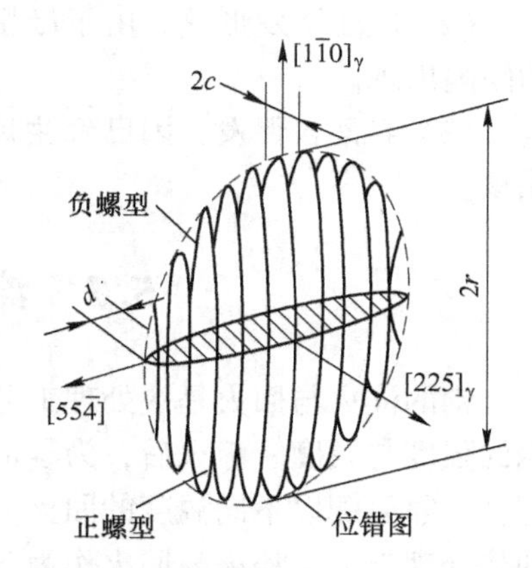

图 5-15 马氏体晶核胚的 K-D 模型

铁饼形马氏体平行于惯习面 $\{225\}_\gamma$，它的两个主界面是 K-S 关系，图 5-15 中纵向的椭圆是许多大小不同的位错圈，位于马氏体与母相的界面之上。位错圈由一侧为左螺型位错，另一侧为右螺型位错，上下顶部为正负刃型位错组成。位错圈向外扩展，引起核胚向 $[1\bar{1}0]_\gamma$ 和 $[225]_\gamma$ 两个方向长大。由于刃型部分在径向移动，使尖端产生新的位错圈，令核胚出现径向 $[55\bar{4}]$ 长大。只要相变驱力能够大于新增的界面能和体积应变能之和，位错圈便能迅速扩展，形成新的晶核和核长大，完成马氏体相变。

K-D 模型是根据图 5-15 推出的。通过精确测定，K-S 关系中 $(111)_\gamma$ 和 $(110)_M$ 两个晶面并不相互平行，而是相差约 10°，这两种晶面的间距也相差 1%~2%。因此，K-D 模型与测定结果存在差异。

5.2.3.2 层错形核理论

按照位错理论，由位错圈可以产生层错，因此马氏体的晶核通过层错形成便成为许多人的主张。有人提出极轴机制来解释ε 马氏体和由层错自发形核机制解释 α′马氏体的形成。这些理论的共同缺陷是：（1）奥氏体点阵到底是如何转变成马氏体点阵的，谁都没有具体涉及；（2）解释不了为什么马氏体组织中会形成“块区结构”或“内孪晶结构”。在一些观测中，也未看到极轴位错。

5.2.3.3 软膜形核理论

为了解释马氏体转变时出现很大的体积应变能和界面能，导致形核功极高，难以形成马氏体晶核，因而一些人提出“软膜理论”。他们认为在 M_s 点以下，马氏体晶核形成时，出现弹性模量突然降低。特殊的纵声子集中在约 2/3(111) 处，使点阵不稳，弹性常数接近于零，而弹性各向异性参数变大，呈现软膜，导致形核功显著下降，促进马氏体形核。

软膜理论最大的缺陷是说明不了为什么只有马氏体晶核形成前才出现软膜，不形成马氏体晶核，则测定不出弹性参数的改变。因而，马氏体形核变成了不可知的神奇东西，似乎成了非科学的范畴。同时，也解释不了为何马氏体相变时，会形成块区结构和内孪晶结构。另外，一些人在马氏体形核时并未测出弹性参数下降，没有发现软膜。

5.2.3.4 缺陷激活非均匀形核模型

该模型认为高活性缺陷将促进马氏体形核。所谓“缺陷激活非均匀形核”是指马氏体相变中存在“非自发形核”。与金属结晶不同，无扩散相变中没有非自发形核。目前，“缺陷激活非均匀形核模型”的主要形核方式是：

(1) 应力协助形核，由相变形成的弹性应力促使活性小的缺陷被激活，形成核心。

(2) 应变诱发形核，由于母相塑性变形而产生的位错、层错，导致新的具有较高活性的缺陷出现。

(3) 界面自促发，因已经生成的马氏体晶核界面上的位错分解，促使马氏体形成新晶核。

5.3 淬火工艺设计与淬火介质

钢的淬火与回火是热处理工艺中最重要，也是用途最广的工序。淬火可以大幅度提高钢的强度与硬度。淬火后，为了消除淬火钢的残余内应力，得到不同强度、硬度与韧性的配合，需要配以不同温度的回火。所以，淬火与回火是不可分割的、紧密衔接在一起的两种热处理工艺。淬火与回火作为各种机器零件及工、模具的最终热处理，是赋予钢件最终性能的关键性工序，也是钢件热处理强化的重要手段之一。本章节针对马氏体的优点，讨论其淬火工艺。

5.3.1 钢的淬火及分类

淬火是将钢加热至临界点（A_{c1} 或 A_{c3}）以上，保温一定时间后快速冷却，使过冷奥氏体转变为马氏体或贝氏体组织的工艺方法。图 5-16 是共析碳钢淬火冷却工艺曲线示意图。v_c、v_c' 分别为上临界冷却速度（即淬火临界冷却速度）和下临界冷却速度。以 $v>v_c$ 的速度快速冷却（曲线 1），可得到马氏体组织；以 $v_c>v>v_c'$ 的速度冷却（曲线 2），可得到马氏体+珠光体混合组织；以曲线 3 冷却则得到下贝氏体组织。

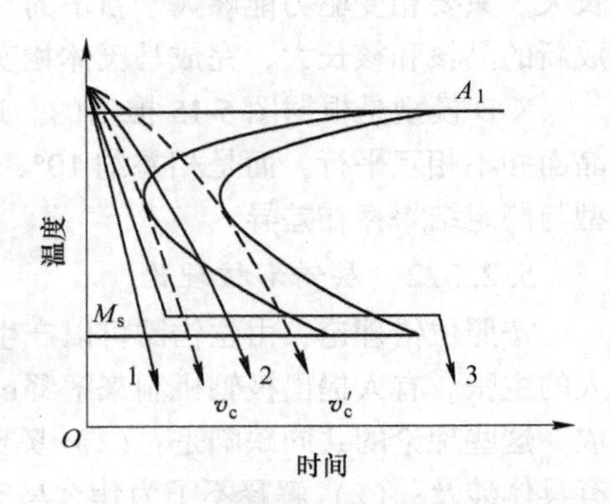

图 5-16 共析钢的淬火冷却工艺

钢淬火后的强度、硬度和耐磨性大大提高。$w(C)\approx 0.5\%$ 的淬火马氏体钢经中温回火后，可以具有很高的弹性极限。中碳钢经淬火和高温回火（调质处理）后，可以有良好的强度、塑性、韧性的配合。

奥氏体高锰钢的水韧处理，奥氏体不锈钢、马氏体时效钢及铝合金的高温固溶处理，都是通过加热、保温和急冷而获得亚稳态的过饱和固溶体，虽然习惯上也称为淬火，但这是广义的淬火概念，它们的直接目的并不是强化合金，而是抑制第二相析出。高锰钢的水韧处理是为了达到韧化的目的。奥氏体不锈钢固溶处理是为了提高抗晶间腐蚀能力，铝合金和马氏体时效钢的固溶处理，则是时效硬化前的预处理过程。

这里主要讨论钢的一般淬火强化问题，其淬火工艺分类见表5-2。

表5-2 钢的淬火工艺分类

序号	分类原则	淬火工艺方法
Ⅰ	按加热温度	完全淬火、不完全淬火
Ⅱ	按加热速度	普通淬火、快速加热淬火、超快速加热淬火
Ⅲ	按加热介质及热源条件	光亮淬火、真空淬火、流态层加热淬火、火焰加热淬火、（高、中、工频）感应加热淬火、高频脉冲冲击加热淬火、接触电加热淬火、电解液加热淬火、电子束加热淬火、激光加热淬火、锻热淬火
Ⅳ	按淬火部位	整体淬火、局部淬火、表面淬火
Ⅴ	按冷却方式	直接淬火、预冷淬火（延迟淬火）、双重淬火、双液淬火、断续淬火、喷雾淬火、喷液淬火、分级淬火、冷处理、等温淬火（贝氏体等温淬火、马氏体等温淬火）、形变等温淬火（高温形变等温淬火、中温形变等温淬火）

5.3.2 淬火介质

淬火工艺中冷却工序十分重要，而影响冷却过程的主要因素就是冷却介质。根据过冷奥氏体等温转变图，$T>650$℃时，奥氏体较为稳定，400～650℃时奥氏体最不稳定；$T<400$℃时，奥氏体也较为稳定。理想淬火介质应在650℃以上的高温区冷却缓慢以减少变形，在400～650℃的中温区冷却很快以避免不稳定奥氏体的分解，在400℃以下的低温区冷却缓慢以避免工件变形和开裂，这是选择淬火介质的依据。

5.3.2.1 淬火介质的分类与要求

根据物理特性，淬火介质可分为如下两大类：

(1) 淬火时发生物态变化的淬火介质。包括水、油和水溶液等，其沸点远低于工件的淬火加热温度，赤热工件淬入其中后会汽化沸腾，使工件强烈散热，此外，在工件与介质的界面上还可以以辐射、传导、对流等方式进行热交换。

(2) 淬火时不发生物态变化的淬火介质。包括各种熔盐、熔融金属等，其沸点高于工件的淬火加热温度，赤热工件淬入其中时不会汽化沸腾，而只以辐射、传导和对流的方式进行热交换。

对淬火介质一般的要求是：无毒、无味、经济、安全可靠；不易腐蚀工件，淬火后易清洗；成分稳定，使用过程中不易变质；在过冷奥氏体不稳定的中温区有足够的冷却速度，在低温马氏体转变区有较缓慢的冷却速度，以保证淬火质量；在使用时，介质黏度应较小，以增加对流传热能力和减少损耗。

5.3.2.2 有物态变化的淬火介质

A 冷却特性与冷却机理

淬火介质的冷却特性是指试样温度与冷却时间或试样温度与冷却速度之间的关系。测定冷却特性通常采用热导率很高、尺寸一定的银球试样，将其加热到一定温度后迅速置入淬火介质中，利用安放在银球中心的热电偶测出其心部温度随冷却时间的变化，再根据这种温度-时间曲线换算求得冷却速度-温度关系曲线。

赤热工件进入淬火介质（以水为例）后，其冷却过程大致可分为三个阶段：

（1）蒸汽膜阶段。当工件进入淬火介质后，工件周围介质立即被加热汽化，并在工件表面形成一层蒸汽膜，将工件与液体介质隔离。由于蒸汽膜的导热性较差，故使工件的冷却速度较慢，如图5-17中的*AB*段所示。冷却开始时，由于工件向淬火介质放出的热量大于通过蒸汽膜向周围介质散发的热量，故蒸汽膜的厚度不断增加。随着冷却的进行，工件温度不断降低，膜的厚度及其稳定性也逐渐变小，直至破裂消失，这是冷却的第Ⅰ阶段。蒸汽膜开始破裂的温度（图5-17中的*B*点）称为淬火介质的“特性温度”，是评价淬火介质的重要指标。对20℃的水，其特性温度约为300℃。

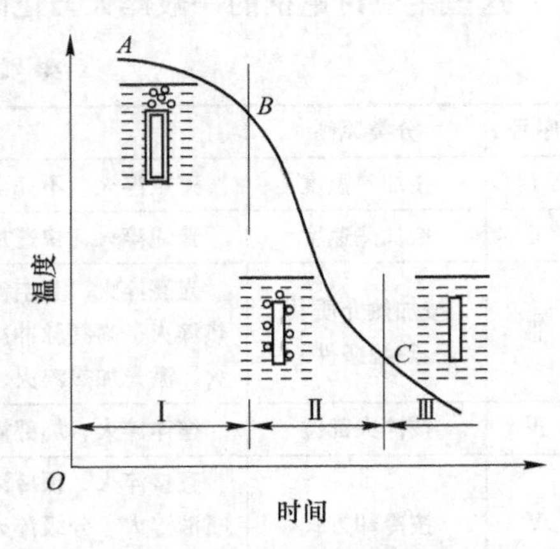

图5-17 淬火过程的冷却机理

（2）沸腾阶段。蒸汽膜破裂后，冷却介质与工件直接接触，在工件表面激烈沸腾而带走大量热量，故冷却速度很快，如图5-17中的*BC*段所示。沸腾阶段前期冷却速度很大，随工件温度下降而逐渐减慢，直到介质的沸点为止，这是冷却的第Ⅱ阶段。

（3）对流阶段。工件冷至低于介质的沸点后，主要靠对流传热方式进行冷却，这时工件的冷速甚至比蒸汽膜阶段还要缓慢，如图5-17中的*CD*段所示。随工件与介质温差的不断减小，冷却速度越来越小，这是冷却的第Ⅲ阶段。

B 常用淬火介质

（1）水。图5-18为水在静止与流动状态的冷却特性。可见，静止水的蒸汽膜阶段温度范围很宽，在380~800℃温度范围，此阶段的冷速很慢，不超过180℃/s；温度低于380℃才进入沸腾阶段使冷却速度急剧上升，在280℃左右冷速达最大值，约770℃/s。水的冷却特性与理想淬火介质的冷却特性恰恰相反。

水作为淬火介质的主要优点是价廉、安全、清洁，而且具有比较强烈的冷却能力，因此是应用最早，也是最广的淬火介质。

水作为淬火介质的主要缺点是：1）冷却能力对水温的变化很敏感，水温升高，冷却能力便急剧下降，并使最大冷速对应的温度移向低温（图5-18），故使用温度一般为10~40℃，最高不超过60℃；2）在碳素钢过冷奥氏体的最不稳定区（500~600℃），水处在蒸汽膜阶段，冷却速度较低，奥氏体易发生高温转变，因此工件在淬入水中后应不断晃动以破坏蒸汽膜，尽快进入沸腾阶段。而在马氏体转变区的冷速太大，易使工件严重变形甚

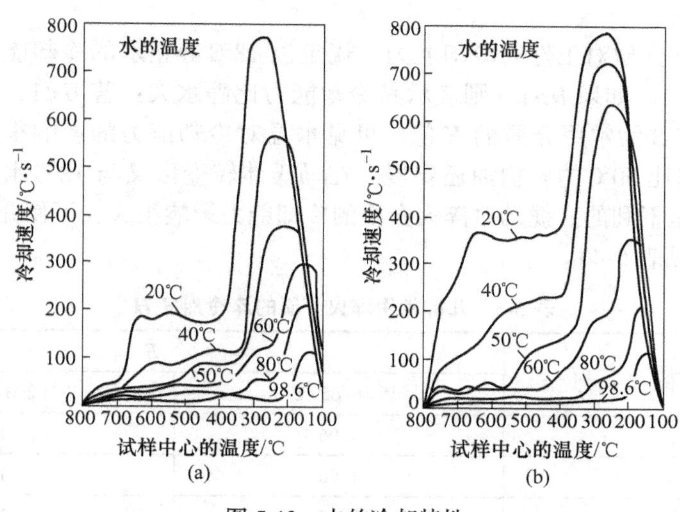

图 5-18 水的冷却特性

（a）静止水；（b）循环水

至开裂；3）不溶或微溶杂质（如油、肥皂等）会显著降低其冷却能力，使工件淬火后易产生软点。

（2）盐水与碱水。为了提高水的冷却能力，往往在水中添加一定量（一般为 5%～10%）的盐或碱，例如食盐水溶液、苛性钠水溶液等。溶入水中的盐、碱等，淬火时随着水的汽化在工件表面析出并爆裂，使蒸汽膜提早破裂，沸腾阶段提前。常用的 NaCl 盐水溶液浓度为 5%～10%，在 500～650℃ 区间的冷却能力约为水的 10 倍。在 200～300℃ 区间内，冷速比水快，但在 200℃ 以下时，冷速和水相同。因此，在盐水中淬火，其变形、开裂倾向比水小。此外盐水冷却能力受温度的影响也较纯水为小。盐水的使用温度为 60℃ 以下，已广泛用于碳钢的淬火。

常用的碱水为浓度 5%～15%的苛性钠（NaOH）水溶液，它在高温区的冷却速度比盐水高，而在低温区的冷速比盐水低。碱水浓度越高，低温区的冷却速度越小。因此在碱水中淬火，不仅可得到高而均匀的硬度，且工件变形、开裂的倾向也较小。此外，工件表面的氧化皮在苛性钠的作用下可脱落，淬火后的工件表面洁净，呈银灰色。但是，碱水的价格较高。另外，由于盐和碱附着在工件表面，使工件在空气中极易产生锈蚀，因此淬火以后必须将工件清洗干净。盐水与碱水的缺点是在低温（100～300℃）区间冷速仍很大，并对工件、设备有一定腐蚀作用等。

（3）油。常用的淬火油有 L-AN15、L-AN32、L-AN46 全损耗系统用油（10 号、20 号、30 号机械油）等，号数越高，黏度越大。用油作为淬火介质的主要优点是：油的沸点一般比水高 150～300℃，其对流阶段的开始温度比水高得多。由于在一般钢的 M_s 点附近已进入对流阶段，故马氏体相变区的冷速远小于水，这对减小钢的变形与开裂倾向十分有利。油作为淬火介质的主要缺点是：中温区间的冷却能力太小，仅为水的 1/6～1/5，只能用于合金钢或小尺寸碳钢工件的淬火。此外，油经长期使用后还会发生老化，故需定期过滤或更换新油等。

C 淬冷烈度

为了比较不同介质对工件的冷却能力，规定以18℃静止水的冷却能力作为标准，定义其淬冷烈度 $H=1$。如果 $H>1$，则表示其冷却能力比静水大；若 $H<1$，则表示其冷却能力比静水小。表5-3为常用介质的 H 值，可见水温对冷却能力的影响很大，50℃的水在500~650℃的冷速比50℃的矿物油还要慢，在马氏体转变区又与18℃水几乎一样，说明水温升高对淬火是不利的。搅动对淬火介质的冷却能力影响很大，可使介质的淬冷烈度有较大幅度提高（见表5-4）。

表5-3 几种常用淬火介质的淬冷烈度 H

淬火介质	H	
	550~650℃	200~300℃
0℃水	1.06	1.02
18℃水	1.00	1.00
50℃水	0.17	1.00
100℃水	0.044	0.71
18℃ 10%NaOH水溶液	2.00	1.10
18℃ 10%NaCl水溶液	1.83	1.10
50℃全损耗系统用油（机械油）	0.25	0.11
50℃变压器油	0.20	0.09
10%油在水中的乳化液	0.12	0.74
肥皂水	0.05	0.74
空气（静止）	0.028	0.007
真空	0.011	0.0004

表5-4 搅拌对淬火介质淬冷烈度 H 的影响

搅拌程度	H				
	空气	油	水	盐水	盐浴（204℃）
静止	0.008	0.25~0.30	0.9~1.1	2.0	0.5~0.8
轻微搅动	—	0.30~0.35	1.0~1.1	2.0~2.2	—
中等搅动	—	0.40~0.50	1.4~1.5	—	—
激烈搅动	0.20	0.80~1.10	4.0	—	2.25
端淬喷水	—	—	2.5	5.0	—

5.3.2.3 无物态变化的淬火介质

这类淬火介质主要指熔盐、熔碱及熔融金属，多用于分级淬火及等温淬火。这类介质的传热方式是传导和对流，因此其冷却能力除取决于介质本身的物理性质（如比热容、导热性、流动性等）外，还和工件与介质间的温度差有关。工件温度较高时，介质的冷却速度很高，工件温度接近介质温度时，冷却速度迅速降低。表5-5为常用熔盐与熔碱的成分和使用温度范围。

表 5-5 常用的熔盐与熔碱的成分和使用温度

序号	成分（质量分数）	熔化温度/℃	使用温度/℃
1	50%KNO_3+50%$NaNO_3$	220	245~500
2	55%KNO_3+45%$NaNO_3$	137	150~500
3	72%KOH+19%NaOH+2%KNO_2+2%$NaNO_2$+5%H_2O	140	160~300
4	100%$NaNO_3$	308	350~500
5	75%$CaCl_2$+25%NaCl	500	540~800

5.3.3 淬火工艺

为了获得足够的硬度和淬透深度需激烈地冷却工件，但这又势必导致淬火应力的产生，增加变形开裂倾向。因此，淬火工艺远较退火、正火等工艺复杂，必须灵活运用马氏体、贝氏体相变的规律，根据不同的材料，针对不同的热处理技术要求，合理制定淬火工艺规程。

5.3.3.1 淬火加热规程

淬火加热规程主要指的是在淬火加热工艺中的加热温度、加热速度与保温时间这三个工艺参数，由于奥氏体化程度（成分、组织状态）对淬火钢的组织与性能有着决定性的影响，因此，正确选择与控制淬火加热规程十分重要。

5.3.3.2 淬火加热温度

确定淬火加热温度最基本的依据是钢的成分，即临界点的位置（A_{c1}、A_{c3}）。亚共析钢淬火加热温度是A_{c3}+(30~50℃)，共析钢和过共析钢淬火加热温度是A_{c1}+(30~50℃)，这是因为在这样一个温度范围内奥氏体晶粒较细并溶入足够的碳，因此，淬火后可以得到细晶粒的马氏体组织。亚共析钢若加热到A_{c3}以下淬火，会因自由铁素体的存在而使硬度不均匀。但过共析钢中存在少量未溶的二次碳化物，不仅不影响工具钢的硬度和耐磨性，而且通过适当调节过冷奥氏体中的含碳量还可以使马氏体形态得到控制，从而减少马氏体的脆性以及淬火后残留奥氏体的数量。若加热温度太高，将形成粗大马氏体组织使力学性能恶化，同时增加了淬火应力及变形开裂倾向。

选择零件的淬火加热温度还与加热设备、工件尺寸大小、工件的技术要求、工件本身的原始组织、淬火介质及淬火方法等因素有关。空气炉中加热比在盐浴炉中加热略高10~30℃；对形状复杂、截面变化突然、易变形开裂的工件，一般选择淬火加热温度的下限，有时采取出炉后预冷再淬火。为提高较大尺寸零件的表面硬度和淬透深度，淬火加热温度可适当提高，尺寸较小的零件则应选择稍低的加热温度。采用冷速较慢的油、硝盐等淬火介质时，加热温度比水淬提高约20℃。当原始组织是极细珠光体时，加热温度应适当降低。

5.3.3.3 加热与保温时间

加热与保温时间由工件入炉后炉温到达指定温度所需时间t_1、工件透烧时间t_2及组织转变所需时间t_3所组成。

t_1与设备功率及装炉量、工件尺寸等有关。设备功率大，加热速度快，t_1就短。盐浴炉加热比箱式炉快，而燃油、燃气炉又比电炉加热时间要短。例如，25mm ×100mm 的工件，在1000℃盐浴炉中加热时仅需4min即可透烧，而在1000℃的马弗炉中则需40min。

工件透烧时间t_2主要取决于工件形状及尺寸，也与材料本身的导热性有关。

组织转变所需时间t_3，对于碳钢及低合金结构钢，由于碳化物溶解较快，透烧后一般保温5~15min就足够了。对于中合金结构钢，可保温15~25min。对形成稳定碳化物的合金元素含量较高的钢，必须考虑合金元素的溶解和成分均匀化所需的时间，以发挥合金元素提高淬透性的作用。

生产中常用“加热系数”来估算加热时间，该时间按工件入炉后仪表指示到指定温度时开始计算：

$$t = \alpha K D_{\mathrm{eff}} \tag{5-3}$$

式中，α为加热系数（见表5-6）；D_{eff}为工件有效厚度，mm；K为与装炉量有关的系数，一般为1~1.5。

对于形状复杂但要求变形小的工件，或高合金钢制的工件、大型合金钢锻件，必须考虑限速升温或阶梯升温，以减小变形及开裂倾向。否则，由于工件温度不均匀将在加热过程中形成很大的热应力和组织应力。

表5-6 碳钢及合金钢在不同介质中的加热系数α

钢材	α/min · mm^{-1}		
	空气炉	流动粒子炉	盐浴炉
碳钢	0.9~1.1	0.4	0.5
合金钢	1.3~1.6	0.5	1.0
高速钢		0.15~0.2（经二次预热）	8~15（经二次预热）

5.3.3.4 淬火冷却方法

不同淬火冷却方法的选择应按工件的材料及其对组织、性能、尺寸精度的要求来定。显然，在保证技术条件要求的前提下应选择最简便最经济的淬火冷却方法。各种淬火方法的工艺特点叙述如下。

A 单液淬火

单液淬火是将奥氏体化后的工件直接淬入一种淬火介质中连续冷却至室温的方法（图5-19曲线1）。此时对一定成分和尺寸的工件来说，淬火组织性能与所用淬火介质的冷却能力有重大关系。目前各种新型淬火介质主要适用于这种单液淬火。由于该工艺过程简单、操作方便、经济，适合大批量作业，故在淬火冷却中应用最广泛。

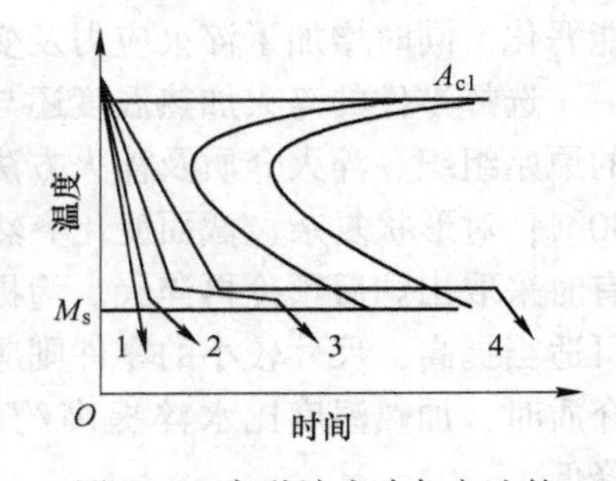

图5-19 各种淬火冷却方法的冷却曲线示意图

对于形状复杂、截面变化突然的某些工件，单液淬火时往往在截面突变处因淬火应力集中而导致开裂，此时可以将工件自淬火温度取出后先预冷一段时间，然后再淬火，以降低工件进入淬火介质前的温度，减少工件与淬火介质间的温差，从而减少淬火变形和开裂倾向。

B 双液淬火

由于单液淬火不能满足某些工件对组织性能及控制变形的要求，所以采用先后在两种介质中进行冷却的方法，如水-油、油-空气等。其作用是在过冷奥氏体转变曲线的鼻尖处快速冷却避免过冷奥氏体分解，而在M_s点以下缓慢冷却以减小变形和开裂（图5-19曲线2）。经验表明，对碳素工具钢工件一般以每3mm有效厚度停留1s计算；对形状复杂者每4~5mm在水中停留1s；大截面低合金钢可以按每毫米有效厚度停留1.5s、3s计算。双液淬火法要求较熟练的操作技术，否则，难于掌握好。

C 喷射淬火

它是向工件喷射急速水流的淬火方法，主要用于局部淬火的工件。这种淬火方法不会在工件表面形成蒸汽膜，故可保证比普通水淬得到更深的淬硬层。采用细密水流并使工件上下运动或旋转，可保证工件均匀冷却淬火。

D 分级淬火

分级淬火是将奥氏体化后的工件首先淬入略高于钢的M_s点的盐浴或碱浴炉中保温一段时间，待工件内外温度均匀后，再从浴炉中取出空冷至室温（图5-19曲线3）。这种淬火方法可保证工件表面和心部马氏体转变同时进行，并在缓慢冷却条件下完成，不仅减小了淬火热应力，而且显著降低组织应力，因而有效地减小或防止了工件淬火变形和开裂，同时克服了双液淬火时间难以控制的缺点。但这种淬火方法由于冷却介质温度较高，工件在浴炉中冷却较慢，而保温时间又有限制，大截面零件难以达到其临界淬火速度。因此，分级淬火只适用于尺寸较小的工件，如刀具、量具和要求变形很小的精密工件。

“分级”温度也可在略低于钢M_s点的浴炉中保温，此时由于温度较低，冷却速度较快，恒温停留中已有部分奥氏体转变为马氏体，当工件取出空冷时，剩余奥氏体发生马氏体转变。因此，这种淬火方法适用于较大尺寸的工件。

E 等温淬火

它是将奥氏体化后的工件淬入M_s点以上某温度的盐浴中等温足够长的时间，使之转变为下贝氏体组织，然后在空气中冷却的淬火方法（图5-19曲线4）。等温淬火实际上是分级淬火的进一步发展，所不同的是等温淬火获得下贝氏体而不是马氏体。等温淬火的加热温度通常比普通淬火高些，目的是提高奥氏体的稳定性，防止发生珠光体类型组织转变。等温温度和时间视工件组织和性能要求，根据钢的过冷奥氏体转变曲线确定。等温淬火可以显著减小工件变形和开裂倾向，适于处理形状复杂、尺寸要求精密的工具和重要的机器零件，如模具、刀具、齿轮等。同分级淬火一样，等温淬火也只能适用于尺寸较小的工件。

F 冷处理

许多钢的马氏体转变终了点（M_f）低于室温，淬火冷却到室温时，马氏体或贝氏体相变不完全，故室温下的淬火组织中保留一定数量的残留奥氏体。为使残留奥氏体继续转变为马氏体，则要求将淬火工件继续深冷到零下温度进行“冷处理”。因此，实际上冷处理是淬火过程的继续。实践表明，在一般情况下，冷处理的温度达到-60~80℃即可满足要求。

应当指出，并非所有工件和钢种都需进行冷处理，主要是针对一些高碳合金工具钢和经渗碳或氮碳共渗的结构钢零件，为提高其硬度和耐磨性，或为保持其尺寸稳定性（对精度要求高的零件而言）才进行这一工序。还应注意，冷处理应在淬火后及时进行，否则会降低冷处理的效果。

5.4 钢的淬透性与淬火缺陷

5.4.1 钢淬透性

5.4.1.1 淬透性的基本概念

A 淬硬层与淬透性

由于淬火冷却速度很快，所以工件表面与心部的冷却速度不同，表层最快，中心最慢(见图 5-20（a)）。如果钢的淬火临界冷却速度 v_c 较小，工件截面上各点的冷速都大于淬火临界冷却速度，工件从表层到心部就都能获得马氏体，称之为“淬透”。如果钢的淬火临界冷却速度较大，工件表层冷速大于淬火临界冷却速度，而从表层下某处开始冷速低于淬火临界冷却速度，则表层获得马氏体，心部不能得到全马氏体或根本得不到马氏体，此时工件的硬度便较低，称之为“未淬透”。通常，将未淬透的工件上具有高硬度马氏体组织的这一层称为“淬硬层”（见图 5-20（b））。可见，在工件尺寸和淬火规范一定时，因钢种不同，淬火临界冷却速度不同，就会得到不同的结果，有的淬硬层深，有的淬硬层浅，有的能淬透，有的不能淬透。

所谓钢的淬透性，就是指钢在淬火时获得马氏体的难易程度，是钢本身的固有属性，它取决于钢的淬火临界冷却速度的大小，也就是钢的过冷奥氏体的稳定性，而与冷却速度、工件尺寸大小等外部因素无关。

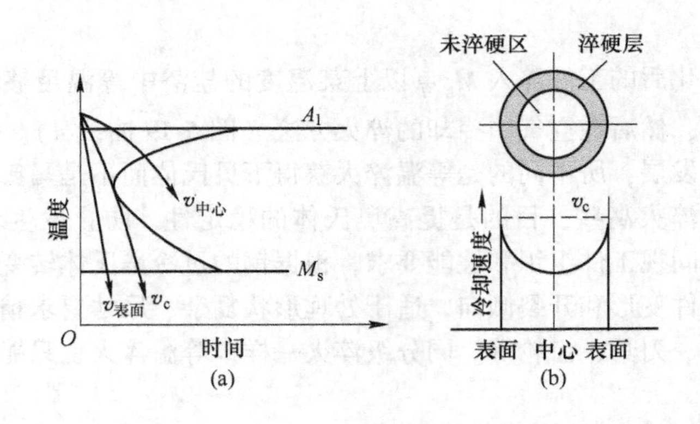

图 5-20 零件截面上各处的冷却速度与未淬透区示意图

B 淬硬性与淬透性

淬硬性表示钢淬火时的硬化能力，是指钢在淬成马氏体时所能够达到的最高硬度，它主要取决于钢的碳含量，确切地说，取决于淬火加热时奥氏体中的碳含量，与合金元素关系不大。奥氏体中固溶的碳含量越高，淬火后马氏体的硬度也越高，如图 5-21 所示。可见，淬硬性与淬透性是不同的，淬硬性高的钢，淬透性不一定高，而淬硬性低的钢，淬透性不一定低。

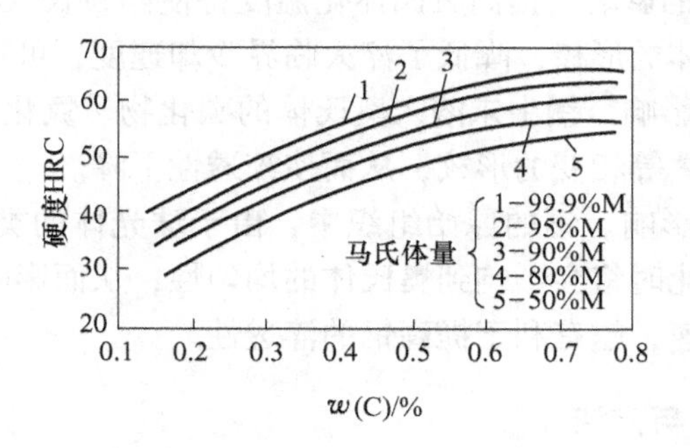

图 5-21 钢的淬火硬度与碳含量的关系

5.4.1.2 淬透性的意义及影响因素

A 淬透性的实际意义

将淬透性不同的两种钢材制成相同直径的轴，经淬火与高温回火（即调质处理）后比较它们的力学性能。由图 5-22 可见，淬透性高的钢，整个截面被淬透，高温回火后都是回火索氏体组织，故沿截面的力学性能分布均匀；而淬透性低的钢，心部未淬透，高温回火后仍保留片状索氏体，因此力学性能低，特别是冲击韧性更低。可见，工件的淬透层越薄，调质处理的效果越差。

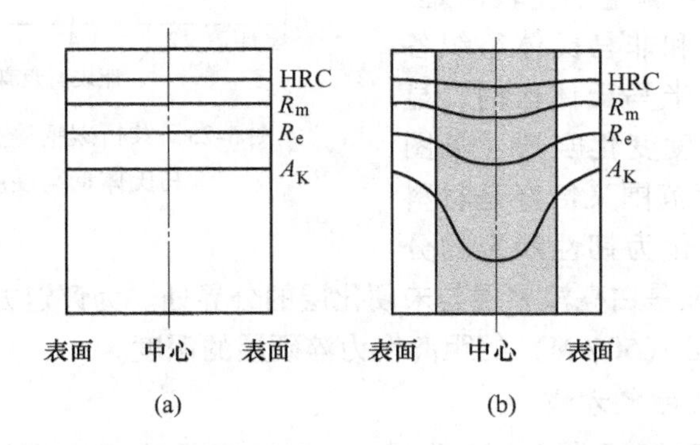

图 5-22 淬透性不同的钢淬火、高温回火处理后的力学性能

（a）淬透性高；（b）淬透性低

从工件的工作条件考虑，并非所有工件都要求淬透。如承受拉、压的重要工件，由于内外层均匀受力，要求工件淬透；而承受弯曲和扭转的轴类零件，轴的外缘承受最大应力，轴心部分应力很小，淬透层深度为半径的 1/3~1/2 就可以了。

B 影响淬透性的因素

钢的淬透性实际上是受珠光体或贝氏体转变的孕育期所控制，凡抑制珠光体或贝氏体等过冷奥氏体分解产物的诸因素均可提高钢的淬透性，其影响规律概述如下：

(1) 合金元素的影响。除钴以外大多数合金元素溶入奥氏体后均使过冷奥氏体等温转变曲线右移，从而提高钢的淬透性。

(2) 奥氏体化温度的影响。提高奥氏体化温度将使晶粒长大，奥氏体成分更加均匀，从而抑制珠光体或贝氏体的形核，降低了淬火临界冷却速度，可适当提高淬透性。

(3) 未溶第二相的影响。钢中未溶入奥氏体的碳化物、氮化物及其他非金属夹杂物，由于促进珠光体、贝氏体等相变的形核，从而使淬透性下降。

(4) 钢原始组织的影响。钢的原始组织中，由于珠光体的类型（片状或粒状）及弥散度的不同，在奥氏体化时将会影响到奥氏体的均匀性，从而影响钢的淬透性。碳化物越细小，溶入奥氏体越迅速，越有利于提高钢的淬透性。

5.4.2 淬透性评定标准与方法

5.4.2.1 淬透性评定标准

淬透性通常可以用标准试样在一定的条件下冷却所得淬硬层的深度或能够全部淬透的最大直径来表示。

淬硬层深度如何确定？按理淬硬层应是全部淬成马氏体的区域，但实际工件淬火后从表面至心部马氏体是逐渐减少的。从金相组织上看，淬透层与未淬透层并无明显界限，淬火组织中混入少量非马氏体组织，其硬度也无明显变化。因此，金相检验和硬度测定都比较困难。但淬火组织中马氏体和非马氏体组织各占一半，即处于所谓半马氏体区时，显微组织差别明显，硬度变化剧烈（见图5-23）；同时，该硬度范围又恰好是材料从明显的脆性断裂转化为韧性断裂的分界线，在宏观腐蚀时又是白亮淬硬层与未硬化层的分界处。为评定方便，通常采用从淬火工件表面至半马氏体区（50%M）的距离作为淬硬层的深度。

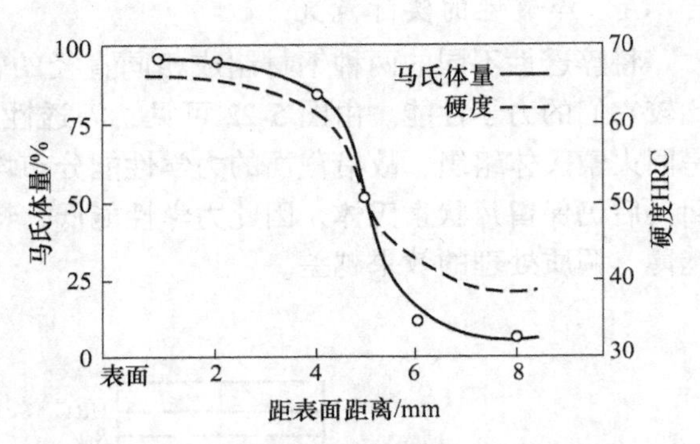

图 5-23 共析碳钢淬火工件横截面上马氏体量与硬度的关系

5.4.2.2 淬透性评定方法

目前，国际上和我国通常采用U曲线法、临界直径法和末端淬火法来评定钢的淬透性。

(1) U 曲线法。用长度为直径的4~6倍的一组直径不同的圆棒试样，按规定条件淬火，然后从试样中间截断，磨平后沿中心十字线测硬度，并将测定结果绘成硬度分布曲线（见图5-24）。淬透性大小可用淬透层深度 h 或用未淬透心部的直径 D_H 与试样直径 D 的比值 D_H/D 来表示。

U 曲线法大多用于结构钢，优点是直观、准确，与实际工件淬火情况接近；缺点是烦琐、费时，对大批量的生产检验来说不适用。

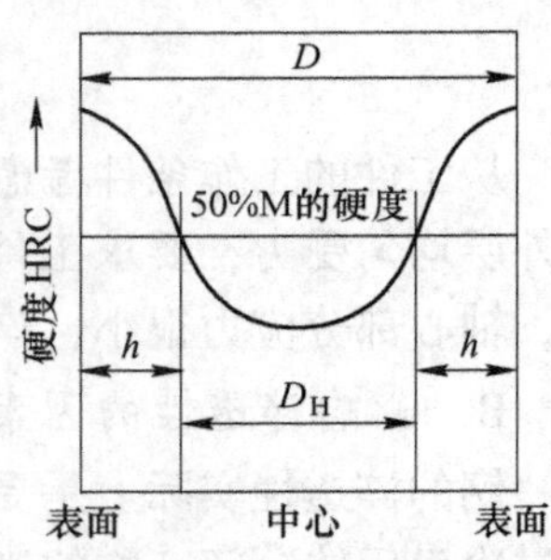

图 5-24 U 曲线法示意图

（2）临界直径法。如果试样中心硬度高于（等于）半马氏体区硬度，就可以认为试样被淬透。则用上述U曲线法评定时，总可以找到在一定的淬火介质中冷却时能够淬透（达到半马氏体区硬度）的临界直径。小于此直径时全部可以淬透，而大于此直径时就不能淬透。这个临界直径用 D_0 表示。相同淬火介质中的 D_0 值，就可以表示不同钢种的淬透性。

显然，钢种及淬火介质不同，D_0 也不同。为了排除冷却条件的影响，根据传热方程的解，建立了理想临界直径 D_0 的概念。假设淬火介质的淬冷烈度 H 为无穷大，即试样淬入冷却介质时其表面温度可立即冷却到淬火介质的温度，此时所能淬透（形成50%M）的最大直径称为理想临界直径 D_i。D_i 取决于钢的成分，而与试样尺寸及冷却介质无关，它是反映钢淬透性的基本判据。该数值在工程应用时作为基本换算量，从而使各种淬透性评定方法之间，以及不同淬火介质中淬火后的临界直径之间建立起一定的关系。图5-25是理想临界直径 D_i 与一定淬火介质中淬火时的临界直径 D_0 之间的换算图表。例如，已知某种钢的理想临界直径 D_i 为50mm，如换算成在油淬（淬冷烈度 $H=0.4$）时的临界直径 D_0，可从 $H=0.4$ 时所对应的坐标上查出 D_0 为20mm。

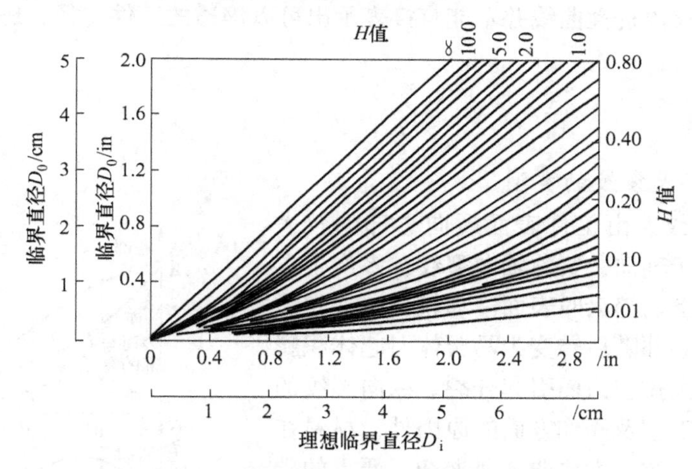

图5-25 临界直径 D_0 与理想临界直径 D_i 的关系

（3）末端淬火法。简称端淬试验，是目前国内外应用最广泛的淬透性评定方法，其主要特点是方法简便、应用范围广，可用于测定碳素钢、合金结构钢、弹簧钢、轴承钢、合金工具钢等的淬透性。端淬试验所用试样为 ϕ25mm×100mm 的圆柱形试样，将试样加热奥氏体化后放到端淬试验台上对其下端喷水冷却（见图5-26（a））。喷水柱自由高度为65mm，喷水管口距试样末端为12.5mm，水温为10~30℃。待试样全部冷透后，将试样沿轴线方向在相对180°的两边各磨去0.2~0.5mm的深度，获得两个互相平行的平面，然后从距水冷端1.5mm处沿轴线测定洛氏硬度值，当硬度下降缓慢时可以每隔3mm测一次硬度。将测定结果绘成硬度分布曲线，即钢的淬透性曲线（见图5-26（b））。钢的淬透性以 $J\frac{HRC}{d}$ 来表示，d 为至水冷端的距离，HRC为在该处测定的硬度值。如 $J\frac{40}{6}$，表示距水冷端6mm处试样的硬度值为40HRC。由于钢中成分波动，所以每一种钢的淬透性曲线上都有一个波动范围，称为淬透性带。

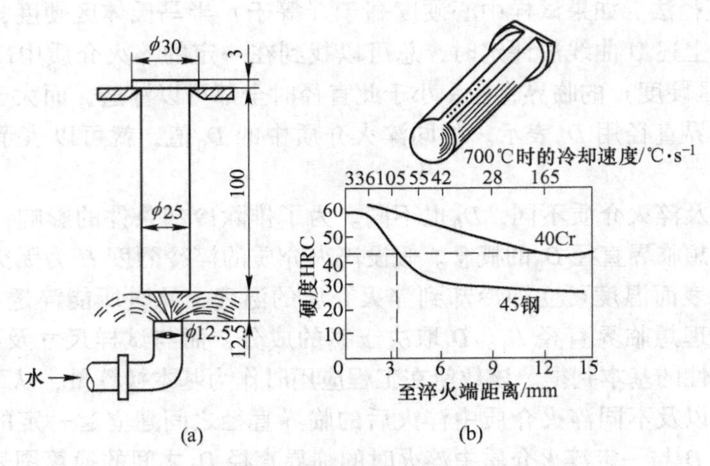

图 5-26　端淬试验与淬透性曲线

（a）试样与装置；（b）淬透性曲线

钢的顶端淬火淬透性曲线并不能直接表示出可以淬透的工件直径，还需借助其他图表进行换算。

5.4.3　淬火开裂

5.4.3.1　淬火裂纹的类型

（1）纵向裂纹。由工件表面裂向心部的较大裂纹，一般平行于轴向，又称轴向裂纹，多产生在全部淬透的工件上。淬火时表面冷却较快，首先形成马氏体硬壳，心部随后转变为马氏体引起体积膨胀，使表层受较大拉应力而引起开裂。纵向裂纹的形成除了热处理工艺及操作方面的原因外，材料在热处理前的既存裂纹、大块非金属夹杂、严重的碳化物带状偏析等缺陷，也是不容忽视的原因。这些缺陷的存在，既增加了工件内的附加应力，也降低了材料的强度和韧性。在 M_s 点以下缓慢冷却可有效地避免产生这类裂纹。图 5-27 为圆柱形试样在 A_1 点以下急冷时热应力的变化。

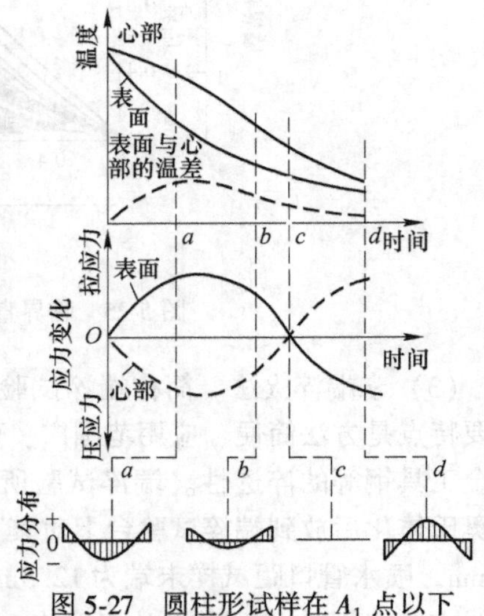

图 5-27　圆柱形试样在 A_1 点以下急冷时热应力的变化

（2）横向裂纹（包括弧形裂纹）。横向裂纹垂直于轴的方向，而弧形裂纹多在工件形状突变的部位呈弧形分布。这类裂纹往往是在工件被部分淬透时，于淬硬层与未淬硬层间的过渡区产生的，因为这一过渡区有一个大的应力峰值，而且轴向应力大于切向应力。大型锻件不可能全部淬透，且往往存在严重的冶金缺陷（如气泡、夹杂、锻造裂纹、白点等），在热处理应力作用下，以缺陷为起点形成裂纹，缓慢扩张直到最后突然断裂。此外，在某些有尖角、凹槽和孔的零件中，由于冷却不均匀和未能淬透，也常产生这种裂纹。适当提高淬火温度，增加工件的淬硬层深度，有助于减少这类裂纹的形成。

(3) 网状裂纹。这是一种表面裂纹，又称表面龟裂，深度较浅，一般在0.01~2mm，呈任意方向分布，与工件形状无关。裂纹较浅时，很多裂纹互相连接成网状。裂纹较深时(大于1mm)，网状特征消失，变成任意取向或纵向分布的裂纹。对表面脱碳的高碳钢件，极易形成网状裂纹。因为表面脱碳后，其马氏体比体积较小，在表面形成拉应力。

(4) 剥离裂纹（或表面剥落）。表面淬火工件淬硬层的剥落以及化学热处理后沿扩散层出现的表面剥落等均属于此类裂纹，一般产生在平行于表面的皮下处。例如合金钢渗碳并以一定冷速冷却后，其渗层可能得到以下组织：外层为托氏体+碳化物，次层为马氏体+残留奥氏体，内层为索氏体或托氏体。由于次层马氏体的比体积最大，其体积膨胀的结果使马氏体层呈现压应力状态，但在外层至接近马氏体层的极薄的过渡层内则具有拉应力，剥离裂纹就产生在压应力向拉应力急剧过渡的极薄的区域内。

(5) 显微裂纹。与前述几种裂纹不同，显微裂纹是由微观应力（第二类内应力）引起的。显微裂纹只有在显微镜下才能观察到，往往出现在原奥氏体晶界或马氏体片的交界处。高碳工具钢或渗碳淬火件过热时可能出现这种裂纹，其存在可显著降低淬火工件的强度和塑性，导致工件早期断裂。

5.4.3.2 淬火开裂的原因

(1) 原材料缺陷。钢中存在的白点、缩孔、大块非金属夹杂物、碳化物偏析（尤其是高速钢、高铬钢等莱氏体钢中的碳化物易出现大块堆积或呈严重带状、网状偏析）等缺陷，都可能破坏钢基体的连续性，并造成应力集中，使淬火时在这些缺陷处形成裂纹。

(2) 锻造缺陷。工件锻造不当，可能引起锻造裂纹，并在淬火时扩大。若在淬火加热前已存在裂纹，则淬火后在显微镜下观察时往往可发现在裂纹两侧有脱碳层，裂纹内部往往还有大量氧化物夹杂，这些都是分析判断锻造裂纹的依据。

(3) 热处理工艺不当。淬火和回火工艺不当都会产生裂纹。

1) 加热温度过高，奥氏体晶粒粗大，使淬火后马氏体也粗大，脆性增大，易产生淬火裂纹。

2) 加热速度过快、工件各部分加热速度不均匀时，导热性差的高合金钢和形状复杂、尺寸较大的工件，很容易产生裂纹。

3) M_s点以下冷却过快，很容易引起开裂，尤其对于高碳钢、合金钢来说更为明显。例如，T8钢采用水-油淬火时，如在水中停留时间过久，使马氏体在快冷条件下形成，就很容易造成开裂。又如5CrNiMo钢模具油淬时，油中停留时间不能过长，一般冷到250℃左右即取出（M_s点为220℃），空冷至80℃左右并立即回火，否则也容易开裂。

4) 回火温度过低、时间过短或回火不及时，都可能引起工件开裂。这是因为奥氏体向马氏体的转变在淬火后的一段时间内还可能继续进行，组织应力仍在不断增加并重新分布，可能在某些危险截面处造成应力集中。因此，对于大型工件，不仅淬火后需要及时、充分回火，而且回火后出炉温度最好不要高于150℃，并且用覆盖保温的方法使其缓慢冷却到室温。

5.4.3.3 减少淬火变形和防止淬火开裂的措施

A 正确选材和合理设计

对于形状复杂、截面尺寸相差悬殊而又要求变形较小的工件，应选用淬透性较好的合金钢，淬火时采用较缓和的介质冷却，以减少内应力。

设计零件时，应尽量减小截面尺寸的差异、避免薄片和尖角；必要的截面变化处应尽可能平缓过渡；形状应尽可能对称，必要时可适当增加工艺孔；尽量减少轴类件的长度与直径之比。

B　正确锻造和预备热处理

钢材中的疏松、夹杂、发纹、偏析、带状组织等冶金缺陷，极易引起工件淬火时的开裂和无规则变形，故必须在淬火前对其进行锻造以提高钢材的冶金质量。毛坯锻造后，还应进行适当的预备热处理，如正火、退火、调质、球化退火等，以改善组织，适应机械加工和最终热处理的要求。对于形状复杂、精度要求较高的工件，在粗加工和精加工之间或淬火前，还要进行消除应力退火。

C　采用合理的热处理工艺与方法

正确选择淬火介质和淬火方法，在满足性能要求的前提下应选用较缓和的淬火介质，或采用预冷淬火、分级淬火、等温淬火等方法。在 M_s 点以下要缓慢冷却。此外，从分级浴槽中取出空冷时，必须冷到40℃以下才能清洗，否则也容易开裂。

淬火后必须及时回火，对于尺寸较大、形状复杂的高碳合金钢工件更应特别注意。

对于一些薄壁圈类零件、薄板零件、形状复杂的凸轮盘和锥齿轮等，在自由状态冷却时，无法保证尺寸精度的要求。为此，可采用压床淬火，即将加热后的零件置于专用的压床模具中，在施加一定压力的条件下进行喷水或喷油冷却，这样可保证零件变形符合要求。

习　题

一、选择题

1. 以下不属于马氏体亚结构的是（　　）。

A. 位错　B. 孪晶　C. 碳化物　D. 层错

2. 低碳钢经淬火处理后一般获得（　　）马氏体。

A. 板条马氏体　B. 孪晶马氏体　C. 透镜马氏体　D. 蝶状马氏体

3. 影响马氏体形态的直接因素是（　　）。

A. 碳及合金元素的含量　B. 奥氏体的强度及层错能

C. 马氏体的形成温度　D. 相变驱动力

4. 下列关于马氏体位向关系描述错误的是（　　）。

A. K-S 关系　B. 马氏体与奥氏体无对应关系

C. N-W 关系　D. G-T 关系

5. 下列奥氏体晶面不属于其马氏体惯习面的是（　　）。

A. $(111)_r$　B. $(225)_r$　C. $(112)_r$　D. $(259)_r$

6. 马氏体取向关系中的 K-S 关系有（　　）种变体。

A. 8　B. 12　C. 24　D. 48

7. 以下（　　）合金在室温以下属于“爆发式”转变。

A. 低碳低合金　B. Fe-Ni-Mn 合金

C. Fe-Ni 合金　　　　　　　　　　　　D. Fe-Ni-Cr 合金

8. 关于淬火介质描述不正确的是（　　）。

A. 无毒、无味、经济、安全可靠

B. 不易腐蚀工件，淬火后易清洗

C. 成分稳定，使用过程中不易变质

D. 在过冷奥氏体不稳定的低温区有足够的冷却速度

9. 关于工件冷却时表层与心部产生的热应力的说法正确的是（　　）。

A. 冷却前期，表层受拉，心部受压

B. 冷却前期，表层受压，心部受拉

C. 冷却后期，表层受拉，心部受压

D. 冷却后期，表层受压，心部受压

10. 高碳钢为了较好的强度和韧性，选择下列（　　）工艺。

A. 淬火+低温回火　B. 正火　　C. 调制　　D. 等温淬火

二、简答题

1. 马氏体转变有哪些主要特点？
2. 简述钢中板条马氏体和片状马氏体的形貌特征、晶体学特点、亚结构以及其力学性能的差异。
3. 试简述贝氏体组织的分类、形貌特征及其形成条件。
4. 简述钢中马氏体具有高强度、高硬度的本质原因。
5. 简述 M 转变动力学的方式，以及各种方式的特点。

三、综合分析题

1. 低碳钢与高碳钢经淬火处理后分别获得什么组织？比较两者韧性，并说明原因。
2. 假如把某个 45 钢工件加热到 750℃后淬火，将得到什么组织，为什么？45 钢 $A_{c1}=730℃$，$A_{c3}=780℃$，45 钢的淬火温度是多少？确定依据是什么？淬火后得到什么组织？

四、综合性创新性实验设计

影响马氏体形态的因素主要有：淬火温度、马氏体的形成温度、奥氏体的强度、碳及合金元素的含量、奥氏体的层错能、M_s 点以上的冷速、加工变形、相变驱动力、大气压力、内应力、磁场等。这些因素分为直接因素和间接因素，其中直接因素包括 M_s 点附近奥氏体的屈服强度和奥氏体的层错能，而其他因素都是通过间接地影响奥氏体的屈服强度和奥氏体的层错能来影响马氏体的亚结构。当前，关于磁场在马氏体相变中的应用较少，本实验试研究磁场对马氏体相变及组织的影响。

6 钢的退火、正火与回火

退火、正火和回火是最基本的热处理工序，不仅可以消除铸件、锻件及焊接件的工艺缺陷，而且可以改善金属材料的成型性能、切削加工性能、热处理工艺性能，以及稳定零件几何尺寸。退火、正火和回火工艺是否选择得当，工艺是否正确，都是关系到低耗能、高质量地生产机器零件及其他机械产品的重要问题。

6.1 钢的退火

退火是将金属加热到一定温度，保持一定的时间，然后以适宜的速度冷却（通常是缓慢冷却，有时是控制冷却）的一种金属热处理工艺。过冷奥氏体在C曲线的上部进行转变，热处理后的组织接近于平衡组织，以珠光体为主。亚共析钢为F+P，共析、过共析钢为球状珠光体。目的是使经过铸造、锻轧、焊接或切削加工的材料或工件软化，改善塑性和韧性，使化学成分均匀化，去除残余应力，或得到预期的物理性能。钢的退火工艺方法有很多，分类如下：

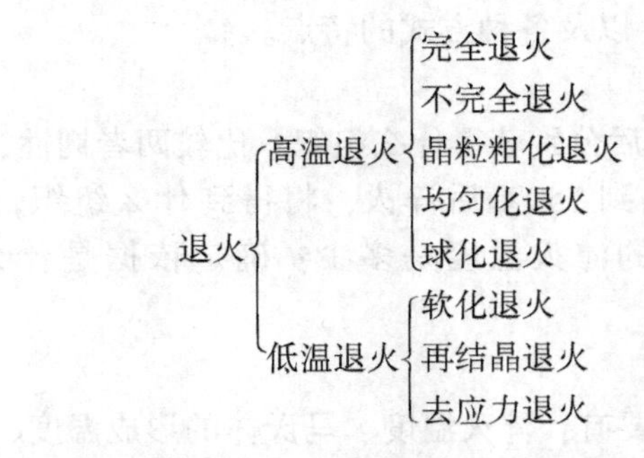

图6-1是各种退火工艺所用温度和工艺曲线，由此图可以直观地查找出各种不同碳含量的普通碳钢的常见热处理温度。虽然仅是示意图，但对实际生产的指导意义不可忽略。

6.1.1 完全退火

完全退火又称为重结晶退火，是将亚共析钢加热到 A_{c3} 以上20~30℃的温度，并在此保温足够时间，完成奥氏体化并使成分基本均匀之后缓慢冷却（控制冷却、炉冷、埋于砂或耐火土粉中）至600℃左右后空冷，以得到铁素体和珠光体组织的热处理工艺。所谓“完全”是指退火加热时钢的组织全部发生重结晶，获得完全的奥氏体组织。

完全退火的目的是细化晶粒、消除应力、使钢软化，以便于随后的变形加工和切削加工，并为成品工件的淬火准备适宜的金相组织。完全退火工艺可应用于钢锭、锻轧及冷拉伸钢材的热处理，是结构件最常用的预备热处理工艺之一。

对于 $w(C)>0.3\%$、淬透性较好或者尺寸较大的亚共析碳钢或者合金钢锭（特别是高

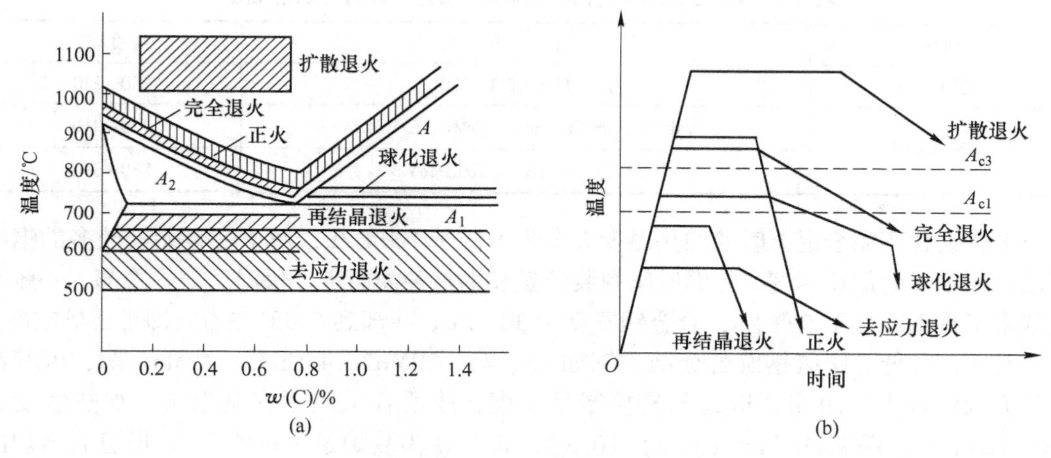

图 6-1 各种退火工艺所用温度和工艺曲线图

（a）加热温度范围；（b）工艺曲线

铬、铝、钛等钢锭），浇注后如果不及时退火，钢锭会因为内应力而自行开裂，甚至炸裂（如高铬钢、高速钢等钢锭应在浇注后 48h 内进行退火以保证安全）。另外，完全退火可以消除钢锭表面的各种缺陷，否则在锻轧过程中这些缺陷会在加工过程中扩大，甚至开裂而使钢锭报废。表 6-1 为部分亚共析钢钢锭完全退火温度表。

表 6-1 部分亚共析钢钢锭完全退火温度

钢种	钢 号	温度/℃
结构钢	40、40Mn2、35CrMo、38CrMoAl、30CrMnSi	840~870
弹簧钢	65、60Mn、55SiMn、60Si2Mn、50CrVA	840~870
热模钢	5CrNiMo、5CrMnMo	840~850

表 6-1 中所列各种钢锭完全退火时的加热速度通常取 100~200℃/h；保温时间（h）可由下面的经验公式计算得到：

$$t = 8.5 + Q/4$$

式中，Q 为装炉量，t；冷却速度通常取 50℃/h；出炉温度为 600℃以下。

6.1.2 不完全退火

不完全退火是指将钢加热到 A_{c1} 线以上 A_{c3}（或 A_{cm}）线以下的某一温度点后进行短时间保温，之后缓慢或控制冷却，以得到铁素体和珠光体组织。加热时珠光体转变为奥氏体，而过剩相（铁素体或者渗碳体）大部分保留下来。不完全退火的目的与完全退火相似，都是通过相变重结晶来细化晶粒，改善组织，去除应力，改善切削性能。所不同的是不完全退火相变和重结晶不完全而细化晶粒的程度较差，但却能节约工艺时间，降低费用，提高生产率。

过共析钢锻轧钢材主要用于刃具钢、轴承钢及冷模钢等，对其进行不完全退火主要是为了得到球状珠光体及球状碳化物组织，降低硬度，改善切削加工性能。表 6-2 为碳素工具钢和合金工具钢不完全退火时的加热温度表。

表 6-2　碳素工具钢和合金工具钢不完全退火时的加热温度

钢种	钢　　号	温度/℃
碳素工具钢	T8、T10、T11、T12	750~770
合金工具钢	9Mn2V、9SiCr、SiCr、CrMn、CrWMn	770~810
	Cr12V、Cr6WV、Cr12MoV	830~870

上述钢材不完全退火时的加热温度大多为不低于 100℃/h，对于合金元素较多的钢则可以采用较慢的加热速度。保温时间视装炉量和钢材种类而定。保温后随炉冷却，一般来说碳素工具钢不低于 50℃/h，合金钢不高于 30℃/h。冷却到 600℃左右时即可出炉空冷。

对于部分低、中碳钢及合金结构钢如 15、45、30Mn2、40CrMn、40MnB 等，因其晶粒长大倾向较大，用完全退火不易控制晶粒度，故适合采用不完全退火。加热速度为 100~120℃/h，保温时间 $t=(2\sim6)+0.5Q$，其中 Q 为装炉量，单位为 t。保温后随炉冷却至 650~600℃出炉空冷。

6.1.3　扩散退火

扩散退火也称均匀化退火，将金属锭、铸件或锻坯在略低于固相线的温度下长时间加热，以消除或减少化学成分及显微组织偏析，达到均匀化目的。

钢件均匀化退火温度因偏析程度不同而不同。通常选择在 A_{c3} 或 A_{cm} 以上 150~250℃。加热温度的选择需要考虑钢件的种类、成分和尺寸大小因素。通常是在不需要较长的扩散保温时间的前提下，选用较低的温度：碳钢常取 1100~1200℃，合金钢取 1200~1300℃。加热速度控制在 100~200℃/h，保温时间通常按照有效截面 2~3min/mm，一般不超过 15h，否则氧化损失过于严重。冷却速度一般为 50℃/h，高合金钢不大于 20℃/h。通常加温到 600℃以下即可出炉空冷，对于高合金钢及高淬透性钢最好在 350℃左右出炉，以免因冷速过快而产生应力，使硬度偏高。

扩散退火加热温度很高，时间较长，消耗热量大而生产率低，只有在必要时才使用，多用于优质合金钢及偏析现象比较严重的合金。铸造高速钢等莱氏体钢制工件，则需要进行高温扩散退火，以破碎莱氏体网，使碳化物分布趋于均匀。

6.1.4　球化退火

球化退火是使钢中碳化物球化而进行的热处理退火工艺。其目的是改善切削性能，减少淬火时的变形开裂倾向性。球化退火主要应用于轴承零件、刀具、冷作模具等的预备热处理，以改善切削加工性能及表面精度，消除网状或粗大碳化物颗粒所引起的工具的脆断和刃口崩落。中碳钢一般只有在要求硬度极低而韧性极高时才用球化退火，低碳钢一般不进行球化退火。

球化退火之所以能形成球状珠光体，是因为钢在加热到略高于 A_{c1} 温度时，呈现不均匀的组织状态，除了奥氏体的浓度不均匀外，还有大量未溶解的渗碳体质点存在，可以作为球化的核心。因为球状的表面能最小，在适当条件下，任何物体都有使自己的外形形成球状的趋势。渗碳体在较长时间的保温过程中也会自发地趋于球状。球化退火后的组织是铁素体的基体上分布着许多颗粒状的渗碳体。

球化退火的关键在于加热温度及等温温度的选择及控制。加热温度的高低关系到所得到的是片状还是球状珠光体。加热温度过高，则由于碳化物溶解过多及奥氏体成分较均匀，使之球化困难，易得片状珠光体；加热温度过低，则仍保留原始的细片状。等温温度的高低关系到碳化物颗粒的大小。等温温度较低，则粒度较细，硬度也较高；等温温度较高，则粒度粗，硬度低。

常用的球化退火工艺有三种，其工艺示意图如图 6-2 所示。

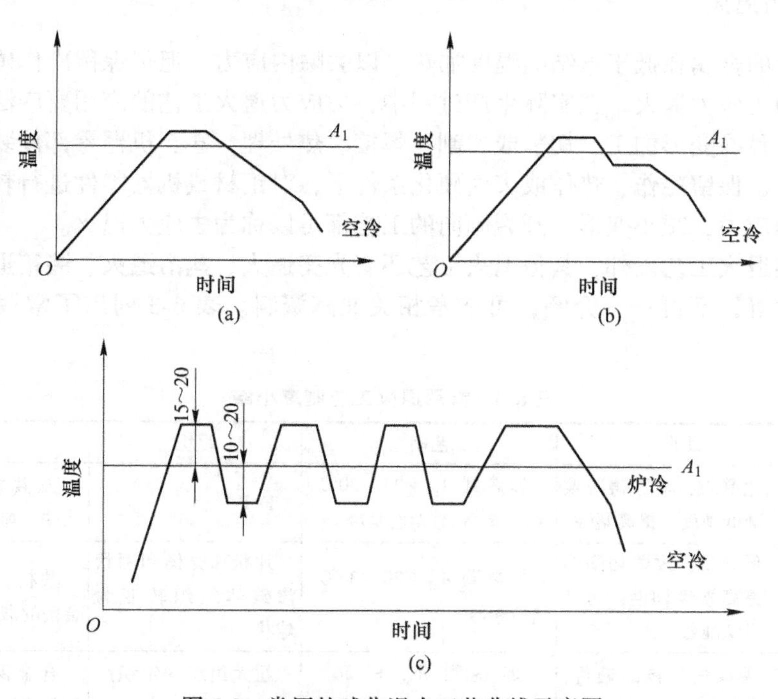

图 6-2 常用的球化退火工艺曲线示意图

(a) 普通球化退火；(b) 等温球化退火；(c) 周期球化退火

(1) 普通球化退火。将钢加热到稍高于 A_{c1} 温度（一般为 A_{c1} 以上 20~30℃），保温适当时间，然后随炉缓慢冷却（见图 6-2（a））。冷却速度应根据不同钢种在 20~50℃/h 范围内适当选择，当缓慢冷至 500℃左右即可出炉空冷。

(2) 等温球化退火。与普通球化退火工艺同样的加热保温后，随炉冷却到略低于 A_{r1} 的温度进行等温（见图 6-2（b）），等温温度和等温时间随钢种而定。等温结束后随炉缓冷至 500℃左右出炉空冷。

(3) 周期球化退火。特点是在 A_1 附近交替加热和冷却若干次，相当于多次等温球化退火，每次加热和等温时间为 0.5~1h，具体视炉型和装炉量而定（见图 6-2（c））。其冷却方式也是随炉缓冷，至 500℃左右出炉空冷。

6.1.5 再结晶退火

所谓再结晶是经冷变形的金属或者合金被加热到再结晶温度以上时，畸变晶粒通过形核长大而形成新的无畸变、等轴晶的过程。再结晶不是相变过程，没有恒定的转变温度，而是一个在一定条件下自某一温度开始，随着金属加热温度的升高和保温时间的延长逐渐形核，逐渐长大的连续过程。再结晶退火则是经冷变形后的金属加热到再结晶温度以上，保温适当的时间，使形变晶粒重新结晶为均匀的等轴晶，以消除形变强化和残余应力的退火工艺。

再结晶退火的目的是消除冷变形产生的硬化，使被拉长、压扁或破碎的晶粒变为均匀的等轴晶粒，从而使钢的强度下降，塑性提高，以便于后续加工的进行。

6.1.6　去应力退火

冷变形后的金属在低于再结晶温度加热，以去除内应力，但仍保留冷作硬化效果的热处理工艺称为去应力退火。在实际生产过程中，去应力退火工艺的应用要广泛得多。热锻轧、铸造、各种冷变形加工、切削或切割、焊接、热处理，甚至机器零部件装配后，在不改变组织状态、保留冷作、热作或表面硬化条件下，对钢材或机器零件进行较低温度的加热，以去除内应力，减小变形、开裂倾向的工艺都可以称为去应力退火。

除了上述退火工艺以外，其他退火工艺还有光亮退火、盐浴退火、装箱退火、真空退火、脱碳退火等，不再一一介绍，可参考相关文献资料。表 6-3 列出了常用的退火工艺制度。

表 6-3　常用退火工艺制度小结

名称	目的	工艺制度	组织	应用
完全退火	细化晶粒，消除铸造偏析，降低硬度，提高塑性	加热到 A_{c3}+20～30℃，炉冷至550℃左右空冷	F+P	亚共析钢的铸、锻、轧件，焊接件
球化退火	降低硬度，改善切削性能，提高塑性韧性，为淬火作组织准备	加热到 A_{c1}+20～30℃，然后缓冷	片状珠光体和网状渗碳体组织转变为球状	共析、过共析钢及合金钢的锻件，轧件等
扩散退火	改善或消除枝晶偏析，使成分均匀化	加热到 A_{cm}+150～250℃，先缓冷，后空冷	粗大组织（组织严重过烧）	合金钢铸锭及大型铸钢件或铸件
再结晶退火	消除加工硬化，提高塑性	加热到再结晶温度，再空冷	变形晶粒变成细小的等轴晶	冷变形加工的制品
去应力退火	消除残余应力，提高尺寸稳定性	加热到500～600℃，缓冷至200～300℃空冷	无变化	铸、锻、焊、冷压件及机加工件

6.2　钢 的 正 火

正火是将工件加热至 A_{c3}（A_{c3}是指加热时铁素体全部转变为奥氏体的终了温度，一般是727～912℃）或 A_{cm}（A_{cm}是实际加热中过共析钢完全奥氏体化的临界温度线）以上30～50℃，保温一段时间后，从炉中取出在空气中或喷水、喷雾或吹风冷却的金属热处理工艺。其目的是使晶粒细化和碳化物分布均匀化。正火与退火的不同点是正火冷却速度比退火冷却速度稍快，因而正火组织要比退火组织更细一些，其力学性能也有所提高。另外，正火炉外冷却不占用设备，生产率较高，因此生产中尽可能采用正火来代替退火。对于形状复杂的重要锻件，在正火后还需进行高温回火（550～650℃），高温回火的目的在于消除正火冷却时产生的应力，提高韧性和塑性。

6.2.1 正火工艺

正火的加热温度为A_{c3}以上50~100℃，过共析钢的加热温度A_{cm}以上30~50℃。保温时间主要取决于工件有效厚度和加热炉的型式，如在箱式炉中加热时，可以每毫米有效厚度保温1min。保温后的冷却，一般可在空气中冷却，但一些大型工件在气温较高的夏天，有时也采用吹风或喷雾冷却。图6-3为正火工艺曲线图。

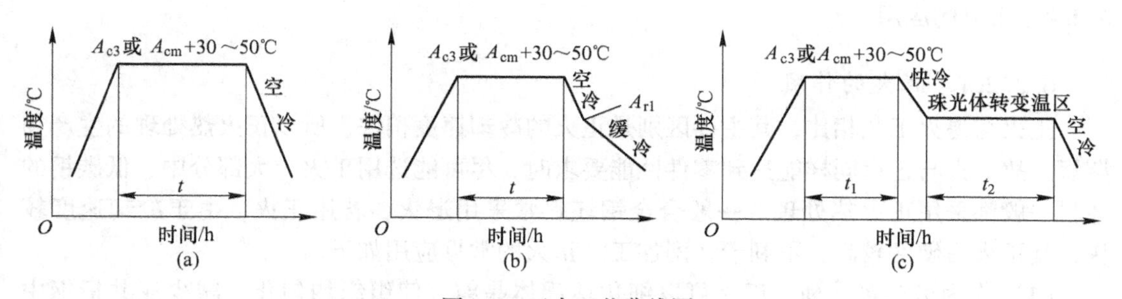

图6-3 正火工艺曲线图
(a) 普通正火；(b) 二段正火；(c) 等温正火

加热温度：亚共析钢的加热温度为A_{c3}+(30~50℃)，过共析钢的加热温度为A_{cm}+(30~50℃)。保温时间：保温时间与工件有效厚度有关，以工件截面温度均匀为原则。在实际应用中，通常对升温时间不予考虑，只计算保温时间。保温时间可按下列经验公式计算：

$$T = \alpha KD$$

式中，T为保温时间，min；α为保温时间系数，min/mm，碳素钢1.0~1.5min/mm，低合金钢1.2~1.8min/mm，高合金钢1.5~2.2min/mm；K为工件装炉方式修正系数，一般为1.0~2.0。正火工件的冷却一般为空冷，大型工件根据截面尺寸的大小，可采用风冷或喷雾冷却，以获得预期的组织和性能。表6-4为常用材料热处理工艺及方法。

表6-4 常用材料热处理工艺及方法

钢号	工序	工艺规范/℃	冷却方式	硬度
20号	正火	880~920	空冷	≤149HB
30号	正火	850~900	空冷	≤179HB
45号	正火	850~870	空冷	170~217HB
	淬火	820~840	水冷	55~60HRC
	回火	520~560	空冷	228~286HB
20Mn	正火	900~930	空冷	≤179HB
40Mn	正火	840~870	空冷	
	淬火	840~860	水冷+油冷	52~58HRC
	回火	580~620	空冷	228~241HB

续表 6-4

钢号	工序	工艺规范/℃	冷却方式	硬度
20Mn2	正火	870~890	空冷	≤187HB
40Cr	正火	850~870	空冷	187~220HB
	淬火	840~870	水冷+油冷	54~59HRC
	回火	560~580	空冷	28~32HRC

6.2.2 正火的应用

6.2.2.1 正火的作用

正火与退火工艺相比，其主要区别是正火的冷却速度稍快，所以正火热处理的生产周期短。故退火与正火同样能达到零件性能要求时，尽可能选用正火。大部分中、低碳钢的坯料一般都采用正火热处理。一般合金钢坯料常采用退火，若用正火，由于冷却速度较快，其正火后硬度较高，不利于切削加工。正火的常见应用如下。

（1）作为最终热处理。正火可以细化奥氏体晶粒，使组织均匀化；减少亚共析钢中铁素体的含量，使珠光体含量增多并细化，从而提高钢的强度、硬度和韧性；对于普通结构钢零件，如含碳 0.4%~0.7%时，并且力学性能要求不很高时，可以正火作为最终热处理；为改善一些钢种的板材、管材、带材和型钢的力学性能，可将正火作为最终热处理。

（2）作为预先热处理。截面较大的合金结构钢件，在淬火或调质处理（淬火加高温回火）前常进行正火，以消除魏氏组织和带状组织，并获得细小而均匀的组织；对于过共析钢可减少二次渗碳体量，并使其不形成连续网状，为球化退火作组织准备；对于大型锻件和较大截面的钢材，可先正火而为淬火作好组织准备。

（3）改善切削加工性能。低碳钢或低碳合金钢退火后硬度太低，不便于切削加工。正火可提高其硬度，改善其切削加工性能。

（4）改善和细化铸钢件的铸态组织。

（5）对某些大型、重型钢件或形状复杂、截面有急剧变化的钢件，若采用淬火的急冷将发生严重变形或开裂，在保证性能的前提下可用正火代替淬火。

6.2.2.2 正火的应用对象

正火主要用于钢铁工件。一般钢铁正火与退火相似，但冷却速度稍大，组织较细。有些临界冷却速度很小的钢，在空气中冷却就可以使奥氏体转变为马氏体，这种处理不属于正火性质，而称为空冷淬火。与此相反，一些用临界冷却速度较大的钢制作的大截面工件，即使在水中淬火也不能得到马氏体，淬火的效果接近正火。钢正火后的硬度比退火高。正火时不必像退火那样使工件随炉冷却，占用炉子时间短，生产效率高，所以在生产中一般尽可能用正火代替退火。对于含碳量低于 0.25%的低碳钢，正火后达到的硬度适中，比退火更便于切削加工，一般均采用正火为切削加工作准备。对含碳量为 0.25%~0.5%的中碳钢，正火后也可以满足切削加工的要求。对于用这类钢制作的轻载荷零件，正火还可以作为最终热处理。高碳工具钢和轴承钢正火是为了消除组织中的网状碳化物，为球化退火作组织准备。表 6-5 为正火工艺的常见应用。

表 6-5 正火的应用

应用对象	目的
低碳钢	正火后硬度略高于退火，韧性也较好，可作为切削加工的预处理
中碳钢	可代替调质处理（淬火+高温回火），作为最后热处理，也可作为用感应加热方法进行表面淬火前的预备处理
用于工具钢、轴承钢、渗碳钢等	可以消降或抑制网状碳化物的形成，从而得到球化退火所需的良好组织
用于铸钢件	可以细化铸态组织，改善切削加工性能
用于大型锻件	可作为最后热处理，从而避免淬火时较大的开裂倾向
球墨铸铁	使硬度、强度、耐磨性得到提高，如用于制造汽车、拖拉机、柴油机的曲轴、连杆等重要零件
过共析钢	过共析钢球化退火前进行一次正火，可消除网状二次渗碳体，以保证球化退火时渗碳体全部球粒化

由于正火后工件比退火状态具有更好的综合力学性能，对于一些受力不大、性能要求不高的普通结构零件可将正火作为最终热处理，以减少工序、节约能源、提高生产效率。此外，对某些大型的或形状较复杂的零件，当淬火有开裂的危险时，正火往往可以代替淬火、回火处理，作为最终热处理。

6.3 钢的回火

回火是将工件淬硬后加热到 A_{c1} 以下的某一温度，保温一定时间，然后冷却到室温的热处理工艺。回火的主要目的是减少或消除淬火应力，保证相应的组织转变，提高钢的塑性和韧性，获得硬度、强度、塑性和韧性的适当配合，稳定工件尺寸，以满足各种用途工件的性能要求。

钢在淬火后，组织是高度不稳定的，一方面因为马氏体中的碳是高度过饱和的，而且马氏体有很高的应变能和界面能，再者淬火后还有一定量的残余奥氏体。正是这些组织的不稳定状态和平衡状态的自由能差，提供了转变的驱动力，使得回火转变成为一种自发的转变，一旦动力学条件具备，转变就会自发进行。这个动力学条件就是使原子具有足够的活动能力。回火处理就是通过加热提高原子的活动能力，使转变能以适当的速度进行，或在适当时间内，使转变达到所要求的程度。

回火热处理作为材料加工过程的后段工序，关系着材料最终的性能和质量。经过热处理后，材料力学性能、机械加工性能都会有明显的改善。在这个过程中，材料内部发生了一系列变化，材料组织会发生转变，材料的各项力学性能也相应发生变化，并可能因为材料内部存在温度差异，导致组织转变存在差异，进而出现残余内应力。材料内残余应力在后续塑性加工或是机械加工过程中产生不利影响，工件的抗疲劳性能会相应下降，工件的承载能力降低，特别是对裂纹会更加敏感，使工件的使用寿命明显缩短。因此，制定合理的热处理工艺非常重要。

6.3.1 回火目的

钢材在淬火过程中生产大量的马氏体，并且有内应力产生，此外，淬火后组织是不稳定的，在室温下就能缓慢分解，产生体积变化而导致工件变形。因此，淬火后的零件必须进行回火才能使用。回火的主要目的有：

(1) 减少或消除淬火内应力，防止变形和开裂。零件经过淬火后，会残留有大量的内应力，内应力的存在容易造成零件在加工和使用过程中发生尺寸改变。另外，马氏体虽然强度、硬度高，但塑性差，脆性大，在内应力作用下容易产生变形和开裂。

(2) 稳定组织，稳定尺寸，保证精度。通过回火，可使马氏体和残余奥氏体充分分解，从而起到稳定钢件组织和尺寸的作用。一般来说，淬火钢件不经回火就投入使用是很危险的，也是不允许的。某些碳含量较高的钢制大型零件或复杂零件甚至淬火后在等待回火期间就发生突然爆裂，这更清楚地说明了淬火钢的脆性和残余应力之大，也说明了回火和及时回火的重要性。回火可以在 A_{c1} 以下很宽的温度范围内进行，钢的性能也可以在很宽的范围内变化，因此，回火是调整钢制零件的性能以满足使用要求的有效手段。

(3) 调整工件的硬度、强度、塑性和韧性，降低脆性，获得所需要的力学性能。马氏体的脆性很大，经过回火以后可以获得回火马氏体，从而降低钢的脆性，提高钢的塑性和韧性，从而获得综合力学性能优良的合金组织。

6.3.2 碳钢的回火及其组织转变过程

淬火碳钢回火过程中的组织转变对于各种钢来说都有代表性。回火过程包括马氏体分解，碳化物的析出、转化、聚集和长大，铁素体回复和再结晶，残留奥氏体分解等四类反应。根据它们的反应温度，可描述为相互交叠的四个阶段。图 6-4 为回火曲线图。

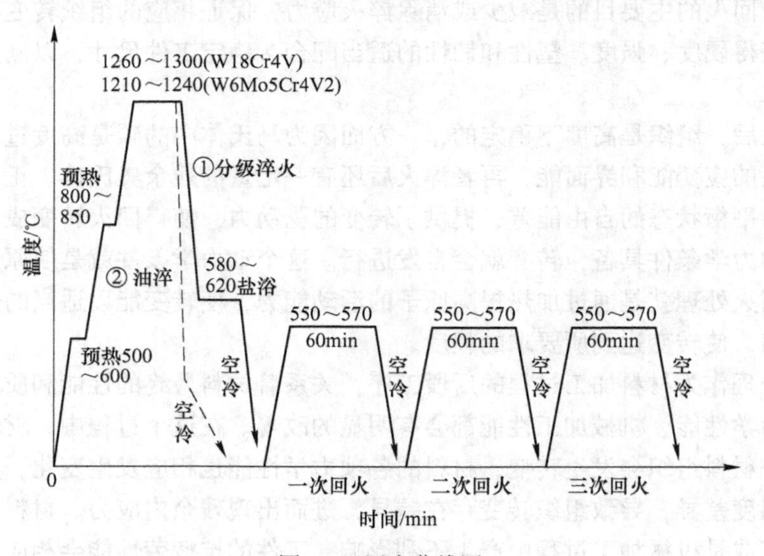

图 6-4 回火曲线图

第一阶段回火（250℃以下），马氏体在室温下是不稳定的，填隙的碳原子可以在马氏体内缓慢移动，产生某种程度的碳偏聚。随着回火温度的升高，马氏体开始分解，在中、高碳钢中沉淀出ε-碳化物，马氏体的正方度减小。高碳钢在50~100℃回火后观察到硬度增高现象，就是由于ε-碳化物在马氏体中产生沉淀硬化的结果。ε-碳化物具有密排六方结构，呈狭条状或细棒状，和基体有一定的取向关系。初生的ε-碳化物很可能和基体保持共格。在250℃回火后，马氏体内仍保持含碳约0.25%。含碳低于0.2%的马氏体在200℃以下回火时不发生ε-碳化物沉淀，只有碳的偏聚，而在更高的温度回火则直接分解出渗碳体。

第二阶段回火（200~300℃），残留奥氏体转变。回火到200~300℃的温度范围，淬火钢中原来没有完全转变的残留奥氏体，此时将会发生分解，形成贝氏体组织。在中碳和高碳钢中这个转变比较明显。含碳低于0.4%的碳钢和低合金钢，由于残留奥氏体量很少，所以这一转变基本上可以忽略不计。

第三阶段回火（200~350℃），马氏体分解完成，正方度消失。ε-碳化物转化为渗碳体（Fe_3C）。这一转化是通过ε-碳化物的溶解和渗碳体重新形核长大方式进行的。最初形成的渗碳体和基体保持严格的取向关系。渗碳体往往在ε-碳化物和基体的界面上、马氏体界面上、高碳马氏体片中的孪晶界上和原始奥氏体晶粒界上形核。形成的渗碳体开始时呈薄膜状，然后逐渐球化成为颗粒状的Fe_3C。

第四阶段回火（350~700℃），渗碳体球化和长大，铁素体回复和再结晶。渗碳体从400℃开始球化，600℃以后发生集聚性长大。过程进行中，较小的渗碳体颗粒溶于基体，而将碳输送给选择生长的较大颗粒。位于马氏体晶界和原始奥氏体晶粒间界上的碳化物颗粒球化和长大的速度最快，因为在这些区域扩散容易得多。

铁素体在350~600℃发生回复过程。此时在低碳和中碳钢中，板条马氏体的板条内和板条界上的位错通过合并和重新排列，使位错密度显著降低，并形成和原马氏体内板条束密切关联的长条状铁素体晶粒。原始马氏体板条界可保持稳定到600℃；在高碳钢中，针状马氏体内孪晶消失而形成的铁素体，此时也仍然保持其针状形貌。在600~700℃间铁素体内发生明显的再结晶，形成了等轴铁素体晶粒。此后，Fe_3C颗粒不断变粗，铁素体晶粒逐渐长大。

随着回火温度升高，淬火内应力不断下降或消除，硬度逐渐下降，塑性、韧性逐渐升高，每一个阶段都会发生相应的组织转变，具体见表6-6。

表6-6 钢在回火时的转变

回火温度/℃	转变的主要内容	备 注
25~100	碳偏聚：板条状马氏体中碳原子偏聚在位错附近；片状马氏体中则偏聚在孪晶面，形成富碳原子团	
100~250	析出η-碳化物或ε-碳化物（有时称为回火第一阶段）	在$w(C)<0.2\%$的钢中可能不析出
200~300	残余奥氏体分解，转变成下贝氏体（回火马氏体），有时也称为回火的第二阶段	仅在中碳、高碳钢中发生

续表 6-6

回火温度/℃	转变的主要内容	备 注
250~350（400）	在马氏体内和晶界上形成细板条状渗碳体（称为回火的第三阶段），原为片状马氏体的α固溶体内孪晶消失，但又出现位错胞和位错线	在高碳钢中可能先形成 Hagg 碳化物，再转化成渗碳体
400~600	α固溶体回复，通过多边形化形成亚晶粒，但α固溶体仍保持板条状或是片状；渗碳体聚集球化	
450（500）~600	形成合金碳化物（有时称为回火的第四阶段），发生二次硬化	仅在一些高合金钢中发生
600~700	α固溶体进行再结晶和晶粒长大，形成等轴状铁素体晶粒；球状渗碳体粗化	在中碳和高碳钢中再结晶较难进行

6.3.3 回火工艺制定

制定回火工艺，就是根据对工件性能的要求，依据钢的化学成分、淬火条件、淬火后的组织和性能，正确选择回火温度、保温时间和冷却方法。一般情况下，钢件回火后一般采用空冷，但对回火脆性敏感的钢在高温回火后需要油冷或水冷；回火时间从保证组织转变、消除内应力及提高生产效率两方面考虑，一般均为 1~2h；组织决定性能，回火温度对钢件最终组织组成的影响最大。回火的目的主要有：

（1）使工件表内温度均匀；

（2）保证组织转变充分进行；

（3）尽可能降低或消除内应力；

（4）回火后的性能符合技术要求。

6.3.3.1 回火温度的选择

回火温度是决定钢件回火后组织与硬度的最重要因素。同一种钢经过不同回火温度回火后，其力学性能差异很大，不同的钢，在同一回火温度下进行回火，其得到的回火效果也各不相同，如图 6-5 所示。因此，对于任何一种材料，必须根据材料本身的特点设计合理的回火温度，方能得到理想的回火效果。

制定回火工艺首先是选定回火温度，生产中通常按所采用的回火温度分低温回火、中温回火、高温回火。机械零件热处理的硬度（H），取决于回火温度（T）和回火时间（t），三者之间存在着一定的函数关系：

$$H = f(T,\ t)$$

当回火时间一定时，钢的回火硬度与回火温度的函数关系可划为四种类型（H 和 T 互为反函数）：（1）直线型；（2）抛物线型；（3）幂函数型；（4）直线与幂函数复合型。为方便实用起见，大多数情况下都可简化成直线或抛物线型，用经验方程（公式）表示，即

$$H = a_1 + R_1 T$$

$$H = a_2 + R_2 T$$

式中，H 为回火硬度值（HRC、HV、HB 或 HRA）；T 为回火温度，℃；a_1、a_2、R_1、R_2 为待定系数。

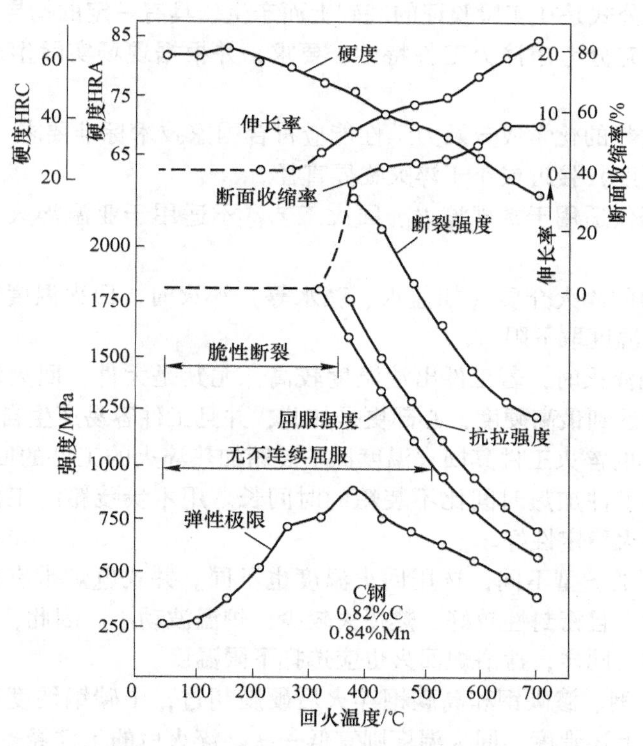

图 6-5　回火温度对三种碳钢力学性能的影响

目前的大量研究结果表明，普通碳钢回火温度可以通过下式进行估算：

$$T = 200 + k(60 - x)$$

式中，x 为回火后硬度值，HRC；k 为待定系数。对于 45 钢而言，当 $x>30$ 时，k 可以取值 11，当 $x\leqslant 30$ 时，k 可以取值 12。表 6-7 为各种钢材的热处理方程。

表 6-7　各种钢材的热处理回火方程

序号	钢种	淬火温度（℃）/冷却介质	回火方程	
1	30	855/水	$H_1=42.5-1/20\cdot T$	$T=850-20H_1$
2	40	835/水	$H_1=65-1/15\cdot T$	$T=950-15H_1$
3	50	825/水	$H_1=70.5-1/13\cdot T$	$T=916.5-13H_1$
4	60	815/水	$H_1=74-2/25\cdot T$	$T=925-12.5H_1$
5	65	810/水	$H_1=78.3-1/12\cdot T$	$T=942-12H_1$
6	20Mn	900/水	$H_4=85-1/20\cdot T$	$T=1700-20H_4$
7	20Cr	890/油	$H_1=50-2/45\cdot T$	$T=112522.5H_1$
8	40Cr	850/油	$H_1=75-3/40\cdot T$	$T=1000-13.3H_1$
9	50Cr	835/油	$H_1=63.5-3/55\cdot T$	$T=1164.2-18.3H_1$
10	65Mn	820/油	$H_1=74-3/40\cdot T$	$T=986.7-13.3H_1$

注：H_1 为 HRC，H_2 为 HB，H_3 为 HV，H_4 为 HRA。

虽然上述经验公式是在实验验证的基础上而产生，具有一定的指导意义，但是在实际生产中使用时还应充分考虑淬火工件特性、要求，并根据现场实际生产情况进行适当的调整：

（1）钢材原材料的化学成分及力学性能应符合国家技术标准要求（GB、YB 等），最大外径（或相对厚度）接近或小于淬火临界直径。

（2）回火方程仅适用于常规淬火、回火工艺，不适用于亚温淬火、复合热处理、形迹热处理等工艺。

（3）采用强烈的淬火介质（如盐水、碱水等）淬火时，回火温度取上限；分级或等温淬火的工件回火温度取下限。

（4）采用冷油淬火时，若工件出油温度较高，尤其是大件，回火温度取下限。因为工件淬火后表面未达到最高硬度，心部更是如此，并且工件容易产生自回火现象。

（5）装箱加热的淬火工件其回火温度比不装箱加热淬火的工件的回火温度要高一些，这是因为装箱加热工件加热时间比不装箱的时间长。用木炭装箱的工件表面尚有渗碳现象。这样的工件回火稳定性好。

（6）回火采用的炉型不同，选用回火温度也不同。井式电炉带有风扇搅拌空气，整个炉膛温度较均匀，且密封性较好，热损失较少，炉温波动小。因此，选用回火温度应比用箱式电炉低一些，同样，盐浴炉回火也应选择下限温度。

（7）合金工具钢、渗碳钢和高碳钢淬火后硬度超过，中碳钢硬度则可以按正常温度回火。若硬度低于上述硬度，回火温度则宜低一些。淬火后的工件经多次回火未能降低到所需硬度，又经鉴定该材料的化学成分是在允许范围的上限，甚至超过上限，则回火温度可以取上限位，甚至更高一些。

6.3.3.2 回火时间的确定

事实上，回火效果不仅与回火温度有关，而且回火的时间也对回火效果有着直接的影响：

（1）在 200~400℃范围。

$$HV = 640 - (T - 20) \times 1.05 + (\lg t - 1.28) \times 366 + (T - 200)(\lg t - 1.28) \times 0.036$$

（2）在 400~600℃范围。

$$HV = 17.2 \times 103/T - (1gt - 1.28) \times 29.4 - (T - 400)(\lg t - 1.28) \times 0.023$$

式中，T 为回火温度，℃；t 为回火时间，min；对比可以看出影响回火效果的主要因素是 T 和 t 能较好、较真实地反映出实际工艺参数的影响，定量地表达了不同温度区间回火硬度的变化特征。

特别地，对于中温或高温回火的工件，回火时间是指均匀透烧所用的时间，可按下列经验公式计算：

$$t = aD + b$$

式中，t 为回火保温时间，min；D 为工件有效尺寸，mm；a 为加热系数，min/mm；b 为附加时间，一般为 10~20min。

盐浴的加热系数为 0.5~0.8min/mm；铅浴的加热系数为 0.3~0.5min/mm；井式回火电炉（RJJ 系列回火电炉）加热系数为 1.0~1.5min/mm；箱式电炉加热系数为 2~2.5mim/mm。表 6-8 为回火保温时间推荐表。

表 6-8 回火保温时间推荐表

低温回火（150~250℃）推荐保温时间							
有效厚度/mm		<25	25~50	50~75	75~100	100~125	125~150
保温时间/min		30~60	60~120	120~180	180~240	240~270	270~300
中温、高温回火（250~650℃）							
有效厚度/mm		<25	25~50	50~75	75~100	100~125	125~150
保温时间/分	盐炉	20~30	30~45	45~60	75~90	90~120	120~150
	空气炉	40~60	70~90	100~120	150~180	180~210	210~240

6.3.3.3 回火冷却方式

回火是将淬火后的钢在 A_1 以下温度加热，使其转变为稳定的回火组织，并以适当方式冷却的工艺过程。钢件回火后一般采用空冷，但对回火脆性敏感的钢在高温回火后需要油冷或水冷。回火时间从保证组织转变、消除内应力及提高生产效率两方面考虑，一般均为 1~2h。

回火冷却方式：碳素钢和合金钢一般多采用空气冷却。有回火脆性的合金钢应于油中或水中冷却，硝盐炉中回火的零件应于水中冷却。

回火注意事项：

（1）必须清洗掉零件的油污、残渣后才能进行回火；

（2）细长零件装筐时不准堆压，要垂直摆放或吊挂；

（3）有淬裂危险的零件，在淬火冷却至 50~80℃ 即应装炉回火；

（4）在浴炉中回火时，零件在液面下的距离应大于 30mm。

回火通常使用空冷和水冷两种方法。空冷速度慢，可以减小组织的偏析，使组织更稳定，是最常用的方法。水冷多用于 45 号和 40Cr 的调质回火，以获得回火索氏体。

6.3.4 回火方法的分类

在生产中通常按所采用的温度将回火分成三类，即低温回火（150~250℃）、中温回火（350~500℃）和高温回火（>500℃）。

6.3.4.1 低温回火

低温回火又称“消除应力回火”，回火温度范围为 150~250℃，回火后的组织为回火马氏体，如图 6-6 所示。

材料经低温回火后，可以保持材料淬火后得到的高强度和硬度组织，也可以促使部分由淬火引起的微裂纹发生焊合。同时，低温回火后，材料的内应力和脆性会发生下降，而韧性会略微升高。低温回火的主要目的在于在保持钢在淬火后的高硬度和耐磨性的基础上降低淬火内应力和脆性，调整硬度、强度、塑性和韧性，避免变形、开裂，保持使用过程中的尺寸稳定。

6.3.4.2 中温回火

中温回火是指在 250~450℃ 的回火工艺，回火后的组织为回火屈氏体（组织形态为

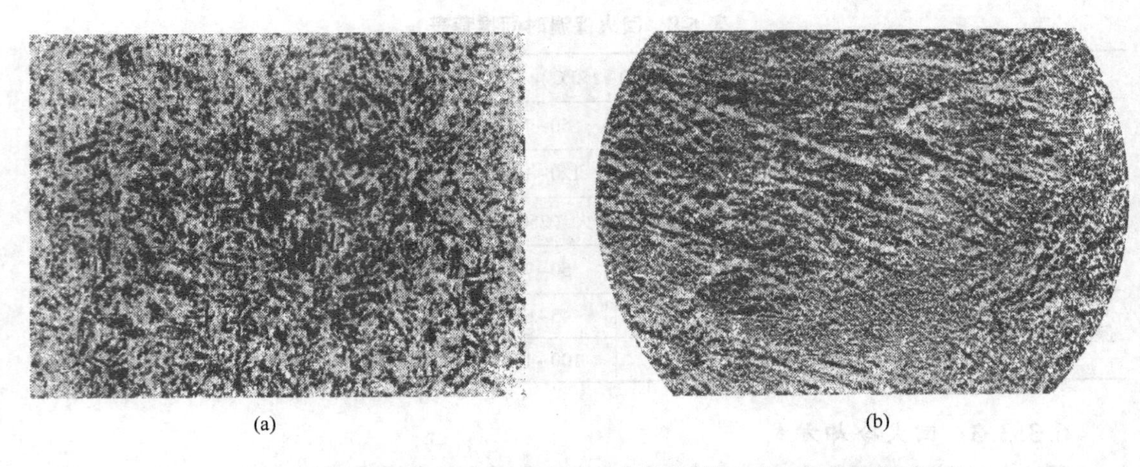

图 6-6 45 号钢水冷 200℃回火 M（条状+片状）的金相和电镜图
（a）500×；（b）5000×

铁素体基体内分布着极其细小球状碳化物（或渗碳体）的复相组织）。

回火屈氏体的性能特点是具有一定的韧性，同时又有较高的屈服强度。回火屈氏体由细片或细粒状渗碳体以及接近平衡（或已经到达平衡）的 α 固溶体组成，但 α 固溶体仍保持或大致保持原马氏体的形态。渗碳体很细小，光学显微镜无法分辨，在电镜下可以分辨出两相，如图 6-7 所示。

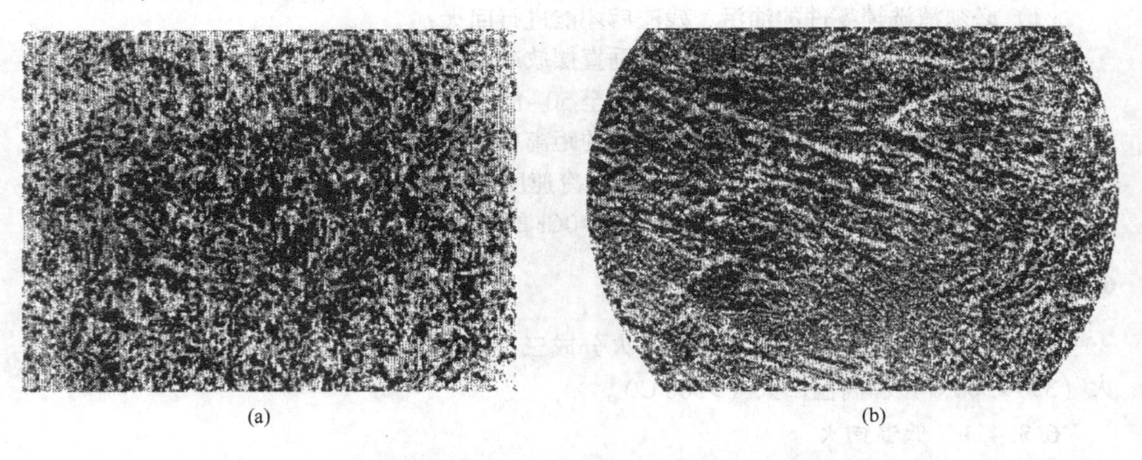

图 6-7 45 号钢水冷 200℃回火 M（条状+片状）的金相和电镜图
（a）500×；（b）5000×

材料经过中温回火后，基体组织已经基本发生回复，材料内应力大幅下降，所获得的材料往往具有较高的弹性和屈服点、适当的韧性。

6.3.4.3 高温回火

高温回火（500~650℃）主要目的是使钢获得强度、硬度和塑性、韧性良好配合的综合力学性能。习惯上将淬火和高温回火相结合的热处理称为调质。调质广泛应用于重要的结构件，特别是那些在交变负载下工作的工件。调质后一般得到回火索氏体。回火索氏体由渗碳体和铁素体组成，其中渗碳体全部为球粒状，在光学显微镜下即可看到，如图6-8所示。

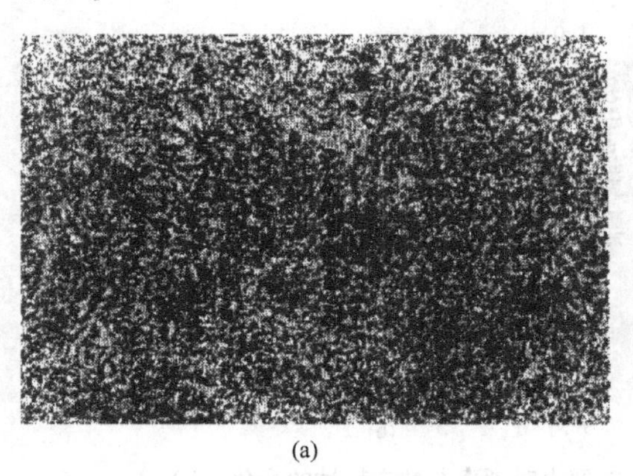

(a)

(b)

图6-8　45号钢水冷650℃×1h回火的金相和电镜图（回火索氏体）
（a）500×；（b）5000×

高温回火后，材料的内应力基本消除，可以获得强度、塑性和韧性都较好的综合力学性能。当然，调质不仅作为最终热处理，也可作为一些精密零件或感应淬火件预先热处理。表6-9为45钢（ϕ20mm～ϕ40mm）正火和调质后性能比较。

表6-9　45钢（ϕ20mm～ϕ40mm）正火和调质后性能比较

热处理方法	R_m/MPa	A	a_k/J·cm^{-2}	HBS	组织
正火	700～800	（15～20）×10^2	40～64	163～220	索氏体+铁素体
调质	750～850	（20～25）×10^2	64～96	210～250	回火索氏体

钢材在经过不同的回火工艺处理后，得到的材料的硬度不同，不同的回火处理工艺的应用范围也不同，表6-10是碳钢经过低温回火、中温回火和高温回火后的硬度值范围和适用范围。

表6-10　回火处理及应用

回火方法	回火温度/℃	回火后硬度	适用范围
低温回火	<250	58～64HRC	要求高硬度和耐磨的工具和零件，如切削刀具、冷冲模具、量具、滚动轴承、渗碳件等
中温回火	250～500	35～50HRC	要求高屈服强度和一定韧性的弹性元件、热作模具等
高温回火	>500	200～350HBS	要求综合力学性能的重要受力零件，如轴、齿轮、连杆、螺栓

6.3.5　回火脆性的分类

回火脆性，是指淬火钢在某一温度范围回火后出现冲击韧性显著下降的现象，如图6-9（a）所示。它根据发生淬火的温度范围分为第一类回火脆性和第二类回火脆性，如图6-9（b）所示。

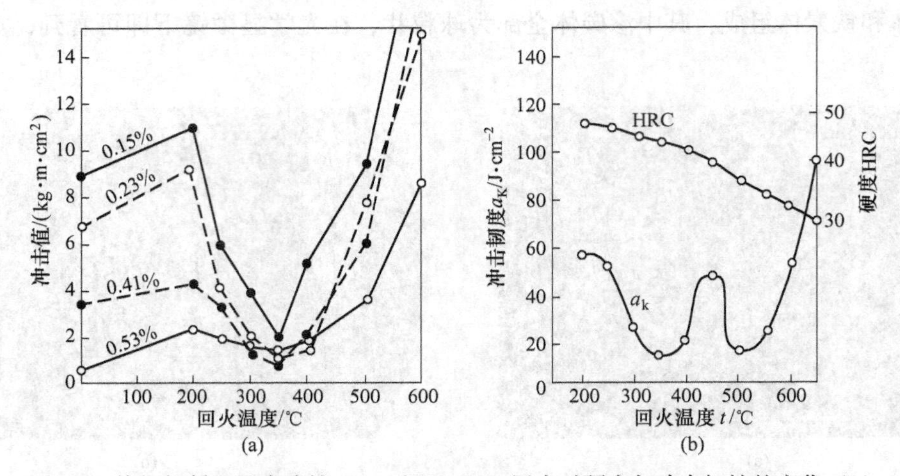

图 6-9 铬锰钢低温回火脆性（a）和 37CrNi3 回火时硬度与冲击韧性的变化（b）

6.3.5.1 第一类回火脆性

第一类回火脆性也称为低温回火脆性，许多合金钢淬火成马氏体后在 250~400℃ 回火中发生的 a_k 反常降低现象。已经发生的脆化不能用重新加热的方法消除，因此又称为不可逆回火脆性。

A 特征

（1）冲击值显著降低；（2）不可逆性：即不能通过回火冷却方法（快冷）加以改善；（3）与回火后的冷却速度无关，无论快冷或慢冷都使 a_k 下降，只有再加热到更高温度回火，可以消除脆性，才能使 a_k 上升；（4）断口为沿晶脆性断口。

B 产生机理

（1）残余奥氏体分解理论。第一类回火脆性出现的温度范围正好与碳钢回火时残余 A 转变的温度范围相对应，因此残余奥氏体的分解转变可能是引起材料发生第一类回火脆性的主要原因之一。

（2）碳化物析出理论。钢回火时，ε-Fe_xC 转变为 χ-Fe_5C_2 或 θ-Fe_3C 的温度与产生第一类回火脆性的温度相近，而新形成的碳化物呈薄片状，且沿板条 M 的板条间、板条束的边界或片状 M 的孪晶带或晶界上析出，从而使材料的脆性增加。回火温度如进一步提高，薄片状碳化物将聚集长大和球化，将导致脆性降低，冲击韧性升高。

（3）杂质偏聚理论。也有人认为，S、P、Sb（锑）、As（砷）等杂质元素在回火时向晶界、亚晶界上偏聚，降低了晶界的断裂强度，引起了第一类回火脆性。

C 影响第一类回火脆性因素

影响第一类回火脆性的主要因素是化学成分，S、P、As、Sn、Sb、N、H、O 容易导致第一类回火脆性。一般认为 Cr、Mn、Si 促进较大，Si 使脆化温度向高温方向移动，单独加 Ni 影响不大，Ni、Si 同时加就显著增大。此外，Mo、W、Ti、Al 等元素对回火脆性的减弱效果显著。

D 防止或减轻方法

第一类回火脆性无法消除，除非不在这个温度范围内回火，也没有能够有效抑制产生这种回火脆性的合金元素。但是通过控制钢中的相关元素，可以实现回火脆性的有效控制，比如降低钢中杂质元素，用 Al 脱氧或加入 Nb、V、Ti、Ni、Mo、W 等合金元素细化 A 晶粒，加入 Cr、Si 使脆性温度上移以及等温淬火代替淬火回火等。

6.3.5.2 第二类回火脆性

合金钢，特别是铬镍钢、铬锰钢、铬硅钢，在 450~650℃范围内回火时，又出现冲击韧度猛烈下降的现象，称为第二类回火脆性。

A 特征

（1）具有可逆性。即把已产生脆性的工件（包括缓冷脆化及部分等温脆化），如再重新加热到 650℃以上，然后快冷至室温，则可消除脆化。在脆化消除以后还可再次发生脆化（包括缓冷脆化及等温脆化）。这表明第二类回火脆性是可逆的，故又可称之为可逆回火脆性。

（2）在 450~650℃之间加热和缓慢冷却时将产生脆性。

（3）与钢材化学成分密切相关。

（4）具有可逆性。即把已产生脆性的工件，只要重新加热到 650℃并随之快冷，即可消除回火脆性。

（5）室温冲击韧性 a_k 显著下降，冷脆转化温度显著升高。出现第二类回火脆性时，断口呈沿晶断裂。

B 产生机理

（1）析出理论。最早提出的是碳化物、氧化物、磷化物等脆性相沿晶界析出的理论。这一理论所依据的原理是脆性相在 α-Fe 中的溶解度随温度下降而减小（如 $Fe\text{-}Fe_3C$ 状态图中的 PQ 线）。在回火后的缓冷过程中脆性相沿晶界析出而引起脆化。温度升高时，脆性相重新回溶而使脆性消失。这一理论可以解释回火脆性的可逆性，也可以解释脆化与原始组织无关的现象；但不能解释等温脆化以及化学成分的影响，而且也一直未能找到与脆化对应的脆性相。之后主张析出理论的又提出在回火后的冷却过程中碳化物是在 α 相内的位错线上析出的。由于位错被微细的碳化物所钉扎，故使钢变脆。但析出位置的改变仍然不能解释成分的影响及等温脆化。

（2）偏聚理论。近年来，由于俄歇电子谱仪以及离子探针等探测表面极薄层化学成分的新技术的发展，已经证明沿原奥氏体晶界（5~10）$\times 10^{-10}$m 的薄层内确实偏聚了某些合金元素及杂质元素，且杂质元素的偏聚与第二类回火脆性有良好的对应关系，致使偏聚理论占了上风，得到多数人的承认。到目前为止，已经提出了好几种偏聚理论。最先是 Mclean 提出的平衡偏聚理论，认为回火时由于内吸附而使杂质原子偏聚于晶界，引起脆性。

（3）二重偏聚理论。平衡偏聚理论的致命弱点是没有考虑合金元素的作用，前面已经提到，仅仅含有杂质元素的碳钢没有第二类回火脆性。另外平衡偏聚理论也无法解释为什么 P 含量低于溶解度时就能引起脆化。Capus 针对平衡偏聚理论的弱点，提出了二重偏聚理论。认为能促进第二类回火脆性的合金元素在奥氏体化时由于内吸附而偏聚于奥氏体晶界，之后在脆化温度回火时，由于合金元素与杂质原子的亲和力大，故将杂质原子吸引至晶界而引起脆化。但 Mo 也是内表面活性物质，也应在奥氏体化时偏于晶界，且与杂质元素的亲和力也很大，为什么 Mo 不仅不促进脆化，反而能扼制脆化，对此 Capus 等曾作了解释。

（4）平衡偏聚理论。二重偏聚理论的致命弱点是至今仍未能用实验方法证实合金元素在奥氏体化时的偏聚。Guttmann 又提出了三元固溶体的平衡偏聚理论，即铁、合金元素（Ni、Cr、Mn 等）与杂质元素（P、Sn、Sb、As 等）形成三元固溶体时的平衡偏聚。该理论认为合金元素是在回火时向晶界偏聚的，在偏聚的同时将杂质原子带至晶界引起脆化。由于合金元素与杂质元素之间的亲和力的不同，有可能出现三种情况：一种是亲和力不大时，杂质原子不能被带至晶界，故不会引起脆化；第二种是亲和力适中，杂质原子被带至晶界，引起脆化；第三种是亲和力很大，在晶内就形成稳定的化合物而析出，故能起净化作用而扼制回火脆性的发生，Mo 就属于这种情况。近年来这一理论已得到了很大的发展。

（5）非平衡偏聚理论。另一个重要的偏聚理论是 McMahon 提出的非平衡偏聚理论，这一理论是在析出理论的基础上得出的。McMahon 认为在脆化温度回火时沿晶界析出了 Fe_3C。由于杂质元素在 Fe_3C 中的溶解度很小，故被排挤出 Fe_3C 而偏聚于 Fe_3C 周围，从而引起脆化。非平衡偏聚之名即由此而来。脆化后再在较高温度回火时由于杂质元素向 α 内部扩散以及部分碳化物的回溶而使脆性消失。再次缓冷时在 α 相的其他界面新析出的碳化物又将排挤出杂质元素而引起脆化。

C　影响第二类回火脆性因素

（1）与回火后的冷却速度有关。除了在 450～650℃之间回火时会引起脆性外，在较高温度回火后缓慢通过 450～650℃的脆性发展区也会引起脆化，即所谓缓冷脆化。如高温回火后快冷通过脆性发展区则不引起脆化。图 6-10 为回火温度及回火后冷速对 30CrMnSi 钢冲击韧度的影响。

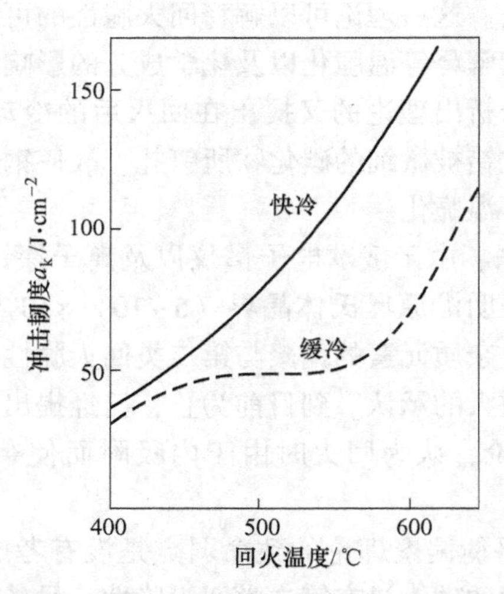

图 6-10　回火温度及回火后冷速对 30CrMnSi 钢冲击韧度的影响

（2）与钢材化学成分密切相关。钢的化学成分是影响第二类回火脆性的最重要的因素。可以按作用的不同将存在于钢中的元素分成三类：1）杂质元素。属于这一类的元素有 P、Sn、Sb、As、B、S 等。第二类回火脆性是由这些杂质引起的，但当钢中不含 Ni、

Cr、Mn、Si 等合金元素时杂质元素的存在不会引起第二类回火脆性。2）促进第二类回火脆性的合金元素。属于这一类的元素有 Ni、Cr、Mn、Si、C 等。这类元素单独存在时也不会引起第二类回火脆性，必须与杂质元素同时存在时才会引起第二类回火脆性。当杂质元素含量一定时，这类元素含量越多，脆化越严重。当钢中仅含一种这类元素时，脆化能力以 Mn 最高，Cr 次之，Ni 再次之。当 Ni 含量小于 1.7%时不引起脆化。当两种以上的元素同时存在时，脆化作用更大。在含 P0.05%、C 0.2%的钢中加入 Cr、Ni、Mn 等得出：按脆化能力，Mn 1%+Cr 2%>Mn1%+Ni 3%；Ni 3%+Mn1%>Ni 3%+Cr 2%。由此可见，两种元素同时加入时，也是以 Mn 的脆化作用最大，Ni 最小。3）扼制第二类回火脆性的元素。属于这一类的元素有 Mo、W、V、Ti。往钢中加入这类元素可以扼制和减轻第二类回火脆性。这类元素的加入量有一最佳值。超过最佳值后，扼制效果变差。如 Mo 的最佳加入量为 0.5%~0.75%。因此，Mo 含量超过最佳值后，随 Mo 含量增加，ΔFATT 也增加。W 的扼制作用较 Mo 小，为达到同样扼制效果，W 的加入量应为 Mo 的 2~3 倍。稀土元素 La、Nb、Pr 等也能扼制第二类回火脆性。

（3）组织因素。与第一类回火脆性不同，不论钢具有何种原始组织，均有第二类回火脆性，但以马氏体的回火脆性最严重，贝氏体次之，珠光体的回火脆性最轻。这表明第二类回火脆性主要不是由于马氏体的分解及残余奥氏体的转变引起的。

D　防止或减轻方法

（1）提高钢材的纯度，尽量减少杂质。

（2）加入适量的 Mo、W 等有益的合金元素。

（3）对尺寸小、形状简单的零件，采用回火后快冷的方法。

（4）采用亚温淬火（A_1~A_3）：细化晶粒，减少偏聚。加热后为 A+F（F 为细条状），杂质会在 F 中富集，且 F 溶解杂质元素的能力较大，可抑制杂质元素向 A 晶界偏聚。

（5）采用高温形变热处理，使晶粒超细化，晶界面积增大，降低杂质元素偏聚的浓度。

（6）钢中加入一定量的硅，推迟回火时渗碳体的形成，可提高发生低温回火脆性的温度，所以含硅的超高强度钢可在 300~320℃ 回火而不发生脆化，有利于改进综合力学性能。

6.3.6　回火中常见的问题

6.3.6.1　不同回火温度下，不同材料发生不同的脆化现象

（1）270~350℃脆化：又称为低温回火淬性，大多发生在碳钢及低合金钢中。所谓 300℃脆性是指部分钢材在约 270~300℃进行回火处理时，会因残留奥氏体的分解，而在结晶粒边界上析出碳化物，导致回火脆性。二次硬化工具钢当加热至 500~600℃之间时才会引起分解，在 300℃并不会引起残留奥氏体的分解，故无 300℃脆化的现象产生。

（2）400~550℃脆化：通常构造用合金钢在此温度范围易产生脆化现象。

（3）475℃脆化：特别指 Cr 含量超过 13%的肥粒铁系不锈钢，在 400~550℃间施以回火处理时，产生硬度增加而脆化的现象，在 475℃左右特别显著。若在 475~500℃之间长时间持温时，会产生硬度加大、脆性亦大增的现象，此称为 475℃脆化，主要原因有多种说法，包括相分解、晶界上有含铬碳化物的析出及 Fe-Cr 化合物形成等，使得常温韧性

大减，且耐蚀性亦甚差，一般不锈钢的热处理应避免长时间持温在这个温度范围。

（4）500~570℃脆化：常见于加工工具钢、高速钢等材料，在此温度会析出碳化物，造成二次硬化，但也会导致脆性的提高。所谓回火徐冷脆性系指自回火温度（500~600℃）徐冷时出现的脆性，Ni-Cr 钢颇为显著。回火徐冷脆性可自回火温度急冷加以防止，根据多种实验结果显示，机械构造用合金钢材，自回火温度施行空冷，以 10℃/min 以上的冷却速率，就不会产生回火徐冷脆性。

（5）600~700℃脆化：大部分的不锈钢在固溶化处理后，另外在 600~700℃之间长时间持温，会产生 s 相的析出，此 s 相是 Fe-Cr 金属间化合物，不但质地硬且脆，还会将钢材内部的铬元素大量耗尽，使不锈钢的耐蚀性与韧性均降低。

6.3.6.2 回火产生的回火裂痕

淬火钢在回火处理时，由急冷、急热或组织变化等原因而引起的裂纹称为回火裂痕，这种情况在高速钢、SKD11 模具钢等回火硬化钢在高温回火中比较常见。此类钢材在第一次淬火时产生第一次马氏体，在回火时，材料内部的塑性较好的残余奥氏体转变为脆性较大的马氏体，从而诱发裂痕的产生。

6.3.6.3 产生回火变形

产生回火变形的主要原因是残余应力变化和组织变化。一方面，淬火钢中会有大量的残余应力，在回火过程中，这些残余应力得到释放，从而引起材料的变形。另一方面，回火过程中，容易诱发残余奥氏体向马氏体转变，残余奥氏体的密度比马工体密度小，从而造成淬火钢的体积发生膨胀，导致回火后工件的变形。防止的方法包括：实施加压回火处理，利用热浴或空气淬火等减少残留应力，用机械加工方式矫正及预留变形量等方式。

6.3.6.4 多次回火硬度下降

一般情况下，碳钢经过重复回火后，其硬度会发生明显下降，从而影响材料，特别是模具钢的使用性能。材料抵抗重复回火软化的能力可以用回火稳定性来表示，回火稳定性指随回火温度升高，材料的强度和硬度下降快慢的程度，也称回火抗力或抗回火软化能力，通常以钢的回火温度-硬度曲线来表示，硬度下降慢则表示回火稳定性高或回火抗力大。回火稳定性也是与回火时组织变化相联系的，它与钢的热稳定性共同表征钢在高温下的组织稳定性程度，表征模具在高温下的变形抗力。

一般钢中的合金元素滞缓马氏体的分解，阻碍碳化物的聚集长大，形成坚硬的碳化物以及阻碍相的回复再结晶。这些影响的结果使淬火钢回火时变得更为稳定，其硬度不易随回火温度的升高而降低，因而回火时合金钢的回火时间要比碳钢的长。合金钢回火稳定性较高，一般是有利的。在达到相同硬度的情况下，合金钢的回火温度比碳钢高，回火时间也应适当增长，可进一步消除残余应力，因而合金钢的塑性、韧性较碳钢好；而在同一温度回火时，合金钢的强度、硬度比碳钢高。对一般回火过程的影响：合金元素硅能推迟碳化物的形核和长大，并有力地阻滞ε碳化物转变为渗碳体。

合金元素对淬火后的残留奥氏体量也有很大影响。残留奥氏体围绕马氏体板条成细网络；经 300℃回火后这些奥氏体分解，在板条界产生渗碳体薄膜。残留奥氏体含量高时，这种连续薄膜很可能是造成回火马氏体脆性（300~350℃）的原因之一。合金元素，尤其是 Cr、Si、W、Mo 等，进入渗碳体结构内，把渗碳体颗粒粗化温度由 350~400℃提高到

500~550℃，从而抑制回火软化过程，同时也阻碍铁素体的晶粒长大。

特殊碳化物和次生硬化。当钢中存在浓度足够高的强碳化物形成元素时，在温度为450~650℃范围内，能取代渗碳体而形成它们自己的特殊碳化物。形成特殊碳化物时需要合金元素的扩散和再分配，而这些元素在铁中的扩散系数比C、N等元素要低几个数量级。因此在形核长大前需要一定的温度条件。基于同样理由，这些特殊碳化物的长大速度很低。在450~650℃形成的高度弥散的特殊碳化物，即使长期回火后仍保持其弥散性。

习　题

一、选择题

1. 钢的回火处理在（　　）后进行。
   A. 正火　B. 退火　C. 淬火　D. 正火
2. 为了消除各种加工过程中所引起的内应力，最好选用（　　）。
   A. 完全退火　B. 球化退火　C. 再结晶退火　D. 去应力退火
3. 淬火钢回火后的冲击韧度是随着回火温度的提高而（　　）。
   A. 提高　B. 降低　C. 不变　D. 先提高后降低
4. 用65Mn钢做弹簧，淬火后应进行（　　）。
   A. 低温回火　B. 中温回火　C. 高温回火　D. 退火
5. 零件渗碳后，一般需经过（　　）才能达到表面硬度高而且耐磨的目的。
   A. 淬火+低温回火　B. 正火
   C. 调质　D. 淬火+高温回火
6. 下列是回火的目的是（　　）。
   A. 得到马氏体或贝氏体　B. 稳定工件尺寸
   C. 提高钢的强度和耐磨度　D. 提高钢的塑性
7. 正火是将钢材或钢材加热保温后冷却，其冷却是在（　　）。
   A. 油液中　B. 盐水中　C. 空气中　D. 水中
8. 下列是整体热处理的是（　　）。
   A. 正火　B. 表面淬火　C. 渗氮　D. 碳氮共渗
9. 45钢870℃水冷+200℃回火后的组织为（　　）。
   A. 回火马氏体　B. 贝氏体　C. 回火索氏体　D. 回火托氏体
10. 有时40Cr钢零件在调质的高温回火后进行油冷，是为了消除（　　）。
   A. 残余奥氏体　B. 淬火应力
   C. 第二类回火脆性　D. 马氏体

二、简答题

1. 什么是退火？简述各类退火工艺及其目的。
2. 什么是正火？简述其工艺与目的。
3. 什么是回火，有哪些分类？简述各类回火工艺及其目的。
4. 回火中常见的问题有哪些？
5. 什么是回火脆性，如何解决？

三、综合分析题

1. 指出下列工件的淬火及回火温度，并说明其回火后获得的组织和大致的硬度。

(1) 45 钢小轴（要求综合力学性能）；

(2) 60 钢弹簧；

(3) T12 钢锉刀。

2. 轴承外套材料 GCr15 钢，技术要求为：60HRC；显微组织，隐晶，细小针状马氏体，均匀分布细小碳化物及少量残余奥氏体；脱碳层深度小于 0.08mm；淬火、回火后进行磁粉探伤检查不允许有裂纹。加工工艺流程：下料（热轧未退火圆钢）→锻造成型→热处理 1→球化退火→车削加工→热处理 2→粗磨→补加回火→细磨→精研→成品。写出热处理 1 和热处理 2 的详细工艺。

四、创新性实验

有一批 9SiCr 材料加工的滑块，尺寸为 150mm×100mm×80mm，热处理技术要求为 60~63HRC，热处理炉为盐浴炉和井式回火炉。

（1）写出制定热处理工艺参数的过程，将工艺参数及选用设备填入热处理工艺表中。

（2）画出工艺曲线。

（3）分别指出淬火后和回火后组织。

7 贝氏体转变

前面已经学习珠光体转变和马氏体转变，其中珠光体属于高温转变，存在原子的扩散，是典型的扩散型相变；相反，马氏体转变属于低温转变，无原子扩散，是典型的无扩散型相变。但是，在珠光体转变与马氏体转变温度范围之间，过冷奥氏体将按另一种转变机制转变。由于这一转变在中间温度范围内发生，故被称为中温转变，该转变就是贝氏体转变。贝氏体转变既具有珠光体转变，又具有马氏体转变的某些特征，是一个相当复杂的到目前为止还研究得很不够的一种转变。转变的复杂性和转变产物的多样性，致使还未完全弄清贝氏体转变的机制，对转变产物贝氏体也还无法下一个确切的定义。

根据20世纪以来对贝氏体组织结构的大量观察和研究成果，可将贝氏体定义为：钢中的贝氏体是过冷奥氏体的中温转变产物，它以贝氏体铁素体为基体，同时可能存在渗碳体或凸碳化物、残留奥氏体等相，贝氏体铁素体的形貌多呈条片状，内部存在亚片条、亚单元等精细亚结构。这种整合组织称为贝氏体。

7.1 贝氏体组织与力学性能

钢中的贝氏体是过冷奥氏体在中温区域分解的产物，一般为铁素体和渗碳体组成的非层状组织。在许多钢中至少有两种或多种贝氏体组织形态。贝氏体转变是钢经奥氏体化后，过冷到珠光体转变和马氏体转变之间中温区域发生的，所以称为中温转变。在贝氏体转变过程中只有碳原子的扩散，而贝氏体中的铁素体是过冷奥氏体通过与马氏体相变类似的切变共格机制转变来的，故贝氏体相变既不是珠光体那样的扩散型转变，也不是马氏体那样的无扩散型转变，而是“半扩散转变”。这种转变的动力学特征和产物的组织形态，兼有扩散型转变和非扩散型转变的特征。

7.1.1 贝氏体转变的基本特征

贝氏体转变兼有珠光体转变与马氏体转变的某些特征。归纳起来，主要有以下几点。

7.1.1.1 贝氏体转变温度范围

对应于珠光体转变的 A_1 点及马氏体转变的 M_s 点，贝氏体转变也有一个上限温度 B_s 点。奥氏体必须过冷到 B_s 以下才能发生贝氏体转变。合金钢的 B_s 点比较容易测定，碳钢的 B_s 点由于有珠光体转变的干扰，很难测定。贝氏体转变也有一个下限温度 B_f 点，但 B_f 与 M_f 无关，即 B_f 可以高于 M_s，也可以低于 M_s。

7.1.1.2 贝氏体转变产物

切变学派的 R. F. HehCmnn 认为：贝氏体是指中温转变时形成的针状分解产物。有三个特征：(1) 针状组织形貌；(2) 浮凸效应；(3) 有自己的TTT图和B_s点，并将贝氏体定义为"铁素体和碳化物的非层片状混合组织"。此定义不妥，理由有两个：(1) 不是混合，而是整合。混合系统没有自组织功能；(2) 铁素体和碳化物的非层片状组织不仅仅是贝氏体，粒状珠光体、回火索氏体也是铁素体和碳化物的非层片状组织。

扩散学派的 H. I. AAronson 则反驳说：B_s点和TTT图是合金元素对共析分解动力学的一种影响表现，表面浮凸也不能作为切变的依据。他们只承认贝氏体是"扩散的、非协作的两种沉淀相竞争台阶生长的共析分解产物"。这一观点把贝氏体看成是共析分解的产物，很不妥当，不能把贝氏体转变看成是共析分解，二者转变性质不同，不能混为一谈；贝氏体与珠光体分解有着本质的区别。

(1) 珠光体由铁素体+碳化物两相组成，贝氏体可以由铁素体+碳化物组成，或铁素体+残留奥氏体组成，或铁素体+M/A岛组成，或铁素体+碳化物+奥氏体+马氏体等多相组成。

(2) 珠光体晶核是两相，即F+碳化物；而贝氏体的晶核是单相，即贝氏体铁素体(BF)。

(3) 珠光体共析分解反应式为：$A \rightarrow F+Fe_3C$，贝氏体相变不能写成此式。上贝氏体和下贝氏体中的碳化物晶核何时形成，以什么形态长大，碳化物析出与否，都要视具体条件而定，不与铁素体共析共生。

(4) 珠光体分解在晶界形核，而贝氏体相变的形核可在晶界也可在晶内。

(5) 珠光体是过冷奥氏体在高温区平衡分解产物或接近平衡的分解产物，而贝氏体是中温区的非平衡相变产物。

(6) 珠光体中铁素体可以是片状的（片状珠光体），或等轴状的（粒状珠光体），其中的位错密度低；而贝氏体铁素体由亚单元乃至超细亚单元构成，位错密度较高，甚至发现存在精细孪晶。

(7) 珠光体中铁素体、渗碳体两相存在着比例关系，如共析碳钢的珠光体中的相对量约占13%；而贝氏体中各相没有固定的比例关系，碳化物析出量不定，还会夹杂着残余奥氏体等相。

因此，贝氏体转变与珠光体分解有着本质上的区别，贝氏体相变绝非共析分解。可将贝氏体定义为：钢中贝氏体是过冷奥氏体的中温转变产物，它以贝氏体铁素体为基体，同时可能存在θ渗碳体或ε-碳化物、残留奥氏体等相构成的整合组织。贝氏体铁素体的形貌多呈条片状，内部有规则排列的亚单元及较高密度的位错等亚结构。

7.1.1.3 贝氏体转变的不完全性

贝氏体转变是一个形核、长大的过程，形核需要有一定的孕育期。在孕育期内由于碳在奥氏体中重新分布，出现贫碳区，在碳质量分数较低的部位，首先形成铁素体晶核，成为贝氏体转变的领先相。上贝氏体中铁素体晶核一般优先在奥氏体晶界贫碳区形成。在下贝氏体形成时，由于过冷度大，铁素体晶核可以在晶粒内形成。

铁素体形成后，当碳浓度起伏合适，且晶核超过临界尺寸时便开始长大。在其长大的同时，过饱和的碳从铁素体向奥氏体中扩散，并于铁素体条间或铁素体内部沉淀析出碳化物，因此贝氏体长大速度受碳的扩散控制。上贝氏体中铁素体的长大速度主要取决于碳在其前沿奥氏体内的扩散速度，而下贝氏体的长大速度主要取决于碳在铁素体内的扩散速度。

贝氏体的转变包括铁素体的成长与碳化物的析出两个基本过程，它们决定了贝氏体中两个基本组成相的形态、分布和尺寸。

7.1.1.4 贝氏体转变的扩散性

贝氏体是由 α 相及碳化物组成的，这表明贝氏体转变时必须有碳原子的扩散。对未转变的奥氏体以及已形成的碳化物的成分进行测定的结果表明，贝氏体转变时，奥氏体的碳质量分数确实发生了变化，但合金元素的分布并没有发生改变。这表明贝氏体转变时只有碳原子的扩散而无合金元素的扩散，其中也包括铁原子。至少是合金元素原子与铁原子未发生较长距离的扩散。由此可见，贝氏体转变的扩散性指的是碳原子的扩散。

7.1.1.5 贝氏体转变的不完全性

与珠光体转变不同，贝氏体等温转变与马氏体转变一样，也不能进行到终了。转变温度愈靠近 B_s点，能够形成的贝氏体量愈少，但也有些钢，在靠近 M_s点等温时也呈现转变不完全性。

7.1.2 贝氏体的组织形态

贝氏体的组织形态是多种多样的，其受钢的化学成分及形成温度的控制。贝氏体按组织形态的不同区分为无碳化物贝氏体、上贝氏体、下贝氏体、粒状贝氏体以及柱状贝氏体等。由于目前对贝氏体的组织形态的划分还没有统一的标准，所以还有一些其他贝氏体形态的报道。

7.1.2.1 无碳化物贝氏体（$B_{无}$）

无碳化物贝氏体由板条铁素体束及未转变的奥氏体组成，在铁素体之间为富碳的奥氏体，铁素体与奥氏体内均无碳化物析出，故称为无碳化物贝氏体，是贝氏体的一种特殊形态（见图 7-1）。

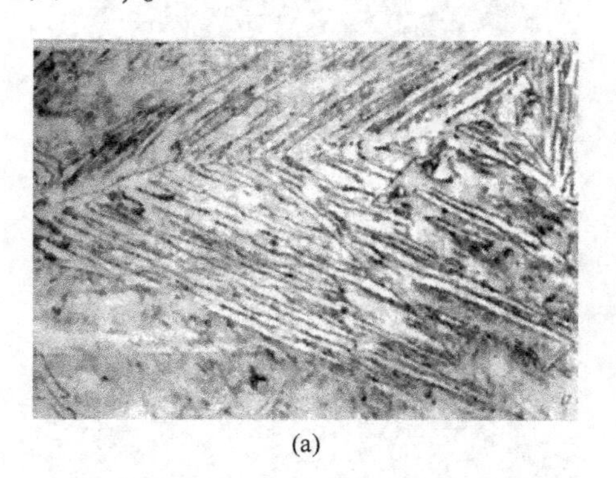
(a)

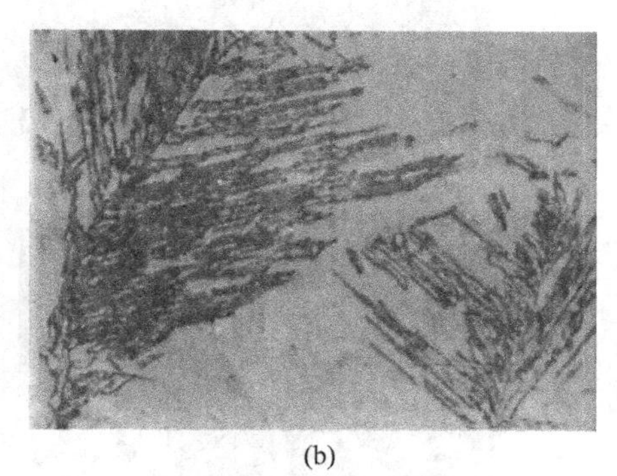
(b)

图 7-1 无碳化物贝氏体
(a) 20CrMo，1150℃→535℃，800×；(b) 30CrMnSi，900℃→550℃，1000×

无碳贝氏体是在贝氏体转变的最高温度范围内形成，其组织形态是一种单相组织，由大致平行的铁素体板条组成。铁素体板条自奥氏体晶界处形成，成束地向一侧晶粒内长大，铁素体板条较宽，板条之间的距离也较大。随着贝氏体的形成温度降低，铁素体板条变窄，板条之间的距离也变小。在铁素体板条之间分布着富碳的奥氏体。由于铁素体与奥氏体内均无碳化物析出，故称为无碳化物贝氏体。

富碳的奥氏体在随后的等温和冷却过程中还会发生相应的变化，可能转变为珠光体、其他类型的贝氏体或马氏体，也有可能保持奥氏体状态不变，所以无碳化物贝氏体是不能单独存在的。

无碳化物贝氏体中的铁素体形成时也能在抛光试样表面形成浮凸。惯习面为 $\{111\}_\gamma$，铁素体与母相奥氏体的位向关系为 K-S 关系。魏氏组织铁素体在形成时也能引起浮凸，惯习面 $\{111\}_\gamma$，位向关系也是 K-S 关系，形态也与无碳化物贝氏体铁素体极其相似，因此多数人认为魏氏组织铁素体即无碳化物贝氏体。

无碳化物贝氏体在低碳低合金钢中出现的概率较多。在 Si、Al 含量高的钢中，由于 Si、Al 元素不溶于碳化物中，抑制了碳化物形成，容易形成类似于无碳化物贝氏体的组织。无碳化物贝氏体形成时，也会出现表面浮凸。此外，在铁素体内存在一定数量的位错，位错密度较低。

7.1.2.2 上贝氏体（$B_上$）

对于中、高碳钢，上贝氏体在 350~550℃之间形成。因其形成在转变区的高温区，所以称为上贝氏体。

上贝氏体是一种两相组织，由铁素体和渗碳体组成。成束大致平行的铁素体板条自奥氏体晶界向一侧或两侧奥氏体晶内长入。渗碳体（有时还有残余奥氏体）分布于铁素体板之间，整体在光学显微镜下呈羽毛状，故可称上贝氏体为羽毛状贝氏体（见图 7-2）。

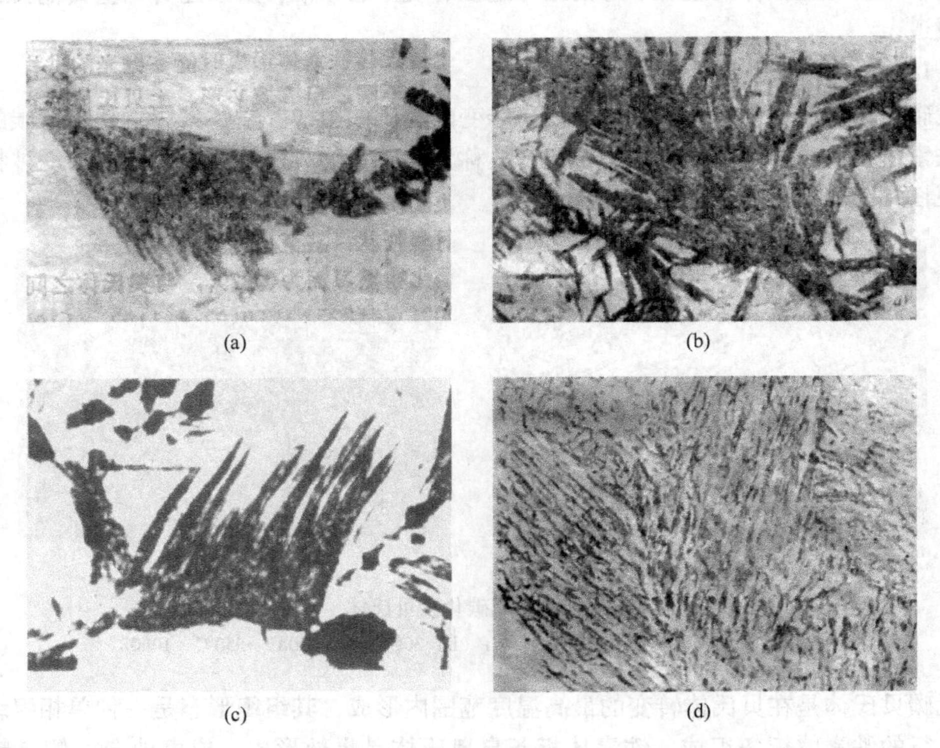

图 7-2 羽毛状上贝氏体

（a）65Mn，1050℃→450℃，500×；（b）30CrMnSi，900℃→350℃，1000×；（c）1300×；（d）65Mn，1050℃→450℃，5000×

板条铁素体束与板条马氏体束很接近，束内相邻铁素体板条之间的位向差很小，束与束之间则有较大的位向差。HehemAnn 观察到上贝氏体铁素体条是由许多亚基元组成的（见图 7-3 和图 7-4），每个亚基元的尺寸大致是厚小于 1μm，宽 5~10μm，长 10~50μm。上贝氏体中的碳化物分布在铁素体条之间，均为渗碳体型碳化物。碳化物的形态取决于奥氏体的碳含量，碳含量低时，碳化物沿条间呈不连续的粒状或链珠状分布；碳含量高时呈杆状，甚至呈连续分布。碳化物惯习面为 $(2\bar{2}7)_A$，与奥氏体之间存在 Pitsch 关系。由于渗碳体与奥氏体之间存在位向关系，故一般认为上贝氏体中的碳化物是从奥氏体中析出的。

$$(001)_\theta // (\bar{2}25)_\gamma,\ [010]_\theta // [110]_\gamma,\ [100]_\theta // [5\bar{5}4]_\gamma$$

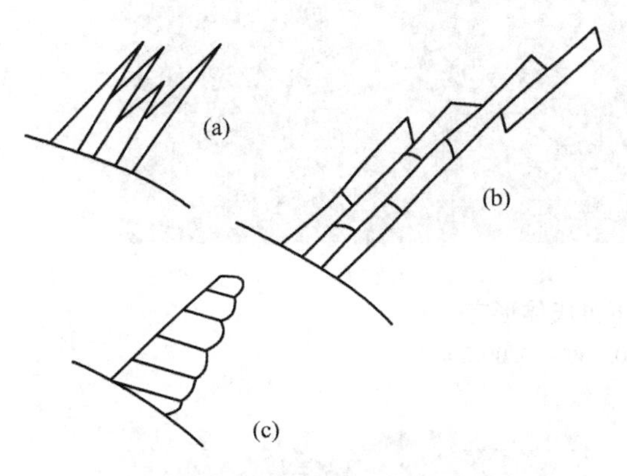

图 7-3 铁素体模型
（a）魏氏铁素体；（b）上贝氏体铁素体；
（c）下贝氏铁素体

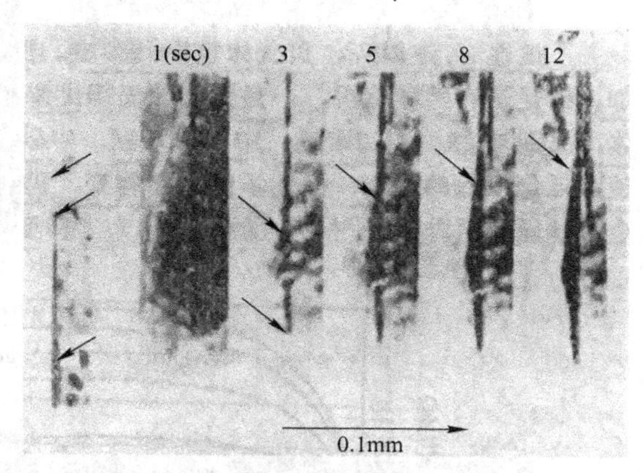

图 7-4 上贝氏体铁素体基元的成长

在上贝氏体中，除贝氏体铁素体及渗碳体外，还可能存在未转变的残余奥氏体，尤其是当钢中含有 Si、Al 等元素时，由于 Si、Al 能扼制渗碳体的析出，故使残余奥氏体量增多。

上贝氏体铁素体形成时能在抛光的试样表面形成浮凸，如前所述，与马氏体引起的浮凸不同，呈∧或∨形。上贝氏体铁素体的惯习面为 $\{111\}_A$，与母相奥氏体之间的位向关系接近于 K-S 关系。上贝氏体铁素体中的亚结构为位错，位错密度较高可形成缠结。

影响上贝氏体组织形态的因素：

（1）碳含量。随钢中碳含量的增加，上贝氏体中的铁素体板条更多、更薄，渗碳体的形态由粒状向链球状、短杆状过渡，甚至连续分布。渗碳体的数量随碳含量的增加而增多，不但分布于铁素体板之间，而且可能分布于铁素体板条内部。

（2）形成温度。随形成温度的降低，铁素体板条变薄、细小，渗碳体更细小、更密集。

7.1.2.3 下贝氏体（$B_下$）

在贝氏体转变区域的低温范围内形成的贝氏体称为下贝氏体。下贝氏体大约在 350℃以下形成。碳含量低时，下贝氏体形成温度有可能高于 350℃。下贝氏体也是一种两相组织，是由铁素体和碳化物组成。但铁素体的形态及碳化物的分布均不同于上贝氏体。

下贝氏体铁素体的形态与马氏体很相似，亦与奥氏体碳含量有关。含碳量低时呈板条状（见图 7-5），含碳量高时呈透镜片状（见图 7-6），碳含量中等时两种形态兼有。形核部位大多在奥氏体晶界上，也有相当数量位于奥氏体晶内。碳化物为渗碳体或ε-碳化物，碳化物呈极细的片状或颗粒状，排列成行，以 55~60°的角度与下贝氏体的长轴相交，并且仅分布在铁素体的内部。钢的化学成分，奥氏体晶粒大小和均匀化程度等对下贝氏体组织形态影响较小。

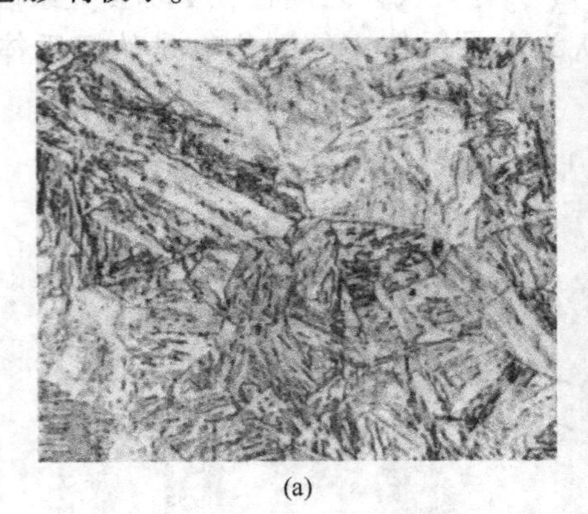
(a)

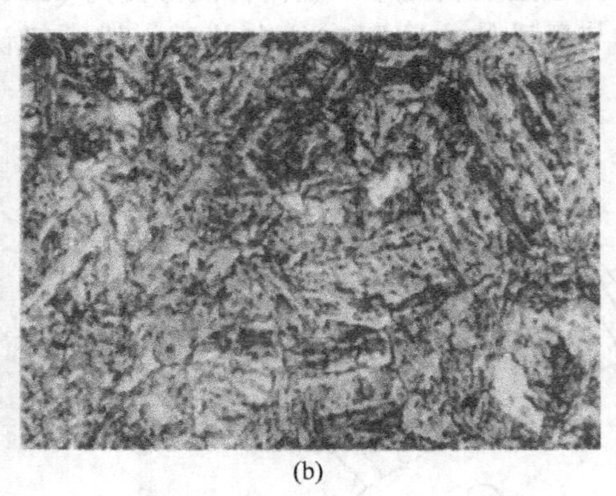
(b)

图 7-5　低碳钢中下贝氏体形态

（a）超低碳；（b）Fe-0. 15%C-3. 0%Mn

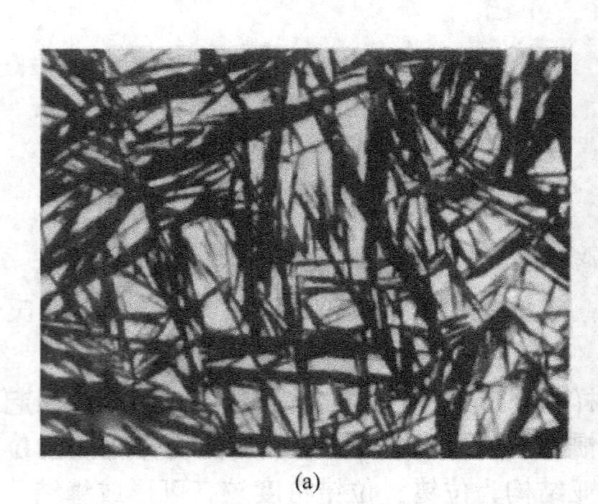
(a)

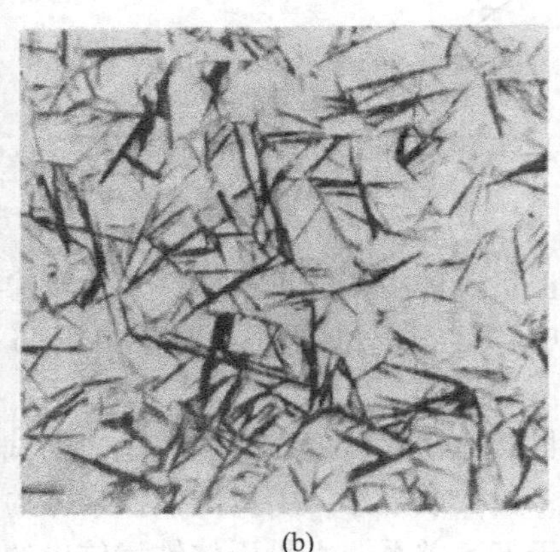
(b)

图 7-6　高碳钢下贝氏体形态

（a）45 钢；（b）0. 9%~1. 3%Si-1. 1%Cr 钢

HehemAnn 用光镜及电镜观察发现，下贝氏体铁素体片与条也是由亚基元组成。通常这些亚基元都是沿一个平直的边形核，并以约 60°的倾斜角向另一边发展，最后终止在一定位置，形成锯齿状边缘（见图 7-7）。

下贝氏体铁素体的碳含量远高于平衡碳含量。要测出初形成的铁素体的碳含量是比较困难的，因为铁素体形成后立即可以通过析出碳化物而使碳含量下降，故实际测出的碳含量均较初形成时的碳含量低。

下贝氏体中的碳化物均匀分布在铁素内。由于碳化物极细，在光镜下无法分辨，故看到的是与回火马氏体极相似的黑色针状组织，但在电镜下可清晰看到碳化物呈短杆状，沿着与铁素体长轴成55°~60°角的方向整齐地排列着（见图7-7）。

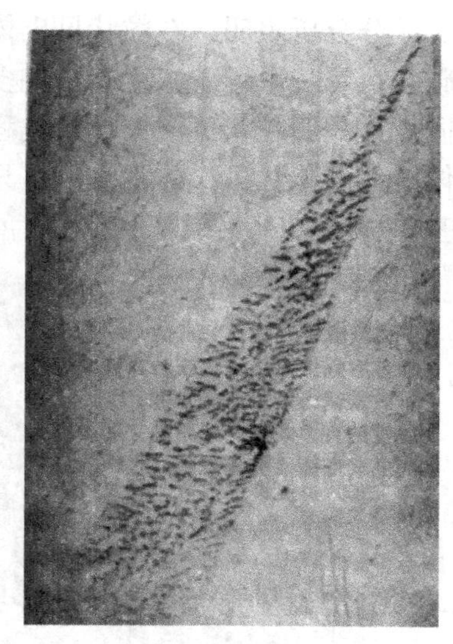
图7-7 4360钢340℃等温形成的下贝氏体的电镜照片（复型，1000×）

下贝氏体中的碳化物也是渗碳体型的，但形成温度低时，最初形成的是ε-碳化物，随时间的延长，ε-碳化物将转变为θ-碳化物。在含Si的钢中，由于Si能阻止θ-碳化物的析出，故贝氏体转变时主要析出ε-碳化物。目前在下贝氏体中还未观察到η-碳化物与χ-碳化物。

下贝氏体铁素体与θ-碳化物之间的位向关系与回火马氏体中的位向关系相近，存在以下的位向关系：$(001)_\theta//(112)_\alpha$，$[100]_\theta//[0\bar{1}1]_\alpha$，$[010]_\theta//[1\bar{1}\bar{1}]_\alpha$；或$(010)_\theta//(1\bar{1}1)_\alpha$，$[103]_\theta//[011]_\alpha$。ε碳化物与下贝氏体铁素体之间的位向关系为：$(0001)_\varepsilon//(011)_\alpha$，$[10\bar{1}1]_\varepsilon//[101]_\alpha$。由于碳化物与下贝氏体铁素体之间存在一定的位向关系，故一般认为碳化物是从过饱和铁素体中析出的。但ThomAs指出，由于铁素体与奥氏体之间存在K-S关系，故可将碳化物与铁素体之间的位向关系转换为碳化物与奥氏体之间的位向关系。转换得出θ-碳化物与奥氏体之间为Pitsch关系（$(001)_\theta//(\bar{2}25)_A$，$[010]_\theta//[110]_A$，$[100]_\theta//[5\bar{5}4]_A$）。已知θ-碳化物自奥氏体中析出时两者之间保持Pitsch关系，因此，ThomAs认为θ-碳化物是从奥氏体中析出的。应该指出，转换问题到目前为止还未最后定论，因为每一种位向关系均存在多种空间取向，如K-S关系就有24种，并不是所有的取向经转换后均能符合Pitsch关系，故碳化物究竟自何处析出还不能根据位向转换得出结论。

下贝氏体铁素体与奥氏体之间的位向关系为K-S关系。下贝氏体铁素体的惯习面比较复杂。ThomAs在0.1%C钢中及Edwards在1.4%C钢中均测得在M_s点附近形成的下贝氏体铁素体的惯习面为$\{110\}_\gamma$。也有人测得下贝氏体铁素体的惯习面为$(254)_\gamma$及$(569)_\gamma$等。而马氏体的惯习面为$\{111\}_\gamma$，$\{225\}_\gamma$及$\{259\}_\gamma$。

下贝氏体铁素体中的亚结构为位错，位错密度较高可在铁素体内形成缠结。在下贝氏体铁素体中未发现有孪晶亚结构存在。

7.1.2.4 粒状贝氏体

粒状贝氏体是1957年由HABrAken确定的。这种贝氏体主要是在低碳和中碳合金钢中以一定的速度连续冷却后获得的。如在正火后、热轧空冷后或在焊缝热影响区中，都可发现这种组织。在等温冷却时也可以形成。这种贝氏体的形成温度稍高于上贝氏体的形成温度。

粒状贝氏体是由块状铁素体基体和富碳奥氏体区组成。由于基体中的富碳奥氏体区一般呈颗粒状，因而得名。实际上富碳奥氏体区一般呈小岛状、小河状等，形状是很不规则，在铁素体基体呈不连续平行分布（见图7-8和图7-9）。用透射电镜观察，基体铁素体呈针片状，小岛分布在针片界面。形成条形粒状贝氏体时也可经在抛光表面引起针状浮凸。成分分析表明，在粒状贝氏体中，铁素体的碳含量很低，接近平衡浓度，而奥氏体区的碳含量则较平均碳浓度高出许多。铁素体与富碳奥氏体区的合金元素含量则与平均浓度相同，这表明粒状贝氏体形成过程中有碳的扩散而合金元素则不扩散。综上所述，粒状贝氏体与无碳化物贝氏体很相近，只是铁素体量较多已汇成片，奥氏体呈小岛状分布在铁素体基体中。

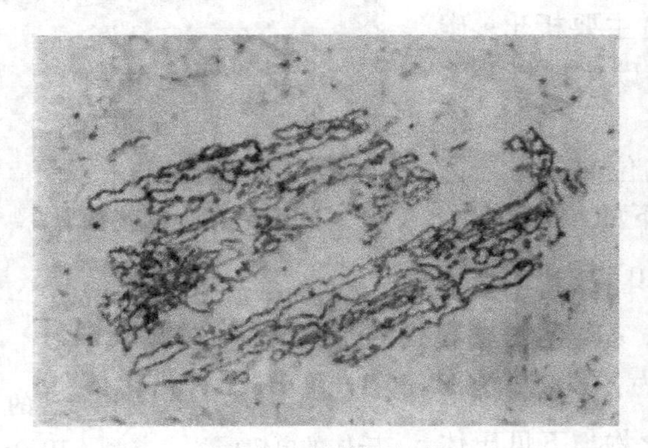

图 7-8　粒状贝氏体
（18Mn2CrMoBA，920℃→480℃，1000×）

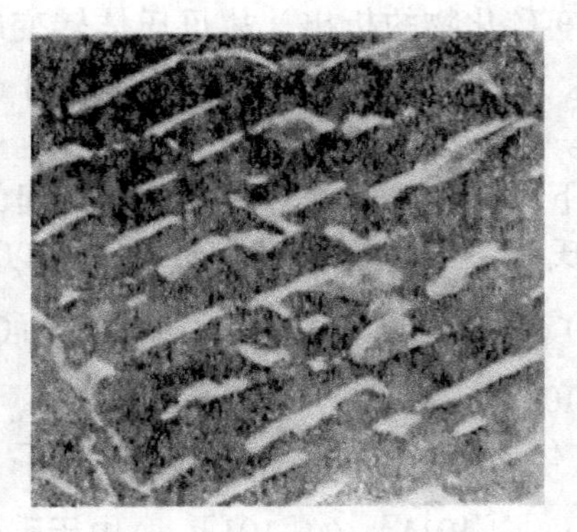

图 7-9　粒状贝氏体（复型）
19Mn2 钢以 7℃/s 冷速进行正火

富碳奥氏体区在继续冷却过程中，由于冷却条件和过冷奥氏体稳定性不同，可能发生以下三种情况：

（1）部分或全部分解为铁素体和碳化物；

（2）可能部分转变为马氏体，这种马氏体中的碳含量甚高，含有精细的孪晶，一般属于孪晶马氏体。这种马氏体加上残留下来的奥氏体统称为 M-A 组织或 M-A 组成物；

（3）可能全部保留下来而成为残留奥氏体。

7.1.2.5　反常贝氏体

这类贝氏体出现在过共析钢中，形成温度在 350℃稍上，以渗碳体为领先相。图 7-10 是 1.17%C-4.9%Ni 钢的反常贝氏体的复型电镜照片。在图中，较大的针状碳化物和较小的杆状物分别是魏氏组织碳化物和贝氏体中的碳化物。反常贝氏体也有人称为反向贝氏体。

图 7-10　1.17%C-4.9%Ni 钢 450℃等温 90s
反常贝氏体电镜照片（8000×）

7.1.2.6　柱状贝氏体

柱状贝氏体一般在高碳钢、碳素钢或高碳中合金钢中，当等温温度处于下贝氏体形成温度范围时出现。在高压下，柱状贝氏体可在中碳钢中形成。例如 0.44%C 的钢经 288℃等温处理后也可形成。

图 7-11 为 1.02%C-3.5%Mn-0.1%V 钢的柱状贝氏体组织，图中基体是马氏体。由光学显微组织（见图 7-11（a））可以看出，柱状贝氏体中的铁素体是呈放射状的，这是柱状贝氏体组织的一个特征。由电子显微组织（见图 7-11（b））可以看出，柱状贝氏体中

的碳化物是分布在铁素体内部的，单从碳化物分布的状况来看，柱状贝氏体是与下贝氏体相似的。另外，柱状贝氏体形成时不产生表面浮凸。

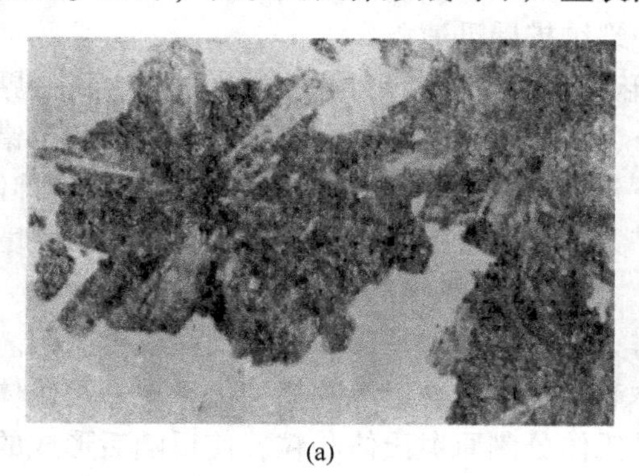
(a)

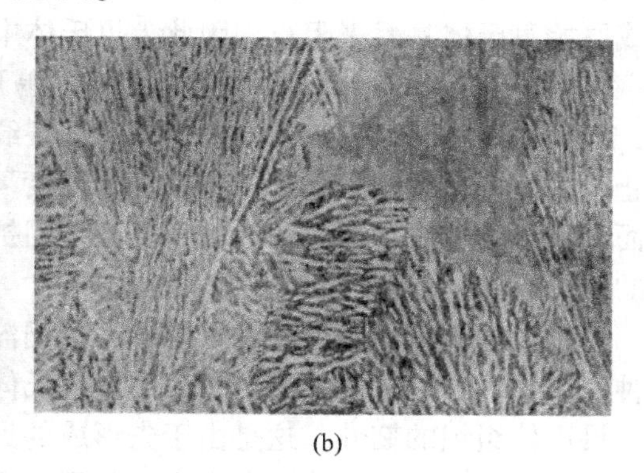
(b)

图 7-11 1.02%C-3.5%Mn-0.1%V 钢经 950℃加热，250℃等温 80min 后水淬的柱状贝氏体
（a）光学显微组织，500×；（b）电子显微组织，5000×

7.1.3 贝氏体的力学性能

众所周知，材料的组织决定其性能，对于贝氏体钢亦是如此。粒状贝氏体、上贝氏体及下贝氏体等组织的形态、相组成及内部亚结构有明显的区别，因此其力学性能也将不同。一般来说，下贝氏体的强度较高，韧性也较好；上贝氏体的强度低，韧性差，也就是说随贝氏体形成温度降低，强度和韧性逐步提高。

7.1.3.1 贝氏体的强度

贝氏体的强度和硬度随相变温度降低而升高。其屈服强度可用经验公式表示：

$$R_e(\mathrm{MPa}) = 15.4 \times [-12.6 + 11.3d^{-\frac{1}{2}} + 0.98n^{\frac{1}{4}}] \tag{7-1}$$

式中，d 为贝氏体中铁素体晶粒尺寸，mm；n 为每平方毫米截面中碳化物颗粒数。

式（7-1）仅适用于细小弥散碳化物的分布状态，只有在碳化物间距小于贝氏体中条状铁素体的尺寸时，碳化物弥散度才成为有效的强化因素。所以，在低碳上贝氏体中，强度实际上完全由贝氏体铁素体的尺寸所控制。只有下贝氏体或高碳上贝氏体中，碳化物的弥散强化才有比较明显的贡献。上贝氏体中由于位错主要在贝氏体铁素体的边界形成，故其位错强化包含在晶界强化之中，而下贝氏体的位错强化作用包含在碳化物弥散强化效应之中。此外，钢的含碳量增加和转变温度降低都会引起位错密度增大，对贝氏体强度也有贡献。因此，下贝氏体的强度、硬度高于上贝氏体。

7.1.3.2 贝氏体的韧性

韧性是高强度材料的重要力学性能指标。贝氏体钢和等温淬火获得的贝氏体常以具有高韧性著称，在工业生产中获得广泛应用。可是在某些情况下，贝氏体又常常具有较大的脆性，因而揭示其规律性显得十分重要。

从冲击韧性比较，究竟是贝氏体还是回火马氏体优越，人们在认识上还存在一定分歧。然而，在低碳钢中上贝氏体的冲击韧性比下贝氏体的低，以及从上贝氏体过渡到下贝氏体时，脆性转折温度突然下降，这是比较公认的普遍规律。其原因为：

（1）在上贝氏体中存在粗大的碳化物颗粒或断续的条状碳化物，也可能存在高碳马氏体区（由未转变奥氏体在冷却时形成），所以容易形成大于临界尺寸的裂纹，并且裂纹一旦扩展，便不能由贝氏体中铁素体之间的小角晶界来阻止，而只能由大角贝氏体“束”界或原始奥氏体晶界来阻止，因此上贝氏体中裂纹扩展迅速。

（2）在下贝氏体中，较小的碳化物不易形成裂纹，即使形成裂纹也难以达到临界尺寸，因而缺乏脆断的基础。即使形成解理裂纹，其扩展也将受到大量弥散碳化物和位错的阻止，因此，尽管强度高，裂纹在较低温度下形成，但也不易扩展，以至于常常被抑制，从而形成新的裂纹，因而脆性转折温度范围扩大。所以，下贝氏体的冲击韧性要比强度稍低的上贝氏体大得多。

另外，由于钢的淬透性的不同，某些钢淬火时往往获得马氏体和贝氏体混合组织。对这种混合组织的韧性研究的结果表明：马氏体和贝氏体混合组织的韧性优于单一马氏体和单一贝氏体组织的韧性。这是由于先形成的贝氏体分割原奥氏体晶粒，使得随后形成的马氏体条束变小。这一结论已在生产上得到应用。

7.1.4 贝氏体的热处理

由于等温转变时下贝氏体转变的不完全性，空冷到室温后往往获得下贝氏体为主兼有相当数量的淬火马氏体与残余奥氏体的混合组织。等温淬火的显著特点是保证有较高的硬度（共析碳钢为56~58HRC）的同时还保持有很高的韧性，同时淬火后变形量显著减小。这是因为不仅在等温时可显著减小热应力与组织应力，同时，贝氏体的比容变化较小，在淬火后保留的残余奥氏体又较多。

等温淬火加热温度，一般比正常淬火温度高30~80℃，对尺寸较大的零件也可以适当提高温度。以提高奥氏体的稳定性，防止等温冷却过程中发生珠光体型转变。等温温度和时间应视工件的性能要求，根据钢的C曲线及零件要求的组织性能而定。等温温度越低，则下贝氏体的硬度越高，贝氏体量越多，尺寸变化也相应增加。因此，调整等温温度可以改变淬火钢的力学性能及变形规律。一般认为在M_s~(M_s+30℃)之间等温可以获得满意的强度和硬度。常用钢材的等温淬火温度范围见表7-1。

表7-1 常用钢材等温淬火的温度范围

钢号	等温温度/℃	钢号	等温温度/℃
30CrMnSi	325~400	GCr9	210~230
65	280~350	9SiCr	260~280
65Mn	270~350	W18Cr4V	260~280
55Si2	300~360	Cr12MoV	260~280
60Si2Mn	270~340	3Cr2W8	280~300
T12	210~220		

7.2 贝氏体相变机制

在了解了贝氏体转变的各种表象之后，便可进一步探讨贝氏体转变机制问题。设想有一种学说能够完善地解释前面述及的各种现象，但迄今为止还未能实现这个愿望。现在的转变机制大体上可归纳为两种，即切变机制与台阶机制，两者都在不断地充实和修正之中，许多问题还有待进一步研究。

7.2.1 贝氏体相变的形核

贝氏体相变的形核在书刊中缺乏专门的论述，按照固态相变的一般规律，贝氏体铁素体的形核是非均匀形核。金相观察表明，上贝氏体一般在奥氏体晶界处形核，而下贝氏体一般在奥氏体的晶内形核。

在贝氏体铁素体片条的长大过程中，存在激发形核现象。HehemAnn 提出上贝氏体束由亚单元组成，它在长大过程中，随着贝氏体铁素体片条的加厚，相变引起的应力和应变急剧增大，其切变应力若高于贝氏体相变驱动力时，贝氏体相变将要停滞，这时，在所形成的贝氏体亚单元附近、应力集中的区域形成另一个贝氏体晶核，该过程为应力激发形核。应力激发形核消耗了部分应变能，获得了额外相变驱动力。该过程与马氏体激发形核相似。

实验表明，钢中的贝氏体片条几乎都是由亚片条、亚单元或超细亚单元组成，表明激发形核的客观存在。但有人认为，在同一束贝氏体铁素体内亚单元的尺寸相差较大，用激发机理解释难以理解。

7.2.2 贝氏体转变切变机制

切变学派认为，贝氏体长大与马氏体相似，以切变方式进行，但贝氏体的长大速率比马氏体慢得多。Bhadesh 设计了一个贝氏体亚单元重复形成的模型，图 7-12 为此模型的示意图。每个亚单元的长大速率比较快，但是由于新的亚单元形成速率较慢，从而决定贝氏体束在整体上以较低的速率长大。

切变学派根据贝氏体的表面浮凸效应判断贝氏体相变也是按切变长大机制进行的。切变包括滑移切变和孪生切变。第二类完全共格相界面可以通过切变使相界面迁移，直到共格破坏，成为含有错配界面位错的半共格相界面。这种半共格相界面通常具有晶体学位向关系，除了著名的 K-S 关系外，还有西山关系。

如果界面位错的柏氏矢量平行于界面，则位错只能在界面内滑移，那么界面不可能因位错的滑移而迁移，因此属于不可动界面。如果界面位错的柏氏矢量不是平行于界面的，而且位错线正好是两相滑移面的交线即界面位错，此位错的滑移可以推动界面的迁移，如图 7-13 所示。

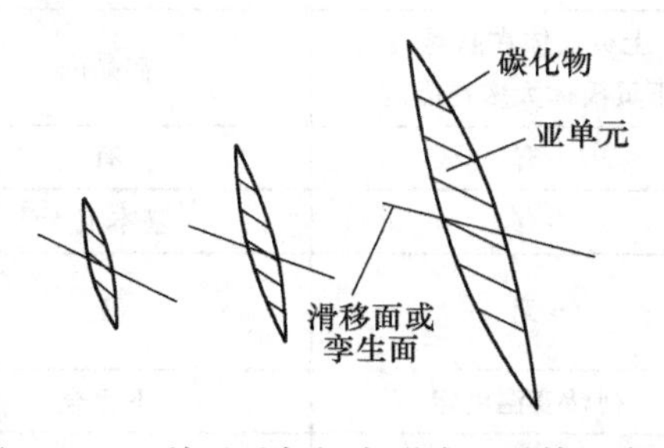

图 7-12 亚单元重复切变形成贝氏体示意图

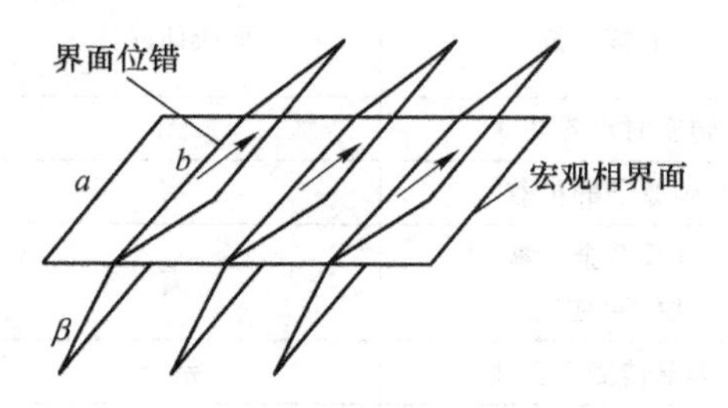

图 7-13 下贝氏体片长大示意图

显然，如果界面位错是刃型位错，其他带线方向与柏氏矢量垂直，则它只能在相界面内滑移，不可能导致相界面的迁移。如果界面位错是螺型位错，位错线的方向与柏氏矢量平行，它的滑移将导致相界面迁移。这就是把板条状马氏体的切变长大机制作为贝氏体长大机制。长大需要相界面向母相一侧迁移，相界面的迁移可以通过界面螺型位错的滑移来实现，因此长大是依靠切变进行的。

下贝氏体一般在奥氏体晶内的位错等缺陷处形核。按照切变机制，位错滑移切变或孪生切变形成下贝氏体 α 相片条。那么，相变结果产生精细孪晶和高密度位错。据此可以推测，贝氏体可能是以滑移切变及孪生切变方式形成亚单元，亚单元的重复产生逐级地形成下贝氏体片，如图 7-13 所示。在亚单元的边界上沉淀析出ε-碳化物，碳化物排列方向与下贝氏体片的主轴成 55°~60°夹角。

7.2.3 贝氏体转变的台阶机制

A. I. AAronson 首先提出台阶长大机制。徐祖耀等的电子显微镜研究结果证实了贝氏体铁素体宽面上长大台阶的存在。这种台阶的高度约数纳米到数微米。宽边为半共格界面，这种半共格界面的正向移动是靠台阶的横向迁移来进行的，如图 7-14 所示，台阶的移动受控于碳在奥氏体中的体积扩散。

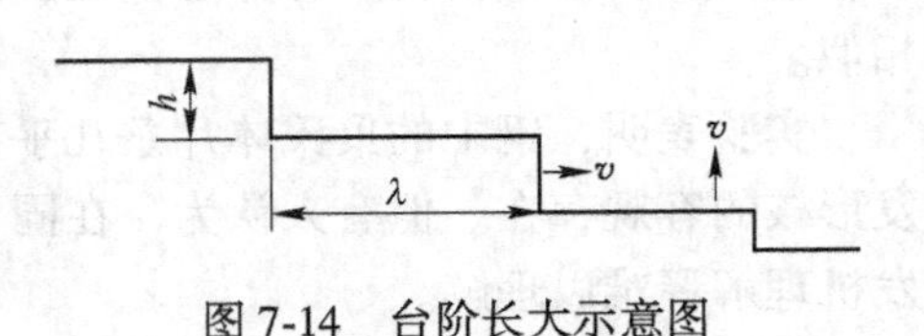

图 7-14 台阶长大示意图

从 1990 年开始，台阶扩散长大学派的开创者 Aaronson 不断说明：切变长大和扩散长大主要是通过台阶机制来实现的，片状产物可以切变长大，不过要借助于台阶机制。这表明，在 fcc→bcc 的转变，可以“台阶切变长大”，也可以“台阶扩散长大”。至此，可以认为这一点缩小了两派的观点分歧：台阶机制可以为扩散长大所利用，也可以为切变长大所利用。当然，片状产物无需台阶而以相界面位错的滑移也能完成。

为了便于对比，现将珠光体转变、贝氏体转变与马氏体转变的主要特征作一比较，见表 7-2。

表 7-2 珠光体、贝氏体、马氏体转变主要特征

内容	珠光体转变	贝氏体转变	马氏体转变
温度范围	高温	中温	低温
转变上限温度	A_1	B_s	M_s
领先相	渗碳体或铁素体	铁素体	
形核部位	奥氏体晶界	上贝氏体在晶界， 下贝氏体大多在晶内	在晶内
转变时点阵切变	无	有	有
碳原子的扩散	有	有	基本上无
铁及合金元素原子的扩散	有	无	无
等温转变完全性	完全	视转变温度定	不完全
转变产物	$\alpha+Fe_3C$	$\alpha+Fe_3C$ (ε)	α′

7.3 贝氏体相变热力学

7.3.1 贝氏体转变的热力学条件

贝氏体转变遵循固态相变的一般规律，也服从一定的热力学条件。

7.3.1.1 贝氏体的驱动力

钢的成分一定时，根据热力学可知，奥氏体与贝氏体的自由能皆随温度而变化，两者的变化率不同。因此，在它们的自由能与温度的关系曲线中，可以找出一个交点为两者的自由能相等的温度（贝氏体转变温度点），如图7-15所示。这种情况与珠光体转变及马氏体转变相似。为便于比较，将奥氏体与珠光体及马氏体的自由能与温度的关系曲线也示于图7-16中。因为贝氏体转变属于有共格、扩散型相变，所以，贝氏体形成时所消耗的能量除了新相表面能外，还有母相与转变产物之间因比容不同而产生的应变能和维持贝氏体与奥氏体之间的共格关系的弹性应变能。因此，贝氏体形成时系统自由能变化也可用式（7-2）表示。

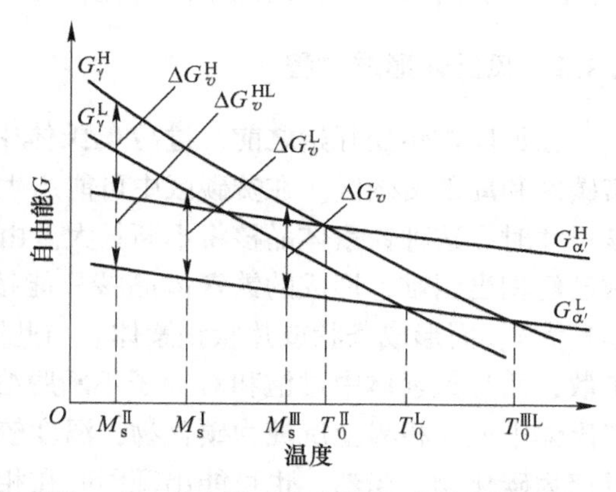

图7-15 碳含量对自由能-温度曲线的影响

$$\Delta G = -V\Delta G_V + S\sigma + V\varepsilon - \Delta G_d \tag{7-2}$$

式中，ΔG 为两相的自由能差；ΔG_V 为体积自由能；σ 为新相的表面能；ε 为母相与转变产物之间因比容不同而产生的应变能；ΔG_d 为维持贝氏体与奥氏体之间的共格关系的弹性应变能。

与马氏体转变相比较，贝氏体转变的相变驱动力（$V\Delta G_V$）较大，而弹性应变能 ΔG_d 较小。因为贝氏体转变时，C的扩散降低了贝氏体中铁素体的过饱和含碳量，因而使铁素体的自由能降低，所以相变驱动力增大。由于C的脱溶，使贝氏体与奥氏体之间的比容差减小，因此由相变时体积变化引起的弹性应变能减小，所以 ΔG_d 亦较小。因此，从相变的热力学条件看，贝氏体转变可以在钢的 M 点以上（但在 B_s 点以下）的温度范围内进行。

由于贝氏体形成时弹性应变能小于马氏体形成时的弹性应变能，而大于珠光体形成时的弹性应变能，所以贝氏体转变的上限温度 B_s 与 B_0点之间的温度差小于 M_s 与 T_0之间的温度差，而大于 A_{r1}与 A_1 之间的温度差。

7.3.1.2 B_s 点及其与钢成分的关系

B_s 为贝氏体开始转变的温度；B_s 点的意义是表示奥氏体和贝氏体之间自由能差达到相变所需的最小化学驱动力值时的温度。高于 B_s 点则贝氏体转变不能进行。B_f为贝氏体转变终止的温度，即使到达 B_f时，过冷奥氏体也不能全部转变为贝氏体，残余奥氏体的量随转变温度降低而减少。B_s 和 B_f的温度差，对大多数钢来说约为120℃。

关于影响 B_s 点的因素目前研究得不多，一般认为，钢中含碳量对 B_s 点有明显的影响，随钢中含碳量增加，B_s 点下降；钢中合金元素的含量对 B_s 点也有影响。B_s 点与钢的化学成分的关系可用式（7-3）估算：

$$B_s(℃) = 830 - 270 \times w(C) - 90 \times w(Mn) - 37 \times w(Ni) - 30 \times w(Cr) - 83 \times w(Mo) \tag{7-3}$$

式（7-3）适用的成分范围为：$w(C) = 0.1\% \sim 0.55\%$，$w(Cr) \leqslant 3.5\%$，$w(Mn) = 0.2\% \sim 1.7\%$，$w(Mo) \leqslant 1.0\%$，$w(Ni) \leqslant 5\%$，计算值与实际值之差小于±20℃。

7.3.2 贝氏体形成过程

在贝氏体转变开始之前，过冷奥氏体中的 C 原子发生不均匀分布，出现了许多局部富碳区和局部贫碳区。在贫碳区中可能产生铁素体晶核，当其尺寸大于该温度下的临界晶核尺寸时，这种铁素体晶核将不断长大。由于过冷奥氏体所处的温度较低，铁原子的自扩散已经相当困难，形成的铁素体晶核只能按共格切变方式长大（也有人认为是按台阶机制长大），而形成条状或片状铁素体。与此同时，碳从铁素体长大的前沿向两侧奥氏体中扩散，而且铁素体中过饱和 C 原子不断脱溶。温度较高时，C 原子穿过铁素体相界扩散到奥氏体中或在相界上沉淀为碳化物；温度较低时，C 原子在铁素体内部一定晶面上聚集并沉淀为碳化物。当然，也可能出现同时在相界上和铁素体内沉淀碳化物的情况。这种按共格切变方式（或台阶机制）长大的铁素体与富碳奥氏体（或随后冷却时的转变产物）或碳化物构成的混合物即为贝氏体。

贝氏体中铁素体以切变共格方式长大，同时伴随碳原子的扩散和碳化物从铁素体中脱溶沉淀过程，整个转变过程的速度受原子的扩散过程所控制。不同形态贝氏体中的铁素体都是通过切变机制形成的，即铁原子和其他代位原子是靠切变位移。贝氏体中的铁素体因形成温度不同，使铁素体中的碳脱溶以及碳化物的形成方式不同而导致贝氏体组织形态的不同。

7.3.2.1 无碳贝氏体

在亚共析钢中，当贝氏体的转变温度较高时，首先在奥氏体晶界上形成铁素体晶核，如图 7-16（a）所示。随着碳的扩散，铁素体长大，形成条状（见图 7-16（b））。伴随这一相变过程铁素体中的 C 原子将逐步脱溶，并扩散穿过共格界面进入奥氏体中，因而形成几乎不含碳的条状铁素体（见图 7-16（b）（c））。在一个奥氏体晶粒中，当一个条状铁素体长大时，在其两侧也随之有条状铁素体形成和长大（见图 7-16（c）（d）），结果形成条状铁素体加富碳奥氏体。当然，这种富碳奥氏体在随后冷却时，有可能部分或全部发生分解或转变为马氏体，也有可能全部保留到室温成为残余奥氏体。

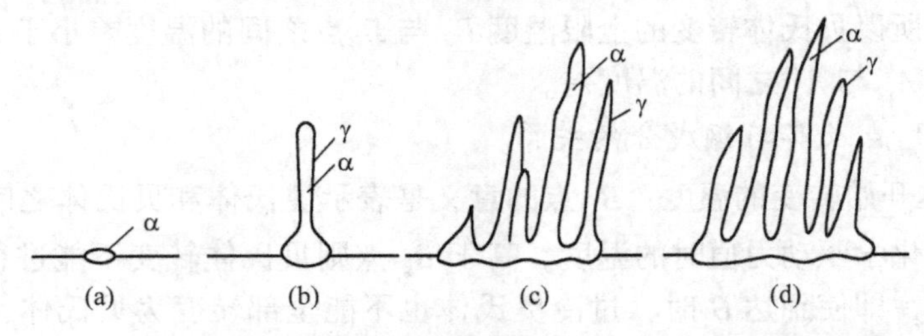

图 7-16 低碳钢中铁素体加无碳化物贝氏体形成过程示意图

（a）铁素体在奥氏体晶界上形核；（b）铁素体长大形成条状；（c）条状铁素体和奥氏体；（d）无碳贝氏体结构

7.3.2.2 上贝氏体

在350~550℃的中间温度范围内转变时，转变初期与高温范围的转变基本一样。但此时的温度已比较低，碳在奥氏体中的扩散已变得困难，通过界面由贝氏体铁素体扩散进入奥氏体中的C原子已不可能进一步向奥氏体纵深扩散，尤其是板条铁素体束两相邻铁素体条之间的奥氏体中的碳更不可能向外扩散。故界面附近的奥氏体，尤其是两铁素体条之间的奥氏体中的碳将随贝氏体铁素体的长大而显著升高，当超过奥氏体溶解度极限时，将自奥氏体中析出碳化物而形成羽毛状的上贝氏体。

其转变模型见图7-16，在过冷奥氏体晶界处或晶界附近的贫碳区生成铁素体晶核（见图7-16（a）），并且成排地向晶粒内长大。与此同时，条状铁素体长大前沿的C原子不断向两侧扩散，而且铁素体中多余的碳也将通过扩散向两侧的相界面移动。由于碳在铁素体中的扩散速度大于在奥氏体中的扩散速度，因而在温度较低的情况下，碳在晶界处将发生富集（见图7-16（b））。当富集的碳浓度相当高时，将在条状铁素体之间形成渗碳体，从而转变为典型的上贝氏体，如图7-16（c）（d）所示。

如果上贝氏体的形成温度较低或钢的含碳量较高，上贝氏体形成时在铁素体条间沉淀碳化物的同时，在铁素体条内也沉淀出少量的多向分布的渗碳体细小颗粒（见图7-16（c）（d））。

7.3.2.3 下贝氏体

在350℃以下转变与上述转变有较大的差异。由于温度低，初形成的铁素体的碳含量高，故贝氏体铁素体的形态已由板条状转变为透镜片状。此时，不仅C原子已难以在奥氏体中扩散，就是在铁素体中也难以做较长距离的扩散，而贝氏体铁素体中的过饱和度又很大，C原子又不能通过界面进入奥氏体，只能以碳化物的形式在贝氏体铁素体内部析出。随着碳的析出，贝氏体铁素体的自由能将下降以及比容的缩小所导致的弹性应变能的下降，将使已形成的贝氏体铁素体片进一步长大，得到下贝氏体组织。

具体形成过程如图7-17所示。首先在奥氏体晶界或晶粒内部某些贫碳区形成α-Fe晶核（见图7-17（a）），并按切变共格方式长大成片状或透镜状，由于转变温度较低（见图7-17（b）），C原子扩散困难，较难迁移至相界，因此，与α-Fe共格长大的同时，C原子只能在α-Fe的某些亚晶界或晶面上沉淀为细片状碳化物，和马氏体转变相似（见图7-17（c）），当一片α-Fe长大时，会促发其他方向形成片状α-Fe，而形成典型的下贝氏体（见图7-18（d））。

如果钢的含碳量相当高，而且下贝氏体的形成温度又不过低时，形成的下贝氏体不仅在片状α-Fe沉淀渗碳体，而且在α-Fe片的边界上也有少量渗碳体形成（见图7-18（c）（d′））。

7.3.2.4 粒状贝氏体

关于粒状贝氏体的形成过程目前认识尚不统一。近年来提出的铁素体溶合模型可以较好地解释贝氏体组织形貌的多样性，如图7-19所示，分高温区、中温区、低温区三种情况。

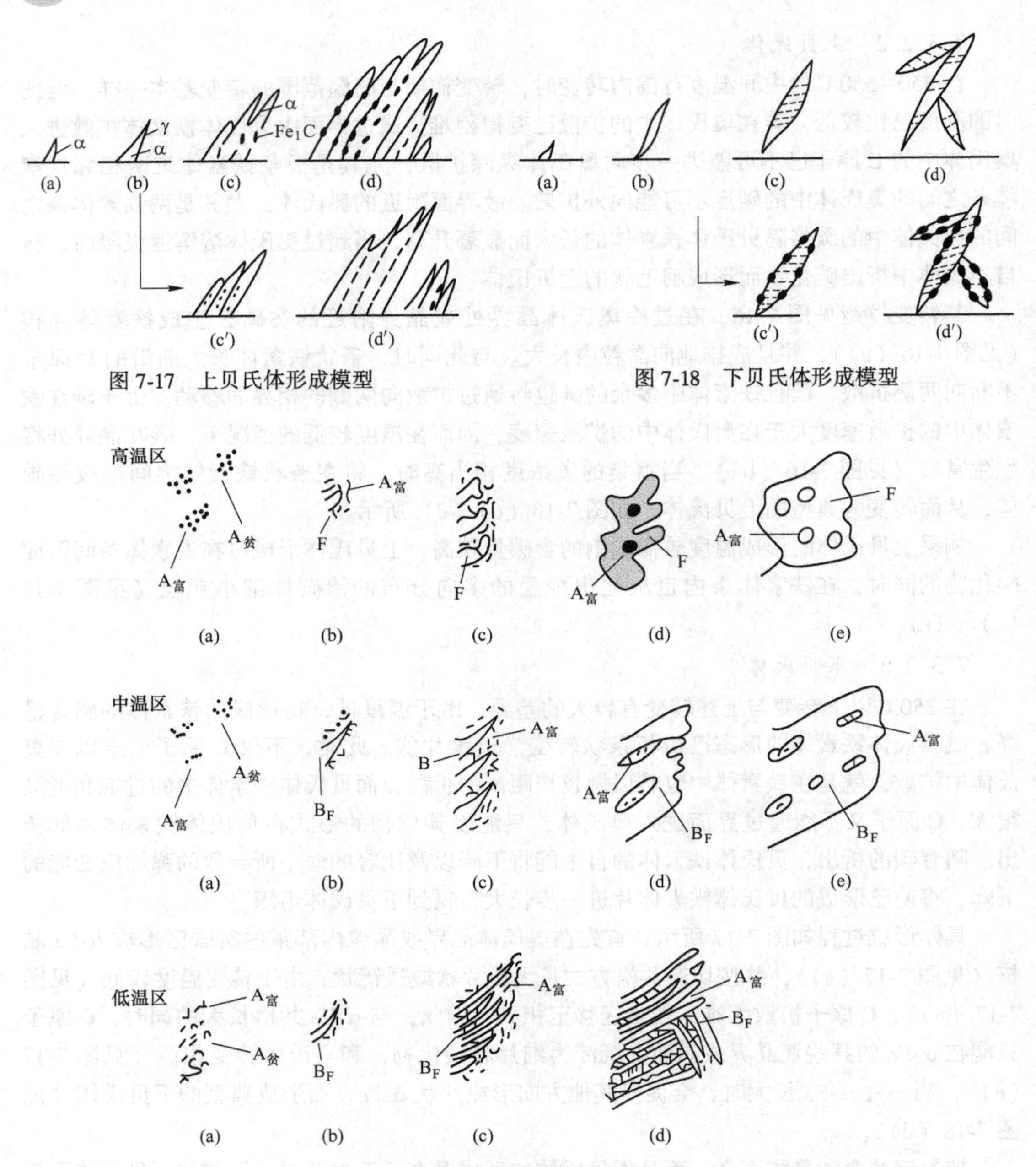

图 7-17 上贝氏体形成模型

图 7-18 下贝氏体形成模型

图 7-19 粒状贝氏体形成模型

在转变的孕育期，母相奥氏体中存在贫碳区和富碳区。相变开始时，首先在贫碳区出现铁素体晶核并长大，因自促发成核作用，出现一排相互平行的条状铁素体。随着条状铁素体长大，伴有 C 原子通过相界面向附近的奥氏体区富集，使奥氏体内出现碳的浓度梯度，靠近相界面区域的碳浓度高，远离相界面区域的碳浓度则接近原奥氏体的碳浓度，因此在奥氏体中出现碳的扩散，使碳浓度趋于均匀化。为维持相界面碳浓度平衡而导致条状铁素体继续长大。碳向周围奥氏体扩散的速度在不同的方向上是不同的。在条状铁素体尖端附近的奥氏体中，C 原子可向开阔宽广的远处扩散，扩散速度较快，因而使条状铁素体纵向长大速度较快；而在相互平行的条状铁素体之间，夹着狭长奥氏体条，C 原子不容易从这种奥氏体长条中扩散出去，而导致条间的奥氏体碳浓度升高，碳浓度梯度减小，使条状铁素体横向长大速度变慢。条间富碳奥氏体被条状铁素体包围时，便形成了富碳奥氏体小岛，常为长方形，呈一定的方向性分布。

贝氏体形成温度高时（680~720℃），条状铁素体纵、横方向长大速度差别甚小，C 原子容易从条间狭长的奥氏体条中扩散出去，故铁素体条状形态不明显，而呈块状，铁素体基体上分布着富碳奥氏体小岛，呈颗粒状，分布无明显的方向性（图 7-19 高温区）。

贝氏体形成温度较低时（500~600℃），由于铁素体纵、横向长大速度差别增大，铁素体条状形态明显，富碳奥氏体小岛呈明显的方向性分布（图 7-19 中温区）。

贝氏体形成温度很低时（350~500℃），条状铁素体的横向也可产生条状铁素体，而使富碳奥氏体以小岛形式存在（图 7-19 低温区）。

综上所述，在足够低的温度下，由于 C 原子很难从条间的狭长奥氏体条中扩散出去，铁素体溶合程度不明显，成为条状铁素体夹着富碳残余奥氏体的粒状贝氏体。如果有碳化物在条间沉淀，便成为经典的上贝氏体；如果没有富碳奥氏体小岛呈方向性分布在块状铁素体基体上，那就成为无碳化物贝氏体。

碳的扩散及脱溶沉淀是控制贝氏体转变及其形貌的基本因素。阻碍碳的扩散或阻碍碳化物脱溶沉淀的合金元素，如 Si、Mo、Al、V 等，都会提高富碳奥氏体的碳浓度而提高其稳定性，例如 55SiMnMo 钢很容易在 350~720℃温度范围内形成粒状贝氏体组织，即是由 Si 和 Mo 元素作用影响的。

7.4 影响贝氏体转变动力学的因素

关于这个问题，迄今还是了解得很不够，特别是关于多种合金元素的复合影响。由于问题本身以及研究方法的复杂性，在此仅作简单介绍。

7.4.1 碳

随奥氏体中碳含量的增加，贝氏体转变速度下降。这是因为碳含量高，形成贝氏体时需要扩散的 C 原子量增加。

7.4.2 合金元素

除了 Co、Al 能加速贝氏体转变以外，其他合金元素如 Mn、Cr、Ni 等都会延缓贝氏体转变，不过作用均不如 C 显著，Si 的作用更弱。Mo 对奥氏体分解为珠光体有强烈的抑制作用，但对奥氏体分解为贝氏体却影响甚小，故使过冷奥氏体等温转变图的珠光体转变部分显著右移，而贝氏体转变部分却和碳钢的相近。结果使钢经奥氏体化后在连续冷却时（如正火后）即可获得贝氏体组织。B（硼）能降低奥氏体的晶界能，抑制先共析铁素体晶核的形成。所以有人把“0.5%Mo 加微量 B”作为低碳贝氏体钢的基本成分，国产低碳贝氏体钢 14CrMnMoVB 和 12MnMoVB 钢等也是按照这个思想设计的。

至于多种合金元素的复合影响，尚待进一步研究。一般说来，合金元素由于影响 C 在奥氏体和铁素体中的扩散速度，从而影响贝氏体的转变速度；同时，合金元素影响了体积（化学）自由能与温度之间的关系，从而提高或降低 B_s 温度。合金元素对贝氏体等温转变动力学的影响可用图 7-20 表示。

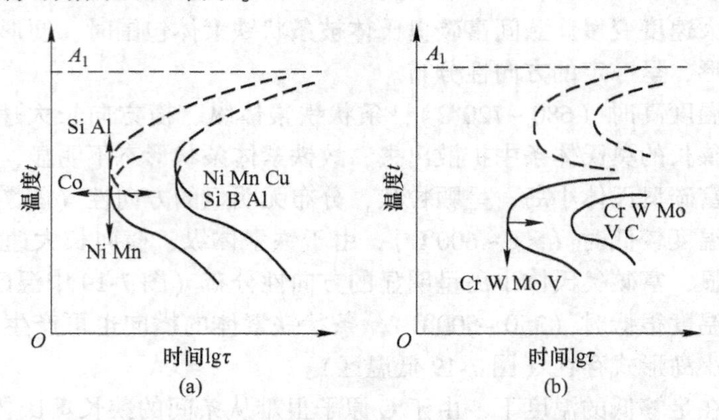

图 7-20 合金元素对贝氏体等温转变动力学的影响

（a）富含 Ni、Mn 等合金元素；（b）富含 Cr、W、Mo 等碳化物的形成元素

7.4.3 奥氏体晶粒大小和奥氏体温度

一般来说，随奥氏体晶粒增大，贝氏体转变孕育期增长，转变速度减慢。图 7-21 是高碳锰钢奥氏体晶粒大小和形成一定量贝氏体所需时间的关系。由图 7-21 可见，随奥氏体晶粒增大，形成一定量贝氏体所需的时间增加。这表明，奥氏体晶界是贝氏体形核的优先部位。

随奥氏体温度升高，贝氏体转变速度先降后增（见图 7-22）。奥氏体化时间对贝氏体转变也有类似影响，即时间延长先降后增（见图 7-23）。

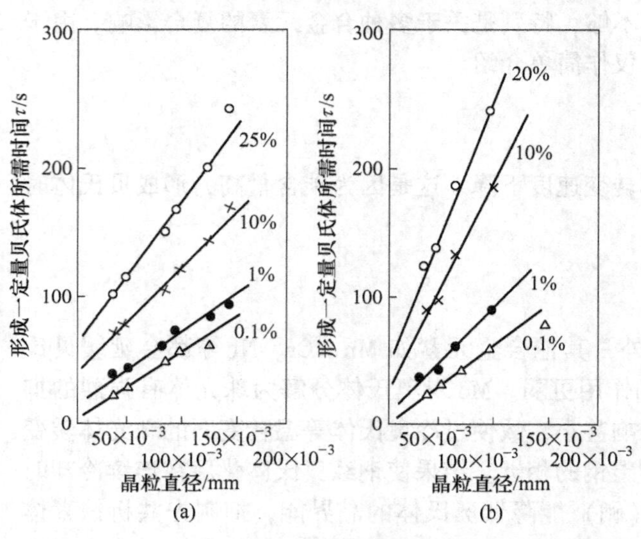

图 7-21 奥氏体晶粒大小对贝氏体转变的影响

（a）370℃等温；（b）280℃等温

（1.4%C，1%Mn，1000~1250℃奥氏体化冷待至 1000℃，停留 5min）

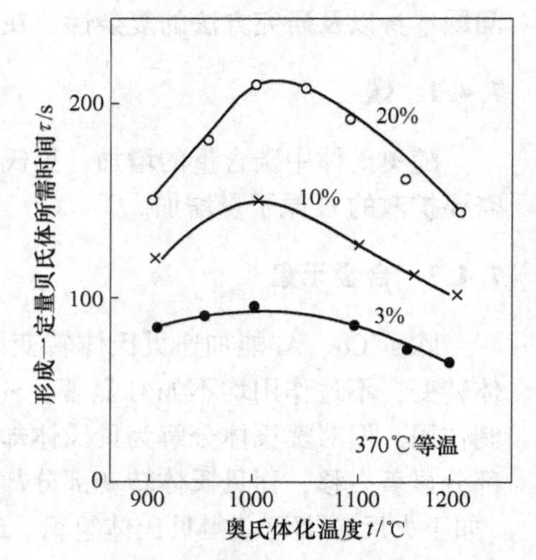

图 7-22 奥氏体化温度对贝氏体转变速度的影响

7.4.4 应力

拉应力能使贝氏体转变加速。中碳铬镍硅钢的贝氏体转变动力学曲线与拉伸应力的关系如图 7-24 所示。由图 7-24 可以看出，随着拉应力的增加，该钢在 300℃下的贝氏体转变速度不断增加，当拉应力超过该钢在同一温度下的屈服极限（245~294MPa）时，速度增加尤为显著。如果在施加应力 3~5min 后将应力去除（图中曲线 7~8），则转变在开始阶段较快，而后变慢。

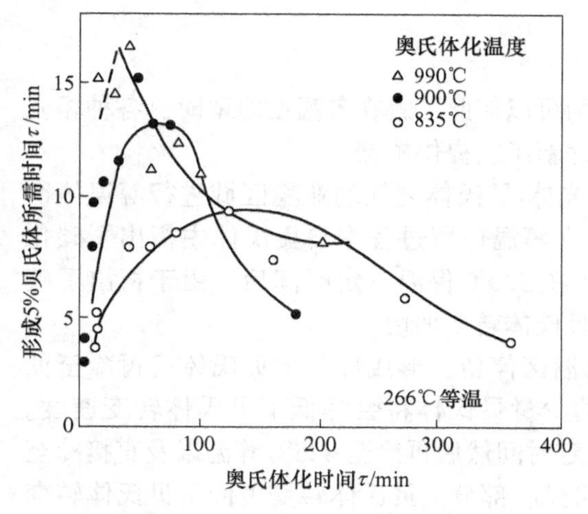

图 7-23 奥氏体化时间对 T10 钢贝氏体转变速度的影响

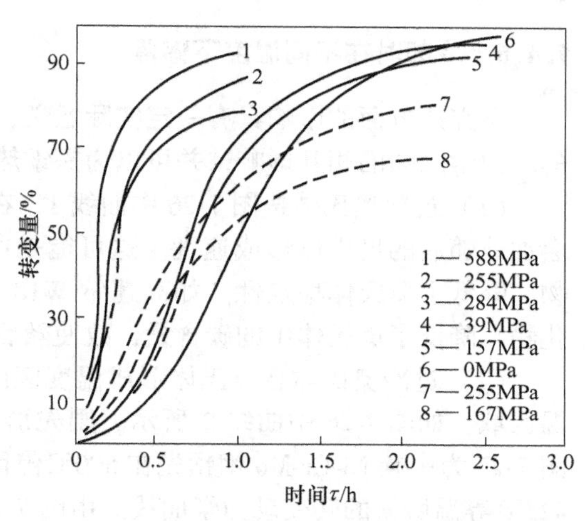

图 7-24 0.37%C-1.81%Cr-4.77%Ni-1.25%Si 钢在 300℃贝氏体转变与拉应力的关系

7.4.5 塑性变形

试验证明塑性变形对贝氏体转变的影响较为复杂。变形程度和变形温度都是有影响的，其中以变形温度的影响最大。变形温度的影响可以分为两种不同的情况：（1）在较高温度（800~1000℃）范围内对奥氏体进行塑性变形，将使奥氏体向贝氏体转变的孕育期增长，转变速度减慢，转变的不完全程度增加；（2）在较低温度（300~350℃）范围内对奥氏体进行塑性变形，则结果正好与之相反，如图 7-25 所示。

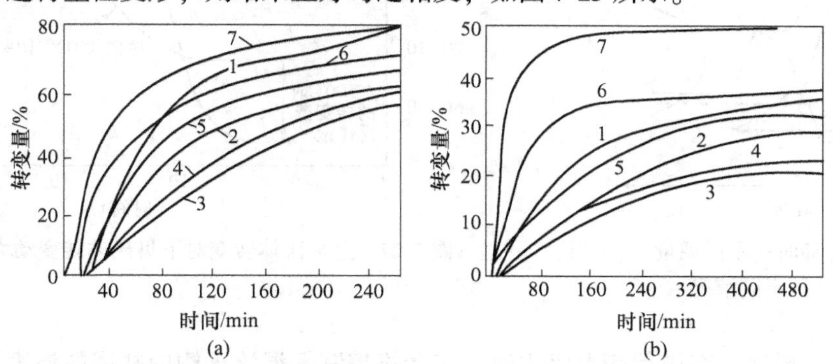

图 7-25 变形温度对 35CrNi5Si 钢贝氏体转变的影响
等温处理温度：（a）300℃；（b）350℃；
变形量：曲线 1 未变形；曲线 2~7 形变 30%；
变形温度：2—1000℃；3—800℃；4—600℃；5—500℃；6—350℃；7—300℃

第一种情况表明，可以采用高温形变的方法，通过抑制贝氏体转变来提高淬透性。

在高温变形时可能发生两种相反的作用：一方面变形使奥氏体中的晶体学缺陷密度增加，有利于 Fe 原子的扩散；另一方面，奥氏体在变形后会产生多边化亚结构，这种亚结构对贝氏体中铁素体的共格成长是不利的，从而使贝氏体转变速度减慢。后一种作用为主时，以至于发生第一种情况。在 300~350℃范围内对奥氏体进行塑性变形，使奥氏体中的晶体学缺陷密度更大，促进了碳的扩散，并使奥氏体中的应力增加，有利于贝氏体铁素体按马氏体型转变机理形成，结果使贝氏体转变速度加快。

7.4.6 冷却时在不同温度下停留

研究这方面的影响具有一定实际意义，因为可以借此了解在各温度停留时，各种相变的动力学之间的相互影响，并可以为探索热处理新工艺提供根据。

（1）过冷奥氏体按图 7-26 中曲线 1，在珠光体-贝氏体之间的亚稳区域进行等温停留会加速随后的贝氏体形成速度。这可能是由于在等温停留过程中自奥氏体中析出了碳化物，降低了奥氏体稳定性。如高速钢 W18Cr4V 在 500℃保温一定时间后，由于析出了碳化物，降低了奥氏体中的碳含量，故使随后的贝氏体转变加快。

（2）过冷奥氏体在贝氏体形成温度区的高温区停留，形成部分上贝氏体后再冷至低温区域，如图 7-26 中曲线 2 所示，则先形成的少量贝氏体将会降低下贝氏体转变速度。图 7-27 为中碳 Ni-Cr-Mo 钢预先在 500℃停留一定时间然后再冷至 425℃等温以及直接冷至 425℃等温所得的转变动力学曲线。由图 7-27 可见，部分上贝氏体转变可使下贝氏体转变的孕育期增长，转变速度降低，最终转变量减少。又如 37CrMnSi 钢的研究指出，在 350℃下进行等温处理，最终有 73%的奥氏体转变为贝氏体；而先在 400℃下保温 17min，约有 36%的奥氏体转变，接着转移到 350℃，则最终只有 65%的奥氏体转变为贝氏体。这是一种奥氏体稳定化现象，从而推迟了奥氏体下贝氏体转变。

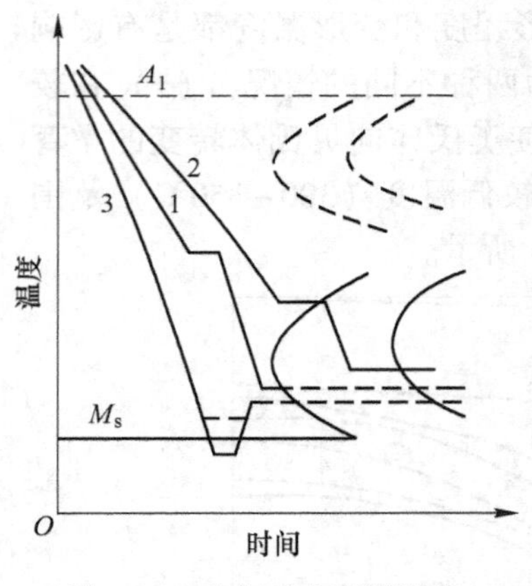

图 7-26 冷却时在不同温度停留的三种不同情况

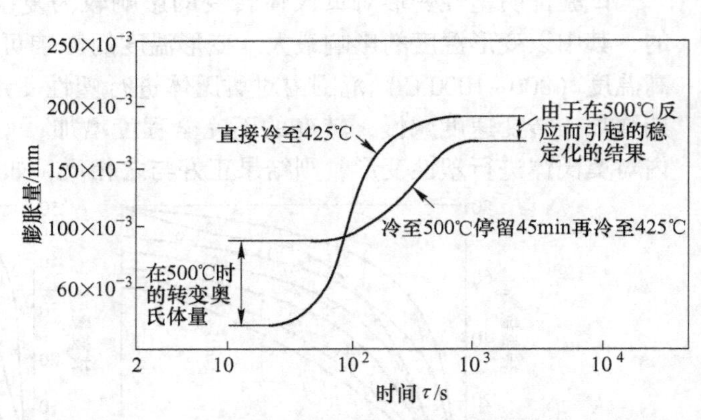

图 7-27 上贝氏体转变对下贝氏体转变动力学的影响

根据这一现象，在进行等温淬火时，应严格控制等温淬火槽中盐浴的温度。当工件淬入后，等温淬火槽中盐浴的温度不应升得过高，否则残留奥氏体的数量将增加。

（3）先冷至低温形成少量马氏体或下贝氏体然后再升至较高温度（图 7-26 中曲线

3)，则先形成的马氏体及少量贝氏体可以使随后的贝氏体转变速度加快。如 GCr15 钢中有部分马氏体存在时将使以后 450℃的贝氏体转变的速度提高 15 倍，而先在 300℃短时停留，形成少量下贝氏体后，也可使 450℃的贝氏体转变速度增加 6~7 倍。

习　题

一、选择题

1. 一般地，贝氏体转变产物为（　　）的两相混合物，为非层片状组织。
   A. A 与 F　　B. A 与碳化物　　C. A 与 P　　D. α 相与碳化物
2. 贝氏体形成时，有（　　），位向共系和惯习面接近于 M。
   A. 表面浮凸　　B. 切变　　C. 孪晶　　D. 层错
3. 近年来，人们发现贝氏体转变的 C 曲线是由两个独立的曲线，即（　　）和（　　）合并而成的。
   A. P 转变，B 转变　　B. B 转变，P 转变
   C. B 上转变，B 下转变　　D. P 转变，P 转变
4. 贝氏体转变时，由于温度较高，会存在（　　）的扩散。
   A. 铁原子　　B. 碳原子　　C. 铁和碳原子　　D. 合金元素
5. 随 A 中碳含量增加，A 晶粒增大，B 转变速度（　　）。
   A. 下降　　B. 上升　　C. 不变　　D. 先降后增
6. 贝氏体的强度随形成温度的降低而（　　）。
   A. 降低　　B. 不变　　C. 无规律变化　　D. 提高
7. 碳钢在（　　）℃以上等温淬火，组织中大部分为上贝氏体时，冲击韧性会大大降低。
   A. 400　　B. 450　　C. 350　　D. 300
8. 下贝氏体的强度（　　）上贝氏体，韧性（　　）上贝氏体。
   A. 高于，优于　　B. 高于，不如　　C. 低于，优于　　D. 低于，不如
9. 贝氏体常用的热处理工艺是（　　）。
   A. 淬火　　B. 等温淬火　　C. 正火　　D. 调质处理
10. 下列关于贝氏体说法正确的是（　　）。
    A. 贝氏体转变过程比较完整，无残余奥氏体
    B. 贝氏体转变与马氏体转变一样，无扩散
    C. 贝氏体转变介于珠光体转变和马氏体转变之间，为扩散型相变
    D. 贝氏体转变过程中，C 不扩散，Fe 扩散

二、简答题

1. 简述贝氏体转变的特征。
2. 试比较贝氏体转变与珠光体转变和马氏体转变的异同。
3. 比较上贝氏体和下贝氏体的组织特征（形态特征、立体特征、形成温度、组成、铁素体的形态及分布、碳化物的形态及分布、亚结构、与奥氏体的晶体学关系）及性能差别。
4. 贝氏体力学性能有何特点，影响贝氏体强度和韧性的因素有哪些，实际生产中希望得

到什么贝氏体组织？

5. 根据贝氏体的转变模型，解释下贝氏体的转变过程。

三、综合分析题

1. 用 GCr15 钢制造高速列车轴承，如果采用淬火+低温回火，则韧性低，安全性差，如何处理能提高安全性？通过查资料制定出可行的热处理方案。
2. 查阅相关资料，理解贝氏体钢要获得超高的强度、韧性等，如何选择热处理工艺，其组织形态特征是什么？列举几种高强度贝氏体钢。

四、综合性创新性实验设计

超级贝氏体钢即超强钢，具有超强韧性配合。目前，已知的超级贝氏体钢主要分为碳锰钢和合金超级贝氏体钢。C、Mn、Si 是超级贝氏体钢的基本元素，其中 Mn 能提高钢的淬透性，冷却时避开高温铁素体和珠光体转变，同时降低贝氏体开始转变温度和马氏体开始转变温度，使得贝氏体相变在低温下进行，从而获得细小的贝氏体组织；高 Si 抑制碳化物从奥氏体中析出从而避免在贝氏体铁素体板条间形成脆性相渗碳体。然而，超级贝氏体钢唯一的缺点就是：相变时间较长，要获得纳米尺度的贝氏体，其相变时间长达几天到十几天，不利于大规模生产。本创新实验的目的就是探索降低超级贝氏体钢相变时间的方法。

8 钢的化学热处理

8.1 化学热处理概述

8.1.1 化学热处理的特点

化学热处理是将金属工件置于活性介质中，并在一定温度下保温，使一种或几种元素通过金属表面渗入工件，从而改变工件表面层化学成分及组织性能的一种热处理工艺。

众所周知，机械零件的失效和破坏，大都发生在工件表面或是由工件表面开始，这是由于工件所受的应力主要集中在表面，或由表及里依次减少。在实际的生产应用中，除了受力引起的直接损伤外，工件表面经常与各种介质接触，如石油化工行业的机械设备，介质对工件的侵蚀也是从表面开始的。所以，要保证工件的使用寿命，最重要的任务便是如何提高工件表面的质量和性能，化学热处理刚好能满足以上需求。

目前，化学热处理在整个热处理行业中，占有非常大的比重，在各类机床行业占40%左右，在汽车行业占80%左右。如此大的应用比重，是化学热处理的工艺特点决定的。

随着科学技术的进步，化学热处理的类别也随着工艺方法和设备的不断更新有了新的发展，比如为了加快化学热处理的过程，提高生产效率，人们开发采用了以电解气相催渗和洁净催渗为代表的化学催渗法和以辉光放电、熔盐电解、真空、超声波、电场、磁场、应力场、流态床等物理手段为主的物理催渗方法。除此之外，还发展了复合处理工艺，如氮化加高频淬火、软氮化加高频淬火渗硫、软氮化加蒸汽处理等。那么人们所关心的是，化学热处理与上述手段相比有什么区别，总的来说，化学热处理具有以下特点：

（1）化学热处理本质是金属或非金属元素渗入金属工件表层及皮下。因此，渗入元素可以与基体金属形成固溶体、特殊化合物等，如果是多种元素同时渗入，那么渗入元素之间也可以通过化学反应在渗透层形成特定的化合物。从而使渗层的组织和性能发生显著的变化。

（2）渗层深度可以根据工件的性能要求来调节，由于化学热处理是工件表面至内部的固态扩散过程，渗入元素浓度的分布是渐变的，渗层的成分、组织、性能由工件表面到工件心部是逐渐变化的。因此，渗层与基体结合比较牢固，在使用过程中不易脱落。

（3）化学热处理工艺不受工件形状的限制。由于化学热处理是将工件浸入活性介质中，因此无论工件的形状如何复杂，均可使工件各部分获得所需要的渗层。

（4）热处理工件的形变较小、误差精度高、热处理后尺寸稳定性好，大部分化学热处理在提高表面力学性能的同时，还可以提高工件表层的抗腐蚀、减磨、抗咬合、抗氧化、耐热等多种特性。

(5) 热处理工艺较复杂，由于涉及金属的固态扩散，扩散动力学条件比较差，因此化学热处理周期一般比较长，且对设备的要求也比较高。其次，化学热处理的废气及残渣会对环境造成一定的污染，有一定的环保压力。

8.1.2 化学热处理的分类及应用

8.1.2.1 化学热处理分类

(1) 按照渗剂的物理形态分类，可将化学热处理分为固体法、气体法、液体法、辉光离子法。

(2) 按照渗入元素的种类分类，可以分为单元渗（渗碳、渗氮、渗硫、渗硼、渗铬、渗钒、渗钛、渗铝、渗硅、渗锌等）、二元渗（碳氮共渗、氮碳共渗、硼铝共渗、硼硅共渗、硼锆共渗、氧氮共渗、硫氮共渗、硼碳共渗、铬铝共渗等）及多元渗（氧氮碳共渗、硫氮碳共渗、碳氮硼共渗等）。

(3) 按基体金属材料在化学热处理过程中的组织状态分类，可以分为奥氏体状态（渗碳、碳氮共渗、渗硼及其共渗、渗铬及其共渗、渗铝及其共渗）、铁素体状态（渗氮、氮碳共渗、氧氮共渗、氧氮碳共渗、渗硫、硫氮共渗、硫氮碳共渗、氮碳硼共渗）。

(4) 按渗入元素种类分类，可分为渗非金属元素和渗金属元素。

8.1.2.2 化学热处理的应用

部分常见化学热处理工艺的应用见表 8-1。

表 8-1 部分常见化学热处理工艺的应用

方法	渗层深度	渗层组织	性能	应用范围
渗碳	0.2~10mm	淬火低温回火马氏体+残余奥氏体+碳化物	表面硬度 56~64HRC，表面高硬度、高强度，耐磨损、耐疲劳性能高	汽车齿轮，风动工具零件，大型机械轴承及其他要求耐磨损的零件
渗氮	0.02~0.8mm	合金氮化物+含氮固溶体	表面硬度 650~1200HV，高的表面硬度，红硬性、耐磨性、抗蚀性及抗咬合性能好，处理温度低，零件畸变小	飞机及精密机床的传动齿轮、轴、丝杠及汽车齿轮等零件及尺寸精度要求高的其他零件
碳氮共渗	0.2~1.2mm	淬火低温回火马氏体+残余奥氏体+碳氮化合物	表面硬度 56~64HRC，表面高硬度、高强度，耐磨损、耐疲劳性能高	汽车齿轮，风动工具零件，大型机械轴承及其他要求耐磨损的零件
渗硼	0.05~0.4mm	Fe_2B 及 FeB	硬度很高（1200~2000HV），耐磨损，抗蚀，红硬性高	在腐蚀条件下耐磨损的零件，如缸套活塞杆等，也用于模具
渗铝	40~60μm	FeAl 及 $FeAl_2$	抗高温氧化，提高在含硫介质中的抗酸性	叶片、喷嘴、化工管道等在高温或高温腐蚀环境下工作的元件
渗硫	0.005~0.015mm	FeS	降低摩擦系数，提高抗咬合性能	齿轮、内燃机零件及工具模
渗硅	0.2~1.1mm	Si 在铁素体中固溶	抗腐蚀、减小摩擦、提高电工钢磁性	水泵轴、管道、化工及石油行业要求的耐酸侵蚀应用场景

8.2 化学热处理原理

8.2.1 化学热处理的基本过程

化学热处理为渗剂原子扩散并进入工件表面的过程，那么渗剂原子渗入工件大致可分为5个过程：

（1）渗剂中的反应；（2）渗剂中的扩散；（3）工件相界面反应；（4）金属工件中的内扩散；（5）金属中的反应。

上述5个过程不是依次按顺序发生，某些步骤是互相交叉进行的。

渗剂中的扩散一般被称为外扩散，外扩散包括渗剂反应后，产生的含渗入元素介质向工件表面的迁移扩散，也包括相界面上的反应产物从界面向外的扩散，温度越高，渗剂流速越大，扩散的动力学条件也就越好，扩散就越快。

相界面反应，指的是渗入元素中的活性原子吸附在工件表面，被吸附的活性原子与工件表面的原子发生吸附与解吸附的反应。

金属工件中的内扩散，指的是渗入原子从工件表面向工件内部的扩散。

金属中的反应，指渗入元素富集达到一定量后，与金属基体发生反应，形成新相。需要注意的是，根据渗入原子的种类和工艺参数的不同，也有可能无新相产生，渗入原子只是固溶在金属晶格中，该过程可能有也可能没有。

8.2.2 渗剂的化学反应机理与反应热力学

化学热处理需要渗剂发生一系列化学反应，以提供活性渗入原子，并进行相界面反应，才能实现渗入原子的扩散渗入。由于渗入的工艺方法、参数和渗剂种类的不同，渗剂的化学反应也是多种多样的。

8.2.2.1 渗剂的化学反应原理

为了使渗入元素的活性原子达到一定的浓度，必须借助渗剂中发生的一系列化学反应来达到此目的，按照化学反应的种类，主要可以分为置换反应、分解反应和还原反应。

A 置换反应

化学热处理常见的置换反应有：

$$AlCl_3 + Fe \longrightarrow FeCl_3 + [Al] \tag{8-1}$$

$$3SiCl_4 + 4Fe \longrightarrow 4FeCl_3 + [Si] \tag{8-2}$$

$$BCl_3 + Fe \longrightarrow FeCl_3 + [B] \tag{8-3}$$

上述置换反应主要是工件中的Fe原子与卤化物反应，置换卤化物渗剂中的金属或非金属原子，被置换出的原子成为活性原子扩散进入工件，式（8-1）~式（8-3）分别为渗铝、渗硅和渗硼的置换反应。

B 分解反应

化学热处理常见的分解反应有：

$$C_nH_{2n} \longrightarrow nH_2 + n[C] \tag{8-4}$$

$$C_nH_{2n+2} \longrightarrow (n+1)H_2 + n[C] \tag{8-5}$$

$$2NH_3 \longrightarrow 3H_2 + 2[N] \tag{8-6}$$

$$2CO \longrightarrow CO_2 + [C] \tag{8-7}$$

$$NH_4Cl \longrightarrow NH_3 + HCl \tag{8-8}$$

$$3AlCl \longrightarrow AlCl_3 + 2[Al] \tag{8-9}$$

上述分解反应利用了某些化合物在高温下分解产生活性原子的特性，使分解后的活性原子渗入工件，式（8-4）、式（8-5）、式（8-7）为渗碳工艺的分解反应；式（8-6）及式（8-8）为渗氮的分解反应；式（8-9）为渗铝的分解反应。

C　还原反应

化学热处理常见的还原反应有：

$$TiCl_4 + 2H_2 \longrightarrow 4HCl + 4[Ti] \tag{8-10}$$

$$3B_2O_3 + 6Al \longrightarrow 3Al_2O_3 + 6[B] \tag{8-11}$$

$$3V_2O_5 + 10Si \longrightarrow 5Si_2O_3 + 6[V] \tag{8-12}$$

式（8-10）~式（8-12）分别为渗钛、渗硼和渗钒工艺的还原反应。

8.2.2.2　渗剂反应热力学

渗剂中的化学反应尽管十分复杂，但是也可以通过热力学计算，来预测在某一工艺条件下进行的化学反应，或者以热力学计算的结果指导工艺参数的设定和工艺流程的优化。由于渗剂的反应基本是在恒温及恒压下进行，因此可以用某过程中，系统的吉布斯自由能变化量作为化学反应方向的判断依据。渗剂的活性可以根据渗剂间及渗剂与基体金属间的化学反应来判断。因此，渗剂发生的化学反应可用下式表示：

$$aA + bB \longrightarrow g[G] + hH \tag{8-13}$$

式中，[G] 为活性渗入元素；A 与 B 为反应物；H 为反应生成物。反应的平衡常数可由下式表示：

$$K = \frac{p_{[G]}^{g} \cdot p_{[H]}^{h}}{p_{[A]}^{a} \cdot p_{[B]}^{b}} \tag{8-14}$$

由式（8-14）可知，要增加活性渗入元素的浓度，就需要促使反应正向进行，可以增加渗剂中 A 和 B 的分压 $p_{[A]}^{a}$ 或 $p_{[B]}^{b}$。除了反应物浓度对活性渗入元素的生成有影响外，温度对反应也有影响，但温度的影响比较复杂。当反应过程焓变（ΔH）小于零，即反应为放热反应，则反应温度升高抑制反应（8-13）向右移动；当反应过程焓变（ΔH）大于零，即反应为吸热反应，则反应温度升高促进反应（8-13）向右移动。

在实际生产应用过程中，大多数化学反应都随温度的升高而加快，这与反应动力学条件的改善有关，按照阿伦尼乌斯公式可知，温度升高可以大幅度提高反应的速率常数。反应速率常数的提高，可以使反应达到平衡的速率大幅度加快。因此，高温是渗剂反应不可或缺的条件。

8.2.3　化学热处理气氛的形成

由式（8-1）~式（8-12）可知，化学热处理中，渗剂必须在一定的工艺条件下，经化学反应，形成由多种气体组成的气氛，其中即包含活性渗入组元。比如，煤油滴入炉内裂解，形成 CO、CO_2、H_2、C_nH_{2n+2}等成分组成的气氛；气体渗氮时，系统添加氨气形成 N_2、NH_3、H_2 气氛；滴入异丙醇分解，形成 CH_4、CO 气氛；滴入甲醇分解，形成 CO、H_2 气氛等。温度、催化剂等的添加，能明显影响渗剂分解产生活性渗入组元的浓度。

8.2.4 渗剂的化学反应机理中的外扩散

活性渗入组元经由化学反应生成后，会扩散至工件表面，成为外扩散的一部分。由于流体扩散的动力学条件比固体好得多，有利于扩散快速进行。因此，化学热处理过程中使用的介质绝大多数为流体介质，即使采用粉末状或颗粒状渗剂，也必须先通过反应，使其先转变为流体，而后才能与金属表面发生反应。所以，渗剂中的外扩散属于流体中的扩散。

当流体介质流经固体表面时，由于固体表面的相对速度为零，且固体表面的阻滞作用减慢了表面附近流体的流速。因此，在工件表面附近的一定距离内，将出现一个边界层，此边界层内为层流状态，且介质的流动方向与表面基本平行，也将此层称为“边界层”，如图 8-1 所示。

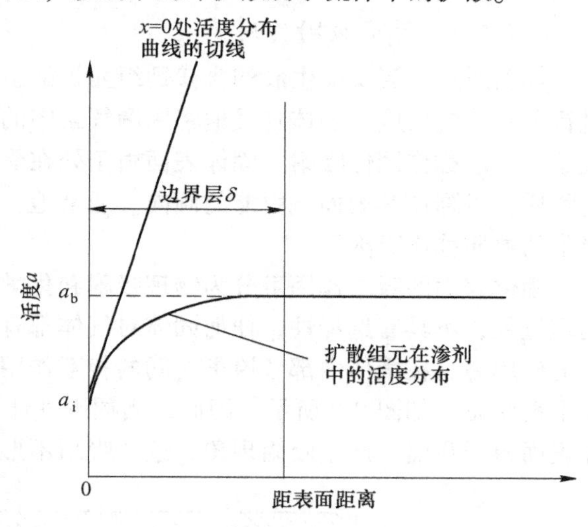

图 8-1 外扩散模型

在边界层内，介质流动的方向与固体表面平行，由于界面反应将消耗工件表面的渗入元素，因此必将使该处反应物的浓度降低，从而与外部气氛之间形成浓度梯度，推动扩散进行。渗剂中的活性渗入元素向表面的扩散方向与工件表面垂直，由于边界层内为层流，且靠近工件表面附近流速很低，因此在边界层内，物质的扩散属于层流中的稳态扩散，不是对流扩散。

由于该扩散过程发生在金属表面外的介质中，因此一般称之为“外扩散”。外扩散是反应动力学机理中的重要组成部分，正是因为有了外扩散，介质与金属间的物质输送才得以实现，保证反应的正常进行。介质中物质向工件表面扩散时的外扩散模型如图 8-1 所示。设工件与渗剂之间的有边界层，厚度为 δ，在渗剂中渗入元素气体组分的活度为 a_b，工件表面渗入元素气体组分的活度为 a_i，则在边界层内，渗入元素的活度（有效浓度）梯度为（a_b-a_i）/δ。若在时间 t 内通过面积为 A 的边界层的物质量为 m，则根据菲克第一定律可知：

$$dm/dt = -D \cdot A \cdot (a_b - a_i)/\delta = D \cdot A \cdot (a_i - a_b)/\delta \tag{8-15}$$

用 β 替代 DA/δ，则有：

$$dm/dt = \beta(a_i - a_b) \tag{8-16}$$

其中，将 β 定义为质量传递系数。

由式（8-15）和式（8-16）可知，提高渗剂中组元活度 a_b 或减小边界厚度 δ 均可加速扩散过程。一般情况下，可以通过加速介质气氛的对流，增加气体流量等方式减小边界层厚度 δ。采用间歇或脉冲的方式供给气体渗剂，可使工件表面处组元活度 a_i 减小，也可有效地加速外扩散过程。外扩散在流体介质中进行，与在固体金属内部进行的内扩散相比，动力学条件好得多，扩散速率相应也快得多。因此，在通常条件下，外扩散不会成为整个化学热处理过程的限制性环节。但在某些特定的情况下，气氛中的外扩散也可能成为化学热处理的关键环节。比如，钢件渗碳时，直径不大的深孔内壁，尤其是盲孔内壁，由于孔内的气体介质几乎处于静止状态，这样通过自然对流的外扩散则难以为界面反应的进行提供充足的物质支撑，容易致使内孔壁的表面含碳量明显不够，同时渗碳层深度也明显降低。

8.2.5 界面吸附与分解

8.2.5.1 界面吸附作用

如前所述，当反应生成的含渗剂组元扩散至工件表面时，需要吸附在工件表面，才能进行下一步的反应。固体自发地将周围气氛中的分子、离子或者活性原子吸附到其表面的现象，一般称作固体吸附。固体表面由于处在受力不平衡的能量较高的状态，因此它有吸附物质，以降低其表面自由能的倾向。通常地，能吸附外来质点的物质被称作吸附剂，被吸附的物质称作吸附质。

固体表面的吸附作用可分为物理吸附和化学吸附。物理吸附是由分子间作用力引起的物理过程，不具有选择性，任何固体对气体都有物理吸附作用。由于固体原子之间存在较强的作用力，在固体内部各原子之间的相互作用力是平衡的，而在表面的原子则处于引力不平衡状态，如图 8-2 所示。因此，当周围气体分子运动碰撞到达固体表面时，即会被固体表面原子吸引，产生吸附现象，这类吸附不形成化学键。

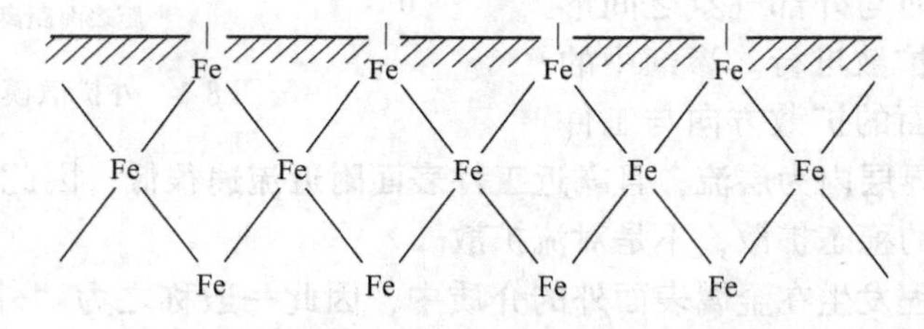

图 8-2 固体表面与内部原子所受吸引力示意图

与物理吸附不同，化学吸附具有明显的选择性，一种化学吸附剂只对某一种或几种吸附质有吸附作用。吸附剂与吸附质之间的结合力类似于化学键力，化学吸附的本质，是发生了某种程度的化学反应。如图 8-3 所示是金属表面化学吸附的模型，当固体表面有剩余的价力时，吸附剂与吸附质之间呈离子键或共价键结合。

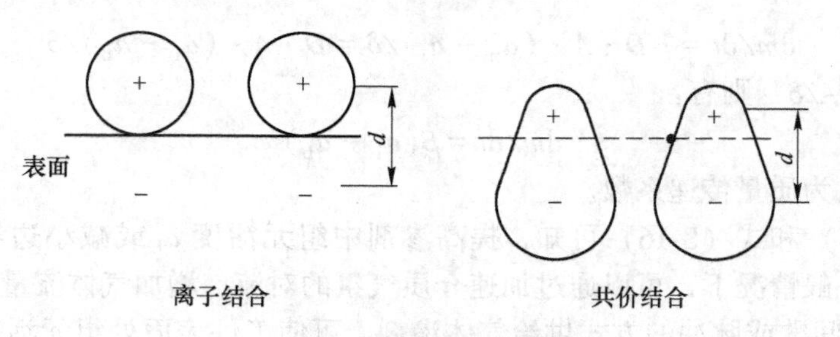

图 8-3 两种化学吸附方式

化学吸附实质为化学反应，因此吸附过程需要一定的活化能，根据化学反应动力学原理，只有能量超过反应活化能的分子，在碰撞固体表面时，才有可能与表面发生化学反应，成键被吸附。因此，化学吸附符合化学动力学的一般规律。

一般而言，系统原子、分子的内能随温度的升高而升高，因此升高温度能大幅度增加系统内活化分子、原子的比例，因此吸附反应的速率也会增加。由于化学吸附速度随温度升高（热振动加剧）而增加，故宜在高温下进行。实验结果表明，金属对气体化学吸附的活化能一般小于41.86kJ/mol，它比一般化学反应活化能小很多，比一般化学反应活化能小约一个数量级。因此，在有良好催化作用的时候，化学吸附速率会非常快，且温度越高，吸附速度越大。

在实际生产过程中，物理吸附与化学吸附不会单独发生，往往同时进行，因此它们之间难以区分。化学热处理是在较高温度下进行的，因此以化学吸附为主。通常而言，钢件表面的铁元素既充当吸附剂，又起到了催化剂的作用。催化剂可改变化学反应机理，从而降低化学反应的活化能，因此催化剂在化学热处理中占有相当重要的位置。

8.2.5.2 吸附物的分解

在钢的化学热处理过程中，活性元素并不全是直接以原子的形式扩散吸附至工件表面，常以CO、CO_2、NH_3等化合物的形式被吸附。因此，在C、N等原子在钢基体扩散迁移之前，要先发生分解反应，释放出相应的活性原子。

如渗碳时，工件表面的铁原子吸附一氧化碳分子后，可形成$Fe_{晶体}\cdot CO_{气体}$，铁晶格中的原子间距为0.228nm，比一氧化碳分子中碳氧原子的间距（0.115nm）大约一倍。发生吸附后，一氧化碳中的碳氧原子间距将被拉大，此时碳氧原子间的结合力将被削弱，为碳氧键的破坏提供了有利条件。分解可以在被吸附的金属表面发生，也可以在远离工件表面的介质气氛中发生。前者是气氛中同类或异类分子与被吸附的分子发生碰撞而发生分解，后者是因分子本身的热振动，在达到一定能量的条件下自行分解。

但是，有一点需要说明，只有在吸附之后分解形成的活性原子，才有可能扩散进入金属晶格，在远离工件表面由于各种原因自行分解形成的活性原子，由于寿命极短，在迁移到工件表面之前可能就发生其他反应失活，因而很难运动到工件表面。在一般化学热处理的温度下，分子热振动加剧，彼此间碰撞的频率极高。因此，自身热振动分解产生的活性原子在向工件表面运动的途中，肯定要同其他原子、同类原子或分子相碰撞反应而失活。

因此，化学热处理过程活性原子的析出，是以吸附在工件表面渗剂的分解反应为主，工件表面的金属对部分分解反应有催化作用，常见的为：促进氨分解的金属，Fe、Pt、W、Ni等；促进碳氢化合物分解的金属，Fe、Cr、Pt、Ni、W等；促进一氧化碳分解的金属，Fe、Ni、Co、Cr、Ti等。

8.2.6 活性原子的吸收与内部扩散

8.2.6.1 活性原子的吸收

吸附在金属表面的分子发生分解反应后，会产生活性原子，这些活性原子依旧吸附在金属表面，当满足一定的化学热力学及动力学条件时，这些活性原子就可以通过溶解或与金属基体形成化合物的形式，进入金属表面，被工件表面吸收。例如，渗碳时活性碳原子的吸收反应式为：

$$Fe \cdot [C]_{吸附} \longrightarrow Fe \cdot C_{溶} \qquad (8\text{-}17)$$

$$3Fe \cdot [C]_{吸附} \longrightarrow Fe_3C_{化} \qquad (8\text{-}18)$$

式（8-17）表示C固溶进入Fe的晶格中，式（8-18）表示C与Fe反应生成了新的化合物。

由于活性原子的寿命非常短，所以活性原子的吸收过程必须进行得足够快。如果由于活性原子的能量较低，或金属表面生成了某种起阻碍作用的结构，那么不能及时进入金属基体的活性原子会因为发生其他反应而失活。

8.2.6.2 工件表层的扩散过程

扩散的本质是物质中原子或分子的迁移，工件表层的扩散属于固相扩散过程。在固体介质中，原子在化学梯度（浓度、电位、压力、应力、磁场、晶体缺陷等）的作用下，会引起物质的宏观定向迁移。工件表面吸收活性原子后，渗入元素在工件表面及皮下组织中富集，因而与内部组织间形成浓度梯度，在温度的作用下，扩散过程速度加快，促进了渗入元素的原子由高浓度区向低浓度区的扩散。经过一定时间的热处理后，便可得到具有一定深度、一定渗入元素浓度的渗层。

渗入元素在固相中的扩散，符合第1章所述的菲克第一定律与菲克第二定律，扩散过程中扩散时间，浓度等的求解可直接使用菲克定律的相关公式。前面已经提及，扩散系数的大小符合阿伦尼乌斯经验公式：

$$D = D_0 e^{\frac{-E_D}{RT}} \qquad (8\text{-}19)$$

式中，D_0为常数；E_D为扩散活化能；R为气体常数；T为热力学温度。因此可知，扩散活化能越大，扩散系数越小，同等条件下的扩散速率就越慢。表8-2为常见晶格类型与扩散元素对应的D_0及扩散活化能。

表8-2 晶格类型及固溶类型对扩散常数和扩散活化能的影响

溶剂	扩散元素	固溶体类型	D_0	扩散活化能 E_D/J·mol^{-1}
γ-Fe	C	间隙	0.07+0.06w(C)	32000
α-Fe	C	间隙	0.02	19200
γ-Fe	N	间隙	3.3×10^{-4}	34600
α-Fe	N	间隙	4.6×10^{-4}	17950
γ-Fe	Mn	置换	0.4+0.11w(Mn)	66400
γ-Fe	Ni	置换	0.34+0.12w(Ni)	67500
γ-Fe	Cr	置换	—	80000
γ-Fe	Mo	置换	0.007	59000
γ-Fe	W	置换	—	62500
γ-Fe	Al	置换	—	44000

由表8-2可知，扩散形成间隙固溶体比形成置换固溶体活化能小得多，C与N在铁素体α-Fe中扩散所需的活化能比在γ-Fe中小很多。因此，在相同的温度下，C与N在α-Fe中的扩散系数要比其在γ-Fe中的扩散系数大得多。除了C与N外，其他金属元素如Mn、Ni、Cr等的扩散活化能要大得多，因此，渗金属元素要慢得多，这与第1章中的相关结论一致。

而温度对扩散系数的影响更为突出，以C在Fe中的扩散系数为例，当温度从925℃升高到1100℃时，扩散系数升高7倍以上；Cr在Fe中的扩散系数也有类似变化趋势，当温度从1150℃增加至1300℃时，扩散系数升高50倍以上。由此可知，在化学热处理过程中，温度的确定和控制尤为重要。

8.2.7 扩散层的形成及相组织

活性元素扩散进入金属组织后，与金属基体原子反应，可能固溶进入金属，也可能形成新的化合物，这需要依据热力学平衡相图参考判断。

基于渗入元素在进入金属基体后的行为特性，可以将扩散分为两类，即纯扩散和反应扩散。纯扩散指渗入元素不改变基体的晶格结构，只固溶体于金属基体，引起的变化也仅是固溶浓度的变化；反应扩散指渗入元素在金属表面或皮下形成了新的相，这里的新相既可以是化合物，也可以是另一种固溶体。

渗入元素与金属基体在一定的温度条件下可以无限互溶时，那么扩散层只是单一的固溶体，此时渗入元素的扩散是纯扩散，工件表面与中心的组织没有相的差别，只是渗入元素浓度有所不同。

在渗入元素与基体金属之间可形成有限固溶体时，则需要具体讨论。当炉气的活性较高时，渗入元素在工件表面的化学势较高，工件表面渗入元素的浓度可能超过该温度下金属基体对该元素的固溶度，因而促进形成新相（化合物或新固溶体），此时渗入元素的扩散为反应扩散。当炉气的活性较低时，工件表面吸收渗入元素的速度小于其在金属内部的扩散速度，反应的限制性环节为外扩散或表面吸附、分解，此时，工件表层渗入元素浓度未达到饱和，因此扩散层中不会有相变，而渗入元素进行的则是纯扩散。因此，渗层中的浓度分布与组织转变过程，取决于组成渗层的合金相图、处理温度与炉气的活性。

在基体金属A与渗入元素B间，既可形成有限固溶体，也可形成化合物时，A与B组成的典型二元相图如图8-4所示。当热处理渗入温度为t时，图8-4中该温度存在的各种相，都可能在扩散层中生成。最后，渗层会由几个浓度突然变化的单相层组成，其浓度分布与相图有对应关系，如图8-5所示。

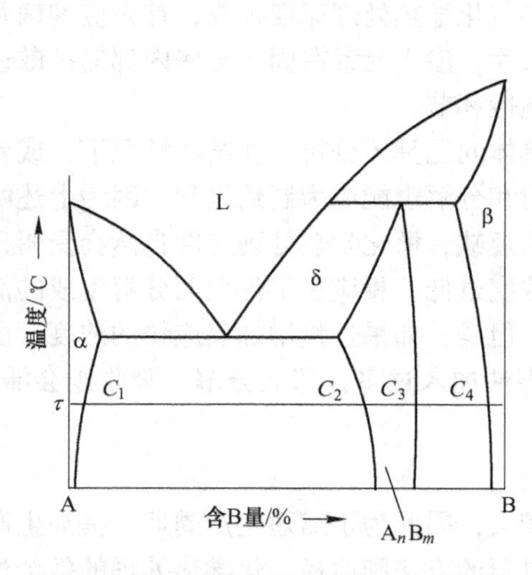

图8-4 渗入元素与基体的典型二元相图

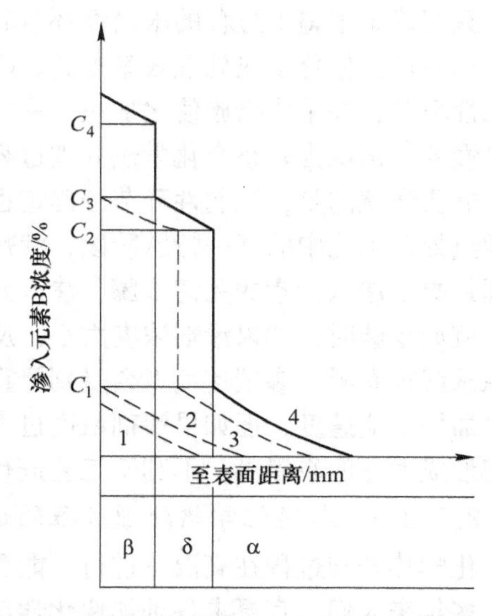

图8-5 多相扩散层中浓度分布与相组成的关系

如图 8-4 和图 8-5 所示，当热处理开始后，B 元素开始向基体金属 A 中渗透，首先生成 α 固溶体，随着时间的增加，扩散层深度不断增加，B 元素浓度增加，直至达到该温度下 α 固溶体的饱和溶解度 C_1（图 8-5 中曲线 2）。继续增加渗入元素 B 时，工件表面就会形成 A_nB_m 化合物层（δ 相）。随着渗入元素 B 在扩散层内浓度不断增加，A_nB_m 化合物层也持续增厚，工件表面 B 的浓度从 C_2 逐渐升高到 C_3，并进一步达到饱和（图 8-5 中曲线 3）。如果继续增加渗入元素 B 的浓度，则会形成固溶体 β。图中实线 4 则表示达到平衡时扩散层内形成的相态，扩散层从表及里为 β→δ→α 三个单相区。

由图 8-5 可知，渗入元素的浓度在相与相的界面处出现突变。单相层内，与表面距离不同处，浓度也不同，这是因为单相内，B 的溶解度是一个确定的范围。由上述分析可知，A、B 构成二元系，在渗入温度为 t 时，渗层是由三个单相层组成。那么，为什么形成单相，而不是两相或者三相的混合？为什么单相内 B 的溶解度是一个范围而不是定值？这种现象可用相律来解释，同样的证明已经在第 1 章内叙述过，不再赘述。

但是，需要注意的是，上述举例是二元系条件，因此得到的结论只在二元系条件下严格成立，当系统为三元系或多元系合金钢渗碳时，在渗碳温度下则可以形成碳化物与奥氏体的两相共存区，如 20CrMnTi、20CrMnMo 等钢在渗碳时，扩散层中经常出现的块状碳化物，即是在渗碳温度下析出的。

8.2.8 化学热处理的限制性环节和优化措施

8.2.8.1 化学热处理的限制性环节

化学热处理工艺是通过气氛形成、吸附、分解、吸收和扩散五大步骤完成的。这几个过程既是连贯交错、不能截然分开，又互相配合和互相制约。从化学反应动力学的角度讲，化学热处理的总速度是由上述几个环节中最慢的一个决定的，那么最慢环节就成为了整个过程的限制性环节。例如，如果表面吸附速率很慢，那么就不能及时提供渗入原子，整个热处理过程将受影响。

只有确定了整个过程的限制性环节后，才可能针对性地采取措施，改善限制性环节的动力学条件，使化学热处理效率提高。因此，要使化学热处理速度提高，首先应准确判定限制性环节，并采取措施使之加快。一般普遍认为，渗入元素在固态金属内部的扩散过程是最慢的，被认为是整个化学热处理过程的限制性环节。

需要注意的是，限制性环节的确定也需要具体问题具体分析。在某些情况下，或者在化学热处理工艺中的某一特殊阶段，渗剂的吸附和分解也能成为制约因素。因为上述两个过程是提供渗入元素的关键步骤，渗入元素如果短缺，那化学热处理速度自然会受明显影响。例如渗碳时，如果渗剂浓度太小，反应物浓度过低，相应在工件表面分解生成的活性碳原子就很有限，渗碳速度就会受到严重影响。但是，如果过量增加反应物的浓度，虽然可以加快反应速度，但如果渗剂浓度过大，如煤油加入过多，那么分解、吸收则会滞后，可能形成大量的炭黑等，不利于工艺进行。

8.2.8.2 加速化学热处理过程的途径

化学热处理过程在高温下进行，能源消耗较大，因此为了缩短生产周期，提高生产效率，多年来人们一直寻求各种加快化学热处理过程的方法和途径。化学热处理的整个过程是一个复杂多变、相互联系、相互制约的过程，任何一个过程出现问题都会影响形成渗层的速度和渗层的质量。化学热处理过程的加速，可以从加速各基本环节入手。加速的方法可以大致分为两类，即化学方法和物理方法，也可以称作化学催化法和物理催化法。

A 化学催化法

为了加快化学热处理的速度，国内外目前采用最广泛的方法是化学催化法。化学催化的原理是在渗剂中加入催渗剂，促进渗剂分解，并活化工件表面，以提高渗入元素的渗透能力。目前常用的手段有提高渗剂活性、卤化物催化、稀土催渗等。

（1）提高渗剂活性。在渗剂中加入反应活性剂提高渗剂活性。如固体渗碳时渗剂中加入 Na_2CO_3，液体渗碳时加入 SiC，气体渗碳时加入苯或丙酮等。

（2）卤化物催化法。在渗剂中加入卤化物，在一定条件下可以加速渗透过程。如用气体介质氮化时，在氮化炉中加入 $TiCl_4$ 或 NH_4Cl，在氮化温度下，卤化物易分解产生 HCl 或 Cl_2，可破坏金属表面的钝化膜，活化金属表面，从而加速渗氮过程，这一过程也被称为洁净氮化。在渗金属工艺中，常用欲渗元素的纯金属或合金，与卤化物反应，得到气相金属卤化物吸附在金属表面，并分解析出渗入元素的活性原子，进而完成渗透过程。

（3）稀土催渗。在渗剂中添加稀土元素或稀土卤化物后，也能加速化学热处理过程。这是由于稀土原子渗入基体金属后，在一定程度上改变了基体金属的晶体结构和亚结构。比如，稀土原子渗入金属后，可引起晶格畸变、空位、位错环、堆垛层错等晶体缺陷，晶体缺陷的增加会直接增加扩散原子的扩散通道，从而加速扩散过程，达到催渗的目的。

B 物理催化法

随着物理科学技术的发展，人们进行了各种物理场作用下的化学热处理的试验和研究，将待渗工件放在特定的物理场（如真空、等离子场、高频电磁场、高温、高压、电场、磁场、辐照、超声波等）中进行化学热处理，借用物理场的作用加速化学热处理过程，提高效率。目前试验和研究的方法很多，其中进展迅速并广泛用于大规模生产的有如下几种。

（1）高温法。由于温度场属于物理场，因此高温也属于物理催化过程，提高化学热处理的温度，是化学热处理最基本的条件，高温对化学热处理各基本环节均有促进作用，能有效地加速整个热处理过程。例如，如果把渗碳温度从 930℃提高到 1000℃，可使渗碳过程大大加快。但是，实际化学热处理工艺复杂得多，需要平衡考虑各方面的因素，单纯升高温度不仅会增加能耗，加重耐火材料的负担，而且可能对待渗工件的内部质量造成不良的影响。

（2）真空化学热处理。真空化学热处理，即在负压下的气相介质中进行热处理，例如真空渗铬、真空渗碳等。由于在真空作用下，工件表面得到了净化，使附着在工件表面的活性原子浓度大幅度提高，因而增加了工件表面和工件内部之间的浓度梯度，从热力学角度增加了渗透原子扩散进入金属基体的推动力。同时，热处理过程可采用适当的高温条件，在另一方面大大提高渗入元素的扩散系数，从动力学角度增加了渗透速度。

以真空渗碳为例，加热温度一般在 1030~1050℃之间时，其渗碳时间可缩短至普通气体渗碳的五分之一左右，渗层深度可达 7mm，可提高生产率 1~2 倍，经过检验发现，真空渗碳渗层质量也较高。而在 1.33~13.3Pa 的真空度条件下渗 Al、Cr 等金属元素，相比普通工艺，其渗速甚至可提高 10 倍以上。

（3）等离子态化学热处理。等离子态化学热处理指的是在低于常压的含欲渗元素的气相介质中，使待渗工件（阴极）和阳极之间产生辉光放电，同时渗入欲渗元素原子的工艺。此种方法可以应用在离子渗氮、离子渗碳、离子渗硫、离子碳氮共渗、离子硫氮共渗等场合。等离子态化学热处理工艺具有渗速快、质量好、污染小、节能等优点。在日常生产中，已得到大规模应用。

除了上述提及的工艺外，还有众多的新工艺和新技术被开发和应用。例如，采用超声波技术加快渗入原子的扩散速度、激光束化学热处理、电子束化学热处理等。化学热处理的技术手段在近年来得到了较大发展，这些技术的应用都促进了化学热处理效率的提高和成本的降低。

8.3 钢的渗碳

8.3.1 渗碳概述

渗碳是目前机械制造工业中应用极为广泛的一种化学热处理工艺，渗碳工艺在古代就已存在，现在作为最成熟的化学热处理工艺之一，有不可替代的地位。渗碳过程增加了工件表面及皮下碳含量，如低碳钢渗碳后，表层碳浓度升高，而工件内部碳含量依旧很低。图 8-6 为渗碳后距工件表面不同位置的碳含量。

经淬火及低温回火后，渗碳层将具有比较高的硬度、耐磨性及疲劳抗力，而心部仍旧保持足够的强度和韧性。因此，机械零件为获得较高的表面硬度、接触疲劳强度和弯曲疲劳强度等性能时，经常会采用渗碳工艺。根据渗碳介质状态的不同，一般可将渗碳方法分为固体渗碳、液体渗碳、气体渗碳和特殊渗碳四种。由于现场工艺条件及装备等的限制，目前生产中大量使用的是气体渗碳。

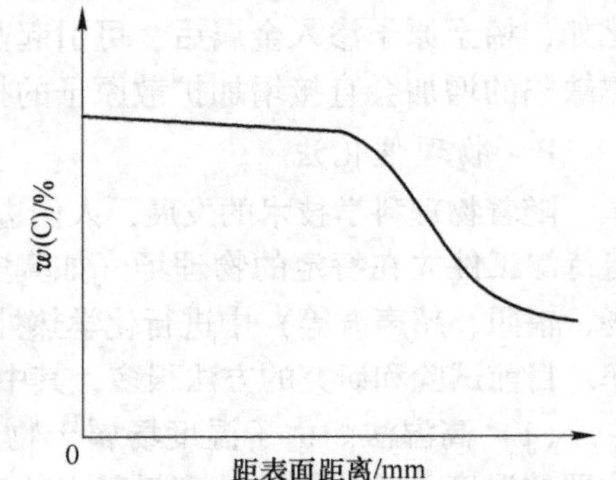

图 8-6 渗碳后距工件表面不同位置的碳含量

8.3.2 渗碳方法及工艺

按照渗碳介质的特性分类，渗碳主要有固体渗碳、液体渗碳、气体渗碳三大类。

8.3.2.1 固体渗碳

固体渗碳是把工件埋在装有固体渗碳剂的箱子里，密封后将箱子放入炉内加热到900~950℃，保温一定时间后随箱冷却，或打开箱盖取出工件淬火的工艺。

A 固体渗碳剂和渗碳反应

表 8-3 所示为几种常见固体渗碳剂的成分配比及使用情况。

表 8-3 几种常见固体渗碳剂的成分配比及使用情况

组分名称	质量分数/%	使用情况
$BaCO_3$	20~25	在 930~950℃ 渗碳 4~15h，渗层厚度 0.5~1.5mm
$CaCO_3$	3.5~5	
木炭	余量	

续表 8-3

组分名称	质量分数/%	使用情况
$BaCO_3$	10~15	工作混合物由25%~30%新渗碳剂和75%旧渗碳剂组成。工作物中 $BaCO_3$ 质量分数为5%~7%
$CaCO_3$	3.5	
焦炭	余量	
$BaCO_3$	3~5	（1）20CrMnTi钢930℃渗碳7h，渗层厚度1.33mm，表面 $w(C)=1.07\%$ （2）用于低合金钢时，新旧渗碳剂比为1∶3，用于低碳时，$BaCO_3$ 应增至15%
木炭	余量	
$BaCO_3$	15	新旧渗剂比为3∶7，920℃渗碳层深度1.0~1.5m，平均渗碳速度0.11mm/h，表面 $w(C)=1.0\%$
Na_2CO_3	5	
木炭	余量	
$BaCO_3$	3~4	18Cr2Ni4WA及20Cr2Ni4A，渗层深度1.3~1.9mm时，表面 $w(C)=1.2\%\sim1.5\%$，用于12CrNi3钢时，$BaCO_3$ 质量分数需增至5%~8%
Na_2CO_3	0.3~1.0	
木炭	余量	

在渗碳温度下，渗碳箱内空气中的氧与渗碳剂中的碳发生化学反应生成CO，而CO又与工件反应产生 CO_2 和活性碳原子。其中 CO_2 又会与渗碳剂中的碳反应生成CO，而活性碳原子将渗入工件表面形成渗碳层。由于CO的渗碳能力比较弱，要维持渗碳所需的大量碳原子，则需要持续产生大量的CO，所以，在一般的固体渗碳剂中，均要加入促使CO大量且快速生成的催化剂，比如加入一定数量的 Na_2CO_3 及 $BaCO_3$。加入上述碳酸盐后，便能大幅度提高渗剂的活性，并增加CO的浓度，其具体的反应为：

$$Na_2CO_3 \longrightarrow Na_2O + CO_2 \tag{8-20}$$

$$BaCO_3 \longrightarrow BaO + CO_2 \tag{8-21}$$

$$CO_2 + C \longrightarrow 2CO \tag{8-22}$$

B　固体渗碳特点及工艺参数控制

固体渗碳是一种最古老的渗碳方法，其优点是设备简单，工艺控制容易，适应性很广，其生产成本较低，操作简便。但其主要缺点是劳动强度大，由于固态渗碳过程中，大量碳酸盐分解，大量气体生产并逸出，因此现场环境条件较差，渗剂粉尘污染比较严重，渗碳速度较慢，效率低，且渗碳质量不易控制。

在固态渗碳过程中，最重要的参数除了渗碳时间与温度以外，就是气氛中碳势的控制，这几个因素对渗碳工件的质量影响非常大。

严格地说，固体渗碳过程中，气氛的碳势是没有办法控制调节的，但是，由于各种渗剂的碳势是各不相同的，因此可以使用事先调节渗剂组成的方法调节碳势，这也是表8-3中渗碳剂有不同的成分和含量的原因。一般而言，生产中最常用的方法，是将旧的渗剂和新的渗剂混合后使用，这不仅能调节碳势，而且减少了渗剂的用量，可节省成本。通常工艺条件下，对固体渗碳剂中的炭粒均有直径要求，一般要求碳粒直径3~8mm的占90%以上，多次使用后，应将破碎的粉状碳去除。因为固体渗碳的实质还是通过产生CO气体，然后产生活性碳原子向钢件表面渗透，如果渗剂粒度太小，堵塞空气在渗剂间的流通，那么空气将无法氧化木炭生成 CO。

针对典型的固体渗碳工艺，将待渗碳工件装箱后，即放入 850~900℃的炉中，随炉缓慢升温至 900~940℃进行渗碳，由于固体渗碳中活性碳原子的生成是按式（8-7）进行的，该反应过程 ΔH 小于零，是放热反应，该反应的平衡常数随温度升高而减小，所以，在 p_{CO_2}/p_{CO} 一定的情况下，碳势随温度的升高而降低。如果在较低温度（850~880℃）下渗碳，碳势反而会升高。由于温度降低时，碳在固态金属内的扩散系数大幅度降低，这直接造成了碳元素在工件表面的大量富集。因此，在温度较低的情况下渗碳，工件表面的碳质量分数普遍较高（可达 1.4%），造成渗层内碳的浓度梯度大，渗层性能下降。同样，如果大幅度提高渗碳温度，碳的渗入速度虽然可以大幅度提高，但由于温度太高，工件内晶粒容易合并长大，使工件的力学性能受到影响。因此，渗碳温度过高或过低均会影响产品质量，需要根据钢种等实际情况选择确定。

固体渗碳工艺参数中的渗碳时间，指的是渗碳箱温度升高至渗碳温度，并且箱内温度均匀时开始，到使渗层深度达到规定要求所消耗的时间。渗碳时间的计算应根据渗层深度和所采用的渗碳温度来综合考虑。

8.3.2.2 液体渗碳

由于渗碳工艺是在高温下进行的，意味着液体渗碳中的液相介质只可能是熔盐或者熔渣。因此，液体渗碳是将零件放入能解析出活性碳原子的高温熔盐中进行渗碳的工艺。一般的液体渗碳方法有含氰盐的盐液渗碳、原料无毒的盐液渗碳、电解盐液渗碳、液体放电盐液渗碳、超声盐液渗碳和通入气体的盐液渗碳等。

液体渗碳的优势为：

（1）渗碳均匀，工件整体变形小。由于渗碳时盐液能均匀流动，工件各部分的温度偏差很小，因此零件受热均匀，整体变形程度小，而且渗层深度和碳质量分数均匀一致。

（2）渗透速度快，生产周期短。相比于气体渗碳和固体渗碳，液体渗碳的速度最快，当零件材料、渗层深度和渗碳温度等其他条件相同时，液体渗碳工艺所需的时间最短。

（3）可进行局部加热渗碳。对于只需一端渗碳的轴或齿轮轴等工件，可将需要渗碳的部分浸入渗碳盐液中进行局部加热渗碳，非渗碳表面部分则无需进行渗碳处理。

但液体渗碳也有明显缺点，其缺点为：只适用于小批量或单件生产，对于尺寸过大、过小及细长的零件也不宜使用此法渗碳。有的液体渗碳盐液中含有氰盐或生成物中含有氰根的盐液，毒性很大，对人身健康和环境危害极大。目前原料中含有氰盐的盐液渗碳已禁止使用。因此，在一般情况下尽量不选用液体渗碳。

8.3.2.3 气体渗碳

气体渗碳，是将工件放在气体介质中加热并进行渗碳的工艺。气体渗碳一般由富化气及稀释气体组成。气体渗碳炉内应保持一定的正压，并装有风扇，使炉内气氛分布均匀，以便各部分碳势均匀，保证渗碳层质量。与固体渗碳工艺相比，气体渗碳温度及介质成分容易调整，碳质量分数及渗层深度也便于控制，更容易实现直接淬火。气体渗碳适用于各种批量各种尺寸的工件，因而应用最广，产量最大。

气体渗碳的工艺方法种类很多，目前主要分为滴注法及通气法两大类，而滴注式气体渗碳法是目前我国应用最广的渗碳方法，因此对其着重介绍。

向如图 8-7 所示的渗碳炉内滴注液态碳氢或碳氢氧化物，滴注的化合物经过加热分解，形成以 CH_4、CO、H_2 为主的气氛。其中 CH_4 和 CO 与炉壁及工件表面接触时可发生分解反应，产生活性碳原子渗入工件表面完成渗碳，这种方法即为滴注式气体渗碳法。

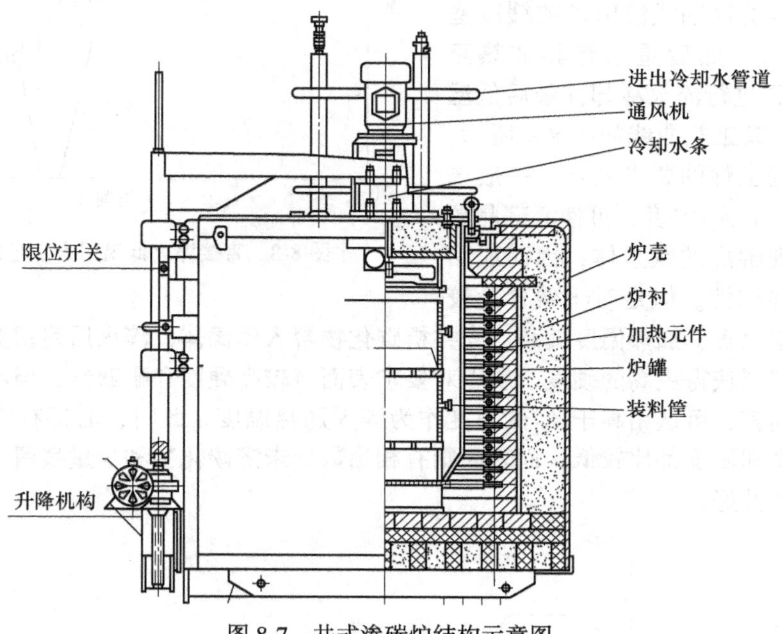

图 8-7　井式渗碳炉结构示意图

8.3.3　渗碳后热处理

工件经过渗碳后，常用的热处理流程有直接淬火、一次淬火和二次淬火等工艺，一般淬火后均采用低温回火工艺。渗碳使工件表面化学成分发生了改变，表面碳含量（质量分数）升高（一般控制为 0.75%~1.05%），渗碳层总深度达到了要求，再配以适宜的淬火和最后的低温回火，可使工件表层和心部具有不同的化学成分、组织和性能。

由于渗碳后的工件具有表面含碳量高、心部含碳量低的特点。并且由于长时间的高温渗碳环境，可能造成工件组织晶粒粗化等问题。因此，在确定热处理方案时，需要根据这些特点和钢种的不同，以及工件的性能要求，采取不同规范的热处理方法。

8.3.3.1　直接淬火加低温回火

渗碳后工件从渗碳温度降至淬火起始温度，均温后并直接进行淬火的工艺，称为直接淬火。其工艺曲线如图 8-8 所示，这种工艺常用于气体渗碳及液体渗碳，由于固体渗碳操作上不便，因而很少采用。一般来说，淬火前先行预冷的目的是减少淬火过程中的形变，并使表面残余奥氏体量因碳化物的析出而减少。预冷温度的设定一般稍高于心部的 A_{r3} 温度，以免心部析出先共析铁素体。对于心部强度要求不高，但形变量要求极其严格的工艺，可以预冷到较低温度，如稍高于 A_{r1} 温度，淬火后再进行低温回火。直接淬火的优点是工艺简单，减少一道淬火加热工序，从而减少变形及氧化脱碳。但考虑到晶粒粗化问题，一般只有本质细晶粒钢，如低合金渗碳钢，在渗碳后才经常采用直接淬火的工艺。

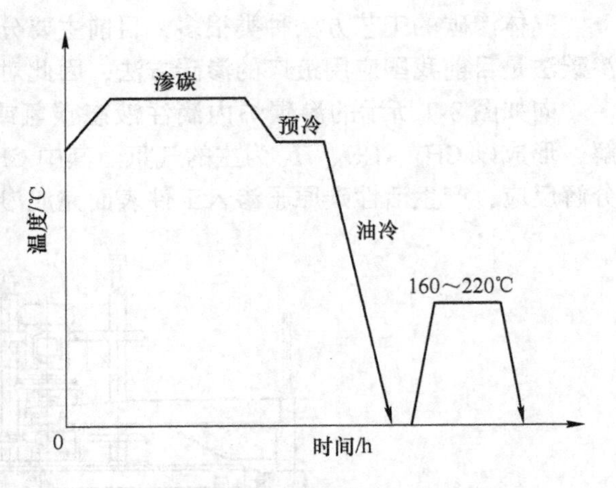

图 8-8 直接淬火低温回火工艺曲线

8.3.3.2 一次淬火加低温回火

一次淬火工艺是将渗碳后的工件在空气中或缓冷坑周期式渗碳炉或缓冷室中冷却至室温，然后重新将其加热至A_{c1}温度以上再进行淬火冷却，最后低温回火的工艺。其工艺曲线如图 8-9 所示。淬火温度根据工件的要求而定，一般选用稍高于心部的A_{r3}温度，可使心部晶粒细化，不出现游离的铁素体，因而成品具有较好的强韧性。但是对于碳含量较高的工件表层而言，加热温度偏高，先共析碳化物溶入奥氏体，淬火后残留奥氏体数量较多，影响渗碳层获得更高的硬度。所以对要求表面有较高硬度和耐磨性，但心部性能要求不高的工件而言，可选用高于A_{r1}的温度作为淬火加热温度。此时，心部存在大量先共析铁素体，强度和硬度都比较低，而表面则有相当数量未溶碳化物和少量残留奥氏体，因此硬度高、耐磨性好。

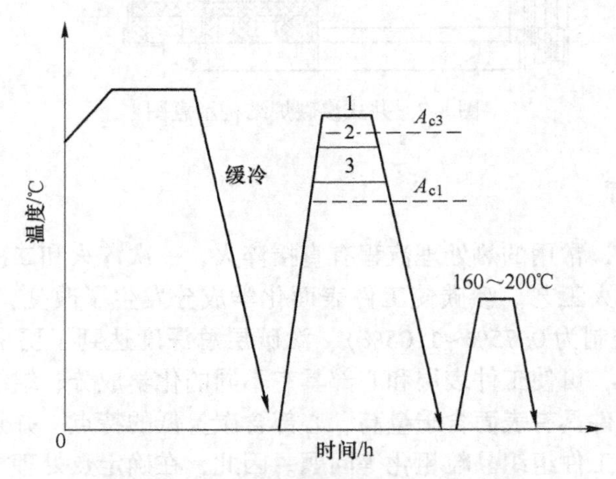

图 8-9 一次淬火加低温回火工艺曲线
1—保证心部质量；2—兼顾心部和表面质量；3—保证表面组织性能

渗碳后冷却重新加热一次淬火工艺的工序较简单，便于操作，因此得到了大规模的应用。但这种工艺也存在一定的缺点，比如只能侧重提高心部质量或是改善表面性能，而难以同时满足两者的要求。一次淬火法多用于固体渗碳后不宜直接淬火的工件，或气体渗碳后高频表面加热淬火的工件。

8.3.3.3 两次淬火加低温回火

所谓两次淬火，即是在渗碳后进行两次淬火处理，然后再低温回火的热处理工艺。这是一种心部与表面同时都可获得高性能的方法。

第一次淬火加热温度稍高于零件心部成分的 A_{c3} 点温度，目的是细化工件心部晶粒，并且消除表面网状碳化物。因此，第一次淬火的温度通常为 A_{c1}+(30~50℃)，碳钢的第一次淬火温度为880~900℃，合金钢的第一次淬火温度为850~910℃。第二次淬火的目的是使表面获得隐晶马氏体和粒状碳化物，以此保证渗层的高强度、高耐磨性，并减少奥氏体量。通常情况下，第二次淬火的温度为 A_{c1}+(40~60℃)，即在 A_{c1}~A_{ccm} 间760~800℃进行。第二次淬火后，即可进行温度为180~200℃的低温回火。

两次淬火处理的优点是表面和心部都能得到比较满意的组织和性能。缺点是加热、冷却的次数多，导致工艺较复杂，处理时间长，能源消耗大，生产成本高，且长时间反复加热冷却，易使工件表面产生氧化脱碳现象，并且容易出现工件变形等缺陷，导致产品质量不稳定。所以，二次淬火仅适用于承受重载荷的渗碳，或者渗碳后出现不正常组织，且无法用直接淬火或一次淬火得到克服时，才考虑选用二次淬火处理。

8.3.3.4 淬火前一次或多次高温回火

淬火前进行一次或多次高温回火的工艺，主要应用于高强度合金渗碳钢，例如12CrNi3A、18C2Ni4WA等。因为此类钢种中，增加奥氏体稳定性的合金元素含量较高，渗碳处理后，工件表层碳含量（质量分数）在0.8%~1.0%时，淬火后渗碳层的残余奥氏体量可达到20%~50%，因此严重降低了表面硬度和工件尺寸稳定性。

在上述工艺背景条件下，为了保证高强度合金钢渗碳件的性能，必须通过渗碳后的热处理减少表层中的残余奥氏体量。因此，在淬火之前需进行一次或两次高温（600~650℃）回火，使合金碳化物析出并聚集，这类碳化物在随后淬火加热时不能充分溶解，从而使奥氏体中合金元素及碳质量分数降低，M_s 点升高，淬火后残留奥氏体相应减少，有利于提高工件表层性能。

8.3.4 渗碳件的常见缺陷

（1）形变。在渗碳的加热、冷却及后续的淬火、回火过程中，工件因加热冷却产生组织应力会引起变形。这种变形除与工件的组织、形状及尺寸有关外，还与渗碳及淬火工艺参数及控制有关。

一般情况下渗碳、淬火后工件具有以热应力为主的变形趋势，工件淬透性越好，由热应力所引起的变形趋势就越大。为防止工件渗碳处理后出现变形，可适当降低渗碳温度，缩短渗碳周期，采用预冷直接淬火代替重新加热淬火，或采用分级冷却的工艺。对比较容易变形的薄尺寸工件，也可采用加压淬火的工艺方法。

（2）渗层出现大块或网状碳化物。大块或网状的碳化物出现的原因是渗剂的活性太大，使工件表面碳的质量分数过高，或者渗碳后冷却速度太慢。合金渗碳钢件在深层渗碳时，如工艺控制不当，更容易出现碳化物的大量聚集。避免渗层出现大块或网状的碳化物的根本措施是降低渗碳活性，即减少固体渗碳剂中催化剂的含量，或降低渗碳气氛中甲烷或CO的体积分数。在工件深层渗碳时，则可在渗碳后期适当降低渗剂浓度，使表层已形成的大量碳化物逐渐溶解。如果因为冷却过慢析出了网状碳化物，则应在渗碳后增加冷却速度。对已形成的网状碳化物，则需在 A_{cm} 以上重新加热淬火或正火。

（3）渗层中残余奥氏体过量。若渗层中残余奥氏体过量，则会直接影响渗层的性能。导致残余奥氏体过量的主要原因是碳在渗层中浓度过高，或渗碳淬火温度过高。在实际生产过程中，一般通过控制表面碳质量分数，降低渗碳及淬火温度进行冷处理或高温回火后，重新加热淬火等方式避免出现残余奥氏体过量问题。

(4) 反常组织。反常组织的特征是网状碳化物和珠光体之间被一层铁素体所分离，对氧含量较高的沸腾钢件固体渗碳时经常会出现。具有这种组织的渗层，淬火后容易出现软点。解决办法为适当提高淬火温度或延长淬火加热保温时间，促使组织均匀化，并使用较快的冷却速度进行冷却。

(5) 黑色组织。含铬、锰、硅等元素的工件渗碳后，表层组织中容易出现沿晶界断续的黑色网状组织，深度范围为0.03~0.05mm，与过烧组织形貌近似。出现这种组织的原因是渗碳剂中的氧向钢中扩散，在工件表层晶界附近形成铬、锰、硅等元素的氧化物，即发生了“内氧化”现象。也有可能由于内氧化，晶界以及晶界附近合金元素贫化，致使该处淬透性降低，淬火后出现非马氏体组织。它的出现会引起渗层硬度、耐磨性、接触疲劳强度等性能指标的降低。一般可以通过保持渗碳炉的密封性能，降低炉气中的含氧量等方式予以避免。如已经产生，采用传统热处理办法很难消除，可以用喷丸、喷砂等方式，将深度不超过0.02mm的黑色组织消除，若深度较深，则需要直接磨除。

(6) 渗层深度不均匀。出现渗层深度不均匀的原因很多，如表面不洁净或有积碳、炉温不均匀、渗剂混合不均匀、炉气循环不均匀、原材料带状组织严重等，均会造成产生的渗层深度不均匀。

(7) 表层碳含量过低或脱碳。引起工件表层碳含量过低的主要原因为渗碳过程中，扩散期炉内气氛碳势过低，或高温出炉后保护不好，工件在空气中缓冷时表层被氧化脱碳。可通过补碳的方式增加表层碳含量，当氧化脱碳层厚度小于0.02mm时，则可采用喷丸处理将脱碳层磨去。

(8) 渗层深度不足或过深。导致渗碳层深度控制不准确的主要原因，是渗碳工艺参数控制不严格或不稳定。当渗碳温度低、时间短时，可能导致渗层深度不足。当渗碳温度高而且时间长时，则容易造成渗层过深。可通过严格控制渗碳温度及时间来避免渗碳层深度不稳定情况的出现，并且现场检验要准确。若经过检验发现工件渗层深度不足，可进行补渗操作；但如果渗层过深，且为要求严格的产品，则一般无法补救，只有降级或判废。

(9) 表层腐蚀及氧化。造成工件表层腐蚀氧化的主因是渗剂含硫或硫酸盐较高、含杂质多、工件高温出炉淬火盐浴脱氧不良等。因此，通过严格控制渗剂及盐浴成分，及时清洗、清理工件表面可以预防这种缺陷的发生。

8.4 钢的渗氮

渗氮，也称为氮化，是指在一定温度下，在含氮的介质中使氮原子渗入工件表层的化学热处理工艺。工件氮化后具有极高的表面硬度和耐磨性，较高的疲劳强度和耐蚀性，渗氮表面同时还具有抗咬合、抗擦伤的能力。由于渗氮具有温度低、工件畸变小等优点，因此此工艺在机械行业中得到了比较广泛的应用。许多对性能要求较高的精密零件，如机床主轴、精密丝杆、内燃机曲轴、汽车缸套等，大都会采用渗氮处理。近年来，渗氮处理已逐渐在汽车齿轮、工模具等工件上得到越来越广泛的应用。

根据工艺目的不同，可把渗氮分为强化渗氮和抗蚀渗氮两类。根据使用渗剂介质的不同，渗氮可分为气体渗氮、液体渗氮和固体渗氮，其中气体渗氮应用最为广泛，因此着重介绍气体渗氮相关内容。

8.4.1 渗氮工艺与方法

8.4.1.1 气体渗氮的基本过程

钢铁材料的渗氮过程和渗碳过程一样，包括了气氛的形成、吸附、分解、吸收和扩散五个基本过程，或者说包括渗剂中的反应、渗剂中的扩散、相界面反应、被渗元素在钢铁中的扩散及扩散过程中氮化物的形成等步骤。

渗剂中的反应主要指渗剂分解出活性氮原子的过程，产生活性氮原子的物质通过渗剂中的扩散，输送至工件表面，参与界面反应，在界面反应中产生的活性氮原子被钢件表面吸收，随之向钢件内部扩散。目前，使用最多的渗氮介质是氨气，在渗氮温度时，氨是不稳定的，它会发生如下的分解反应而产生活化氮原子：

$$2NH_3 \longrightarrow 3H_2 + 2[N] \tag{8-23}$$

当活性氮原子遇到铁原子时，则发生如下反应：

$$Fe + [N] \longrightarrow Fe(N) \tag{8-24}$$

$$4Fe + [N] \longrightarrow Fe_4N \tag{8-25}$$

$$(2 \sim 3)Fe + [N] \longrightarrow Fe_{2\sim3}N \tag{8-26}$$

$$2Fe + [N] \longrightarrow Fe_2N \tag{8-27}$$

氨气中分解出的部分活性氮原子［N］被工件表面吸收，而剩余的活性氮原子很快结合成分子态的 N_2，然后和 H_2 一起随废气排出。钢件表面吸收的活性氮原子随即溶解在 α-Fe 中形成固溶体，随着氮原子浓度的增加，过饱和后便形成氮化物。随着工件表面含氮量的提高，α 固溶体中形成从表面至心部的氮的浓度梯度，氮原子不断地向 α 固溶体内层扩散，逐渐形成渗氮层。渗氮层的形成过程可用图 8-10 描述。

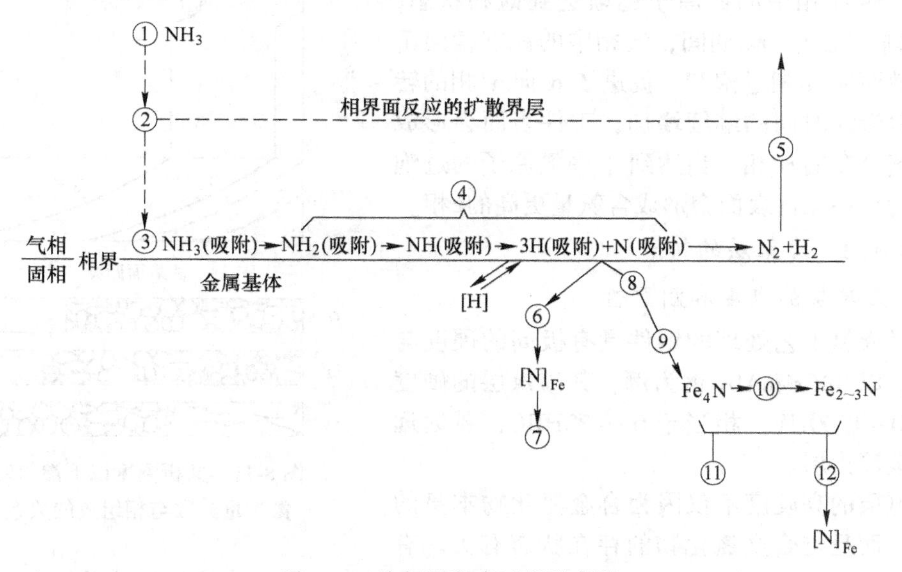

图 8-10 渗氮层形成过程示意图

渗氮过程可以概述为图 8-10 所示的几个基本步骤：向炉内不断提供氨气；氨气分子向金属表面扩散；氨分子被吸附在金属表面；氨分子在相界面上不断分解，形成活性氮原子和氢原子；活性原子复合成分子，离开金属表面，不断从炉内排出；表面吸附的氮原子溶解于 α-Fe 中；氮原子由金属表面向内部扩散，并产生相应的浓度梯度；当氮浓度超过在 α-Fe 中的溶解度后，在金属表层开始形成氮化物；氮化物沿金属表面的垂直方向和平行方向长大；表面依次形成 γ′相与ε相；氮化物层不断增厚；氮从氮化物层向金属内部扩散。

在氮化过程中还有氢的渗入，这将会导致氮化层脆性增加，但是氮化后缓冷时大部分氢可以扩散逸出，因此影响可忽略。

8.4.1.2　钢中组织相变

渗氮时的温度、冷却方式、渗层深度等因素综合决定了渗层组织的组成和特性。由 Fe-N 相图可知在不同温度下缓慢冷却得到的渗层组织及转变规律，见表 8-4。

表 8-4　渗氮层中各相的形成顺序及平衡态下各层相组成

温度/℃	相形成顺序	氮化层缓冷后从外到内的物相组成
小于 590	$\alpha\to\alpha_N\to\gamma'\to\varepsilon$	$\varepsilon\to\varepsilon+\gamma'\to\gamma'\to\alpha_N+\gamma'$（过剩）$\to\alpha$
590~680	$\alpha\to\alpha_N\to\gamma\to\gamma'\to\varepsilon$	$\varepsilon\to\varepsilon+\gamma'\to\gamma'\to\alpha_N+\gamma'$共析组织$\to\alpha_N+\gamma'$（过剩）$\to\alpha$
大于 680	$\alpha\to\alpha_N\to\gamma\to\varepsilon$	$\varepsilon\to\varepsilon+\gamma'\to\alpha_N+\gamma'$共析组织$\to\alpha_N+\gamma'$（过剩）$\to\alpha$

图 8-11 为渗氮层的形成过程。在渗氮初期的 τ 时刻，表层的 α 固溶体中的氮未达到饱和状态，氮化层深度随时间增加而增加。随着氮原子的不断渗入，使 α 相中的氮原子逐渐达到饱和状态，即 τ_1时刻。在 $\tau_1\sim\tau_2$ 期间，气相中的氮继续向工件内扩散而使 α 相过饱和，促进了 α 向 γ′相的转变。随着渗氮时间的继续增加，工件表面会形成一层连续分布的 γ′相，当达到 γ′中氮原子的过饱和极限后，在工件表面会形成含氮量更高的ε相。

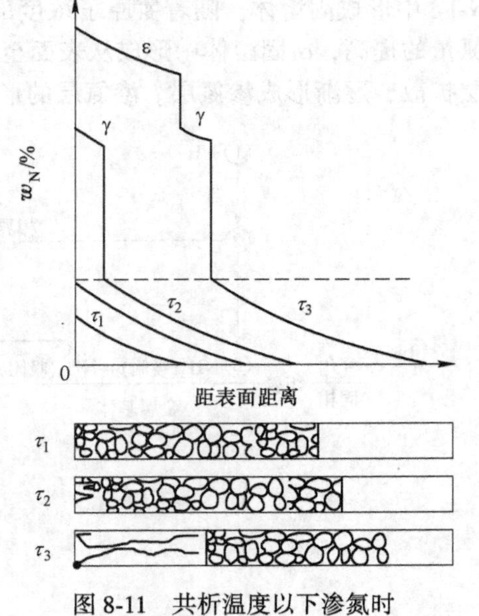

图 8-11　共析温度以下渗氮时氮质量分数与相组成的关系

8.4.1.3　渗氮层的特点

A　渗氮层的硬度和耐磨性

经过渗氮工艺处理的钢件具有极高的硬度与耐磨性，以 38CrMoAlA 钢为例，其渗氮层的硬度可达 950~1200HV，相当于 65~72HRC，要远远高于渗碳淬火层。

渗氮层的高硬度不仅因为合金氮化物本身的硬度高，而且与合金氮化物的存在状态有关。有学者认为氮化物的晶格常数比基体 α 相大得多，因此，当它与母相保持共格关系时，会使母相晶格产生很大的弹性畸变，从而阻碍位错运动，提高渗氮层的硬度。显然，弥散强化的效果与合金元素的种类、氮化物与母相的共格程度及氮化物的弥散度有关。不同合金元素的硬化效果也有所不同。由于渗氮工件表面的摩擦系数较低，因此渗氮件还具有良好的耐磨性。

B 疲劳强度

工件渗氮后可显著提高疲劳强度并降低缺口敏感性。疲劳强度的提高，一方面是由于渗氮层的强度较高，可达3500MPa；另一方面，由于析出了比容较大的氮化物，工件表层中出现了一定的残余压应力，如图 8-12 所示。通过分析疲劳断口发现，渗氮试样的疲劳裂纹往往发生在渗氮层与心部的交界处，所以渗氮工件的缺口敏感性较低。

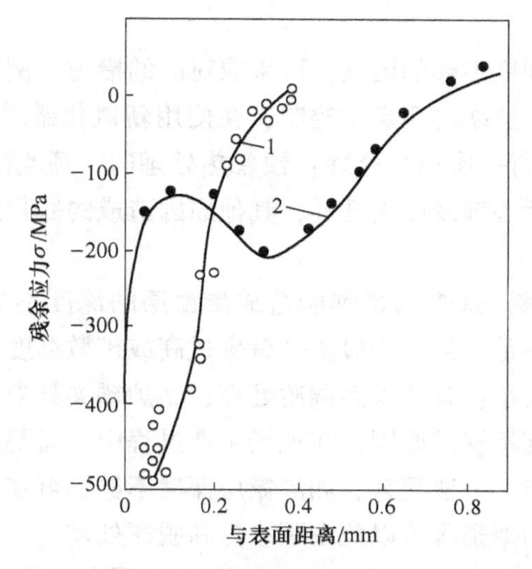

图 8-12 20CrMnTi 渗氮和渗碳时压应力的对比

1—500℃渗氮；2—渗碳淬火+低温回火

C 耐腐蚀性

ε相的化学稳定性比较高，可以抵抗水、过热蒸汽及碱性溶液的腐蚀，但在酸性溶液中抗腐蚀性则较差。

D 脆性

脆性是渗氮层面临的主要难题之一，气体渗氮过程中，表面容易形成脆性较大的白亮层。目前，对于脆性产生的原因和机理有多种看法，有人认为是表层高氮的脆性 ξ 相 Fe_2N 造成的，因而必须控制表面氮含量；也有认为当白亮层是两相混合组织ε+γ′时，由于两相的结构类型与比容存在差异，造成在不规则的相界面上存在较大的拉伸应力，引起脆性增大的问题。当白亮层为单相组织时，脆性就小很多。由于 γ′相的铁原子按面心立方排列，其滑移系数目比ε相（六方结构）多，因此塑性较好。所以，白亮层的脆性主要由其相组成决定，而渗氮方法、渗氮规范和材料的化学成分是造成白亮层相组成差异的原因。

目前，使用程控电脉冲型多功能离子轰击炉进行离子与低真空渗氮后，所获得的白亮层的性能较好，在左右各90°扭转时均未发生脆裂，金相检测其脆性均不超过1级，且防蚀耐磨性能也较好。这是因为此时离子白亮层是单相组织，既可以是ε相，也可以是γ′相，不起两相微电池效应，因此抗蚀性较好，且此时白亮层能紧密均匀地与基体结合，其抗拉抗扭性好，且白亮层摩擦系数极低。

8.4.2 渗氮件的常见缺陷

（1）渗氮层硬度不够。渗氮层硬度低主要由以下原因造成：氮化工艺温度过高；氨分解率偏高或中断氨气供给的时间过长；使用新的氮化罐或氮化罐久用未退氮从而提高了氨分解率；不合理的装炉造成气流不均匀使部分零件氮化不均匀；零件调质后心部硬度太低等。

针对以上造成渗层硬度不够的因素，可采取对应的措施。例如合理确定和准确调控氮化工艺温度；加强对氨分解率的测定与控制；在使用新氮化罐时注意适当加大氨气流量；氮化罐使用10炉左右进行一次退氮处理；预备热处理时，适当降低调质回火温度。除了因氮化温度偏高及调质后心部硬度太低外，其他原因造成的氮化层硬度偏低，均可通过补充氮化来补救。

（2）渗氮层深度不够。众多因素都能造成渗氮层的深度不足，主要的原因有：渗氮工艺温度低，保温时间不足；第一阶段氨分解率过高或扩散温度过低；渗氮准备时装炉不当，导致工件之间间距太小；基体未经调质处理；新炉罐夹具未预渗或使用时间太久。

针对造成渗氮层深度不够的原因，在现场生产过程中，需要严格工艺纪律，按规定的渗氮温度、渗氮时间生产。一般而言，如渗氮层深度不够，可在正常扩散温度下再渗氮数小时予以补救。同时，用搪瓷罐可以免去预渗氮和脱氮处理。

（3）工件表面硬度不均匀、有软点。工件渗氮层硬度不均匀可能由渗氮工艺操作不当造成，如渗氮时装炉量过多、工件表面有油污、进氨管堵塞或者局部防渗镀锌层流淌；也有可能由工件本身问题造成，如工件材料夹杂物偏多。

要保证工件表面硬度均匀，需保证渗氮炉温均匀，炉气畅通，循环正常。且工件在电镀或清洗后应干净，不能有液体残留，并经常清理马弗罐控制镀锌层厚度，加强原材料的检验。

（4）工件渗氮层脆性大。当液氨含水量高时，容易引起工件脱碳；氮化前，工件表面脱碳层未完全去除掉；渗氮工艺条件下，氨分解率过低；退氮处理不当，时间不足；零件外形有尖角、表面粗糙度太大等，都能造成工件渗氮层脆性的增大。

基于以上原因，在日常生产中需要及时更换氨干燥剂；可加大调质件加工余量；工件表面不得有脱碳、贫碳出现；同时，按技术要求进行退氮处理降低含氮量。

凡不是由表面脱碳而引起的渗氮层脆性，可以进行退氮处理挽救（500~520℃，3~5h，氨分解率大于80%），可磨掉亮白层；在20%的NaCN溶液中，在60~80℃的温度中浸泡6~8h，可以去掉亮白层。

（5）渗氮后工件畸变大。工件渗氮后产生较大畸变的主要原因有：渗氮件比容增大，体积涨大；炉内温度不均匀；加热或冷却速度太快；渗氮前，工件内应力未消除；轴杆件、扁平件吊挂、装夹不当、零件形状复杂或结构不合理等。

因此，可以采用合理控制加工余量、均匀炉温、控制加热和冷却速度、阶梯升温、机加工后渗氮前去应力处理等方式，避免工件较大的畸变。对于精度要求低的工件，可以在低于渗氮温度时热矫直，矫直后需低温回火12h去应力。

（6）渗氮后表面氧化。当渗氮罐有漏气现象时，退氮处理或降温时，炉内压力低，容易使空气进入炉内，造成工件表面的氧化。同时，也有可能是出炉温度过高、干燥剂失效、管道中存有积水等原因造成。

为避免出现工件表面氧化，需要巡查炉体密封情况，消除管道积水。在降温或退氮处理时，炉压应大于200Pa，不得出现负压以免吸入空气。并且定期烘烤或更换干燥剂。如工件已出现表面氧化，可以用低压喷砂消除，再在500~520℃补渗氮2~4h。

（7）渗氮后表面抗腐蚀性差。造成渗氮表面抗腐蚀性差的原因主要是表面氮浓度过低，工件表面有锈斑等。对需要抗腐蚀的已经氮化工件，如表面氮浓度低，可再次进行氮化处理。

（8）渗氮层出现网状、波纹状、鱼骨状氮化物。氮化时炉温过高、氨气含水量过高、工件材质晶粒粗大、工件脱碳层未去除、工件有明显棱边锐角等条件，均可能造成渗氮层出现网状、波纹状和鱼骨状氮化物。这类氮化物组织的出现，会极大地恶化工件质量，使渗氮层脆性增加，容易剥落。在现场生产过程中，可以用扩散处理的方式予以减轻。

8.5 钢的碳氮共渗

在一定温度下，同时将碳和氮渗入工件表层中并以渗碳为主的化学热处理工艺，被称作碳氮共渗。最早的碳氮共渗是在含有氰根的盐浴中进行的，因此又称为氰化。如果在工件表面同时渗入氮和碳，并以渗氮为主，那么这种化学热处理工艺则称为氮碳共渗，通常也称作软氮化。

8.5.1 碳氮共渗工艺与特点

8.5.1.1 碳氮共渗的特点

碳氮共渗是渗碳和渗氮的综合，因此兼顾两者的长处，主要具有以下特点：

（1）共渗温度较渗碳温度低，因此晶粒不会过度长大，适用于直接淬火，且淬火后工件形变小。氮的渗入降低了渗透层的A_{c1}及A_{c3}点，因为氮和碳一样是扩大奥氏体区的元素，可使渗层相变温度降低，因此碳氮共渗能在较低的温度下进行。

（2）氮的渗入降低了渗层的临界冷却速度。由于氮增加了过冷奥氏体的稳定性，因此，碳氮共渗层中的碳氮奥氏体比渗碳奥氏体的稳定性高，使临界冷却速度降低，所以碳氮共渗后，可用较低的速度冷却，减小工件在共渗后的淬火变形和开裂倾向，减少变形。

（3）比纯渗碳或渗氮的速度快。碳氮共渗时，碳的扩散系数将增加。在相同的温度和渗入时间下，碳氮共渗层的深度远大于渗碳层的深度，可以缩短工艺周期。

（4）与单独的渗碳层相比，碳氮共渗层具有更高的耐磨性、疲劳强度和耐蚀性。与单独的渗氮层相比，碳氮共渗层具有较高的抗压强度和较低的表面脆性。

（5）氮的渗入降低了渗透层的马氏体相变温度 M_s。马氏体相变温度下降，减少了奥氏体的转变量，使表层残余奥氏体增多，因而渗层硬度有所下降。

8.5.1.2 碳氮共渗的介质

按碳氮共渗的介质状态分类，碳氮共渗可分为固体碳氮共渗、液体碳氮共渗与气体碳氮共渗。固体碳氮共渗与固体渗碳相似，常用的渗剂成分为30%~40%的黄血盐、10%的碳酸钠和50%~60%的木炭，但是固体碳氮共渗的生产效率低，劳动现场环境条件差，已很少使用。液体碳氮共渗通常又被称作氰化，主要以氰盐为渗剂，由于氰盐普遍剧毒，容易造成严重的环境污染，使用场合也受到严重限制。因此，气体碳氮共渗是目前应用最广泛的一种工艺，基本克服了环境污染问题，且操作相对简便，生产效率高。因此这里主要讨论气体碳氮共渗工艺。

一般而言，气体碳氮共渗的常用介质可分为两大类：一类是渗碳介质加氨气；另一类是含有碳、氮元素的有机化合物。液态碳氢化合物加热后分解的产物和各种气态渗碳剂，都包含有一氧化碳和甲烷两种组分，当一氧化碳和甲烷在高温下与钢件表面接触时，会分解析出活性碳原子参与渗碳。氨气除了可直接分解析出活性氮原子外，还可同渗碳气体反应产生氢氰酸（HCN），如式（8-28）、式（8-29）所示。

$$NH_3 + CO \longrightarrow HCN + H_2O \tag{8-28}$$

$$NH_3 + CH_4 \longrightarrow HCN + 3H_2 \tag{8-29}$$

由于氢氰酸高温下不稳定，活性较高，可分解析出碳与氮的活性原子（式8-30），从而促进碳氮共渗。

$$2HCN \longrightarrow H_2 + 2[C] + 2[N] \tag{8-30}$$

8.5.1.3 气体碳氮共渗的温度和时间

温度是碳氮共渗工艺中的重要参数，温度的高低会直接影响共渗介质的活性以及碳、氮原子在工件中的扩散系数，从而直接影响渗层碳、氮的浓度、渗层深度和渗层组织，因此合理地选择碳氮共渗温度，对提高渗层质量、加快共渗速度、提高生产效率具有重要意义。

碳氮共渗温度的选择需要综合考虑工艺条件和产品性能的需求，如共渗速度、工件畸变、渗层组织及性能等。温度越高，为达到一定厚度渗层所需的时间则越短，如图8-13所示，但此时工件的形变量增大，而且渗层中氮含量迅速下降。当温度高于900℃时，渗层中氮含量将会非常低，渗层的成分和组织性能将与渗碳工艺相近，相当于单纯渗碳。

一般而言，较低碳氮共渗温度有利于减少工件热处理后的形变。但温度过低，不仅会大幅度减慢渗速，而且容易造成工件表层氮含量过高，易形成高氮化合物，从而使渗层脆性增大，还会影响工件心部组织的强度及韧性。目前，多数企业一般选用820~860℃的温度范围作为碳氮共渗温度。

碳氮共渗保温时间主要取决于共渗温度、工件所要求的渗层深度及钢材的化学成分。另外，与渗剂的成分和流量、炉子的大小及工件装炉量等因素也有一定关系。当共渗温度和共渗介质一定时，共渗时间与共渗层深度的关系式为：

$$x = K \cdot \tau^{1/2} \tag{8-31}$$

式中，x 为共渗层深度，mm；τ 为共渗时间，h；K 为共渗系数。共渗系数与共渗工艺温度、共渗介质及钢种有关，一般可通过实验测得，然后根据所要求的共渗层厚度计算出共渗时间，表 8-5 所示为常用钢种的 K 值。

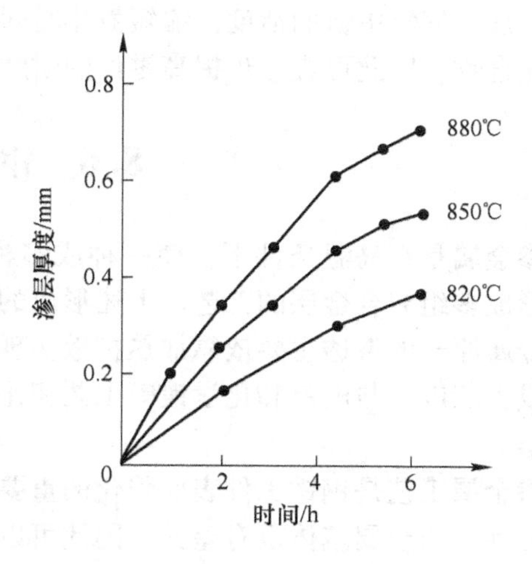

图 8-13 碳氮共渗温度对 20 钢渗层厚度的影响

表 8-5 常用钢的 K 值

钢种	K	共渗温度/℃	共渗介质
20Cr	0.3	860~870	氨气 0.05m³/h，液化气 0.1m³/h，保护气装炉后 20min 内 5m³/h，20min 后 0.5m³/h
8CrMnTi	0.32	860~870	
40Cr	0.37	860~870	液化气 0.15m³/h，其余同上
20	0.28	860~870	氨气 0.42m³/h，保护气 7m³/h
20MnMoB	0.345	840	渗碳气（CH_4）0.28m³/h

由式（8-31）可知，共渗温度一经确定，保温时间主要取决于渗层深度要求。随着保温时间的延长，渗层内碳、氮浓度梯度变得较为平缓，有利于提高工件表面的承载能力。但时间也不可过长，否则表面碳、氮浓度过高，引起表面脆性或淬火后残余奥氏体过多。

8.5.2 碳氮共渗的应用

碳氮共渗由于优势突出，目前应用已经较为广泛，而且部分替代了渗碳工艺。尤其是当共渗层厚度小于 0.75mm 时，采用碳氮共渗既可获得高性能的渗透层，又可以提高生产率，并降低生产成本。目前轻工行业使用的薄壁零件，多数已采用碳氮共渗工艺，除此之外，碳氮共渗也在汽车等工业领域得到了广泛应用。

轻工业中的自行车零件，如脚踏轴、弹碗，纺织机械中的零件，如导纱盘、导纱钩、压条等，其制造材料一般均为低碳结构钢，如 Q215、Q235 等牌号的薄板，经裁剪冲压成形。由于此类零件均是薄壁零件，因此要求共渗层较浅（0.2~0.5mm），共渗层的碳、氮浓度较低（碳与氮的质量分数分别为 0.7%~0.9%和 0.2%~0.4%），淬火后共渗层硬度通常为 55~62HRC。

碳氮共渗除了在上述轻工业薄壁零件制造上有大规模应用外，在汽车行业，如变速箱齿轮等的处理上也有广泛应用。

目前，可在氮碳共渗的工艺上向炉内通一定量的氧气，实现氮碳氧的三元共渗，又被称为氧软氮化。氧的加入，可与气氛中的氢结合，从而降低气氛中氢的活度，在一定程度上可增加了气氛中氮的活度，缩短氮化时间。除此之外，由于在工件表层可以形成含氧碳氮的化合物，因此可进一步提高零件的耐磨性。

8.6　钢的渗金属

渗金属是在高温条件下，使一种或多种金属，如铝、铬、锌、钛等元素渗入零件表面，形成多组分合金层的工艺。上述形成的合金层称为渗层或扩散渗层。渗金属工艺的特点是金属原子的渗透主要依靠加热扩散实现，扩散渗层与基体的结合主要靠形成相应的合金完成，所以，与电镀和化学镀等工艺相比，高温渗金属工艺得到的镀层更牢固且渗层不易剥落。

渗金属工艺是钢铁工件表面强化的重要途径，由于渗层和基体金属的成分不同，渗层组织和性能与金属基体也有差异，因此可以通过渗金属使工件表面获得需要的性能。例如渗铬后，工件表面的渗层一般具有良好的耐蚀性和抗氧化性，而且可大幅度提高工件表面的硬度及耐磨性；而渗铝工艺则可提高合金的抗高温氧化性能及抗腐蚀性能，除此之外，渗铝还可改善铜合金、铁基粉末合金及铁合金的表面特性；在渗锌后，金属表面在大气、硫化氢及部分有机物中的抗腐蚀能力可得到大幅度提高，比使用不锈钢等耐蚀材料的成本低。

近年来，随着科学技术的发展，众多新工艺和新方法相继出现，渗金属工艺的渗层质量和性能得到了大幅度提高，并大大地拓展了渗金属的应用范围，使化学热处理技术得到了长足的进步。

渗金属的手段方法很多，一般可以分为直接渗方法及联用其他涂层法。直接渗方法包括离子渗、气体渗、液体渗及固体渗四种。以上所述方法中，固体渗包括粉末包渗法、固-固扩散法及流化床法；液体渗包括热浸法、盐浴法、熔盐电解法和熔烧法；气体渗包括直接气体扩散法、间接气体扩散法、低压法和化学气相沉积法等。由于工艺装备等的限制，我国目前大规模应用的渗金属工艺为液体法和固体法，因此，这里着重介绍直接渗方法中的固体法和液体法。

8.6.1　固体法直接扩散渗金属

固体法渗金属是通过固体渗剂与被渗金属作用完成的，具体方法可以通过将金属原子预渗到渗剂中，使渗剂与金属表面作用，或者令渗剂发生反应，使析出的金属原子吸附在工件表面并扩散渗入。前者的渗剂主要由金属粉末或金属合金粉末、活化剂等组成；后者由金属的化合物、还原剂、活化剂等组成。

固体粉末装箱法是一种粉末渗金属的方法，以渗铬为例，将工件埋入装有铬粉或铬铁粉、氯化氨、氧化铝或氧化硅的容器中，加热后在高温下渗铬。渗剂在高温下可发生如下反应：

$$NH_4Cl \longrightarrow NH_3 + HCl \tag{8-32}$$

$$2NH_3 \longrightarrow N_2 + 3H_2 \tag{8-33}$$

$$Cr + 2HCl \longrightarrow CrCl_2 + H_2 \tag{8-34}$$

$$CrCl_2 + M \longrightarrow MCl_2 + [Cr] \tag{8-35}$$

$$CrCl_2 + H_2 \longrightarrow HCl + [Cr] \tag{8-36}$$

通过上述反应，生成的活性铬原子将渗透进入金属基体 M 中。前面讲过，一般金属原子在钢中的扩散活化能比碳、氮等在钢中的扩散活化能高得多，因此扩散较慢，一般加热温度较高，热处理时间也较长。

8.6.2 液体法直接扩散渗金属

在液体渗金属工艺中，渗剂可分为两类：第一类是液态的金属或合金，主要用于基体渗低熔点金属，如渗铝及渗锌。一般情况下，为了改善渗层的综合性能，会在液态铝或液态锌中添加特定的合金元素。第二类是在盐浴中添加产生活性金属原子的物质，或渗入金属及其合金或它的氧化物和铝同时加入。如使用盐浴渗铬时，会添加铬粉或 Cr_2O_3 和 Al 的混合物。与固体法渗金属类似，熔盐渗金属也是通过熔盐中存在的或通过渗剂反应得到的欲渗入金属活性原子与金属材料表面相互作用、吸附、扩散而形成渗层。在实际生产中，大规模使用的液体渗剂一般为硼砂盐浴。由于 α 斜方无水硼砂的熔点为 742.5℃，而其分解温度较高，可达 1573℃，因此硼砂在一般的渗金属温度范围内不会分解，有利于稳定现场工况。由于硼砂为氧化物，在熔融状态下可溶解氧化物类杂质，因此与固体粉末渗剂相比，硼砂盐浴可以清洁被渗金属表面，从而使渗入表面处于活性状态，使渗金属过程效率大幅度提高。此外，盐浴还可长期使用，工艺操作简单，劳动强度较小。

8.6.3 渗层组织及性能

渗金属工艺中，基体材料的特性在很大程度上决定了渗层的组织及渗入金属在渗层中的浓度分布。一般而言，钢中的碳含量直接影响渗入金属后的渗层组织及渗入金属的浓度分布。针对中碳及高碳（合金）钢，渗金属后，工件表面易形成碳化物富集层，该层中渗入金属的浓度很高，原基体金属的含量几乎为零。因此，此时渗层附近渗入金属的浓度梯度非常大，其浓度曲线会出现骤降。而针对低碳及低碳合金钢，渗金属后，工件表面则容易形成含渗入元素的置换固溶体，并出现游离的碳化物相，渗层中渗入金属的浓度梯度也较缓和。一般而言，钢渗金属后形成的碳化物渗透层硬度均较高，耐磨性和耐蚀性较好。表 8-6 是渗金属后，形成的几种碳化物渗层与其他处理方法得到的表层性能对比。

表 8-6 典型碳化物覆层与其他热处理方法得到的表层性能对比

渗层	渗层厚度/μm	表面硬度 HV	耐磨性	抗热黏着性	耐蚀性	抗高温氧化性
淬火钢	—	600~700	普通	差	差	差
渗硼	50~100	1200~2000	较高	中	中	中
TiC	5~15	3200	高	高	高	差
VC	5~15	2500~2800	高	高	较高	差
$(Cr, Fe)_{23}C_6$	10~20	1520~1800	较高	较高	较高	较高

不同碳含量的钢渗铬后，渗层组织和其中铬与碳的含量见表 8-7。表 8-8 所示则为渗其他典型金属后的渗层组织。

A3 钢渗铝后钢的表面从内到外会形成 Fe_2Al_5 金属间化合物、FeAl 固溶体、Fe_3Al 固溶体和含铝的 α 固溶体。渗铝后，工件表面形成了多种铝铁化合物，由于这些化合物硬度很高，可使渗层硬度增大。同时，由于工件表层铝含量很高，在空气中易形成致密的氧化铝保护膜，因此可以起到保护钢基体不受外界物质侵蚀的效果。因此，低碳钢渗铝后，可提高工件耐高温氧化性能，并提高工件抗硫化氢、二氧化硫、二氧化碳、碳酸、硝酸、液氨、水、煤气等的腐蚀，可用于化工管道等腐蚀性环境。

表 8-7 不同碳含量钢渗铬后渗层组织及铬和碳含量（质量分数）

钢中碳含量/%	0.05	0.15	0.41	0.61	1.04
渗层组织	α	α、$(Cr, Fe)_{23}C_6$	$(Cr, Fe)_7C_6$ $(Cr, Fe)_{23}C_6$ $(Fe, Cr)_7C_3$	$(Cr, Fe)_7C_6$ $(Cr, Fe)_{23}C_6$ $(Fe, Cr)_7C_3$	$(Cr, Fe)_7C_6$ $(Cr, Fe)_{23}C_6$ $(Fe, Cr)_7C_3$
渗层平均铬含量/%	25	24.5	30	36.5	70
渗层平均碳含量/%		2~3	5~7	6~8	8

表 8-8 渗不同金属后渗层典型组织

渗金属种类	铬	钒	铌	钛
渗层组织	$(Cr, Fe)_7C_6$ $(Cr, Fe)_{23}C_6$ $(Fe, Cr)_7C_3$	VC 或 VC 和 V_2C	NbC	TiC 或 TiC 和 Fe_2Ti

习 题

一、选择题

1. 零件渗碳后一般须经（ ）处理，才能使表面硬而耐磨。
   A. 淬火+低温回火　B. 正火　C. 调质　D. 淬火
2. 用 15 号钢制造的齿轮，要求齿轮表面硬度高而心部具有良好的韧性，应采用(　　)热处理。
   A. 淬火+低温回火　B. 表面淬火+低温回火
   C. 渗碳+淬火+低温回火　D. 渗碳
3. 化学热处理与其热处理方法的主要区别是（　　）。
   A. 加热温度　B. 组织变化
   C. 改变表面化学成分　D. 保温时间
4. 目前应用最广泛的是气体渗氮法。气体渗氮的介质为（　　）。
   A. 氮气　B. 氨气　C. 一氧化碳　D. 二氧化碳
5. 下列是表面热处理的是（　　）。
   A. 淬火　B. 表面淬火　C. 渗碳　D. 渗氮
6. 渗金属工艺中，一般（　　）过程为整个过程的限制性环节。
   A. 吸附　B. 渗剂扩散
   C. 待渗原子在基体中的扩散　D. 待渗活性原子的产生
7. 工作中有强烈摩擦并承受冲击载荷或交变载荷的零件广泛应用的热处理方法为(　　)。

A. 渗碳　　B. 渗氮　　C. 调质　　D. 淬火

8. 渗氮后的钢材常采用的热处理工艺是（　　）。

A. 淬火加低温回火　　B. 淬火加中温回火

C. 淬火加高温回火　　D. 不用再进行热处理

二、简答题

1. 何为钢的化学热处理?
2. 请举出至少五种化学热处理方法。
3. 渗碳后，渗层性能有何变化?
4. 碳氮共渗和氮碳共渗有何区别? 渗层组织各自有何特点?
5. 渗氮后，渗层都有哪些含氮的组织?

三、综合分析题

1. 试分析为何渗金属时，渗层厚度比渗碳或者渗氮时渗层薄得多。
2. 试分析稀土催渗的原理。

四、综合创新性实验

固体粉末装箱法是一种粉末渗金属的方法，工艺操作与固体渗碳方法类似。以渗铬为例，将工件埋入装有铬粉或铬铁粉、氯化氨、氧化铝或氧化硅的容器中，加热后在高温下渗铬，高温下发生的化学反应如式（8-34）~式（8-36）所示，产生活性铬原子渗入工件表面。

该工艺下，加热温度一般为1050~1100℃，渗碳完成后，随炉冷至600℃，出炉空冷。粉末渗铬剂一般都是自行配制，目前常用的渗剂为：50%铬粉、2%氯化铵、48%氧化铝，经1100℃熔烧均匀。渗铬罐用不锈钢或耐热钢制成，T10钢片装箱后，先盖上内层箱盖，经300℃烘烤40~60min，使NH_4Cl部分分解，排除渗罐内残留空气，然后立即用水玻璃耐火泥封住内层箱盖，并在80℃以下烘干，内外层间用铸铁屑填满，以减少和防止渗剂和试样氧化，再以耐火泥封好外层箱盖。

实验时间设置为3h、6h、9h，实验后分析不同时间下获得T10钢片的渗铬层厚度，并从理论上分析渗铬层厚度小于渗碳工艺下渗层厚度的原因。

9 特种热处理技术

9.1 表面热处理

通过对工件表层的加热、冷却，改变表层组织结构，获得所需性能的金属热处理工艺称为表面热处理。钢件的表面热处理，可获得表面高硬度的马氏体组织，而保留心部的韧性和塑性，提高工件的综合力学性能。如对一些轴类、齿轮和承受变向负荷的零件，可通过表面热处理，使表面具有较高的抗磨损能力，使工件整体的抗疲劳能力大大提高。表面热处理常用的方法有感应加热、火焰加热、高能速电接触加热（激光加热、电子束加热、等离子束加热等）、电接触加热、电解液加热、浴池加热等多种手段和方法。

9.1.1 感应加热热处理

感应加热热处理（induction heat treatment）是用感应电流使工件局部加热的表面热处理工艺。这种热处理工艺常用于表面淬火，也可用于局部退火或回火，有时也用于整体淬火或回火。20 世纪 30 年代初，美国、苏联先后开始应用感应加热方法对零件进行表面淬火。随着工业的发展，感应加热热处理技术不断改进，应用范围也不断扩大。

根据交变电流的频率高低，可将感应加热热处理分为超高频、高频、超音频、中频、工频 5 类：

（1）超高频感应加热热处理所用的电流频率高达 27MHz，加热层极薄，仅约 0.15mm，可用于圆盘锯等形状复杂工件的薄层表面淬火。

（2）高频感应加热热处理所用的电流频率通常为 200～300kHz，加热层深度为 0.5～2mm，可用于齿轮、汽缸套、凸轮、轴等零件的表面淬火。

（3）超音频感应加热热处理所用的电流频率一般为 20～30kHz，用超音频感应电流对小模数齿轮加热，加热层大致沿齿廓分布，淬火后使用性能较好。

（4）中频感应加热热处理所用的电流频率一般为 2.5～10kHz，加热层深度为 2～8mm，多用于大模数齿轮、直径较大的轴类和冷轧辊等工件的表面淬火。

（5）工频感应加热热处理所用的电流频率为 50～60Hz，加热层深度为 10～15mm，可用于大型工件的表面淬火。表 9-1 为感应加热类型与功率密度关系。

表 9-1 感应加热类型与功率密度关系

类型	频率	功率密度/$W \cdot cm^{-2}$
工频	50Hz	$(0.1\sim1)\times10^2$
中频	<10kHz	$<5\times10^2$
高频、超音频	20～1000kHz	$(2\sim10)\times10^2$
超高频	27000kHz	$(100\sim300)\times10^2$

9.1.1.1 感应加热基本原理

感应加热主要依据的是电磁感应、集肤效应和热传导三个基本原理。如图9-1所示，当交变电流在感应线圈中通过时，在所形成的交变磁场的作用下，在零件上产生了感应电动势。

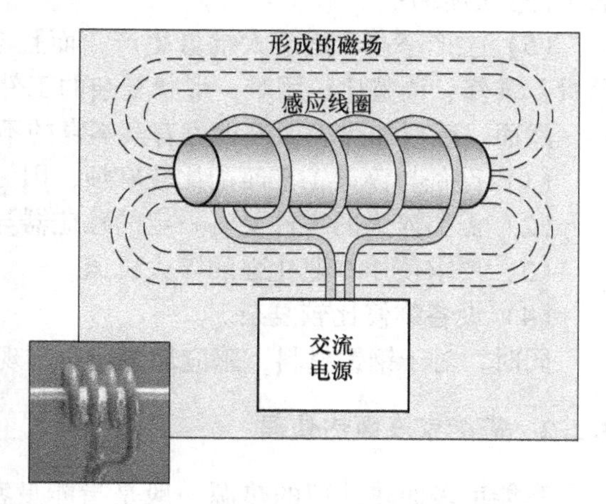

图9-1 感应加热示意图

由于越接近中心部位感应电动势越大，导体中的电流便趋向于表层，电流强度从表面向心部呈指数规律衰减，这种现象即所谓交流电流的集肤效应。相互靠近的导体通有交变电流时，会受到邻近导体的影响，这种现象称为邻近效应。频率越高，导体靠得越近，邻近效应愈显著，如图9-2所示。邻近效应与集肤效应共存，它会使导体的电流分布更不均匀。利用邻近效应可以选择适当形状的感应器对被处理零件表面的一定部位进行集中加热，使电流集中在与感应器宽度大致相同的区域内。通过感应线圈的电流集中在内侧表面的现象称为环状效应，如图9-3所示。环状效应是由于感应圈电流交流磁场的作用使外表面自感应电动势增大的结果。

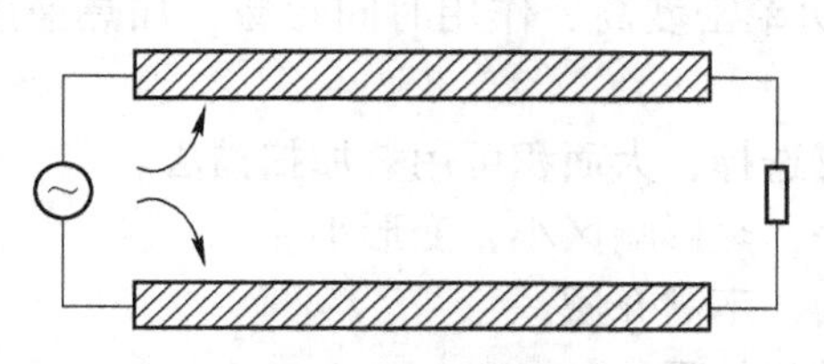

图9-2 二线传输线中的邻近效应

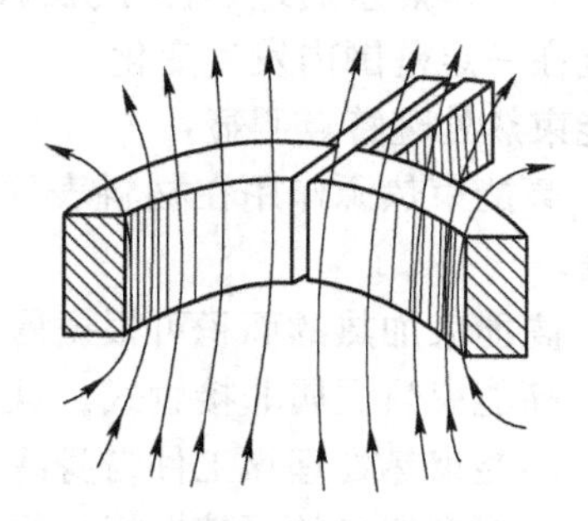

图9-3 交变电流的环状效应

加热外表面对环状效应是有利的，而加热平面与内孔时，它却会使感应器的电效率显著降低，以改变磁场强度的分布，迫使电流接近于零件所需加热的表面。

表面效应、邻近效应、环状效应均随着交变电流频率的增高而加剧。此外，邻近效应、环状效应还随导体截面的增大、两导体间距离的减小和圆环曲率的增大而加剧。

9.1.1.2 感应加热的特点

与普通淬火相比，感应加热淬火有以下主要特点：

(1) 感应加热速度很快，且无保温时间，使铁、碳原子来不及扩散，故使相变温度升高，加热温度一般在 A_{c3} 以上80~150℃。

(2) 感应加热时间短，使奥氏体晶粒细小而均匀，淬火后得到隐针马氏体组织，故硬度比普通淬火高2~3HRC，且脆性较低。

(3) 感应加热淬火后，由于马氏体体积膨胀，工件表层产生残余压应力，从而提高了疲劳强度。

(4) 由于加热时间极短，工件一般不会发生氧化和脱碳；同时，由于心部未被加热，故工件变形很小。

(5) 生产率高，适于大批量生产，而且易于实现机械化和自动化；但感应加热设备昂贵，维修、调整比较困难，形状复杂的工件不易制造感应器，且不适合单件小批生产。

然而，感应加热表面淬火也有其本身的不足：

(1) 设备与淬火工艺匹配比较麻烦，因为电参数常发生变化。

(2) 需要淬火的零件要有一定的感应器与其相对应。

(3) 要求使用专业化强的淬火机床。

(4) 设备维修比较复杂。

同时，对于钢铁材料，感应加热还会出现淬火裂纹、淬火变形和硬度不足的问题。

9.1.2 高能束表面热处理

高能束表面热处理的热源一般是指能量密度较高的激光束、电子束、离子束、电火花、超高频感应冲击、太阳能和同步辐射等。它们共同的特征是：供给材料表面的功率密度至少大于 $10^3 W/cm^2$。高能束作用在金属表面，使其产生物理、化学或相结构转变，从而达到金属表面改性的目的，这种热处理方式称为高能束表面热处理。高能束辐射在材料的表面时，无论是光能（激光束），还是电能（电子束和离子束）均被材料表面吸收，并转化成热能。该热量通过热传导机制在材料表层内扩散，造成相应的温度场，从而导致材料的性能在一定范围内发生变化。

高能束热处理特点明显：

(1) 高能束热源作用在材料表面上的功率密度高、作用时间短暂，加热速度快，处理效率高。

(2) 高能束加热的面积可根据需要任意选择，大面积可用叠加扫描法。

(3) 高能束热源属非接触式，且束斑小，热影响区小，变形小。

(4) 高能束热处理靠工件自身冷却淬火，不需介质。

(5) 高能束加热的可控性好，便于自动化处理。

(6) 高能束热源可远距离传输或通过真空室。

具有高能特征的激光束、电子束、离子束等典型的高能束，是一种高能密度热源，作用在金属表面能相变、熔化、气化效应。根据表面处理不同的需求，又可以进行高能束相变硬化处理、高能束熔敷处理、高能束合金化、高能束非晶化、高能束冲击硬化以及高能束气相沉积等。高能束加热时，加热速度可以高达 5×10^3℃/s 以上；共析转变温度 A_{c1} 点上升 100℃以上，因此高能束热处理时允许金属表面温度在熔化温度和相变点 A_{c1} 间变化。尽管过热度大，但极少出现过热或过烧，能够获得高硬度。另一方面，高能束热处理属非接触式加热，没有外加机械力的作用，热应力小，工件变形也小。高能束加热速度快，奥氏体长大及碳原子和合金原子的扩散受到抑制，可得到细化和超细化表面显微组织。高能束作用面积小，金属本身的热容量足以使局部加热处的表面骤冷，根据计算，冷速高达 10^4℃/s，保证完成马氏体的转变；且急冷可抑制碳化物的析出，从而减少脆性相的影响，并获得隐晶马氏体组织。高能束热处理金属表面将会产生 200~800MPa 的残余应力，从而大大提高金属表面的疲劳强度。

9.1.2.1 激光束表面热处理

激光束表面热处理，也称激光热处理、激光淬火或激光相变硬化，是以高能量激光束快速扫描工件，使被照射的金属或合金表面温度以极快速度升高到相变点以上，激光束离开被照射部位时，由于热传导作用，处于冷态的基体使其迅速冷却而进行自冷淬火，得到较细小的硬化层组织，硬度一般高于常规淬火硬度。处理过程中工件变形极小，适用于其他淬火技术不能完成或难以实现的某些工件或工件局部部位的表面强化。激光热处理自动化程度较高，硬化层深度和硬化面积可控性好。该技术主要用于强化汽车零部件或工模具的表面，提高其表面硬度、耐磨性、耐蚀性以及强度和高温性能等，如汽车发动机缸孔、曲轴、冲压模具、铸造型板等的激光热处理。除此之外，激光还能对材料的表面进行改性处理，如图 9-4 所示。

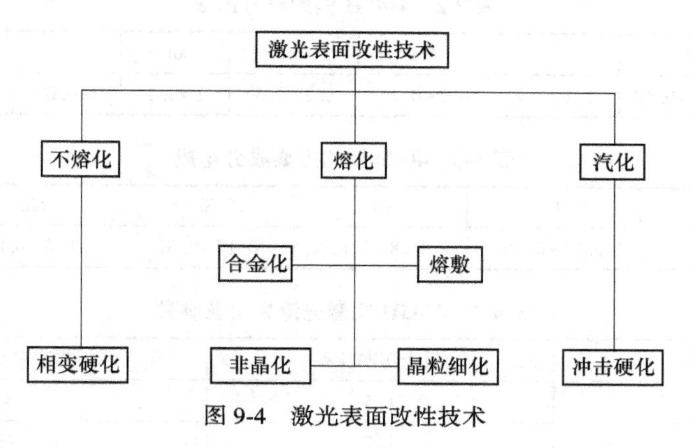

图 9-4 激光表面改性技术

激光热处理工艺流程为：预处理（表面清理及预置吸光涂层）—激光淬火（确定硬化模型及淬火工艺参数）— 质量检测（宏观及微观检测）等。在激光热处理过程中，激光和材料会发生相互作用，具体的作用过程如图 9-5 所示。

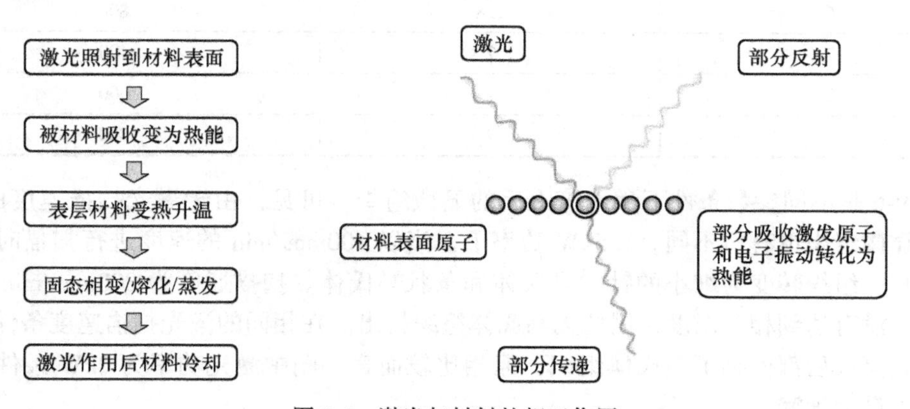

图 9-5 激光与材料的相互作用

在激光加工的过程中，作用到材料表面的有效的激光功率会受到材料本身材质的影响，基本的等式如下：

透明的材料，$E_0 = E_{吸收} + E_{反射} + E_{透过}$

不透明材料，$E_0 = E_{吸收} + E_{反射}$。

可见，只有被材料吸收的激光材料才能够发挥功效。材料对激光的吸收受到材料本身性质的影响，同时又受到表面状态的影响，对表面的具体状况极为敏感。

9.1.2.2 激光束表面热处理实例

激光淬火的研究工作开展的较多，本实例引自李颖杰、韩彩霞等的研究结果（参见文献[131]。试验分别以4145H钢、40Cr为研究对象，其化学成分见表9-2和表9-3。4145H钢的激光淬火处理采用二氧化碳激光发生器，淬火时双道扫描，其主要工艺参数：激光扫描功率为1.5kW、1.8kW和2kW，激光扫描速率为400mm/min、600mm/min和800mm/min。实验参数设计件见表9-4。

表9-2 4145H钢的成分组成

组成	C	Cr	Mo	Si	Mn	P	S	Fe
质量分数/%	0.43~0.47	1.1~1.2	0.2~0.25	0.2~0.3	1~1.1	≤0.02	≤0.02	余量

表9-3 40Cr钢的主要成分组成

组成	C	Cr	Si	Mn	Fe
质量分数/%	0.37~0.45	0.8~1.1	0.17~0.37	0.5~0.8	余量

表9-4 4145H钢激光淬火工艺参数

试样编号	激光功率/kW	扫描速率/$mm \cdot min^{-1}$
1	1.5	400
2	1.5	600
3	1.5	800
4	1.8	400
5	1.8	600
6	1.8	800
7	2	400
8	2	600
9	2	800

图9-6是不同参数条件下激光淬火后的显微组织，可见，由于激光扫描速度的差异，得到的显微组织也有所不同。1.5kW功率下，当以400mm/min的速度进行扫描时，由于快速冷却，组织转变为细小的针状马氏体和条状马氏体。扫描速度为800mm/min时，速度过快，没有达到相变温度，因此无马氏体组织析出。在相同的激光扫描速度条件下，虽然经激光淬火后都得到了马氏体组织，但相比较而言，图中激光功率为2kW条件下的马氏体组织最为细密。

40Cr钢的原始组织图如图9-7所示。淬火处理采用型号为5kW CO_2的激光器设备，扫描过程激光的输出功率为900W，速度为12mm/s，扫描方式采用激光束有重叠地往返扫过整个试样表面。经过淬火后激光的截面形貌如图9-8所示。可见，经激光表面淬火的组

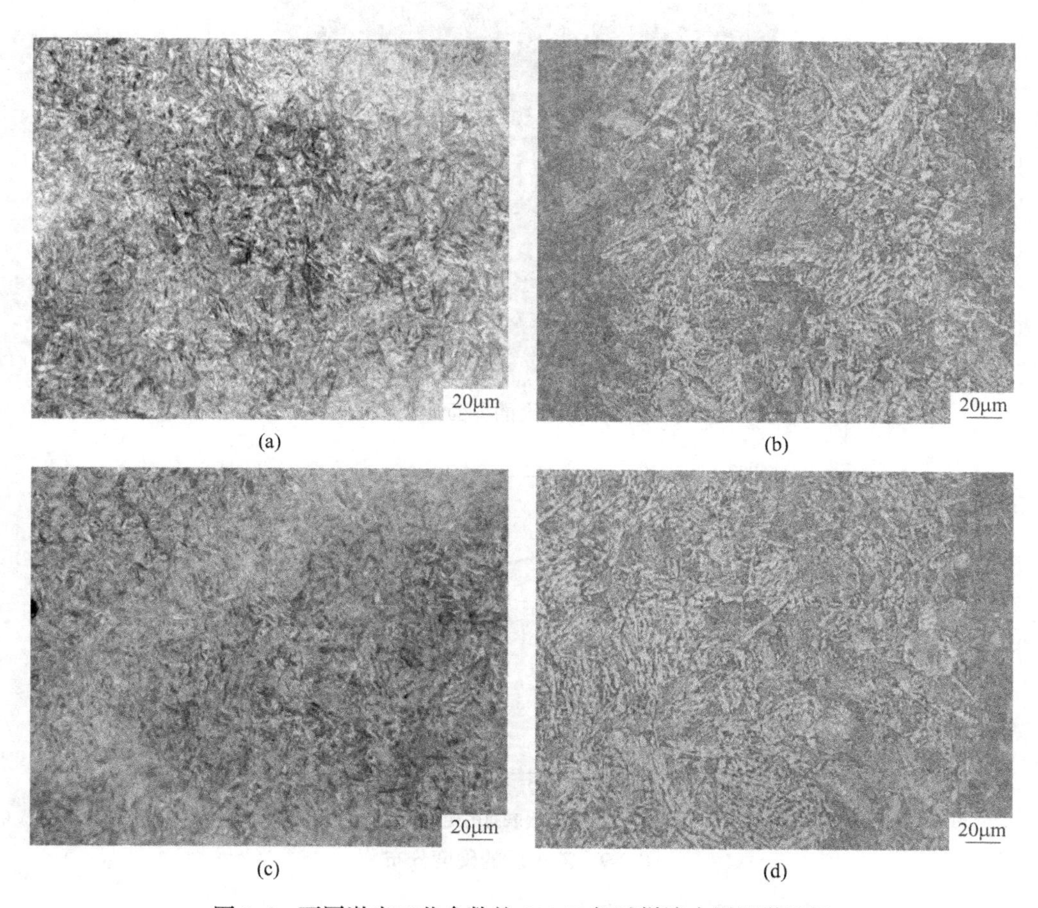

图 9-6 不同激光工艺参数的 4145H 钢试样淬火层显微组织

（a）1.5kW，400mm/min；（b）1.5kW，800mm/min；（c）2kW，400mm/min；（d）2kW，800mm/min

织显著细化，测得淬硬层深度在 0.55 ~ 0.65mm 之间。40Cr 钢激光淬火后表面硬度较高（见图 9-9）。由于激光淬火的马氏体相变可以获得极细的片状和板条状马氏体混合组织。马氏体相变及晶粒细化、晶体缺陷密度大幅度增加，使得 40Cr 钢激光淬火后表层硬度显著提高。

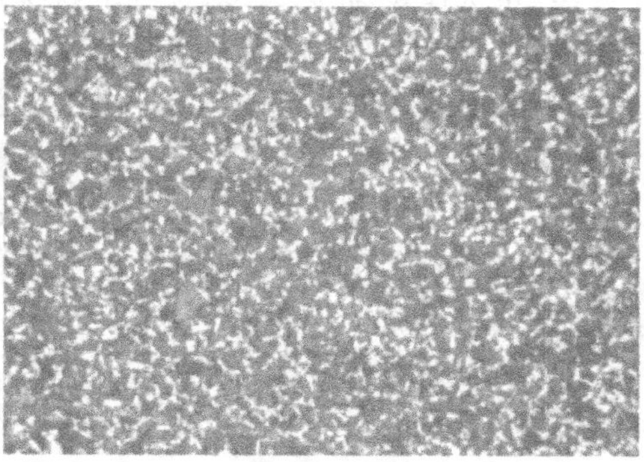

图 9-7 40Cr 钢的原始组织图

由以上例子可见，经过激光表面淬火后，工艺参数恰当，对改善材料的表面性能有重要作用。

9.1.2.3 高能电子束表面热处理

电子束热处理是利用高能量密度的电子束加热，进行表面淬火的技术。被处理零件的加热深度是加热加速电压和金属密度的函数，当功率为 150kW 时，在铁中的理论加热深度为 0.076mm，而在铝中的则为 0.178mm。

图 9-8　淬火的界面形貌

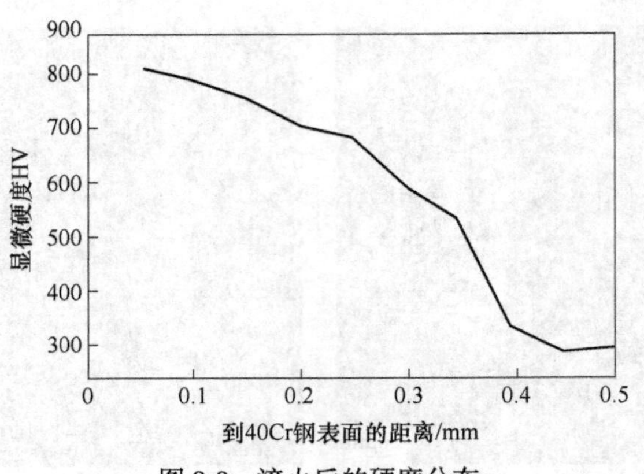

图 9-9　淬火后的硬度分布

电子束表面热处理有着明显的优点：

（1）节能，电子束不仅功率密度高，能量利用率也高。

（2）可选择表面淬火，对工件的特殊部位，如槽壁、盲孔、深孔等，只要电子束能够扫描到的部位均可进行淬火处理。

（3）表面组织细小且硬度高，与感应淬火相比，虽然硬化层深度较浅，但在表面却获得了相当高的硬度，其硬度比常规淬火提高 20%~30%。

（4）工件变形小，可进行精加工后的表面淬火。电子束表面淬火是在真空中进行的，所以淬火时几乎没有表面氧化脱碳，只要不发生熔化，对工件表面的粗糙度没有太大的影响，可成为工件加工的最后工序。

（5）由于金属材料具有优良的导热性，加热停止后加热部位可迅速冷却，实现自冷淬火，不需要油或水等淬火介质，避免了环境污染。

对于电子束表面淬火热处理，硬化层的温度要求加热到 A_{c1}（奥氏体转变温度）和 T_s（熔化温度）之间的某一温度 T。因此，A_{c1}和 T_s这两个温度数值特别重要，材料表面的最高温度必须低于材料的熔化温度 T_s且高于奥氏体转变温度 A_{c1}，否则淬火失败。

如对 45、T7、2Cr13、GCr15 等材料进行电子束表面淬火试验，结果表明 T7 钢淬硬层的硬度均大于 66HRC，最高硬度达 67~68HRC；45 钢硬度可达 62. 5HRC，最高硬度可到

65HRC；2Cr13 硬度可达 46~51HRC，最高硬度可达 56~57HRC，GCr15 钢淬硬层的硬度均高于 66HRC。

9.1.3 其他表面热处理

9.1.3.1 接触电阻加热表面热处理（淬火）

接触电阻加热表面热处理（淬火）是利用触头和工件的接触电阻使工件表面加热，并借助其本身未加热部分的热传导来实现淬火冷却。这种方法的优点是设备简单、操作方便、工件畸变小，淬火后不需要回火。

接触电阻加热表面热处理的原理如图 9-10所示，变压器二次侧线圈供给低电压大电流，在电极（铜滚轮或碳棒）与工件表面接触处产生局部电阻加热。当电流足够大时，产生的热能足以使此部分工件表面温度达到临界点以上，然后靠工件的自身冷却实现淬火。

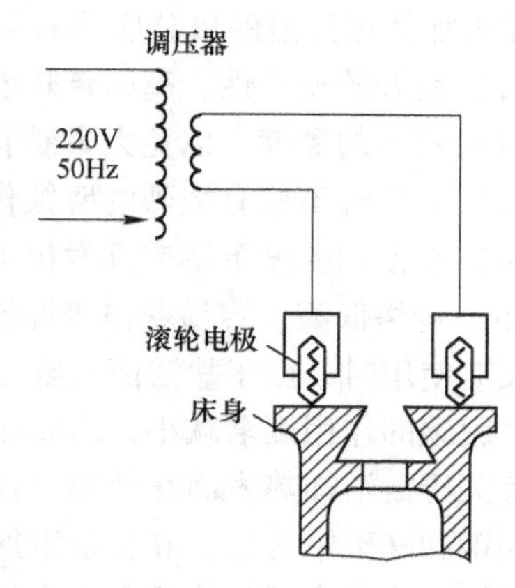

图 9-10 接触电阻加热表面热处理的原理

接触电阻表面淬火能显著提高工件的耐磨性和抗擦伤能力，但淬硬层较薄（0.15~0.3mm），金相组织及硬度的均匀性较差，目前多用于机床铸铁导轨的表面淬火，也可用于气缸套、曲轴、工模具等零件上。

接触电阻加热表面淬火大都在精加工后进行，表面粗糙度要求 1.6μm 以下。

滚轮电极多用黄铜或纯铜制造，手工操作时多用碳棒。接触电阻淬火后，工件表面产生一层熔融突起和氧化皮，可用油石打光。接触电阻加热淬火有多种形式，如行星差动式、可移自动往复式、传动电极式、多轮式等。

9.1.3.2 电解液表面热处理（淬火）

电解液加热表面淬火原理如图 9-11 所示，是向电解液通入较高电压（150~300V）的直流电，因电离作用而发生导电现象，负极放出氢，正极放出氧。氢气围绕负极周围形成气膜，电阻较大，电流通过时产生大量的热使负极加热。淬火时，将没入电解液的工件接负极，液槽接正极，工件的没入部分当接通电源时便被加热（5~10s 可达到淬火温度）。断电后在电解液中冷却，也可取出放入另设的淬火槽中冷却。

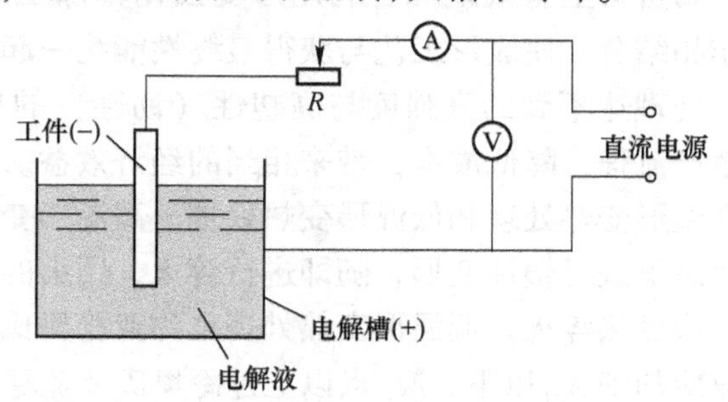

图 9-11 电解液加热表面淬火原理图

适用于进行表面淬火的电解液很多，其中以 w（碳酸钠）= 5%~18%水溶液使用最广，使用温度不得超过60℃，否则氢气膜不稳定，影响加热效果。

工件的棱角及尖锐部分易于过热，应使用耐火材料绝缘。工件的端面也常采用绝缘材料以避免过热。电解液表面淬火最适用于棒状工件、轮缘或板状工件等。

9.1.3.3 盐浴加热表面热处理（淬火）

盐浴加热淬火是应用熔融状态的盐对工件进行加热淬火。盐浴加热较普通空气介质炉内加热速度快且质量好，脱碳及氧化损失较小，又因工件处于悬挂状态加热，热处理变形较小。

淬火加热用盐浴的成分应具有：

（1）良好的流动性，高的传热能力；

（2）较小的黏度，以免大量黏着在工件上，淬火后的工件应易清洗；

（3）对工件不应有强烈的腐蚀作用；

（4）在使用温度下不应挥发出大量有毒气体；

（5）价格低廉，容易获得等性能和特点。

长期使用时，由于盐浴面与空气相接触，又由于工件带入的氧化物，盐浴加热时防止氧化、脱碳的作用逐渐减小，因此必须周期地对盐浴进行脱氧处理。

有关于盐浴加热表面热处理（淬火），所有可淬硬的钢种均可施行浴炉表面淬火，但以中碳钢和高碳钢为宜。高合金钢加热前需预热。

浴炉表面淬火因加热速度比高频和火焰淬火低，故淬硬层的深度大。因加热后常采用浸液冷却，冷却条件没有喷射强烈，故表面硬度较低，但硬度梯度变化缓慢。为了获得较大的加速度，浴炉温度应比一般的淬火温度高100~300℃。淬硬的质量取决于浴温和要求淬硬的深度，如直径为48mm的45号钢试棒在氯化钡+氯化钾盐浴中加热。工件在浴炉加热表面淬火前施行调质处理，以保证良好的心部综合性能。浴温在加热过程中应力求稳定，因此装炉量不可过多。工件在装炉前要先行烘干或预热。工件加热后一般应立即浸液淬火，有时也稍加预冷，以控制淬硬层深度和改善硬度梯度。此方法不太适用于各部分截面差别较大的工件。

9.2 形变热处理

形变热处理是在金属材料上有效地综合利用形变强化（加工硬化）及相变强化，将压力加工与热处理操作相结合，使成形工艺与获得最终性能统一起来的一种工艺方法。它不但能够获得一般加工处理达不到的高强度与高塑性（韧性）的良好配合，而且可以大大简化零件或钢材的生产流程，降低成本，带来相当的经济效益。

形变热处理分为高温形变热处理和低温形变热处理。高温形变热处理将钢加热到稳定的奥氏体构内，在此状态下进行塑性变形，随即进行淬火、回火的综合热处理工艺叫高温形变热处理，或叫高温形变热淬火。低温形变热处理也称亚稳奥氏体形变淬火，是将钢加热至奥氏体状态，迅速冷却到 A_{c1} 以下，M_s 点以上过冷奥氏体亚稳温度范围进行大量塑性变形，然后立即淬火并回火至所需的性能。

9.2.1 高温形变热处理

高温形变热处理更为人们关注，发展更为迅速。目前，钢的高温形变热处理已发展成理论研究和实际应用都相当成熟的工艺，在钢材或零件的生产中得到广泛的应用。

如图 9-12 所示，钢的高温形变热处理首先将钢材或零件加热至稳定的奥氏体区保温获得均匀的奥氏体组织。然后在该温度下进行高温塑性形变，改变零件或钢材的形状尺寸；同时通过控制高温形变的方法和形变参数以获得所需的形变后相变前的奥氏体组织；最后通过控制形变奥氏体的冷却过程（冷却方式、速度等）得到最终所需的组织和性能。

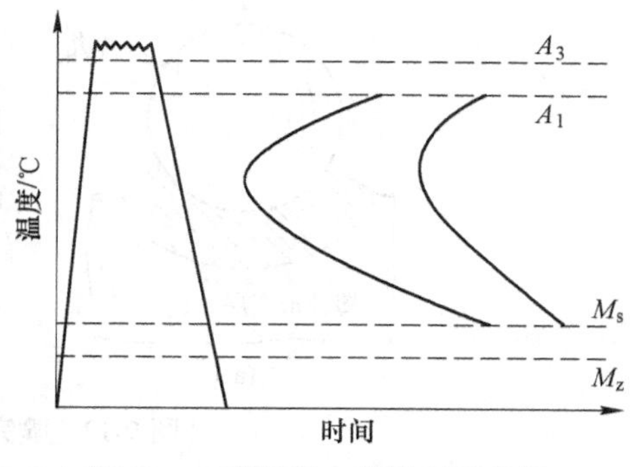

图 9-12 高温形变热处理示意图

主要特点如下：

（1）有效地改善钢材或零件的性能组合，即在提高钢材强度的同时大大改善其塑性、韧性，减少脆性。

（2）显著改善钢材的抗冲击、耐疲劳能力；提高其在高接触应力下局部表面的抗力；降低脆性折转温度和缺口敏感性。

（3）对材料无特殊要求，低碳钢、低合金钢甚至中、高合金钢均可应用。

（4）在高温下进行塑性形变，形变抗力小，一般压力加工（如轧制、压缩）下即可采用，并且极易安插在轧制或锻造生产流程中。

（5）大大简化钢材或零件的生产流程，缩短生产周期，减少能耗，降低成本。

（6）高温形变热处理的强化程度不如低温形变热处理，而且较易在截面较小的工件上进行。

（7）高温形变热处理要求比普通热处理更加严格的过程控制，尤其是高温形变参数（决定形变后奥氏体状态）和冷却过程（最终决定材料的组织和性能）的控制。同时由于引入高温形变过程，工艺的复杂性大大增加。

高温形变热处理在奥氏体再结晶温度以上进行，形变同时奥氏体发生再结晶及其后的晶粒长大过程、动态析出过程，使形变后奥氏体处于不同状态。高温形变参数在此起到重要作用。钢的高温形变再结晶规律研究正是研究不同钢种高温形变和形变奥氏体再结晶行为及规律、奥氏体晶粒长大规律、形变过程中动态析出规律以及形变参数的影响等，最终通过合理选择和控制高温形变参数以获得所需的形变奥氏体组织。

9.2.2 表面形变热处理

将钢件表面形变强化，如喷丸、滚压等与整体热处理强化或表面热处理强化相结合可显著提高其疲劳和接触疲劳强度，延长机器零件使用寿命。

9.2.2.1 受控喷丸强化技术

利用高速喷射的细小弹丸在室温下撞击受喷工件的表面，使表层材料在再结晶温度之下产生弹、塑性变形，并呈现较大的残余压应力，从而提高工件表面强度、疲劳强度和抗应力腐蚀能力。通过喷丸，工件表面吸收高速运动弹丸的动能后产生塑性流变和加工硬化

(位错与孪晶)，同时使工件表面保留残余压应力，其结构示意图如图 9-13 所示。喷丸设备及相关的过程如图 9-14 所示，主要有叶轮式（抛丸式）和压缩空气式（干喷式和湿喷式）喷丸设备。弹丸种类有铸铁丸、铸钢丸、不锈钢丸、钢丝切割丸、玻璃丸和陶瓷丸等。

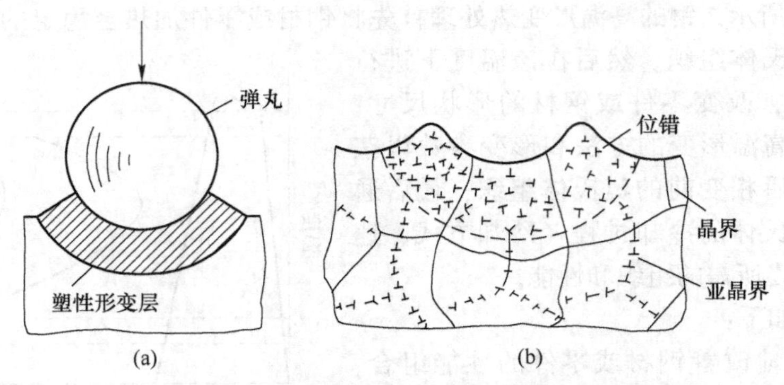

图 9-13 喷完后零件表面结构示意图
（a）弹丸撞击表面；（b）喷丸后表面层的亚结构

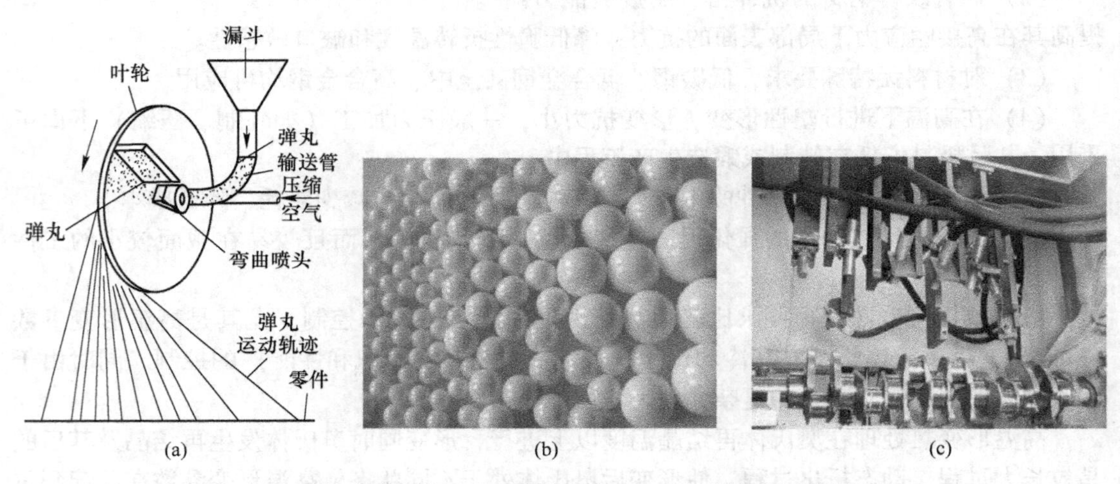

图 9-14 叶轮式喷丸机（a）、陶瓷弹丸（b）和曲轴喷丸强化机（c）

喷丸与喷砂都是使用高压风或压缩空气作动力（见图 9-15），将其高速地吹出去冲击工件表面达到清理效果，但选择的介质不同，效果也不相同。喷砂处理后，工件表面污物被清除掉，表面积大幅增加，从而增加了工件与涂/镀层的结合强度。经过喷砂处理的工件表面为金属本色，但是由于表面为毛糙面，光线被折射掉，故没有金属光泽，为发暗表面。喷丸处理后，工件表面污物被清除掉，工件表面因微量变形而被强化。由于加工过程中，工件表面没有被破坏，加工时产生的多余能量就会引起工件基体的表面强化。经过喷丸处理的工件表面也为金属本色，但是由于表面为球状面，光线部分被折射掉，故工件加工为亚光效果。

喷丸表面硬度可大幅度提高，同时可降低表面粗糙度，增加零件的疲劳强度；喷丸以后的表面痕迹没有方向性，有利于增加零件的疲劳强度，可大幅度提高疲劳寿命和抗应力

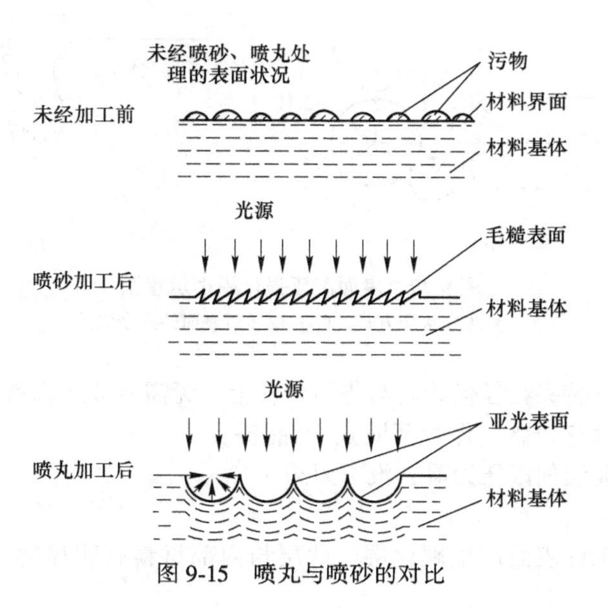

图 9-15 喷丸与喷砂的对比

腐蚀能力。图 9-16 显示了喷丸硬度、硬化层深度与工艺参数关系。

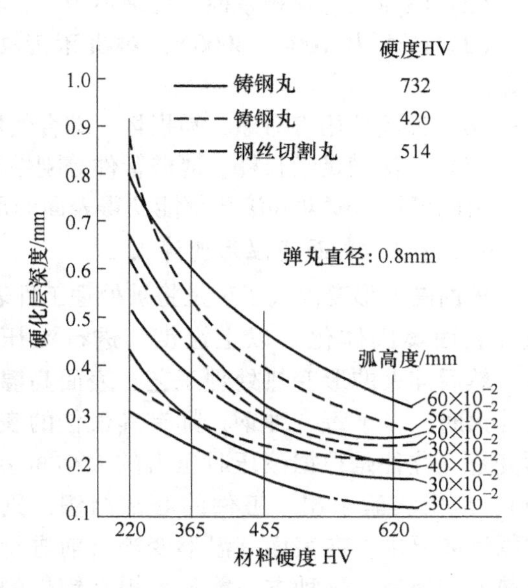

图 9-16 喷丸硬度、硬化层深度与工艺参数关系

9.2.2.2 表面滚压技术

滚压技术是一种压力光整加工，利用金属在常温状态的冷塑性特点，利用滚压刀具对工件表面施加一定的压力，使工件表层金属产生塑性流动，填入到原始残留的低凹波谷中，而降低工件表面粗糙值。由于被滚压的表层金属塑性变形，使表层组织冷硬化和晶粒变细，形成致密的纤维状，并产生残余应力层，硬度和强度同时提高，改善了工件表面的耐磨性、耐蚀性和配合性。滚压是一种无切削的塑性加工方法，其强化原理如图 9-17 所示。

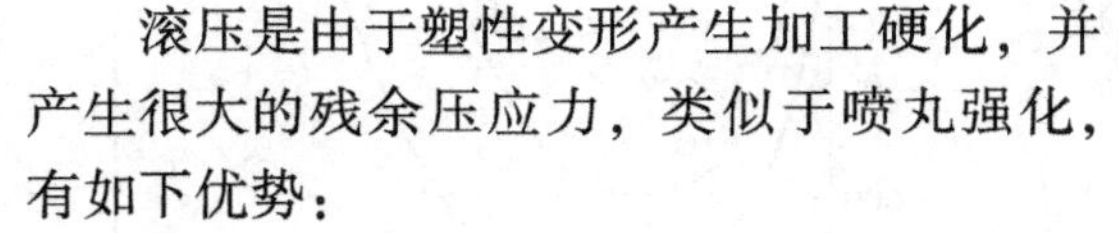

滚压是由于塑性变形产生加工硬化，并产生很大的残余压应力，类似于喷丸强化，有如下优势：

（1）高效——几秒就可将表面加工至需要的表面精度，效率是磨削的 5~20 倍、车削的 10~50 倍以上。

（2）优质——一次进给实现 *Ra*0.05~0.1μm 的镜面精度；并使表面得到挤压硬化，耐磨性、疲劳强度提高；消除了表面受力塑性变形，尺寸精度能相对长期保持稳定。

（3）经济——无需大型设备的资金、占地、耗电、废渣处理等投入；无需专业的技工投入。

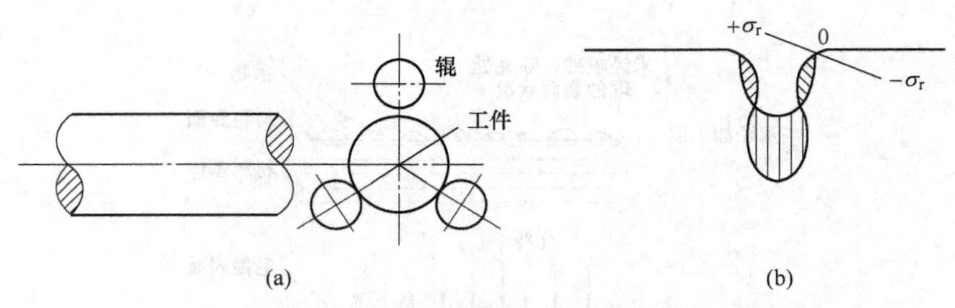

图 9-17 表面滚压强化原理示意图
（a）工件滚压方式；（b）滚压后表面的残余应力

（4）方便——可装夹在任何旋转与进给设备上，无需专业培训就可加工出镜面精度。

（5）环保——没有切屑（保护环境）、低能耗。

（6）安全——无切削滚压刀具，没有刀刃。

但也存在着不足：

（1）滚压会在工件表面产生硬化层，此层与内部材料有明显的分层现象，容易造成表层脱落。

（2）滚压工艺很难掌握，处理不当，容易造成废品。

（3）刚性力 1000～3000N，对机床传动机构导轨损伤很大，严重损伤机床精度和寿命。

（4）刀具使用寿命短，易损坏，综合使用成本高。

（5）无法满足细长杆、薄壁管件等刚性差的零件的加工。

由此可见，喷丸和滚压都能获得表面的形变。

9.2.2.3 表面高温形变淬火

表面高温形变淬火工艺是将被处理工件表面加热（利用感应加热或盐浴加热）到临界点（表面奥氏体化）以上温度，进行滚压形变，然后淬火的形变热处理工艺。表面高温形变淬火时，对于每一种钢，都有其最佳的表面形变量（往往是根据滚压时压力的大小间接判断），应由实验求出。工件的心部组织，则应根据性能要求，在表面高温形变淬火前进行适当热处理保证。这种方法能显著提高钢件的疲劳强度和耐磨性。

9.2.2.4 预冷形变表面热处理

钢件预先施行 1000～3000kN 压力的预冷形变，然后再进行表面形变淬火也能发挥冷形变的遗传作用，得到好的强化效果。预冷形变可使钢件在表面温度形变热处理时形成高的残留压应力（见图 9-18），从而可显著提高其抗疲劳极限。此工艺还可提高钢件的耐磨性和改善

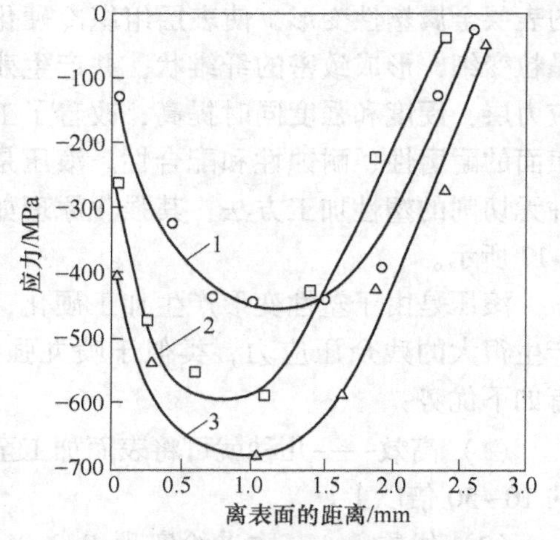

图 9-18 40Cr 钢经不同表面强化后的表层残留应力
1—感应淬火；2—预冷形变表面高温形变淬火；3—表面高温形变热处理

其表面的粗糙度。

9.2.2.5　表面形变时效

表面形变时效是将钢制零件或工模具在喷丸或滚压冷形变后再加以补充回火的热处理工艺。实验表明这种工艺方法可使疲劳强度进一步提高。图 9-19 展示了 55Si2 钢和 60Si2 钢喷丸强化和补充回火后的疲劳强度。

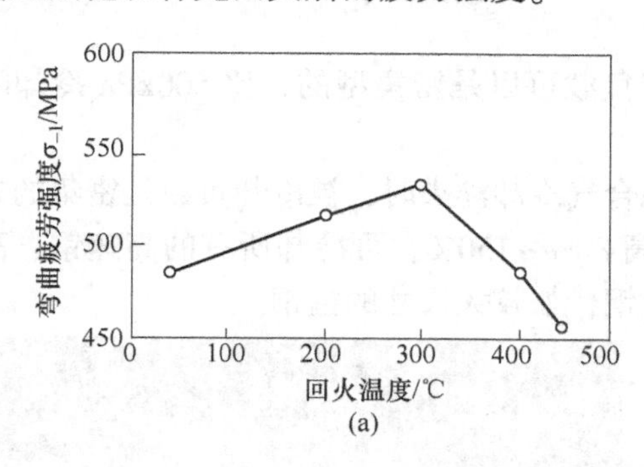

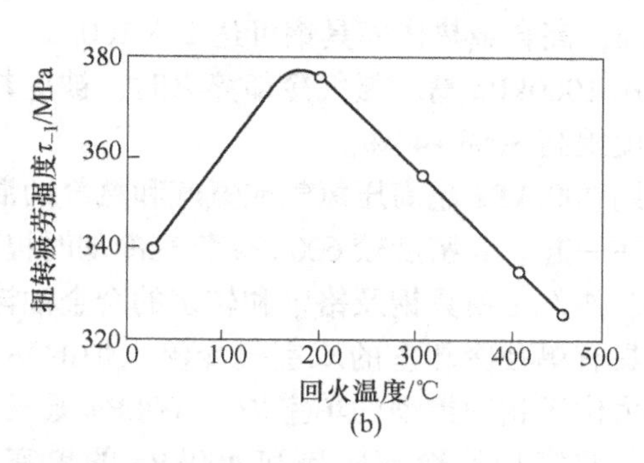

图 9-19　喷丸强化后补充回火对钢材疲劳强度的影响
（a）55Si2 钢弯曲疲劳强度；（b）60Si2 钢扭转疲劳强度

9.3　真空热处理

真空热处理是真空技术与热处理技术相结合的热处理技术，所处的真空环境指的是低于一个大气压的气氛环境，包括低真空、中等真空、高真空和超高真空。真空热处理实际也属于气氛控制热处理，指热处理工艺的全部和部分在真空状态下进行，热处理质量大大提高。与常规热处理相比，真空热处理的同时，可实现无氧化、无脱碳、无渗碳，可去掉工件表面的磷屑，并有脱脂除气等作用，从而达到表面光亮净化的效果。

真空热处理被热处理行业称为高效、节能和无污染的清洁热处理。真空热处理的零件具有无氧化，无脱碳、脱气、脱脂，表面质量好，变形小，综合力学性能高，可靠性好等一系列优点。因此，真空热处理受到国内外广泛的重视和普遍的应用，并把真空热处理普及程度作为衡量一个国家热处理技术水平的重要标志。真空热处理技术是近四十年以来热处理工艺发展的热点，也是当今先进制造技术的重要领域。

对金属晶格施加外压强 p，体积 V 产生 ΔV 变化有：

$p=-G(\Delta V/V)$（G 为体积弹性模量）

$p\Delta V=-\Delta U$（ΔU 为金属总结合能 U 的变化量）

可见，外压强所引起的晶体体积和结合能的变化将对伴随有体积（比容）及原子间距离、晶格常数变化的相变具有促进或抑制作用，外压强造成的弹性应力将促进或抑制溶质原子的扩散。

9.3.1　技术分类

9.3.1.1　真空高压气冷淬火技术

随着技术的进步，相继出现了负压高流率气冷、加压气冷、高压气冷、超高压气冷等技术，不但大幅度提高了真空气冷淬火能力，且淬火后工件表面光亮度好，变形小，还有高效、节能、无污染等优点。

真空高压气冷淬火的用途是材料的淬火和回火，不锈钢和特殊合金的固溶、时效，离子渗碳和碳氮共渗，以及真空烧结，钎焊后的冷却和淬火。

用高压氮气冷却淬火时，被冷却的负载只能是松散型的，高速钢可淬透至70~100mm，高合金热作模具钢可达25~100mm。

用1000kPa高压氮气冷却淬火时，被冷却负载可以是密集型的，比600kPa冷却时负载密度提高30%~40%。

用2000kPa超高压氮气或氦气和氮气的混合气冷却淬火时，被冷却负载是密集的并可捆绑在一起。其密度较600kPa氮气冷却时提高80%~150%，可冷却所有的高速钢、高合金钢、热作工模具钢及铬钢和较多的合金油淬钢，如较大尺寸的锰钢。

具有单独冷却室的双室气冷淬火炉的冷却能力优于相同类型的单室炉。200kPa氮气冷却的双室炉的冷却效果和400kPa的单室炉相当。但运行成本、维修成本低。图9-20是真空设备图。

图9-20 真空设备

9.3.1.2 真空高压气冷等温淬火技术

形状复杂的较大工件从高温连续进行快速冷却时容易产生变形甚至裂纹，以往可用盐浴等温淬火解决，在单室真空高压气冷淬火炉中也可进行气冷等温淬火。

实验发现，在带有对流加热功能的单室高压气冷淬火炉中对两组ϕ320mm×120mm两块叠装的碳素结构钢用不同冷却方式淬火后的对化结果：一组是在1020℃加热后，在600kPa压力下连续用高纯氮气冷却（风向是上、下相互交替，40s切换一次）的结果；另一组是对试样表面、心部进行370℃时的控制冷却结果。从两组曲线的对比可以看出，心部温度通过500℃的时间（半冷时间）只差约2min。从表面进行控制冷却开始到心部温度到达370℃附近，需27min。由此可见，在单室真空高压气冷淬火炉进行等温气冷淬火是可行的。

9.3.1.3 真空渗碳技术

真空渗碳技术又称低压渗碳技术，是在低压（一般压力为0~3000Pa）真空状态下，采用脉冲方式，向高温炉内通入渗碳介质——高纯乙炔、甲烷等进行快速渗碳的过程。

可以通过高纯天然气（CH_4）或丙烷直接通入炉内，发生分解反应：

$$CH_4 = C + 2H_2 - 45.2kJ$$

$$C_3H_8 = C_2H_4 + CH_4$$

铁和钢的表面对甲烷分解起了良好的催化作用，1000℃以上分解较完全。

$$CH_4 = [C] + 2H_2$$

碳在钢的表面被吸收，薄层渗碳体分解出原子并向内部扩散：

$$3Fe + CH_4 = Fe_3C + 2H_2$$

渗碳气分解产生的活性碳原子吸附在钢表面并融入奥氏体内。化学热处理的过程包括表面净化过程、吸附反应过程、吸收扩散形成渗层。在扩散阶段，渗碳气中的碳浓度与奥氏体中饱和溶解度相等，则：

$$d_T = 802.6t^{1/2}/10^{6700/T} = 25.4Kt^{1/2}$$

式中，d_T为总渗碳深度，mm；t 为渗碳时间，h；T 为渗碳温度，℉（华氏温度）+460；K 为渗碳速度系数。

可见，渗碳温度提高，渗碳效率大大提高，具体关系如图 9-21 所示。

渗碳过程中，要对温度进行初步的确定，表 9-5 是根据不同要求的初步温度范围。

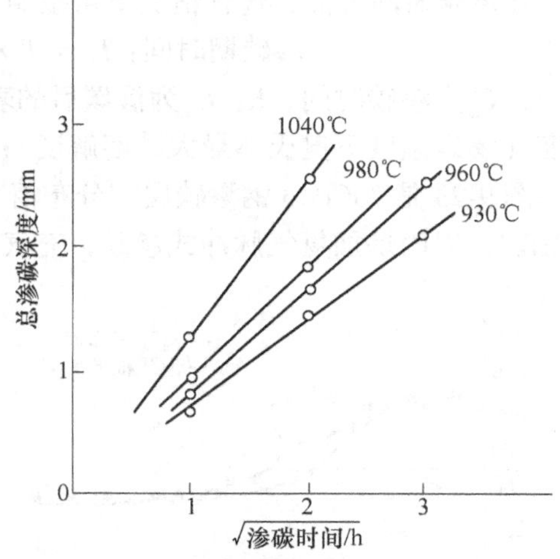

图 9-21 渗碳温度、时间与总渗碳深度的关系曲线

表 9-5 渗碳温度的适用范围

温度范围/℃	零件形状特点	渗碳层深度	零件类别	渗碳气体
1040	较简单，外形要求不高	深	凸轮、轴齿轮	CH_4 $C_3H_8+N_2$
980	一般	一般		C_3H_8 $C_3H_8+N_2$
980 以下	形状复杂，变形要求严，渗层要求均匀	较浅	柴油机喷嘴等	C_3H_8 $C_3H_8+N_2$

几种典型的渗碳工艺参数的设定如图 9-22 所示。

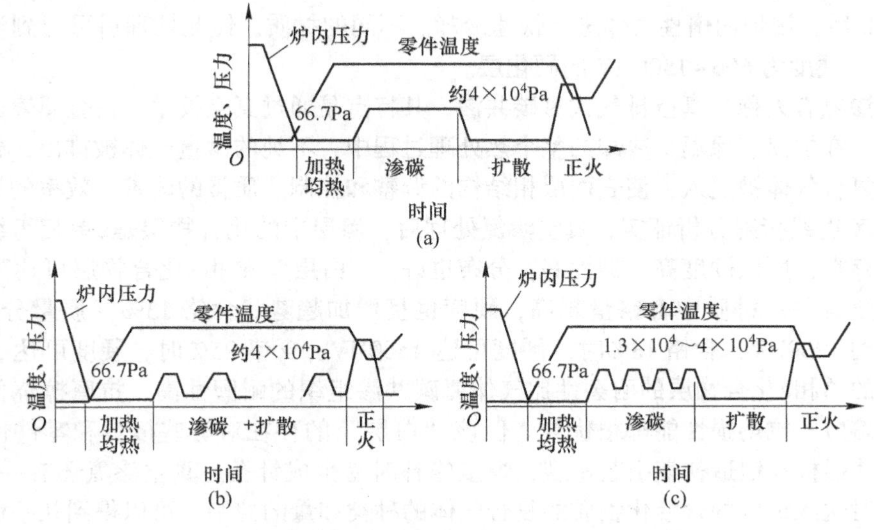

图 9-22 几种真空渗碳工艺流程

(a) 一段式；(b) 脉冲式；(c) 摆动式

在渗碳时间方面，通常情况下可按照下式进行确定：

$$渗碳期时间：T_C = T \times [(C_1 - C_0)/(C_2 - C_0)]^2$$

式中，T_C为渗碳时间，h；C_1为渗碳后的表面浓度（技术要求）；C_2为渗碳结束后表面碳浓度（渗碳温度下奥氏体最大碳溶解度）；C_0为原材料的含碳量。

图 9-23 是 20CrMo 钢渗碳层的分布情况。渗层深度为 0.38mm 及 0.64mm；硬度（58±3）HRC；以丙烷加氮气脉冲式渗碳，充气至 2.66×10^{-4}Pa，脉冲时间 5min。

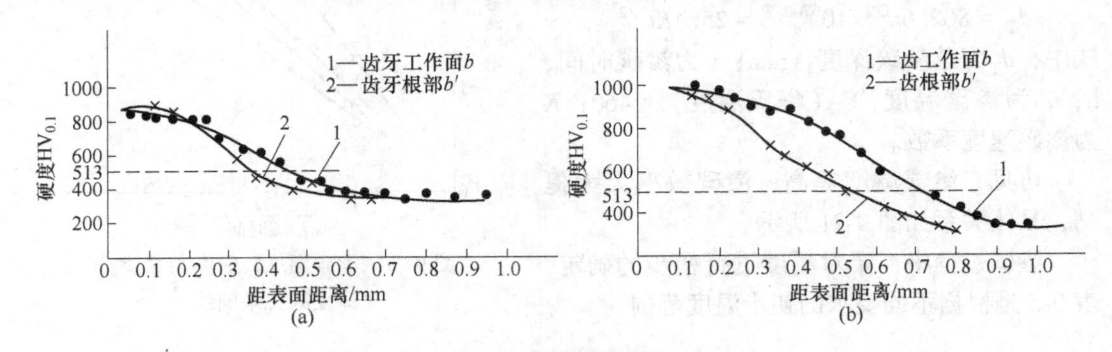

图 9-23　渗碳层的分布

（a）渗层要求为 0.38mm；（b）渗层要求为 0.64mm

9.3.1.4　真空渗氮技术

真空渗氮是使用真空炉对钢铁零件进行整体加热、充入少量气体，在低压状态下产生活性氮原子渗入并向钢中扩散而实现硬化；而离子渗氮是靠辉光放电产生的活性 N 离子轰击并仅加热钢铁零件表面，发生化学反应生成核化物实现硬化的。

真空渗氮时，将真空炉排气至较高真空度（0.133Pa）后，将工件升至 530～560℃，同时送入氨气或复合气体，并对各种气体的送入量进行精确控制，炉压控制在 0.667Pa，低压状态能加快工件表面的气体交换，活跃的 N 元素（或 N，C）来自化学反应及氨气，保温 3～5h 后，用炉内惰性气体进行快速冷却。不同的材质，经此处理后可得到渗层深为 20～80μm、硬度为 600～1500HV 的硬化层。

真空渗氮有人称为真空排气式氮碳共渗，其特点是通过真空技术，使金属表面活性化和清净化。在加热、保温、冷却的整个热处理过程中，不纯的微量气体被排出，含活性物质的纯净复合气体被送入，使表面层相结构的调整和控制、质量的改善、效率的提高成为可能。经 X 射线衍射分析证实，真空渗氮处理后，渗层中的化合物层是ε单相组织，没有其他脆性存在，所以硬度高，韧性好，分布也好。“白层”单相ε化合物层可达到的硬度和材质成分有关。材质中含铬量越高，硬度也呈增加趋势。含铬 13%（质量分数）时，硬度可达到 1200HV；含铬 18%时，硬度可达 1500HV；含铬 25%时，硬度可达 1700HV。无脆性相的单相ε化合物层的耐磨性比气体氮碳共渗组织的耐磨性高，抗摩擦烧伤、抗热胶合、抗熔敷、抗熔损性能都很优异。但该“白层”的存在对有些模具和零件也有不利之处，易使锻模在锻造初期引起龟裂，焊接修补时易生成针孔。真空渗氮还有一个优点，就是通过对送入炉内的含活化物质的复合气体的种类和量的控制，可以得到几乎没有化合物层（白层），而只有 0.1～1mm 扩散层的组织。其原因可能是在真空炉排气至 0.133Pa 后形成的，另一个原因是带有活性物质的复合气体在短时间内向钢中扩散形成的组织。这种组织的优点是耐热冲击性、抗龟裂性能优异。因而对实施高温回火的热作模具，如用高速钢钢制模具可以得到表面硬度高、耐磨性好、耐热冲击性好、抗龟裂而又有韧性的综合性能；但仅有扩散层组织时，模具的抗咬合性、耐熔敷、熔损性能不够好。由于模具或机械零件的服役条件和对性能的要求不一，在进行表面热处理时，必须调整表面层的组织和性能。真空渗氮除应用于工模具外，对提高精密齿轮和要求耐磨耐蚀的机械零件以及弹簧等的性能都有明显效果，可接受处理的材质也比较广泛。

真空脉冲渗氮有如下影响因素：

(1) 渗氮温度。真空渗氮温度过高，合金化合物粗大，渗氮温度过低，渗层浅，合金化合物少，硬度低。

(2) 炉压。炉压越高，渗层的深度和硬度越好。

(3) 真空度。真空度越高，硬度和渗层的厚度越好。

(4) 氮化时间。时间增加，硬度增加，且化合物层硬度增加越明显，渗层也加深。脉冲时间过长，渗层变薄，排出气不能充分燃烧，时间过短，表面脆性大。

(5) 氨气流量。流量越多硬度越高，渗层加深。

以4Cr5MnSiV1钢热挤压模真空渗氮工艺为例，分析真空渗氮的各个过程。

一般渗氮温度为530~560℃，保温时间3~5h；低温碳氮共渗的渗层厚度只有在开始氮化的前3~4h内增加显著，而后明显减慢。选择热处理工艺为：1040℃×80min真空淬火+605℃×180min真空回火处理两次。其工艺曲线图如图9-24所示。

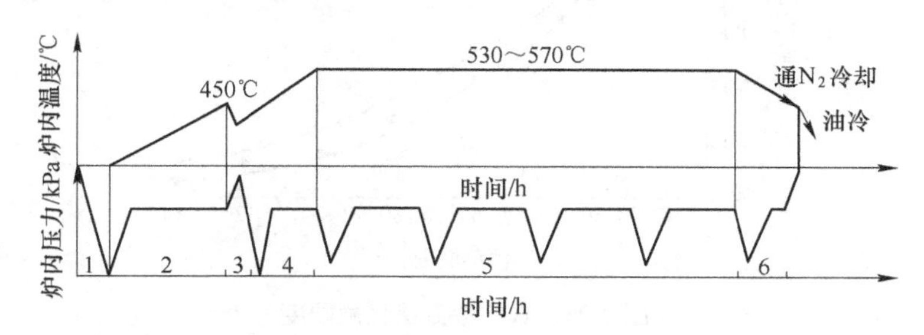

图9-24 真空脉冲渗氮工艺曲线

1—抽真空；2—通氮气加热；3—装炉；4—抽真空后通氮气和氨气加热升温；5—保温渗氮；6—抽真空后通氮气冷却

最终实验结果见表9-6。

表9-6 4Cr5MoSiV钢制铝型材热挤压模真空渗氮试验结果

实验号	温度/℃	时间/h	氨流量/$m^3 \cdot h^{-1}$	炉内压力/kPa	渗层厚度/mm	表面硬度HV	组织特征
N1	530	4	0.10	14.2	0.07	916	无白层，只有扩散层
N2	550	4	0.12	14.2	0.10	1027	无白层，只有扩散层
N3	570	4	0.30	14.2	0.125	1103	白亮层+扩散层
N4	550	1	0.20	20.2	0.14	1017	无白层，只有扩散层
	570	3	0.10	20.2	0.14	1017	
N5	570	2	0.10	16.2	0.11	1051	白亮层+扩散层
	570	1	0.20	11.2	0.11	1051	
N6	570	3	0.03	18.2	0.03	686	无白层，只有扩散层

对比表 9-6 中 N1~N6，可见适当提高氨流量，可降低氨的分解率，减少工件表面氮气和氢气的吸附，从而增大工件表面对活性氮原子的吸收，使渗层的厚度和硬度得到有效提高。同时通过循环交替的通入 NH_3 和抽真空来调控炉内的氨量，以得到无化合物层，仅有扩散层的渗层组织，随着氨流量达到一定值时，工件表面活性氮原子的浓度梯度不断增大，当超过了其在 γ-Fe 中的溶解度后，就会在表层开始形成白亮氮化物层。N4 期加大氨流量以增大工件表面的活性氮原子的浓度梯度，强化氮原子不断由表面向内部的扩散，从而可增加扩散层的厚度，而后期又减小了氨流量，可避免表面形成白亮氮化物层，从而获得较为理想的渗层厚度及表面显微硬度。相反，N5 中前期采用小的氨流量，影响了扩散层厚度的增加，而后期采用大的氨流量，促进表面形成白亮氮化物层。

硬度测试显示（见图 9-25），N3（白亮层+扩散层），N4（仅有扩散层）硬度分布都较为平缓；N4 的硬度分布比 N3 更为平缓，这与 N3 的试样表层形成白亮氮化物，造成相邻的次表层合金元素的贫化，使得最外层的白亮层与次表层的硬度梯度特别陡峭，会影响到热挤模在热挤压过程中所承受的热疲劳状态，产生渗层剥离现象，降低挤压寿命。

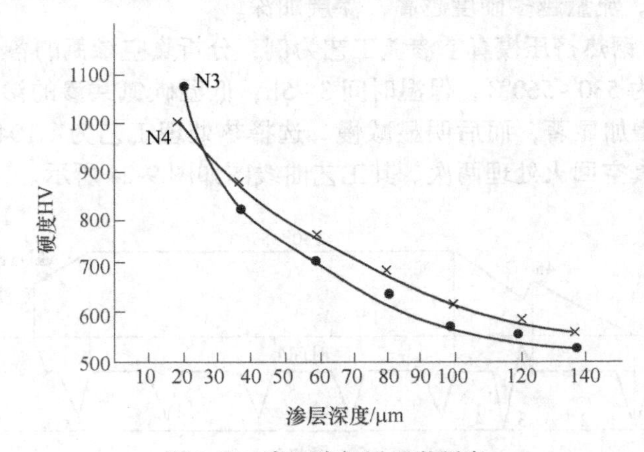

图 9-25 真空渗氮层显微硬度

9.3.2 真空热处理的特点

真空热处理的特点包括：

（1）金属在真空状态下的相变特点。在与大气压只差 0.1MPa 范围内的真空下，固态相变热力学、动力学不产生什么变化。在制订真空热处理工艺规程时，完全可以依据在常压下固态相变的原理，参考常压下各种类型组织转变的数据。

（2）真空脱气作用，提高金属材料的物理性能和力学性能。金属在熔炼时，液态金属要吸收 O_2、N_2、H_2、CO 等气体，由于冷却速度太快，这些气体留在固体金属中，生成气孔及白点等各种冶金缺陷，使材料的电阻、磁导率、硬度、强度、塑性、韧性等性能受到影响，根据气体在金属中的溶解度与周围环境的分压平方根成正比的关系，得出分压越小即真空度越高，越可减少气体在金属中的溶解度，释放出来的气体被真空泵抽走。

（3）真空脱脂作用。黏附在金属表面的油脂、润滑剂等蒸气压较高，在真空加热时，自行挥发或分解成水，氢气和二氧化碳等气体，并被真空泵抽走，不发生化学反应，得到无氧化、无腐蚀的非常光洁的表面。

(4) 金属的蒸发。在真空状态下加热，工件表面元素会发生蒸发现象（见表 9-7）。各种金属在不同温度下有不同蒸气压，当真空度提高时，蒸气压高的金属（Mn、Cr）容易蒸发并污染其他金属表面，使零件之间或零件与料筐之间黏结，造成电气短路，材质改性等缺陷，通常零件在高真空下加热至 800℃，800 ℃以上应通以惰性气体。

表 9-7　各种金属的蒸气压

金属	达到下列蒸气压的平衡温度/℃					熔点/℃
	10^{-2}Pa	10^{-1}Pa	1Pa	10Pa	133Pa	
Cu	1035	1141	1273	1422	1628	1038
Ag	848	936	1047	1184	1353	961
Be	1029	1130	1246	1395	1582	1284
Mg	301	331	343	515	605	651
Ca	463	528	605	700	817	851
Ba	406	546	629	730	858	717
Zn	248	292	323	405	—	419
Cd	180	220	264	321	—	321
Hg	-5.5	13	48	82	126	-38.9
Li	377	439	514	607	725	179
Na	195	238	291	356	437	98
K	123	161	207	265	338	64
In	746	840	952	1088	1260	157
Ti	1249	1384	1546	1742	—	1721
Zr	1660	1861	2001	2212	2549	1830
Sn	922	1042	1189	1373	1609	232
Pb	548	625	718	832	975	328
V	1586	1726	1888	2079	2207	1697
Nb	2355	2539	—	—	—	2415
Ta	2599	2820	—	—	—	2996
Bi	536	609	693	802	934	271
Cr	992	1090	1205	1342	1504	1890
Mo	2095	2290	2533	—	—	2625
Mn	791	873	980	1103	1251	1244
Fe	1195	1330	1447	1602	1783	1535
W	2767	3016	3309	—	—	3410
Ni	1257	1371	1510	1679	1884	1455
Pt	1744	1904	2090	2313	2582	1774
Au	1190	1316	1465	1646	1867	1063

（5）表面净化作用，实现少无氧化和少无脱碳加热。金属表面的氧化膜、锈蚀、氧化物、氢化物在真空加热时被还原、分解或挥发而消失，使金属表面光洁。钢件真空度达0.133~13.3Pa即可达到表面净化效果，金属表面净化后，活性增强，有利于C、N、B等原子吸收，使得化学热处理速度增快和均匀。

金属的氧化反应是可逆的：

$$MO \rightleftharpoons M + 1/2O_2 \rightarrow O_2 \uparrow$$

$$\Delta G = \Delta G_0 + RT\ln p_{O_2}^{1/2}$$

式中，ΔG为吉布斯函数的变化值；ΔG_0为标准吉布斯函数的变化值；R为气体常数；T为温度。

常压下$\Delta G_0>0$，$\Delta G>0$，金属氧化物一般不分解；高温下仅有少数HgO，Ca_2O，Ag_2O等氧化物分解；真空状态下高温$\Delta G<0$则氧化物分解。

各种金属氧化物的分解压力取决于气氛中氧的分压和金属氧化物的分压的大小。当氧分压大于金属氧化物的分压时，反应向左进行，金属表面产生氧化。反之，如氧化物的分解压大于氧的分压，反应向右进行，其结果是氧化物分解。亚氧化物理论和真空炉中碳元素存在，使炉内氧的分压低于金属氧化物的分压，金属不会氧化。表9-8为真空度和相对杂质及相对露点关系。

表9-8 真空度和相对杂质及相对露点关系

真空度/Pa	1.33×10^4	1.33×10^3	1.33×10^2	1.33×10	1.33	1.33×10^{-1}	1.33×10^{-2}	1.33×10^{-3}
相对杂质含量/%	13.2	1.32	0.132	1.32×10^{-2}	1.32×10^{-3}	1.32×10^{-4}	1.32×10^{-5}	1.32×10^{-6}
相对露点/℃		+11	−18	−40	−59	−74	−88	−101

（6）金属实现无氧化加热所需的真空度见表9-9。真空热处理实质上是在极稀薄的气氛中进行，炉内残存的微量气体不足以使被处理的金属材料产生氧化脱碳、增碳等，金属材料表面的化学成分和表面的光亮度保持不变。

表9-9 各种材料在真空热处理时的真空度

材　料	真空热处理时真空度/Pa
合金工具钢、结构钢、轴承钢（淬火温度在900℃以下）	$1\sim10^{-1}$
含Cr、Mn、Si等合金钢（在1000℃以上加热）	10（回填高纯氮）
不锈钢（析出硬化型合金）、Fe、Ni基合金，钴基合金	$10^{-1}\sim10^{-2}$
钛合金	10^{-2}
高速钢	1000℃以上充666~13.3PaN_2
Cu及其合金	133~13.3
高合金钢回火	$1.3\sim10^{-2}$

在考虑工作真空度时应注意几点：

（1）在900℃以前，先抽0.1Pa以上高真空，以利脱气。

（2）10^{-1}Pa进行加热，相当于10^{-4}%以上纯度惰性气体，一般黑色金属不会氧化。

（3）充入惰性气体时，如充133Pa，50% N_2+50% H_2的氮氢混合气体，其效果比$10^{-3}\sim10^{-2}$Pa真空还好，此时氧分压66.5Pa是安全的。

（4）真空度与钢表面光亮度有对应关系。

（5）一般 10^{-3}~133Pa 真空范围内，真空度温差为±5℃，如气压上升，温度均匀性下降，所以充气压力应尽可能低些。

9.4 其他特种热处理技术

9.4.1 磁场辅助热处理

磁场热处理是指在磁场中居于居里温度附近将材料保温若干时间后冷却，或以一定的速度在磁场中冷却的热处理过程。通过磁场热处理，常常可以使合金中的磁性离子或离子对出现方向有序，从而引起所谓感生各向异性，使材料中原来易磁化方向各不相同的磁畴结构，变成易磁化的，方向大致平行于磁场取向的磁畴结构。

磁场热处理在诸多新型热处理方法中受到了更广泛的重视。磁场淬火能有效地改善各种金属材料的力学性能，它的实质是利用外加磁场使奥氏体晶格发生形变（即晶格畸变），形成位错胞，使马氏体细化并增加位错密度，改善力学性能，这与钢的形变热处理有相似之处。这虽是不同的两种形变方式，但可产生相同的组织结构——位错胞，使材料得到强化。而磁场淬火提高材料的强韧化效果更突出，使用寿命的提高更显著。磁场热处理分为磁场退火、磁场淬火、磁场回火、磁场渗氮等。

9.4.1.1 强磁场对马氏体转变的影响

强磁场对钢铁材料中马氏体的转变有着显著的影响。研究者研究了强磁场对铁基合金马氏体转变点、转变量和形貌的影响。结果发现磁场可明显地提高马氏体转变的初始温度，在马氏体向奥氏体的逆转变过程中，磁场可明显降低马氏体的分解速度；在回火过程中，磁场可显著加快残余奥氏体的分解。另有研究发现，C-Ni-Fe 和 Ni-Mn-Fe 合金在脉冲磁场的作用下变温马氏体转变的 M_s 点升高，马氏体的转变量也有所增加。在 19 世纪 60 年代就已有实验表明较小的磁场就能使马氏体的 M_s 点升高。文献报道 31.75MA/m 的脉冲磁场（约 3.175T）能使 Fe-31.7%Ni 合金的 M_s 点升高，升高值 ΔT 与磁场强度 H 的关系如图 9-26 所示。

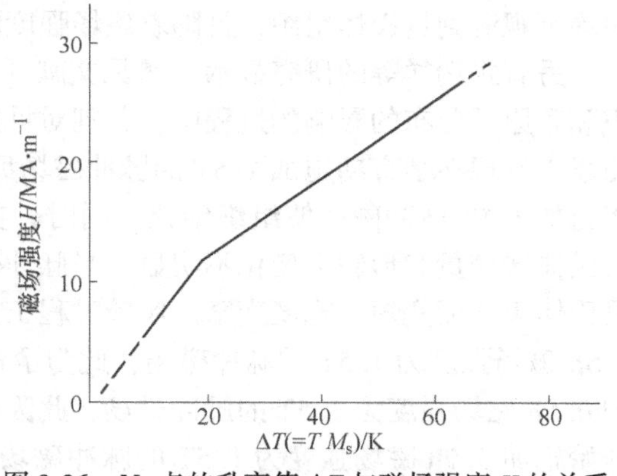

图 9-26 M_s 点的升高值 ΔT 与磁场强度 H 的关系

在含镍量不同的合金 Fe-29.9%Ni，Fe-31.7% Ni 与 Fe-32.5%Ni 的实验中，研究发现含 Ni 量越高，外磁场对合金 M_s 点的影响越小，当 ΔT 不变时，磁致马氏体生成量亦不变；但对于含 32.5%Ni 的合金，磁致马氏体的量随磁场强度的增大而增加。在研究 Fe-24.9Ni-3.9Mn 合金马氏体相变动力学的影响规律时，发现较高的脉冲磁场使合金马氏体生长加速，且使 TTT 曲线尖端处的温度下降，孕育期缩短，如图 9-27 所示。

研究还发现，SUS304L 不锈钢在强磁场下，在时效后重新加热的过程中，温度在 523K 以下，α' 马氏体有所增加，523~773K 之间数量又有所减少；当高于 773K 时，又开始增加。

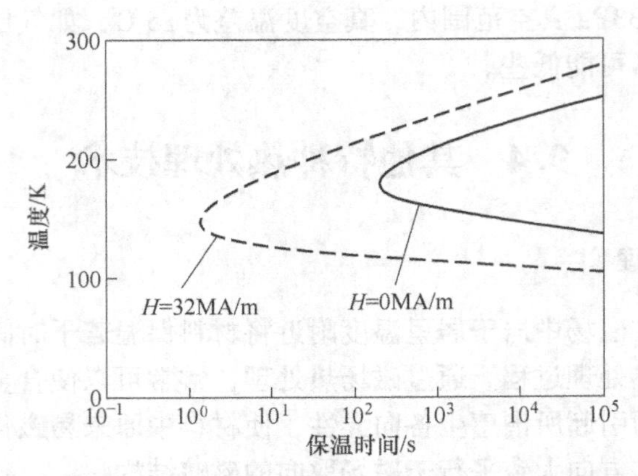

图 9-27 磁场对 Fe-24.9Ni-3.9Mn 马氏体转变的 TTT 曲线的影响

虽然以上仅是个别实验的结果，但是足以显示磁场会对马氏体的转变产生影响，仍需要更加系统的实验结果，得出具体的规律，才能指导生产和实践。

9.4.1.2 强磁场对贝氏体转变的影响

研究结果表明，强磁场的存在会对贝氏体的转变产生直接的影响，如实验发现在 30T 的强磁场下，对 SK 和 FK 两种高碳贝氏体钢在 1000℃ 奥氏体化后，在快速冷却条件下，与非磁场热处理样品的显微组织相比，磁场热处理样品的显微组织中不仅有马氏体和贝氏体，还发现了珠光体组织。对于 Fe-3.6Ni-1.45Cr-0.5C 合金，在 763℃ 保温 10min 后，无磁场热处理样品中未观测到贝氏体组织，而在 10T 强磁场热处理样品显微组织中晶界及晶内均可观测到贝氏体组织，且随着磁场强度的升高，贝氏体转变温度也呈上升趋势。

另有张瑞祥等的研究显示（参见文献［137］），在研究脉冲磁场对超细贝氏体转变组织和碳原子分布的影响的过程中，分别对贝氏体转变孕育期、转变初期和转变的全程施加磁场。发现在孕育期施加 1.5T 的脉冲磁场贝氏体转变作用不明显，在转变初期和转变全程施加 1.5T 脉冲磁场使组织细化。同时，在贝氏体转变全程施加脉冲磁场强度较小时，贝氏体转变量和形貌上变化不明显，当脉冲磁场强度为 1.5T 时，贝氏体转变量明显增多，贝氏体束长度变短，宽度变窄。实验过程工艺曲线如图 9-28 所示，在 300℃ 保温开始施加 0.5h 磁场强度为 1.5T 的脉冲磁场，此为孕育期施加磁场处理；在 300℃ 保温 1h 后开始施加 0.5h 磁场强度为 1.5T 的脉冲磁场，此为贝氏体转变初期施加磁场处理；在 300℃ 保温开始施加 0.5h 磁场强度为 1.5T 的脉冲磁场，保温 1h 后继续施加 0.5h 磁场强度为 1.5T 的脉冲磁场，此为贝氏体转变全程施加磁场处理。显微组织图如图 9-29 所示，可见，不同工艺处理后试样的组织均由黑色针状贝氏体束灰白色马氏体、残留奥氏体和少量黑色团状珠光体组成。试验钢经奥氏体化处理后，以 1℃/s 的速度冷却，在冷却过程中会有少量过冷奥氏体发生珠光体转变，大部分奥氏体在 300℃ 等温过程中发生贝氏体转变；等温 2h 后，仍有少量残余奥氏体在随后的空冷过程中转变为马氏体或保留至室温。最终的室温组织是由少量团状珠光体、针状贝氏体束、灰白色马氏体和残余奥氏体组成的复相组织。在贝氏体转变全程施加磁场强度为 0.5T 和 1T 的脉冲磁场处理后的显微组织如图 9-30 所示，可见，不同强度脉冲磁场处理后，试样的组织仍由黑色针状贝氏体、灰白色马氏体、残留奥氏体和少量黑色团状珠光体组成。与施加强度为 1.5T 的脉冲磁场比，强度降低为 0.5T

和 1T 时，贝氏体转变量和贝氏体束形貌变化不明显。因此，只有当脉冲磁场强度达到 1.5T，贝氏体的转变量才明显增加。

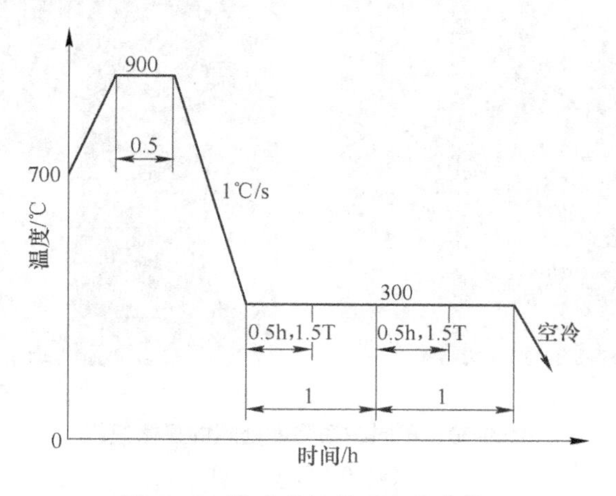

图 9-28　脉冲磁场处理工艺曲线

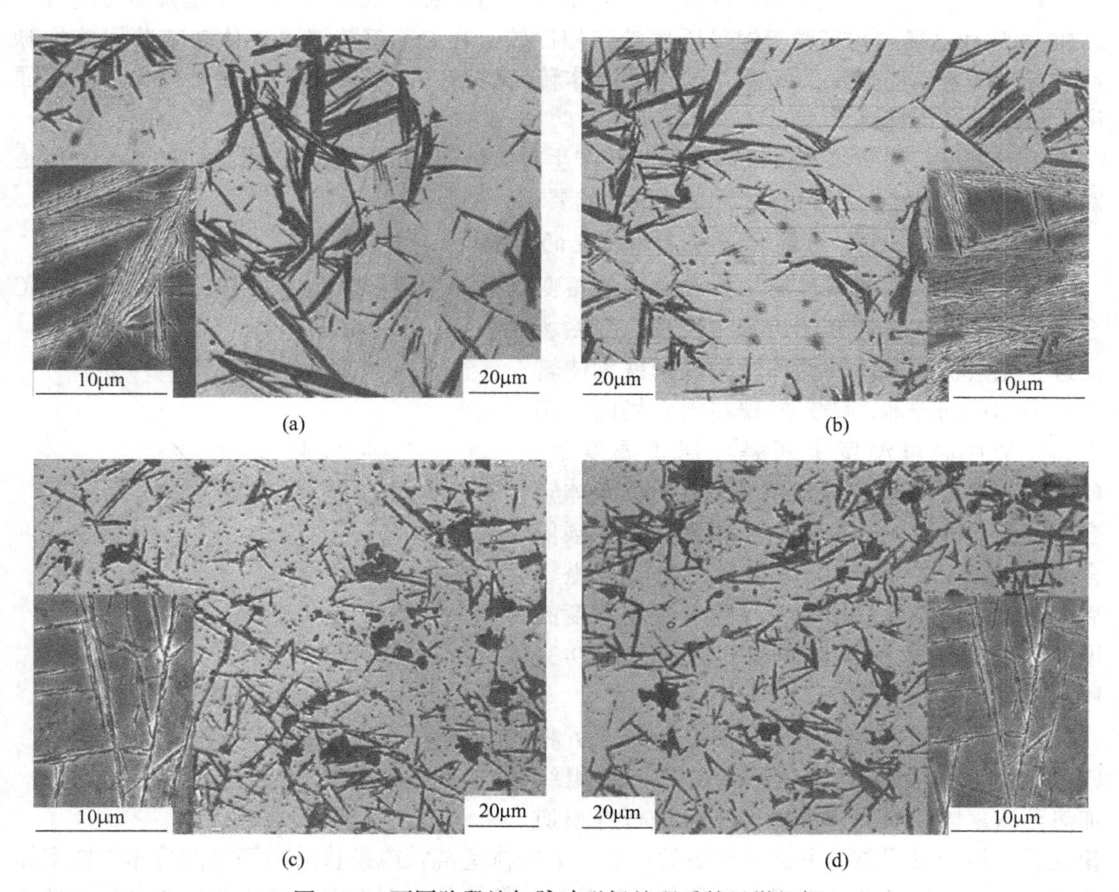

图 9-29　不同阶段施加脉冲磁场处理后的显微组织

(a) 无磁场；(b) 孕育期加磁场；(c) 转变初期加磁场；(d) 全程加磁场

(a)

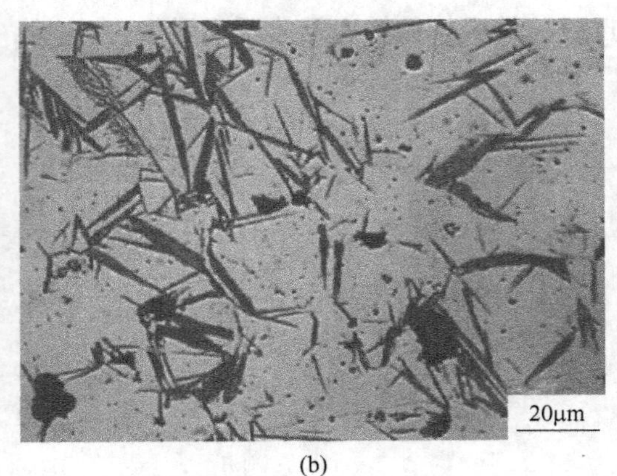

(b)

图 9-30 不同磁场强度处理的显微组织

(a) 0.5T；(b) 1T

有研究显示，在研究 Cr5 钢时，分别在 Cr5 钢等温贝氏体转变阶段施加 0.5T、1T、1.5T 的脉冲磁场，与正常等温贝氏体转变相比较，在 Cr5 钢等温贝氏体转变阶段施加脉冲磁场，随着磁场强度的提高，试样贝氏体转变量增多，残留奥氏体含量减少，抗压强度、压缩率和硬度降低。

由此可见，强磁场对贝氏体的转变会产生直接的影响，可以促进贝氏体的转变，但是对于磁场强度大小，不同的材料有着不同的要求。

9.4.1.3 强磁场对先共析铁素体转变的影响

实验证实，强磁场对先共析铁素体的相变也会产生影响。比如，在研究 Fe-0.38%C 合金先共析铁素体转变的过程中发现，强磁场促进了先共析铁素体转变，使先共析铁素体转变量增加；同样地，研究发现在强磁场的作用下，无论在居里温度上还是在居里温度下，Fe-0.39%C-2.92%Ni 合金中的先共析铁素体转变速度明显加快，转变量有所增加。对中碳低合金钢 42CrMo，在奥氏体化后，施加强磁场后，铁素体面积含量增加，且随着磁场强度的增加，铁素体面积含量增幅变大，如图 9-31 所示。

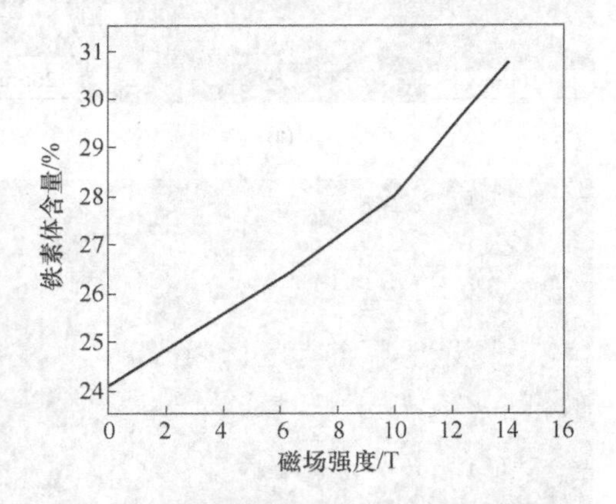

图 9-31 强磁场强度下 42CrMo 钢先共析铁素体的含量与磁场强度变化的关系

再比如，研究显示在 8T 强磁场作用下将 Fe-0.1C 和 Fe-0.6C 合金由原始的马氏体组织加热至铁素体和奥氏体两相区充分进行等温逆相变后，最初发现磁场下链状组织的产生，奥氏体呈链状或条状沿磁场方向分布于铁素体基体内，而非磁场条件下观察到的奥氏体晶粒为等轴状。还发现在奥氏体向铁素体的转变过程中，磁场可使转变温度升高，根据转变得到的铁素体的量的不同，计算出升高率为 1℃/T。又研究了强磁场下 Fe-0.6C、Fe-0.1C-0.2Si-1.3Mn-0.1Ti 等钢由奥氏体向铁素体的转变过程。无论样品在磁场处理前进行过轧制与否，均可观察到先共析铁素体沿磁场方向伸长现象。还通过扫描电镜观察了磁场下先共析铁素体不同形核位置对其伸长方向的影响，发现无论形核位置是在奥氏体晶界处还是在奥氏体晶粒内，均可观察到先共析铁素体晶粒伸长方向与磁场方向平行，只是晶粒形状有差异。

另有研究发现，Fe-0.43C 合金，施加 10T 的磁场，发现热处理后的显微组织中，非磁场条件下先共析铁素体晶粒呈等轴状；施加强磁场条件下先共析铁素体晶粒沿磁场方向伸长且呈链状排列，即使改变磁场施加方向，先共析铁素体晶粒仍沿磁场方向伸长且呈链状排列。还发现母相奥氏体晶粒减小，提高磁场强度或降低冷却速度，均能使先共析铁素体晶粒沿磁场方向伸长且呈链状排列的程度显著提高。

由此可见，强磁场对先共析铁素体晶粒会产生影响，当然这里面还受到其他因素的影响，但是磁场的作用仍然是非常显著的。

9.4.1.4 强磁场对珠光体转变的影响

有关于强磁场对珠光体影响的研究，最早起始于 20 世纪 70 年代，当时的研究结果显示：Fe-0.8C 钢在 1.2T 磁场下珠光体含量减少，弥散度增加。后来陆续发现磁场可明显加快高碳高铬钢 $AISID_3$ 钢中奥氏体到珠光体的等温转变过程；Fe-0.82C 钢在 7T 的磁场下，在冷却曲线上珠光体相变时产生的相变潜热能在更高的温度下释放，即强磁场使相变温度升高。施加磁场条件下珠光体片间距增大，也是由于强磁场使相变温度升高所致。到了 2000 年，进一步研究 Fe-0.8C 钢，发现在 10T 的磁场强度下，磁场加速珠光体转变，珠光体片间距变宽，由非磁场的 0.175μm 变为 0.193μm；珠光体球团变小，由非磁场时 22μm 减少到磁场下的 18.7μm；珠光体片层方向与磁场的夹角是 22.5°，而非磁场时珠光体片层没有方向性。同年，又研究了 10T 磁场下 Fe-13Mn-1C 钢的珠光体的转变，发现 600℃等温转变时，施加磁场条件下的珠光体转变量是非磁场条件下的珠光体转变量的二倍以上，显示强磁场促进珠光体转变。还发现强磁场使晶界和晶粒内部的形核率均比非磁场条件下的形核率增加了数倍，但强磁场对晶粒长大速度的影响不如对形核率的影响那么明显。

在微合金钢方面，研究发现在小于 1.5T 的磁场作用下进行磁场热处理，结果显示微合金钢中的奥氏体向珠光体转变时，外加磁场对珠光体的相变温度产生影响。随着磁通密度的增加，相变温度升高。磁场处理后微合金钢中珠光体的片层形貌发生了变化。外加磁场对渗碳体的分叉形成过程也有影响。随着磁通密度的增加，珠光体晶粒内部的渗碳体片层趋向于平行排列。但是在所使用的磁通密度范围内，相变后珠光体的体积分数无明显的变化。磁场热处理 Sr3 钢会使钢固态相变的珠光体片变得更加均匀和密集。

可见，磁场对钢中的珠光体转变能够产生直接影响。

9.4.1.5 强磁场对魏氏体转变的影响

强磁场对魏氏体影响的研究较少。2007 年东北大学研究了强磁场下不同工艺条件热处理后 Fe-0.36C 和 Fe-0.52C 合金显微组织中魏氏体组织形貌的形成。结果显示强磁场能够抑制合金先共析铁素体转变过程中的针片状的先共析魏氏组织、铁素体组织的形成，促使先共析铁素体晶粒形成沿磁场方向伸长且呈链状排列；进一步提高磁场强度，可导致合金退火热处理后室温组织中的针片状先共析魏氏组织、铁素体面积百分含量减少，同时使先共析铁素体晶粒沿磁场方向伸长且呈链状排列的程度增加，且导致总的先共析铁素体面积百分含量不断增加。

9.4.2 强烈淬火

强烈淬火技术是在1964年由苏联的Kobasko博士发现和提出的，是一种可避免开裂、减少畸变的热处理技术。

通常，为了使工件获得强度、硬度较高的马氏体组织一般采用快速冷却。在一定的范围内，工件的冷却速度越大，则发生转变获得的马氏体也就越多，淬火硬化层深度也就越大，工件的硬度和强度也就越高，但工件发生淬火畸变和淬裂的概率也就越大，其基本关系如图9-32所示。可见，只有当冷却速度越过某一临界值，才可以减小淬火裂纹产生的概率。

9.4.2.1 基本原理

针对图9-32，其基本原理是工件在冷却过程中，应力主要来自于相变塑性引起的应力和奥氏体-马氏体转变的比容变化导致的应力。冷却速度越小，接近平衡转变，淬火裂纹形成的概率必然很小。随着冷却速度的增加，组织转变过程中产生的应力也就越大，产生裂纹的概率也就越大。在强烈淬火过程中，由于冷却速度极快，当工件表面立即冷却到淬火介质温度时，心部温度几乎没有发生任何变化。此时工件表层受冷收缩形成拉应力，心部承受压应力。

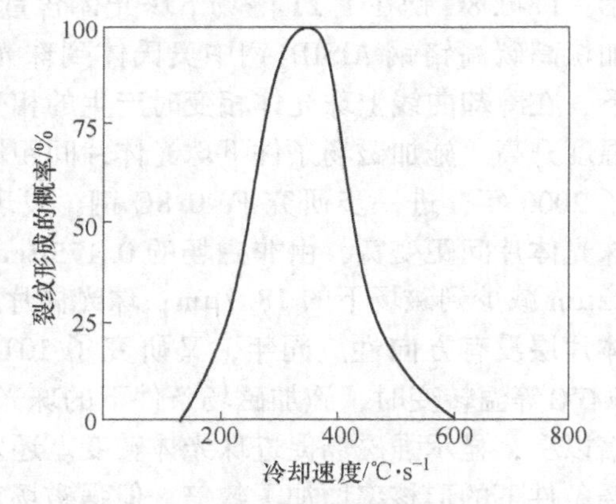

图9-32 马氏体温度区域冷却速度与裂纹形成概率的关系图

当表层降低到 M_s 点时发生马氏体相变，产生体积膨胀，表层拉应力转变成压应力。压应力的数值与生成的马氏体量成正比。这个压应力决定心部在继续冷却的过程中是否会发生转变导致应力逆转。如果压应力足够大，硬化层够厚，则不会发生淬火裂纹。

假设有一圆柱形钢件，为了方便研究，视此工件由两部分组成：表层和心部。将工件的表层进一步假设成为一个由若干活块靠一些“弹簧”所连接成的弹性环，如图9-33所示。

图中：

（a）把工件加热到 A_{c3} 以上30~40℃。假设此时弹簧无变形。

（b）强烈淬火开始，表层受极冷收缩，而心部温度几乎不变，导致弹簧被拉长，此时表层为拉应力。

（c）当表层由奥氏体转变成比容较大的马氏体，各活块开始膨胀，导致弹簧被压缩，此时表层为压应力。

（d）当工件表层完全转变为马氏体后，心部奥氏体也逐渐开始冷却，但温度一直保持在 M_s 点以上，此时心部奥氏体变冷体积收缩，表层压应力进一步增大。

（e）此时表层马氏体壳基本不发生任何变化，心部开始发生转变，在巨大的压应力

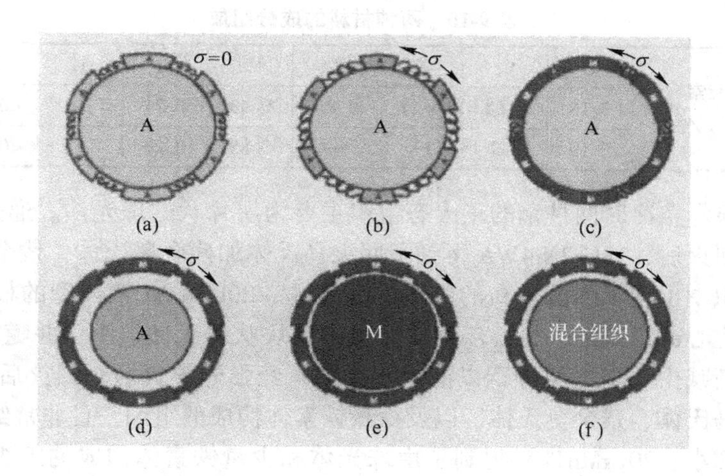

图 9-33　强烈淬火过程中组织转变与应力变化关系示意图

下，心部不能完全转变成马氏体，虽然心部发生马氏体后体积膨胀，导致表层压应力减小，但是表层仍为压应力。

(f) 强烈淬火结束，心部为多相混合组织。

以上就是强烈淬火抑制裂纹的基本原理。

9.4.2.2　介质

目前的强烈淬火介质主要采用 $CaCl_2$溶液和液氮。$CaCl_2$溶液的冷却特点为：该溶液在奥氏体最不稳定区冷却速度最大，在 600℃时最大冷却速度达 1000℃/s，与碱浴冷速近似，而在马氏体转变区，冷却速度最小，在 200~300℃时，冷速仅为 150℃/s。$CaCl_2$溶液冷却过程中由于盐粒的爆破作用，几乎没有膜沸腾期、全核沸腾期，热传导率最大。而液氮的强烈搅动可以提高全膜沸腾的传导率，对核沸腾的传导率影响不大。

9.4.2.3　基本方法

冷却方式一般包括蒸汽薄膜冷却、沸腾冷却、对流冷却三个阶段。

当加热保温后的工件放入淬火介质中时，由于工件温度很高，介质在工件表面立即沸腾并产生蒸汽，工件表面被一层蒸汽薄膜覆盖，这一状态即为蒸汽薄膜冷却。由于工件表面有蒸汽薄膜，工件向外传热量减少，导致水的蒸发速率减小，随着淬火过程的进行，蒸汽薄膜冷却变成沸腾冷却。

在沸腾冷却开始阶段，由于蒸汽薄膜打开，传热量增大，介质可以从工件表面带走大量的热量，随后由于工件横截面方向上的温度梯度减小传热量又逐步减小。

工件内部传出的热量不足以使介质沸腾，此时，工件与介质之间主要是通过对流方式传导热量。常规淬火过程中，对流冷却的强度最小。

9.4.2.4　应用实例

该实例来自哈尔滨工程大学（参见文献［142］）。采用的实验材料为中合金渗碳钢 18Cr2Ni4WA 和低合金渗碳钢 20CrMnTi，其成分见表 9-10。淬火加热温度可以根据相变临界点温度加 30~50℃的原则确定，18Cr2Ni4WA 为 840℃，20CrMnTi 为 860℃。

表 9-10 两种材料的成分组成

钢种		C	Cr	Ni	W	Mn	Si	Ti	P	S
18Cr2Ni4WA	元素含量/%	0.18	1.58	4.17	1.05	0.48	0.24	—	<0.03	<0.03
20CrMnTi		0.19	1.2	—	—	0.85	0.29	0.08	<0.04	<0.04

组织分析显示空冷时两种钢的正火态组织主要为层片状的珠光体。通过 $CaCl_2$ 水溶液强烈淬火后、回火后，18Cr2Ni4WA 得到了回火马氏体加残余奥氏体，残余奥氏体组织分布不均匀，组织中出现了弥散分布的细小的碳化物；20CrMnTi 钢典型的板条状马氏体组织，边缘组织比心部组织细小，心部存在大量白色块状珠光体组织，并随淬火时间增长，珠光体组织逐渐减少。当这两种钢以液氮为介质，经强烈淬火后、回火后，18Cr2Ni4WA 钢得到了板条马氏体、残余奥氏体，以及少量铁素体构成的组织，且非常细小，边缘部位比心部组织更细小；20CrMnTi 钢得到了由珠光体和少量铁素体构成的组织，边缘与心部的形貌差别不明显，随着淬火时间的增加，组织变化不大。对比 $CaCl_2$ 水溶液和液氮这两种不同的介质，液氮作为介质时冷却的温度梯度比 $CaCl_2$ 水溶液大，急冷效果更好，得到的组织更加细小，但是随着在液氮中停留时间的延长，试样整体的组织会变粗，是因为液氮虽然能得到更大的温度梯度，但是随着冷却的继续，液氮的蒸发，蒸汽膜冷却占据了主导地位，导致温度梯度变小，细化效果降低。

性能方面也有着显著的变化。铸态 18Cr2Ni4WA 和 20CrMnTi 钢的显微硬度分别是 262HV 和 291HV。通过 $CaCl_2$ 水溶液强烈淬火后，18Cr2Ni4WA 钢表层、中间层及心部的硬度随淬火时间的变化而发生变化。表层在淬火开始时硬度迅速增大，在淬火时间为 2s 时达到最大值 469HV；随淬火时间的延长，表面硬度逐渐降低，但变化趋势逐渐变慢。中间层在淬火时间为 1s 时达到最大值 452HV，而后逐渐变小。心部在淬火时间为 2s 时达到最大 465HV，后逐渐变小。20CrMnTi 钢通过 $CaCl_2$ 水溶液强烈淬火后，表层在淬火开始时硬度迅速增大，随淬火时间的延长，硬度先降低后升高，最大达 535HV。抗拉强度方面，通过强烈淬火的材料强度都有显著提高，研究显示有些材料的性能与渗碳淬火相比能够提高 40%之多。

习 题

一、选择题

1. 下列哪一项不属于感应加热的特点（ ）。
   A. 加热速度很快
   B. 工件表层会产生残余拉应力，从而提高了疲劳强度
   C. 由于加热时间极短，工件一般不会发生氧化和脱碳
   D. 生产率高，适于大批量生产
2. 对于钢铁材料，感应加热不容易会出现（ ）。
   A. 淬火裂纹 B. 淬火变形 C. 硬度不足 D. 淬透深度过深
3. 下列哪一项不是高能束热处理的特征（ ）。
   A. 高能束热源作用在材料表面上的功率密度高、作用时间短暂，加热速度快，处理效

率高

B. 高能束加热的面积可根据需要任意选择，大面积可用叠加扫描法

C. 高能束热源属非接触式，热处理效率高

D. 高能束热源可远距离传输或通过真空室

4. 下列哪一项不是高温形变热处理的特征（　　）。

A. 能显著改善钢材的抗冲击、耐疲劳能力；提高其在高接触应力下局部表面的抗力；降低脆性折转温度和缺口敏感性

B. 对材料无特殊要求，低碳钢、低合金钢甚至中、高合金钢均可应用

C. 大大简化钢材或零件的生产流程，缩短生产周期，减少能耗，降低成本

D. 高温形变热处理要求比普通热处理过程更容易控制，劳动条件更好

5. 用15钢制造的齿轮，要求齿轮表面硬度高而心部具有良好的韧性，应采用(　　)热处理。

A. 淬火+低温回火　　B. 表面淬火+低温回火

C. 渗碳+淬火+低温回火　　D. 正火

6. 钢经表面淬火后将获得（　　）。

A. 一定深度的马氏体　　B. 全部马氏体

C. 下贝氏体　　D. 上贝氏体

7. 下列属于整体热处理的是（　　）。

A. 正火　　B. 表面淬火　　C. 渗氮　　D. 碳氮共渗

8. 用45钢生产齿轮零件，采用下述何种工艺可获得最好的使用性能（　　）。

A. 渗碳+调质　　B. 调质+ 高频淬火

C. 调质+ 高频淬火+低温回火　　D. 正火处理

9. 下列哪一项不是真空热处理的特点（　　）。

A. 真空热处理有利于清除金属表面的油、水以及一些有机物

B. 热控热处理有利于金属的脱气，提高金属材料的物理性能和力学性能

C. 真空热处理容易造成金属元素的蒸发，从而改变金属材料组织

D. 真空热处理操作简单，容易实现连续化大批量生产

10. 下列哪一项不属于强烈冷却方式的过程（　　）。

A. 蒸汽薄膜冷却　　B. 沸腾冷却　　C. 对流冷却　　D. 热辐射冷却

二、问答题

1. 感应加热淬火有哪些主要特点？
2. 常见的表面热处理技术有哪些？
3. 高能束表面热处理的特点有哪些？
4. 什么是形变热处理？
5. 常见的表面形变热处理技术有哪些？

三、综合分析题

1. 运用所学知识分析举出几种需要进行表面热处理的零部件，可用的工艺技术有哪几种？哪种最优？说明理由。
2. 通过生活中所了解的机械零件，分析哪种零件需要形变热处理，除了形变热处理还有

哪种处理功能能够达到类似的效果，与形变热处理相比优缺点有哪些？

四、创新性实验

根据所学的知识，选择一种材料作为齿轮的原材料，要求如下：

（1）有较高的耐磨性。

（2）有足够高的表面硬度。

（3）具有良好的切削加工性，用普通刀具即能完成加工。

（4）成本可控。

10 典型材料及部件的热处理

10.1 铸铁的热处理

10.1.1 铸铁热处理的目的

除了可锻铸铁球墨铸铁退火将渗碳体分解为团絮状石墨外，铸铁的热处理目的在于两方面：一是消除铸件应力；二是改变基体组织，改善铸铁性能。

值得注意的是，铸件的热处理不能改变铸件原来的石墨形态及分布，即原来是片状或球状的石墨热处理后仍为片状或球状，同时它的尺寸不会变化，分布状况不会变化。

铸造过程中铸铁件由表及里冷却速度不一样，形成铸造内应力，若不消除，在切削加工及使用过程中它会使零件变形甚至开裂。为释放应力常采用人工时效及自然时效两种办法。将铸件加热到500~560℃保温一定时间，接着随炉冷取出铸件空冷，这种时效为人工时效；自然时效是将铸铁件存放在室外6~18个月，让应力自然释放，这种时效可将应力部分释放，但因用的时间长，效率低，已不太采用。

为改善铸铁件整体性能常有消除白口退火，提高韧性的球墨铸铁退火，提高球墨铸铁强度的正火、淬火等。

（1）消除白口退火。普通灰口铸铁或球墨铸件表面或薄壁处在铸造过程中因冷却速度过快出现白口，铸铁件无法切削加工。为消除白口降低硬度常将这类铸铁件重新加热到共析温度以上（通常880~900℃），并保温1~2h（若铸铁Si含量高，时间可短）进行退火，渗碳体分解为石墨，再将铸铁件缓慢冷却至400~500℃出炉空冷。在温度700~780℃，即共析温度附近不宜冷速太慢，以便渗碳体过多地转变为石墨，降低了铸铁件强度。

（2）提高韧性的球墨铸铁退火。球墨铸铁在铸造过程中比普通灰口铸铁的白口倾向大，内应力也较大，铸铁件很难得到纯粹的铁素体或珠光体基体，为提高铸铁件的延性或韧性，常将铸铁件重新加热到900~950℃并保温足够时间进行高温退火，再炉冷到600℃出炉变冷。过程中基体中的渗碳体分解出石墨，自奥氏体中析出石墨，这些石墨集聚于原球状石墨周围，基体全转换为铁素体。

若铸态组织由铁素体+珠光体基体，以及球状石墨组成，为提高韧性，只需将珠光体中渗碳体分解转换为铁素体及球状石墨，为此将铸铁件重新加热到700~760℃的共析温度上下经保温后炉冷至600℃出炉变冷。

（3）提高球墨铸铁强度的正火。球墨铸铁正火的目的是将基体组织转换为细的珠光体组织。工艺过程是将基体为铁素体及珠光体的球墨铸铁件重新加热到850~900℃温度，原铁素体及珠光体转换为奥氏体，并有部分球状石墨溶解于奥氏体，经保温后空冷奥氏体转变为细珠光体，因此铸件的强度提高。

（4）球墨铸铁的淬火并回火处理。球墨铸造件作为轴承需要更高的硬度，常将铸铁件淬火并低温回火处理。工艺是：铸件加热到860~900℃的温度，保温让原基体全部奥氏体化后再在油或熔盐中冷却实现淬火，后经250~350℃加热保温回火，原基体转换为回火马氏体及残留奥氏体组织，原球状石墨形态不变。处理后的铸件具有高的硬度及一定韧性，保留了石墨的润滑性能，耐磨性能更为改善。

球墨铸铁件作为轴类件，如柴油机的曲轴、连杆，要求强度高同时韧性较好的综合力学性能，对铸铁件进行调质处理。工艺是：铸铁件加热到860~900℃的温度保温让基体奥氏体化，再在油或熔盐中冷却实现淬火，后经500~600℃的高温回火，获得回火索氏体组织（一般尚有少量碎块状的铁素体），原球状石墨形态不变。处理后强度，韧性匹配良好，适应于轴类件的工作条件。

（5）球墨铸铁的等温淬火处理。球墨铸铁的等温淬火处理目的在于让铸铁件的基体组织转换为强韧的下贝氏体组织，强度极限可超过1100MPa，冲击韧性 $a_k \geqslant 32$J。处理工艺是：将球墨铸铁件加热到830~870℃温度保温，基体奥氏体化后，投入280~350℃的熔盐中保温，让奥氏体部分转变为下贝氏体，原球状石墨不变。获得高强度的球墨铸铁。

上述铸铁热处理表明：铸铁件热处理只能改变基体组织，不能改变石墨的形态及分布，力学性能的变化是基体组织的变化所致。普通灰口铸铁（包括孕育铸铁）石墨片对力学性能（强度、延性）影响很大，灰口铸铁经热处理后改善力学性能不显著。还需要注意的是铸铁的导热性较钢差，石墨的存在导致缺口敏感性较钢高，因此铸铁热处理中冷却速度（尤其淬火）要严格控制。

10.1.2 常见的铸铁热处理工艺

10.1.2.1 去应力退火热处理

去应力退火就是将铸件在一定的温度下保温，然后缓慢冷却，以消除铸件中的铸造残留应力。对于灰口铸铁，去应力退火可以稳定铸件几何尺寸，减小切削加工后的变形。对于白口铸铁，去应力退火可以避免铸件在存放、运输和使用过程中受到振动或环境发生变化时产生变形甚至自行开裂。

A 铸造残留应力的产生

铸件在凝固和以后的冷却过程中要发生体积收缩或膨胀，这种体积变化往往受到外界和铸件各部分之间的约束而不能自由地进行，于是便产生了铸造应力。如果产生应力的原因消除后，铸造应力随之消除，这种应力叫做临时铸造应力。如果产生应力的原因消除后铸造应力仍然存在，这种应力叫做铸造残留应力。

铸件在凝固和随后的冷却过程中，由于壁厚不同，冷却条件不同，其各部分的温度和相变程度都会有所不同，因而造成铸件各部分体积变化量不同。如果此时铸造合金已经处于弹性状态，铸件各部分之间便会产生相互制约。铸造残留应力往往是这种由于温度不同和相变程度不同而产生的应力。

B 去应力退火的理论基础

研究表明，铸造残留应力与铸件冷却过程中各部分的温差及铸造合金的弹性模量成正比。过去很长的时期里，人们认为铸造合金在冷却过程中存在着弹塑性转变温度，并认为铸铁的弹塑性转变温度为400℃左右。基于这种认识，去应力退火的加热温度应是400℃。但是，实践证明这个加热温度并不理想。近期的研究表明，合金材料不存在弹塑性转变温度，即使处于固液共存状态的合金仍具有弹性。

为了正确选择去应力退火的加热温度，首先要清楚铸铁在冷却过程中应力的变化情况。图10-1是用应力框测定的灰铸铁冷却过程中粗杆内应力的变化曲线。

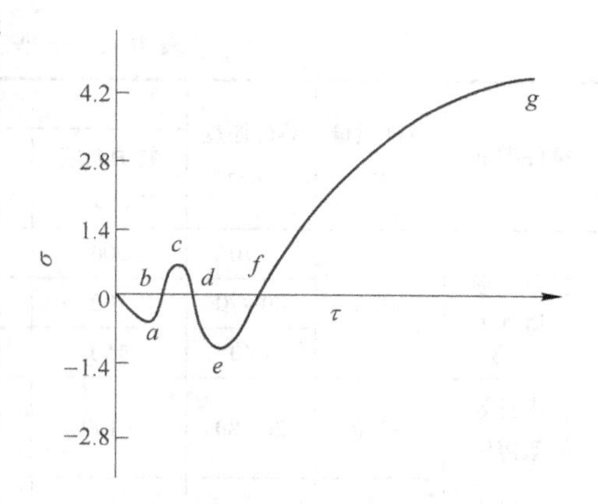

图 10-1 灰铸铁应力变化曲线

结合图10-1，铸铁的凝固与形成过程，应力情况发生如下变化：

在 a 点前灰铸铁细杆已凝固完毕，粗杆处于共晶转变期，粗杆石墨化所产生的膨胀受到细杆的阻碍，产生压应力，到达 a 点时，粗杆的共晶转变结束，应力达到极大值。

从 a 点开始，粗杆冷却速度超过细杆，两者温差逐渐减小，应力随之减小，到达 b 点时应力降为零。此后由于粗杆的线收缩仍然大于细杆，加上细杆进入共析转变后石墨析出引起的膨胀，粗杆中的应力转变为拉应力。

到达 c 点时粗杆共析转变开始，细杆共析转变结束，两杆温差再次增大，粗杆受到的拉应力减小。

到达 d 点时，粗杆受到的拉应力降为零，粗杆所受到的应力又开始转变为压应力。

从 e 点开始，粗杆的冷却速度再次大于细杆，两杆的温差再次减小，粗杆受到的压应力开始减小。

到达 f 点时，应力再度为零。此时两杆仍然存在温差，粗杆的收缩速度仍然大于细杆，在随后的冷却过程中，粗杆所受到的拉应力继续增大。

从上述分析可以看出，灰铸铁在冷却过程中有三次完全卸载（即应力等于零）状态。如果在其最后一次完全卸载（即 f 点）时，对铸件保温，消除两杆的温差，然后使其缓慢冷却，就会使两杆间的应力降到最小。对灰铸铁冷却过程中的应力测定表明，灰铸铁最后一次完全卸载温度在550~600℃。这与实际生产中灰铸铁的退火温度相近。

C 去应力退火工艺

为了改善去应力退火的实际效果，加热温度最好能达到铸件最后一次完全卸载温度。在低于最后一次完全卸载温度时，加热温度越高，应力消除越充分。但是，加热温度过高，会引起铸件组织发生变化，从而影响铸件的性能。对于灰铸铁件，加热温度过高，会使共析渗碳体石墨化，使铸件强度和硬度降低。对于白口铸铁件，加热温度过高，也会使共析渗碳体分解，使铸件的硬度和耐磨性大幅度降低。

普通灰铸铁去应力退火的加热温度一般为550℃。当铸铁中含有稳定基体组织的合金元素时，可适当提高去应力退火温度。低合金灰口铸铁一般为600℃，高合金灰口铸铁可提高到650℃。加热速度一般为60~100℃/h。保温时间可按以下经验公式计算：

$$H = 铸件厚度 / 25 + H'$$

式中，铸件厚度的单位是毫米，保温时间的单位是小时，H'在 2~8h 范围里选择。形状复杂和要求充分消除应力的铸件应取较大的H'值。随炉冷却速度应控制在30℃/h以下，一般铸件冷至150~200℃出炉，形状复杂的铸件冷至100℃出炉。表10-1为一些灰铸铁件的去应力退火规范。

表 10-1　一些灰铸铁件去应力退火规范

铸件类别	铸件质量/t	铸件厚度/mm	热处理规范					
			装炉温度/℃	加热速度/℃·h^{-1}	退火温度/℃	保温时间/h	冷却速度/℃·h^{-1}	出炉温度/℃
复杂外形铸件	>1.5	>70	200	75	500~550	9~10	20~30	<200
		40~70	200	70	450~500	8~9	20~30	<200
		<40	150	60	420~450	5~6	30~40	<200
机床身等类似铸件	>2.0	20~80	<150	30~60	500~550	3~10	30~40	180~200
较小机床铸件	<0.1	<60	200	100~150	500~550	3~5	20~30	150~200
筒形结构简单铸件	<0.3	10~40	90~300	100~150	550~600	2~3	40~50	<200
纺织机械小型铸件	<0.05	<15	150	50~70	500~550	1.5	30~40	150

普通白口铸铁去应力退火的加热温度不应超过500℃，高合金白口铸铁由于其共析渗碳体稳定性好及铸造应力大，其加热温度一般远远高于普通白口铸铁，可达800~900℃。表10-2给出了两种高合金白口铸铁的去应力退火规范。

表 10-2　两种高合金白口铸铁的去应力退火规范

铸铁种类和成分	加热速度	退火温度/℃	保温时间/h	冷却速度/℃·h^{-1}
高硅耐蚀铸铁 (w(C)=0.5%~0.8%, w(Si)=14.5%~16%, w(Mn)=0.3%~0.8%, w(S)<0.07%, w(P)<0.1%)	形状简单，小件<100℃/h	850~900	2~4	随炉冷 30~50
	形状复杂，浇注凝固后，700℃出型入炉	780~850	2~4	随炉冷 30~50
高铬铸铁 w(C)=0.5%~1.0%, w(Si)=0.5%~1.3%, w(Mn)=0.5%~0.8%, w(Cr)=26%~30%, w(S)<0.08%, w(P)<0.1%)	500℃以下，20~30℃/h；500℃以上，50℃/h	820~850	H=铸件壁厚/25	随炉冷 25~40

10.1.2.2　石墨化退火热处理

石墨化退火的目的是使铸铁中渗碳体分解为石墨和铁素体。这种热处理工艺是可锻铸铁件生产的必要环节。在灰铸铁生产中，为降低铸件硬度，便于切削加工，有时也采用这种工艺方法。在球墨铸铁生产中常用这种处理方法获得高韧性铁素体球墨铸铁。

A 石墨化退火的理论基础

根据相稳定的自由能计算，铸铁中渗碳体是介稳相，石墨是稳定相，渗碳体在低温时的稳定性低于高温。因此从热力学的角度看，渗碳体在任一温度下都可以分解为石墨和铁碳固溶体，而在低温下，渗碳体分解更容易。

但是，石墨化过程能否进行，还取决于石墨的形核及碳的扩散能力等动力学因素。对于固态相变，原子的扩散对相变能否进行起重要作用。由于温度较高时，原子的扩散比较容易，因此实际上渗碳体在高温时分解比较容易。尤其是自由渗碳体和共晶渗碳体分解时，由于要求原子作远距离扩散，而只有在温度较高时才有可能进行。

B 石墨化退火工艺

（1）铁素体（黑心）可锻铸铁的石墨化退火工艺。如图 10-2 所示，黑心可锻铸铁的石墨化有五个阶段：

1）升温；

2）第一阶段石墨化；

3）中间阶段冷却；

4）第二阶段石墨化；

5）出炉冷却。

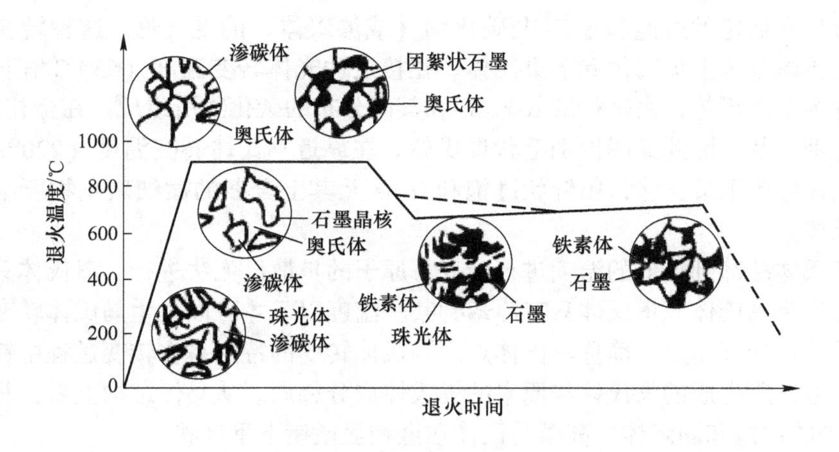

图 10-2 铁素体可锻铸铁退火工艺图

（2）珠光体可锻铸铁石墨化退火工艺。珠光体可锻铸铁的石墨化退火与铁素体可锻铸铁的第一阶段石墨化相同，但不进行第二阶段石墨化，或在第一阶段石墨化后淬火并高温回火。

（3）灰口铸铁和球墨铸铁的石墨化退火。灰口铸铁和球墨铸铁的石墨化退火又称为软化退火。当铸件中共晶渗碳体不多时，石墨化退火的目的是使共析渗碳体分解，此时可选用低温石墨化退火。当铸件中含有自由渗碳体或共晶渗碳体时石墨化退火的目的是消除自由渗碳体和共晶渗碳体，此时须进行高温石墨化退火。退火工艺见表 10-3。

表 10-3 灰口铸铁和球墨铸铁石墨化退火工艺

退火类型	铸铁类型	加热温度/℃	保温时间/h	出炉温度/℃
低温	灰口铸铁	650~750	1~4	<300
石墨化	球墨铸铁	720~760	2+铸件厚度/25	<600
高温	灰口铸铁	900~950	2+铸件厚度/25	100~300
石墨化	球墨铸铁	880~980	1+铸件厚度/25	<600

10.1.2.3 改变基体组织的热处理

A 改变基体组织热处理的理论基础

如果将奥氏体化后的铸铁冷却到 A_1 温度以下（此时的奥氏体称为过冷奥氏体），奥氏体就会发生转变。其转变可以是珠光体转变、贝氏体转变或马氏体转变。究竟发生何种转变一方面取决于各种转变生成相在不同温度下的自由能，另一方面与各种转变所要求的动力学条件有关。

对于铁碳合金，珠光体转变发生在 A_1 以下至 550℃左右。在此温度下，原子可以充分扩散，转变产物为珠光体。在一般情况下，珠光体内的铁素体和渗碳体呈片状相间分布，其片层厚度与珠光体转变温度有关。转变温度越低，所形成的珠光体分散度越高，片层间距越小，其力学性能越高。随着转变温度的降低，其转变产物依次为粗大珠光体或称珠光体，细珠光体或称索氏体，极细珠光体或称屈氏体（托氏体）。

如果奥氏体冷却到 220~550℃进行转变，由于温度较低，原子的扩散不能充分进行，奥氏体分解为介稳定的过饱和 α-Fe 与碳化物（或渗碳体）的混合物。这种转变产物称为贝氏体。贝氏体分为上贝氏体和下贝氏体。在接近珠光体转变温度（550℃稍下）所形成的贝氏体称为上贝氏体，由平行的 α-Fe 相和其间分布的碳化物所组成。在金相显微镜下，上贝氏体呈羽毛状，因此又叫做羽毛状贝氏体。在靠近马氏体转变温度（220℃稍上）所形成的贝氏体称为下贝氏体，由针状过饱和 α-Fe 及其上分散的微细碳化物所组成，又叫做针状贝氏体。

如果奥氏体冷却到更低的温度进行转变，原子的扩散已无法进行，奥氏体只能以非扩散的形式转变为马氏体。奥氏体只有冷却到某一温度以下才可以发生马氏体转变，这个温度称为马氏体转变开始点，简称马氏体点。马氏体转变的特点是在转变过程中铁、碳原子都不发生扩散，所生成的马氏体与原来的奥氏体成分相同。从晶体结构上看，马氏体仍是碳在 α-Fe 中的过饱和固溶体。高碳马氏体在金相显微镜下呈针状。

B 改变基体组织的热处理及其工艺

a 正火

铸铁的正火处理主要用于球墨铸铁、蠕墨铸铁和灰铸铁，其目的是使基体组织中珠光体含量增多，提高铸铁的耐磨性和强度。

对于球墨铸铁而言，根据加热时是否保留部分铁素体，正火可分为完全奥氏体化正火和部分奥氏体化正火。

(1) 灰口铸铁的正火工艺。灰口铸铁共晶渗碳体较少时，正火加热温度一般为 850~900℃；共晶渗碳体较多时，加热温度一般为 900~950℃。加热温度高，可提高奥氏体的碳含量，使冷却后珠光体量提高。保温时间为 1~3h。保温后在空气中冷却，或采用风冷和喷雾冷却，以提高珠光体含量，并使其细化。

（2）球墨铸铁的正火处理。球墨铸铁的热处理主要有高温奥氏体化正火，两阶段正火，部分奥氏体化正火和高温不保温正火。

b 淬火和回火

淬火的目的是获得普通冷却条件下不能得到的急冷组织，以提高铸件的硬度、耐磨性和综合力学性能。回火则是淬火处理的一种后处理工序，其目的是减小淬火中产生的应力。

c 等温淬火

等温淬火的目的是使材料具有高强度和高硬度的同时具有较高的塑性和韧性，是目前有效发挥材料最大潜力的一种热处理方法。在白口铸铁生产中，等温淬火可用于犁铧、粉碎机锤头、抛丸机叶片及衬板等铸件的热处理。其工艺是将白口铸铁在900℃奥氏体化，然后根据不同成分铸铁的过冷奥氏体等温转变曲线确定等温转变温度，在该温度下等温1～1.5h后空冷。

在球墨铸铁、蠕墨铸铁和灰铸铁生产中，等温淬火工艺主要用来获得贝氏体加残余奥氏体基体组织。其工艺是将铸铁加热到奥氏体化温度，保温后进行等温淬火。提高奥氏体化温度，会提高奥氏体含碳量，使形成上贝氏体的下限温度降低，有利于形成上贝氏体组织。增加奥氏体化保温时间，会提高奥氏体的稳定性，有利于保留一定数量的残留奥氏体，从而改善材料的韧性。等温淬火温度要根据C曲线确定。等温淬火时间过长会析出碳化物，降低材料的韧性；过短则贝氏体量不足。加入一定的合金元素，诸如Mo、Cu、Ni可提高淬透性。图10-3是球墨铸铁上贝氏体和下贝氏体等温淬火工艺。

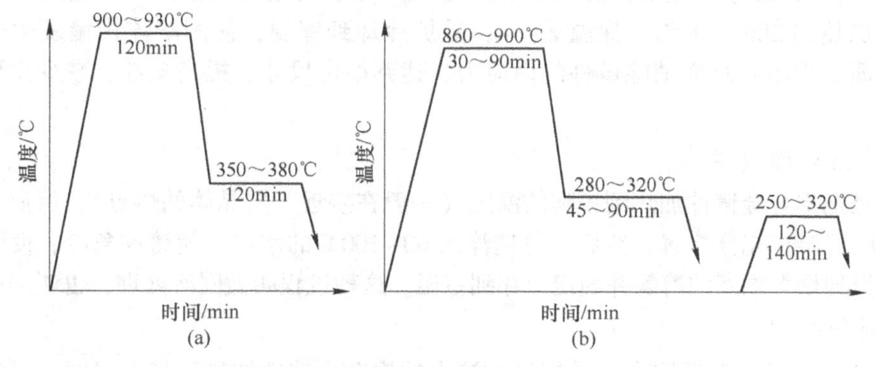

图10-3 球墨铸铁上贝氏体和下贝氏体等温淬火工艺
（a）上贝氏体；（b）下贝氏体

10.2 铝合金热处理

10.2.1 铝合金热处理目的与工艺

铝合金的热处理根据合金的型号不同而不同，其中铸造铝合金的金相组织比变形铝合金的金相组织粗大，因而在热处理时也有所不同。前者保温时间长，一般都在2h以上；而后者保温时间短，只要几十分钟。因为金属型铸件、低压铸造件、差压铸造件是在比较大的冷却速度和压力下结晶凝固的，其结晶组织比石膏型、砂型铸造的铸件细很多，故其在热处理时的保温也短很多。铸造铝合金与变形铝合金的另一不同点是壁厚不均匀，有异形面或内通道等复杂结构外形，为保证热处理时不变形或开裂，有时还要设计专用夹具予以保护，并且淬火介质的温度也比变形铝合金高，故一般多采用人工时效来缩短热处理周期和提高铸件的性能。

10.2.1.1 热处理的目的

铝合金铸件热处理的目的是提高力学性能和耐腐蚀性能，稳定尺寸，改善切削加工和焊接等加工性能。因为许多铸态铝合金的机械性能不能满足使用要求，除 Al-Si 系的 ZL102、Al-Mg 系的 ZL302 和 Al-Zn 系的 ZL401 合金外，其余的铸造铝合金都要通过热处理来进一步提高铸件的机械性能和其他使用性能，具体有以下几个方面：

(1) 消除由于铸件结构（如壁厚不均匀、转接处厚大）等原因使铸件在结晶凝固时因冷却速度不均匀所造成的内应力；

(2) 提高合金的机械强度和硬度，改善金相组织，保证合金有一定的塑性和切削加工性能、焊接性能；

(3) 稳定铸件的组织和尺寸，防止和消除高温相变而使体积发生变化；

(4) 消除晶间和成分偏析，使组织均匀化。

10.2.1.2 热处理方法

A 退火处理

退火处理的作用是消除铸件的铸造应力和机械加工引起的内应力，稳定加工件的外形和尺寸，可使 Al-Si 系合金的部分 Si 结晶球状化，改善合金的塑性。其工艺是：一般将铝合金铸件加热到 280~300℃，保温 2~3h，随炉冷却到室温，使固溶体慢慢发生分解，析出的第二质点聚集，从而消除铸件的内应力，达到稳定尺寸、提高塑性、减少变形、翘曲的目的。

B 固溶处理（淬火）

淬火是把铝合金铸件加热到较高的温度（一般在接近于共晶体的熔点），保温 2h 以上，使合金内的可溶相充分溶解。然后，急速淬入 60~100℃ 的水中，使铸件急冷，使强化组元在合金中得到最大限度的溶解并固定保存到室温。这种过程叫做固溶处理，也叫淬火。

C 时效处理

时效处理，又称低温回火，是把经过淬火的铝合金铸件加热到某个温度，保温一定时间出炉空冷直至室温，使过饱和的固溶体分解，让合金基体组织稳定的工艺过程。

合金在时效处理过程中，随温度的上升和时间的延长，约经过过饱和固溶体点阵内原子的重新组合，生成溶质原子富集区（称为 G. P. Ⅰ区）和 G. P. Ⅰ区消失，第二相原子按一定规律偏聚并生成 G. P. Ⅱ区，之后生成亚稳定的第二相（过渡相），大量的 G. P. Ⅱ区和少量的亚稳定相结合以及亚稳定相转变为稳定相、第二相质点聚集几个阶段。

时效处理又分为自然时效和人工时效两大类。自然时效是指时效强化在室温下进行的时效。人工时效又分为不完全人工时效、完全人工时效、过时效 3 种。

(1) 不完全人工时效：把铸件加热到 150~170℃，保温 3~5h，以获得较好抗拉强度、良好的塑性和韧性，但抗蚀性较低的热处理工艺；

(2) 完全人工时效：把铸件加热到 175~185℃，保温 5~24h，以获得足够的抗拉强度（即最高的硬度），但伸长率较低的热处理工艺；

（3）过时效：把铸件加热到190~230℃，保温4~9h，使强度有所下降，塑性有所提高，以获得较好的抗应力、抗腐蚀能力的工艺，也称稳定化回火。

D 循环处理

把铝合金铸件冷却到零下某个温度（如-50℃、-70℃、-195℃）并保持一定时间，再把铸件加热到350℃以下，使合金中度固溶体点阵反复收缩和膨胀，并使各相的晶粒发生少量位移，以使这些固溶体结晶点阵内的原子偏聚区和金属间化合物的质点处于更加稳定的状态，达到提高产品零件尺寸、体积更稳定的目的。这种反复加热冷却的热处理工艺叫循环处理。这种处理适合使用中要求很精密、尺寸很稳定的零件（如检测仪器上的一些零件）。一般铸件均不作这种处理。

E 铸造铝合金热处理状态代号及含义

T1：人工时效，在金属型或湿砂型铸造的合金中，因冷却速度较快，已得到一定程度的过饱和固溶体，即有部分淬火效果。再作人工时效，脱溶强化，则可提高硬度和机械强度，改善切削加工性。对提高ZL104、ZL105等合金的强度有效。

T2：退火，主要作用在于消除铸件的内应力（铸造应力和机加工引起的应力），稳定铸件尺寸，并使Al-Si系合金的Si晶体球状化，提高其塑性。对Al-Si系合金效果比较明显，退火温度280~300℃，保温时间为2~4h。

T4：固溶处理（淬火）+自然时效，通过加热保温，使可溶相溶解，然后急冷，使大量强化相固溶在α固溶体内，获得过饱和固溶体，以提高合金的硬度、强度及抗蚀性。对Al-Mg系合金为最终热处理，对需人工时效的其他合金则是预备热处理。

T5：固溶处理（淬火）+不完全人工时效，用来得到较高的强度和塑性，但抗蚀性会有所下降，晶间腐蚀会有所增加。时效温度低，保温时间短，时效温度150~170℃，保温时间为3~5h。

T6：固溶处理（淬火）+完全人工时效，用来获得最高的强度，但塑性和抗蚀性有所降低。在较高温度和较长时间内进行。适用于要求高负荷的零件，时效温度175~185℃，保温时间5h以上。

T7：固溶处理（淬火）+稳定化回火，用来稳定铸件尺寸和组织，提高抗腐蚀能力，并保持较高的力学性能。多在接近零件的工作温度下进行。适合300℃以下高温工作的零件，回火温度为190~230℃，保温时间4~9h。

T8：固溶处理（淬火）+软化回火，使固溶体充分分解，析出的强化相聚集并球状化，以稳定铸件尺寸，提高合金的塑性，但抗拉强度下降。适合要求高塑性的铸件，回火温度230~330℃，保温时间3~6h。

T9：循环处理，用来进一步稳定铸件的尺寸外形。其反复加热和冷却的温度及循环次数要根据零件的工作条件和合金的性质来决定。适合要求尺寸、外形很精密稳定的零件。

10.2.2 铝合金热处理应用实例

10.2.2.1 2024铝合金热处理实例

2024铝合金作为一种典型的Al-Cu-Mg系高强铝合金，具有密度低、强度高、耐腐蚀性能和加工性能好、损伤容限高、抗应力腐蚀性能和抗疲劳性能好等优点，主要用于制造汽车和航空等领域的各种高负荷零件和构件，如飞机螺旋桨、蒙皮、隔框以及骨架零件等。属于可热处理强化型铝合金，轧制状态的2024铝合金的综合性能较差，在用于制作零件或者构件之前，一般需要通过固溶时效热处理工艺提高合金的强度、硬度和延展性等性能。

在不同热处理工艺下，其抗拉强度、屈服强度、断后伸长率、硬度等性能会有非常大的差别，如果工艺参数选择不恰当，合金难以获得较优的综合性能，甚至比轧制态更差。合金经热处理后性能上的差异主要归因于热处理过程中微观组织的变化，尤其是第二相粒子的溶解与析出。

研究显示，合金中Cu和Mg在Al中的共同溶解度约为5%。所以，铝合金在经过固溶之后，材料中有一定数量的Cu、Mg会在θ相（Al_2Cu相）和S相（Al_2CuMg）金属间化合物相存在，而不是存在于固溶体中。这样会同时起到固溶强化和沉淀强化的作用。在2024（Al-Cu-Mg）合金中，Cu、Mg含量的不同会影响到其时效析出序列，时效析出主要有以下两个过程，如图10-4所示。

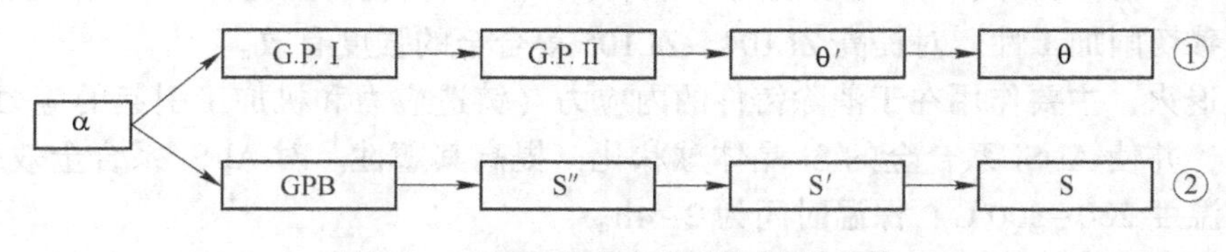

图10-4 2024合金中的时效析出序列

不同的Cu、Mg元素含量比，时效析出过程不同，分为三种情况：

(1) $w(Cu)/w(Mg) > 8$，合金的时效析出序列只按①过程进行；

(2) $4 < w(Cu)/w(Mg) < 8$，合金的时效析出序列按①与②过程同时进行；

(3) $w(Cu)/w(Mg) < 4$，合金的时效析出序列只按②过程进行。

在某些特殊情况下也会形成不溶于α固溶体中的$Al_{12}Mn_2Cu$相。另外，对于2024铝合金，S相比其他相（如Al_2Cu、Mg_2Si）所起到的强化作用大。只有Cu、Mg元素含量比近似于2.61：1，才会形成S相，此时合金强度达到最大。合金中Mg_2Si相的数量由合金中的硅含量控制。当合金内Cu含量较大，比形成S相所需的量大，此时还会有Al_2Cu相形成。只有弄清楚了这些相之间的关联，才能为后续的热处理制定合理的工艺参数。

10.2.2.2 非标准合金体系的热处理实例

在铝合金的研究与应用方面除了已有的合金系列和牌号，如形变铝合金和铸造铝合金之外，有时为了提高材料的性能，提高材料的使用范围，会在现有的合金基础上增加某种合金元素的数量，调整合金的配比，形成新的合金。但由于这些合金研究范围小，使用领域窄，也还没有具体命名。比如高Mg（含量大于10%）、Si（含量大于10%）含量的Al-Mg-Si合金就属于此范畴。

当铝合金中含有高含量的Mg和Si时，在熔铸过程中会形成Mg_2Si金属间化合物。Mg_2Si具有高熔点（1085℃），低密度（1.99×10^3kg/m），高硬度（4.5×10^9N/m^2），低线膨胀系数（TEC）（7.5×10^{-6}/K）和高的弹性模量（120GPa），适合作为铝基合金材料的增强体，用作耐磨材料。但目前限制这种材料推广应用的关键是室温脆性。铝合金中作为

初生相形成的 Mg_2Si 金属间化合物一般比较粗大，且多呈尖角状，割裂基体，降低性能。因此，通过系列的手段改变形貌，降低脆性是解决这种材料的关键。

本实例来自吉林大学博士论文（参见文献［151］）。实验所配置的合金成分是：Al-Mg-Si-Cu，其中 Mg 含量为 10%，Si 含量为 13%，Cu 含量为 4%。热处理选择 T6 热处理工艺，在可控温的箱式电阻炉中进行，通过温度控制装置将电炉内恒温区的温度波动控制在±5℃之间。固溶温度确定为（500±5）℃，时间为 10h；时效温度为 175℃，时间为 1～16h。

所获得显微组织如图 10-5 所示，其中黑色的粗大枝晶相即为初生的 Mg_2Si 金属间化合物。固溶+时效后材料布氏硬度与时效时间的变化关系曲线如图 10-6 所示，可见，随着时效时间的延长，材料的硬度逐渐增加，当时效时间达到 8h 时，材料的硬度达到最大值，然而随着时效的继续，材料的硬度反而转变为下降的特征。

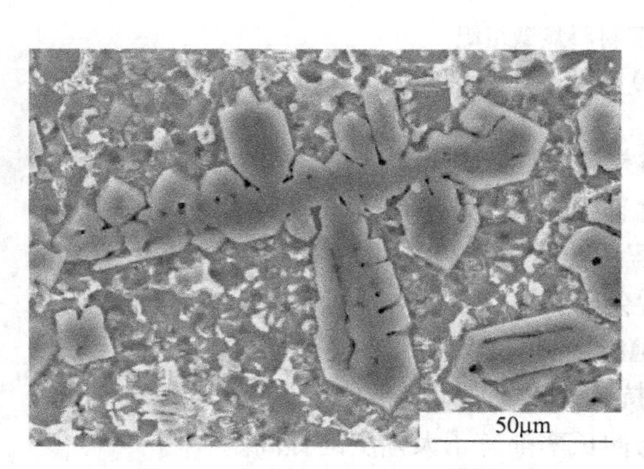

图 10-5　Al-Mg-Si-Cu 合金显微组织

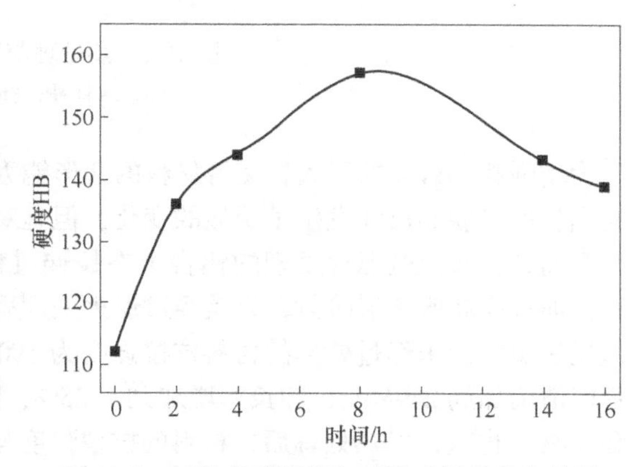

图 10-6　材料布氏硬度与时效时间的变化关系

经过 T6 热处理后，材料的硬度能够提高，有如下原因：结合 Al-Cu，Al-Mg 及 Al-Si 二元相图，在本实验的固溶温度（500±5）℃条件下，Cu、Mg 和 Si 在铝中的溶解度分别为 4.5%，10.8%和 1%左右；所以在固溶热处理过程中，基体中低熔点 $CuAl_2$ 相，部分共晶 Mg_2Si 以及共晶 Si 相在（500±5）℃，长时间保温的条件下能够溶解到铝基体中去；经过淬火后在室温条件下形成了亚稳定的过饱和固溶体。在 175℃人工时效的过程中，亚稳相和溶质原子的偏聚区逐渐析出，而形成"饱和固溶体+析出相"的特征。由于新析出相的弥散分布，而使得材料的硬度提高。在一般情况下，过饱和固溶体的时效过程可分为四个阶段，即（1）形成 G.P.Ⅰ区；（2）G.P.Ⅱ区形成；（3）θ′相形成；（4）平衡相形成。在第（3）阶段合金的硬度达到最大值，而到了第（4）阶段，合金硬度开始下降，也就是过时效。

经过 T6 热处理前后显微组织如图 10-7 所示（固溶温度为（500±5）℃，固溶时间为 10h，时效温度为 175℃，时效时间为 8h）。可见，共晶相则由未处理的粗大的针状或者纤维状转变为细小的点状或者蠕虫状，其中白色为 $CuAl_2$ 相，灰色为共晶 Si 相，深灰色为共晶 Mg_2Si 相。对于这种材料而言，力学性能不仅受到增强相的影响，更重要的是基体的基本特征也决定了材料的整体性能，经过 T6 热处理后，基体组织中共晶相的圆整化、细化对材料性能的提高起到了一定的作用。

根据硬度数据，测试材料的硬度最高值时的强度，应力-应变曲线如图 10-8 所示。由图可见无论是否热处理，整个拉伸过程都表现为弹性变形，而没有出现明显的屈服现象。这是

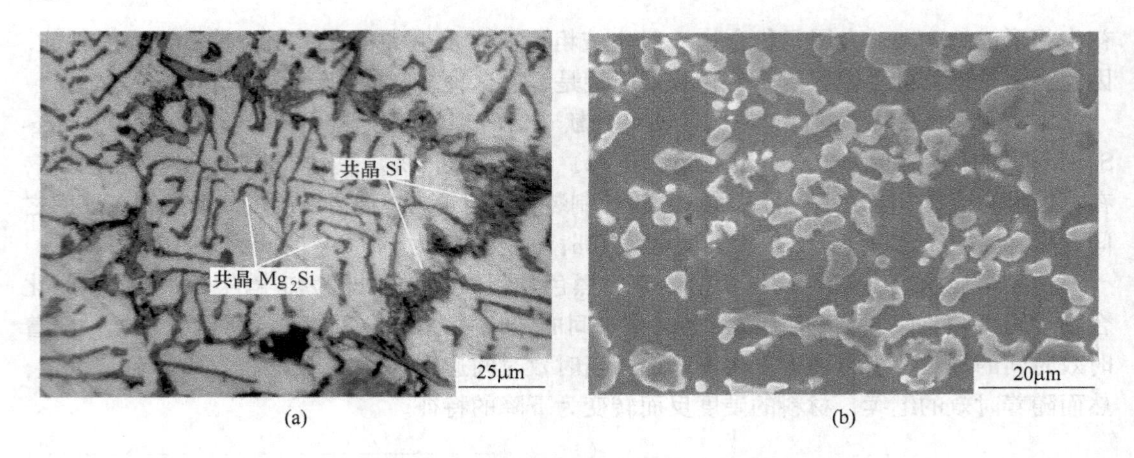

图 10-7 热处理前后材料显微组织

（a）未处理；（b）T6 热处理

因为增强相 Mg_2Si 的引入，使得材料的变形能力差，塑性降低而导致的，虽然经过热处理后共晶相的形貌和尺寸发生了明显的变化，但是对于材料的塑性仍然有着较大的影响。对于铝合金而言，未经过退火处理的铝合金在拉伸过程中也仅有弹性变形过程与均匀塑性变形过程，而没有屈服变形阶段，只是经过退火处理后会出现屈服现象。热处理前后抗拉强度的数值见表 10-4，未经过处理的材料抗拉强度为 190MPa，伸长率为 1.08%，而经过处理后抗拉强度值增加到 249MPa，伸长率增加到 1.35%，抗拉强度与伸长率的提高幅度分别为 31.1% 和 25%，也就说经热处理后，材料的抗拉强度与伸长率都有了大幅度的提高。

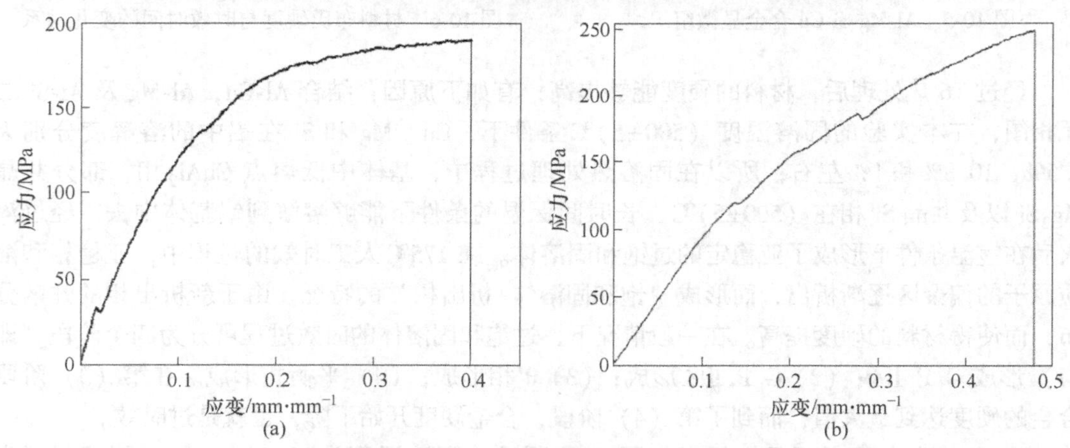

图 10-8 材料经过 T6 热处理前后的应力-应变曲线

（a）未处理；（b）T6 热处理

表 10-4 T6 热处理前材料抗拉强度 σ_b 及伸长率 δ 值

材料	抗拉强度 σ_b /MPa	伸长率 δ /%
未处理	190	1.08
T6 热处理	249	1.35

以上实例显示出铝合金的热处理至关重要，它可以提高材料的硬度和塑性，根据生产需要，也可以提高材料的塑性，但是除了特殊材料，通常情况下大部分材料硬度和强度的提升会影响到塑性的提高，如本书所列举的高 Mg、Si 的 Al-Mg-Si 合金是个例外，主要是因为热处理后组织的变化较大，整个基体更加均匀、细小。所以，对于某些热处理后晶粒尺寸变化极大的材料可能会出现强度和塑性同时提升的现象。

10.3 铜及其合金热处理

10.3.1 退火

A 再结晶退火

通常中间退火时，采取快速升温，装炉量大，温度取上限，从而提高再结晶温度，细化晶粒，缩短加热时间，减少氧化，提高生产率；最终退火，缓慢升温，控制装炉量，温度取下限，特别是薄壁零件，以保证产品性能均匀。温度控制在±5℃之内，退火保温时黄铜为1.5~3h，锡青铜、铝青铜、铍青铜为1~3h。纯铜的再结晶退火工艺见表10-5，铜合金再结晶退火工艺见表10-6，对于能热处理强化的铜合金，中间退火后必须缓冷，其他铜合金冷却速度对性能影响不大。中间退火的温度与预先的冷变形程度、金属的成分、加热速度、原始晶粒尺寸等有关。加热温度在再结晶温度以上，温度太低再结晶不完全，但太高又会使晶粒粗大，使下一道冷加工时，材料表面出现“橘皮”状，这是十分有害的，尤其在单相材料中。在成形加工量小时，宜采用晶粒细小的坯料，当成形加工量大时，宜采用晶粒粗大的坯料。铜合金再结晶后的力学性能不仅与其成分有关，还与退火温度及退火前的冷加工量有关。

表 10-5 纯铜再结晶的退火温度及保温时间

产品类型	代号	退火温度/℃	保温时间/min	直径(厚度)/mm
管材	T2、T3、T4、TUP、TU1、TU2	450~520	40~50	≤1.0
		500~550	50~60	1.05~1.75
		530~580	50~60	1.8~2.5
		550~600	50~60	2.6~4.0
		580~630	50~70	>4.0
棒材	T2、TU1、TUP（软制品）	550~620	60~67	—
带材	T2	290~340	—	≤0.09
		340~380		0.1~0.25
		350~410		0.3~0.55
		380~440		0.6~1.2
线材	T2、T3、T4	410~430	—	0.3~0.8

B 去应力退火

其作用是去除铸件、焊接件及冷成形件的内应力，以防止零件变形与开裂，也能提高抗蚀性（因零件存在拉应力时，在腐蚀介质中，极易产生应力腐蚀）。去应力退火也能提高冷成形黄铜、锌白铜、磷青铜的弹性和强度。一般合金去应力退火保温时间为 1~3h，铍青铜为 15~20min，去应力退火温度见表 10-6。

表 10-6 加工铜合金再结晶退火和去应力退火温度及工艺

牌号	去应力退火/℃	不同厚度再结晶退火温度/℃			
		>5mm	1~5mm	0.5~1mm	<0.5mm
H96	200	560~600	540~580	500~540	450~550
H90	200	650~720	620~680	560~620	450~560
H85	160~220	—	—	—	—
H80	260	650~700	580~650	540~600	500~560
H70	260~270	600~650	580~620	540~580	520~550
H68	260~270	580~650	540~600	500~560	440~500
H62	270~300	650~700	600~660	520~600	460~530
H59	200~300	650~700	600~660	520~600	460~530
HSn90-1	200~350	650~720	620~680	560~620	450~560
HSn62-1	350~370	600~650	550~630	520~580	500~550
HSn60-1	350~370	600~650	550~630	520~580	500~550
HPb63-3	200~350	600~650	540~620	520~600	480~540
HPb59-1	285	600~650	580~630	550~600	480~550
HA160-1-1	300~350	—	—	—	—
HA159-3-2	350~400	600~650	550~620	540~580	450~500

有些铜合金通过冷塑性变形加低温退火来提高其弹性极限，制作弹性元件。冷塑性变形度越大，低温退火后的弹性极限提高越多。一般铜合金弹性材料获得最好的弹性极限及其应力松弛的低温退火规范见表 10-7。

表 10-7 一般铜合金弹性材料最佳退火规范及性能

合金代号	最佳退火规范（预冷变形 60%）	弹性极限/MPa			硬度 HV	电阻率
		$\sigma_{0.002}$	$\sigma_{0.005}$	$\sigma_{0.01}$		$\rho/\Omega \cdot mm^2 \cdot m^{-1}$
QSn4-3	150℃，30min	454	521	581	218	0.0802
QSn6.5-0.1	150℃，30min	479	539	584	—	—
QSi3-1	275℃，1h	484	554	619	210	0.262
QA17	275℃，30min	617	711	774	270	0.115
H68	200℃，1h	443	509	569	190	0.086
H80	200℃，1h	382	466	527	170	0.0567
H85	200℃，30min	342	397	445	155	0.0486
BZn15-20	300℃，4h	537	602	550	230	0.256

10.3.2 铜的强化热处理及应用

A 加工硬化

有些铜合金无法通过热处理进行强化，如黄铜、锡青铜、含铝量小于 9%的铝青铜、锰青铜、铬青铜、白铜及锰白铜等，它们只能加工硬化。

B 淬火+回火强化

有一类铜合金通过淬火与回火得到强化，原理与钢的强化相似，其典型合金是含铝量大于9%的铝青铜，此合金高温加热出现β相，淬火后β相转变成亚稳组织β′马氏体，将其加热回火时会分解成细小的$\alpha+\gamma_2$共析组织，使强度、硬度又有升高，铝青铜的淬火回火工艺见表10-8。

表10-8 铝青铜的淬火与回火工艺

合金代号	淬火			回火			硬度HB
	温度/℃	时间/h	冷却	温度/℃	时间/h	冷却	
QA19-2	790~810	1~2	水	390~410	1.5~2	空气	200~250
QA19-4	840~860	1~2	水	340~360	1.5~2	空气	160~220
QA110-3-1.5	830~840	1~2	水	300~350	1.5~2	空气	207~289
QA110-4-4	910~930	1~2	水	640~660	1.5~2	空气	250~300

C 固溶+时效强化

有一类铜合金通过固溶与时效得到强化，原理与铝合金的强化相似，其典型合金是铍青铜。铍在铜中的最大溶解度为2.7%，随温度下降而显著减少，且又有明显的沉淀硬化效果，能获得良好的综合力学性能，如强度、硬度、塑性、弹性极限、弹性模量，并减少合金的弹性滞后。时效前也可冷变形，时效后且能获得更高的强度和硬度。

铍青铜的固溶时效工艺见表10-9，对一般棒材、条材和截面厚度较大的零件，加热保温时间按25.4mm/h计算，对于薄件加热保温时间见表10-10；严格控制固溶温度，既要保证合金元素的溶解，又不能使晶粒急剧长大，铍青铜固溶处理后晶粒尺寸要求见表10-11；固溶加热后，应立即淬入低于25℃的水中，转移时间不得超过3~5s。

表10-9 铍青铜固溶与时效工艺

合金代号	固溶温度/℃	时效	
		温度/℃	时间/h
QBe2	780~800	(320~350) ±5; (350~380) ±3	1~3; 0.25~1.5
QBe1.9	780~800	(315~340) ±5; (350~380) ±3	1~3; 0.25~1.5
QBe1.7	780~790	(300~320) ±5; (350~380) ±3	1~3; 0.25~1.5

表10-10 铍青铜薄板、带材及薄件固溶处理的保温时间

材料厚度/mm	保温时间/min	材料厚度/mm	保温时间/min
<0.11	2~6	0.25~0.76	6~10
0.11~0.25	3~9	0.74~2.30	10~30

表 10-11　铍青铜固溶后要求的晶粒尺寸

材料厚度/mm	最大平均晶粒尺寸/mm
0.25~0.75	≤0.035
0.75~2.29	≤0.043
2.29~4.78	≤0.060

铍青铜的时效分高温时效与低温时效，低温时效易于控制，并能获得最大的强度和硬度；但高温时效能更好地去除内应力；获得更高的疲劳强度、抗零点漂移和抗松弛能力。不论高、低温时效，含铍量较多、经过冷加工的材料时效的温度和时间均取下限，反之取上限。

固溶加热应在真空炉或保护气氛炉中，而决不能在盐浴炉中进行，以免发生晶界腐蚀与脱铍。

铍青铜型材一般以固溶状态（软态）供货，可直接冷作成形，然后作时效处理。时效过程中随着强化相的析出，以及应力的释放，零件将发生变形，因此须将零件固定在夹具中作时效处理。夹具的质量要尽量轻，用力要适当。在零件形状允许的情况下，夹具可将零件重叠装夹。时效处理可叠加进行，因此可把时效分成两次进行，第一次不上夹具，第二次用夹具，且在第一次时效后快速冷却。

硅青铜、铬青铜、锆青铜、铝白铜同样有固溶强化能力，工艺见表 10-12。

表 10-12　硅青铜、铬青铜、锆青铜、铝白铜固溶时效处理工艺

合金代号	固　溶			时　效	
	温度/℃	时间	冷却介质	温度/℃	时间/h
QSi1-3	850~875	1~2h	水	450~475	2~4
QCr0.5	1000~1020	20~40min	水	425~470	2~3
QZr0.2	900~920	15~30min	水	420~450 500	2~3 1
QZr0.4	920~950	15~35min	水	420~460	2~3
BA113-3	900~1000			500~600	
BA16-1.5	900			500~550	2

10.4　钛合金热处理

10.4.1　钛合金热处理工艺

在熔炼和各种加工过程完成之后，为了消除材料中的加工应力，达到使用要求的性能水平，稳定零件尺寸以及去除热加工或化学处理过程中增加的有害元素（例如氢）等，往往要通过热处理工艺来实现。钛合金热处理工艺大体可分为退火、固溶处理和时效处理

三种类型。由于钛合金高的化学活性，钛合金的最终热处理通常在真空的条件下进行。热处理是调整钛合金强度的重要手段之一。

10.4.1.1 消除应力退火

主要目的是消除在冷加工、冷成形及焊接等工艺过程中产生的内应力。这种退火有时也称为不完全退火。在这一过程中主要发生回复。退火的温度低于该合金的再结晶温度，消除应力退火的时间取决于工件的厚度、残余应力大小、所用的退火温度以及希望消除应力的程度，其冷却的方式一般采用空冷，对于大尺寸和形状复杂的零件也可以采用炉冷。

10.4.1.2 完全退火

主要目的是使组织和相成分均匀、降低硬度、提高塑性、获得稳定的或具有一定综合性能的显微组织。完全退火过程中主要是发生再结晶，完全退火的温度高于该合金的再结晶温度，所以也称为再结晶退火。

10.4.1.3 双重退火

包括高温和低温两次退火处理，其目的是使合金组织更接近平衡状态，以保证其在高温及长期应力作用下的组织及性能稳定性。双重退火特别适用于高温钛合金。

10.4.1.4 等温退火

对 α+β 型钛合金在（α+β）/β 转变温度以下 100℃ 的范围内保温后直接转移到比该合金实际使用温度稍高的炉内继续保温一定时间，然后出炉空冷。等温退火是双重退火的一种特殊形式。

10.4.1.5 真空退火

为防止钛台金氧化及污染而在真空条件下进行的退火，同时，真空退火还可部分去除钛合金中的氢，防止钛合金发生氢脆。

10.4.2 固溶与时效处理

钛合金进行固溶处理的目的是获得可以产生时效强化的亚稳定 β 相，即将 β 固溶体以过饱和的状态保留到室温。固溶处理的温度选择在（α+β）/β 转变温度以上或以下的一定范围内进行（分别称为 β 固溶和 α+β 固溶），固溶处理的时间应能保证合金元素在 β 相中充分固溶。

钛合金进行时效处理的目的是促进固溶处理产生的亚稳定 β 相发生分解，产生强化效果。时效过程取决于时效温度和时效时间，时效温度和时效时间的选择应该以合金能获得最好的综合性能为原则。

确定钛合金的时效工艺通常是根据时效硬化曲线来进行。时效硬化曲线描述了合金在不同时效温度下，力学性能与时效时间的关系，力学性能可以是室温抗拉性能，也可以是硬度或其他性能。时效温度的选择，通常应避开 ω 相脆化区，因此，一般选择在 500℃ 以上。时效温度太低，难于避开 ω 相，若温度过高，则由 β 相直接分解的 α 相粗大，合金的强度降低。

根据时效后的强化效果，可以将时效分为峰值时效和过时效。峰值时效的强度高，塑性相对满意；过时效则强度下降，而塑性更好，高温下的组织稳定性（热稳定性）及耐蚀性能好。有些合金为了获得较好的韧性和抗剪切性能，也采用较高温度时效。这种时效也称为稳定化处理。为了使合金在使用温度下有较好的热稳定性，可以采用在使用温度以上的时效。

有时为了控制时效析出相的大小、形态和数量，某些合金还可以采用多级时效处理，也称为分级时效。分级时效通常先低温时效，然后再较高温度时效。

10.4.3 实用钛合金热处理工艺

10.4.3.1 α 型钛合金

α 型钛合金，由于两相区很小，退火温度一般选择在（α+β）/β 相变点以下 120~200℃。如 TA7 钛合金，其（α+β）/β 相变点为 950~900℃，板材退火温度选定在 700~750℃，棒材退火温度选定在 800~850℃。温度过高会引起氧化和晶粒长大，温度过低时再结晶进行不完全。

α 型钛合金不能通过固溶时效进行强化，通常不进行固溶处理。

对于 α+化合物型钛合金，固溶处理的目的是保留过饱和 α 固溶体，固溶处理温度一般选择在刚刚低于共析温度，例如 Ti-2Cu 合金，共析温度为 798℃，固溶处理温度选择在 790℃，冷却方式可选择空冷。

10.4.3.2 α+β 型钛合金

这类合金的完全退火温度一般选在（α+β）/β 相变点以下 120~200℃，冷却方式采用空冷。例如对 TC4 钛合金，其（α+β）/β 工程相变点为 980~1010℃，则完全退火温度选为 750~850℃，消除应力退火温度选在 700~800℃。TC6 钛合金的 β 转变温度约为 965℃，对 TC6 棒材在 870~920℃保温 1~2h，然后自接转移至 550~650℃的另一炉中保温 2h，空冷（等温退火），或高温阶段结束后，打开炉门待炉温降至 550~650℃后保温 2h，再空冷。α+β 型钛合金在退火中除发生再结晶之外，还会有 α 相和 β 相在组成、数量及形态上的变化。邹清燕等对 TC11 棒材初生 α 相含量与热处理温度的关系研究表明，在相变点（β 转变温度）以下 35~45℃退火处理可以得到初生 α 的体积分数为 35%~50%，而且形貌也比较好的组织。

α+β 型钛合金固溶处理温度通常选择在（α+β）/β 相变点以下 40~100℃，即两相区的上部温度范围，但不加热到 β 单相区，因为加热到 β 单相区后，会产生粗大晶粒，对韧性有害，固溶处理的时间应能保证合金元素在固溶体中充分固溶。固溶处理时应迅速，通常采用水冷或油冷。时间稍加延误，会在原始 β 晶粒的晶界上析出二相，影响固溶处理的效果。以 TC4 为例，最小截面厚度在 6mm 以下、6~25mm 及 25mm 以上时，固溶处理延迟的最长时间分别规定为 6s、8s 和 10s。对 TC4 钛合金棒材、锻件而言，固溶处理的温度通常为 900~970℃ ，保温时间根据材料尺寸而在 20~120min 范围变化，采用水淬。尺寸小，需要的保温时间也相应减少。通常对于 α+β 型钛合金，根据合金成分的不同，时效温度选取 500~600℃，时间为 4~12h。冷却方式均采用空冷。对 TC4 钛合金，时效温度选 480~690℃范围，时效时间选择 2~8h。

10.4.3.3 β 型钛合金

对于 β 型钛合金，完全退火即固溶处理，退火温度一般选择在（α+β）/β 相变点以上 80~100℃。完全退火的保温时间取决于退火处理的零件及半成品的截面尺寸。尺寸越大，需要的退火保温时间相应增加。

β 型钛合金的固溶温度应选择在 β 转变温度上下附近位置，例如 TB2 的 β 转变温度为 750℃，其固溶温度实际选定为 750～800℃。若固溶处理温度选择过低，β 固溶合金元素扩散不够充分，原始 α 相多，固溶时效后强化效果差。如果固溶温度选择过高，则晶粒粗化，固溶时效后的强化效果也会降低。冷却大多采用水冷，但有些合金例如 TB2 等也可采用空冷以防形变。对 β 型钛合金，通常固溶处理保温时间比两相合金要短些，例如 Ti-8Al-Mo-V（α 型）棒材、锻件为 20～90min，TB2、TB3 等棒材、锻件为 10～30min。这是因为单相合金的热传导性通常优于两相合金。但对于 Ti-15V-3Cr-3Sn-3Al(β 型）及 Ti-10V-2Fe-3Al(β 型）的棒材、锻件来说，保温时间分别会长至 10～90min 和 60～120min，这是因为这两种合金的合金化程度高，元素扩散更加困难，因而需要保温较长时间才能获得均匀稳定的固溶体。

β 钛合金中的 β 稳定元素含量高，β 相的稳定程度高，介稳 β 相的分解比较缓慢，所需时效时间较长。时效前的冷加工和低温预时效都可以大大加速亚稳定 β 相的分解速度，使时效时间变短。

可热处理强化的 β 钛合金的时效温度较低，为 450～550℃，时间较长，8～24h。冷却方式均采用空冷。对 TB2 钛合金，时效温度选 450～550℃，时效时间选择 8～24h。

10.4.4 应用实例

本例来自南京工业大学李建等人的研究结果（参见文献［153］）。实验开展热处理工业纯钛 TA2 在不同载荷水平下疲劳裂纹扩展实验，考虑裂尖塑性变形程度，研究疲劳裂纹扩展规律以及热处理状态对疲劳裂纹扩展不同阶段的适应性。研究的背景是纯钛宏观裂纹扩展速率随着晶粒尺寸的增加而降低。通过再结晶退火可使纯钛内部组织和性能均匀，完全软化，并具有合适的塑性和韧性。

实验所用材料为工业纯钛板 TA2，其化学成分为：Fe 0.08%，C 0.01%，N 0.02%，H 0.001%，O 0.01%，Ti 余量。工业纯钛供货态为冷轧退火状态，原始晶粒形状如图 10-9（a)所示，晶粒大小很不均匀。750℃/h 水冷，晶粒开始变得均匀，850℃/h 水冷，晶粒更加均匀。850℃/h 随炉冷却，部分晶粒进一步生长。

材料热处理后的基本力学性能见表 10-13。可见，水冷处理后屈服强度与断裂韧性明显提高，850℃/h 处理后的屈服强度和断裂韧性最高，伸长率略微下降。随炉冷却后的力学特性几乎没有变化。测量出来的平均晶粒尺寸约为 57μm。疲劳测试选择了不同的加载，分别是：低载荷比和低载荷幅加载，低载荷比和高载荷幅加载，高载荷比和低载荷幅加载，高载荷比和高载荷幅加载。疲劳测试显示：低载荷比和低载荷幅加载下热处理提高近门槛值，降低近门槛区疲劳裂纹扩展速率；低载荷比和高载荷幅加载下热处理对疲劳裂纹扩展速率几乎没有影响；高载荷比和低载荷幅加载和高载荷比和高载荷幅加载下热处理会降低整个阶段的疲劳裂纹扩展速率。水冷热处理对疲劳裂纹扩展速率的影响最明显，即低载荷比和低载荷幅加载下热处理后的疲劳裂纹扩展速率下降；低载荷比和高载荷幅加载下热处理没有产生影响，最后两个加载方式导致疲劳裂纹扩展速率下降。

图 10-9 不同热处理下工业纯钛显微组织
（a）原始态；（b）750℃/h 水冷处理；（c）850℃/h 水冷处理；（d）850℃/h 随炉冷却

表 10-13 热处理后的基本力学性能

热处理工艺	屈服强度/MPa	伸长率/%	断裂韧性/MPa
原始材料	339	32	0.21
750℃/h 水冷处理	375	30	0.56
850℃/h 水冷处理	407	29	0.61
850℃/h 随炉冷却	334	30	0.24

综上可见，热处理能够改变纯钛的显微组织，进而改善大部分工况下的疲劳强度。通过设计好热处理工艺，可以提高纯钛在工业应用中的使用寿命，掌握本部分知识，能够更好地应用所选择的材料。

10.4.5 TC4 的双重退火

本实例来自贵州大学龙玮等人的研究结果，研究了双重退火热处理对变形 TC4 钛合金显微组织及性能影响。TC4（Ti-6Al-4V）钛合金是一种中等强度的 α+β 型钛合金，其综合性能优良，塑性和冲击韧性高，常作为重要零部件应用于航空、航天等领域。这种型号的合金经过热变形后，需要进行适当的热处理以获得更好的组织和性能。前文已经提及，钛合金主要的热处理方式包括退火、固溶和时效等，其中退火处理的主要目的是使零件加工后的残余应力减小乃至消除，并稳定组织和性能。

关于TC4钛合金丝，在热拉拔的过程中，随着变形量的增加，材料内部会有残余应力的产生，对后续的拉拔生产有不利的影响，而且高温变形时材料的微观组织将发生明显的变化，如动态、静态回复与再结晶及晶粒长大等，这些变化会影响材料的宏观力学行为。为了降低加工硬化效果，提高伸长率，使得材料塑性最佳，利于下一阶段拉拔工序，需要进行中间退火工艺。

TC4钛合金中，初生等轴α相对材料的塑性和强度有很大的贡献，等轴α相晶粒存在，可以起到变形协调的作用。所以在实际生产中，通过控制等轴α相的含量，来控制TC4钛合金的性能。双重退火热处理的第一重退火温度影响初生等轴α相含量，第二重退火温度影响β相转变产物的种类，因此，设置不同的第一重、第二重退火温度，可以获得更好的组织和性能。

实验以TC4合金锻态棒料，相变点为995℃，在相变点以上温度进行热处理得到片层魏氏组织，如图10-10（a）所示。然后进行热拉伸变形，变形温度为900℃，变形速率为1mm/s，变形量为6%。变形后的组织如图10-10（b）所示。可见，组织由长条状初生α相，层片状次生α相以及少量β相组成。与原始组织相比，α相沿拉伸方向变扁，拉长。由于处于再结晶温度附近，长条状初生α相除了沿拉伸方向拉长或弯曲之外，还发生了一定程度的动态再结晶，但并不明显，有少量等轴α组织出现。

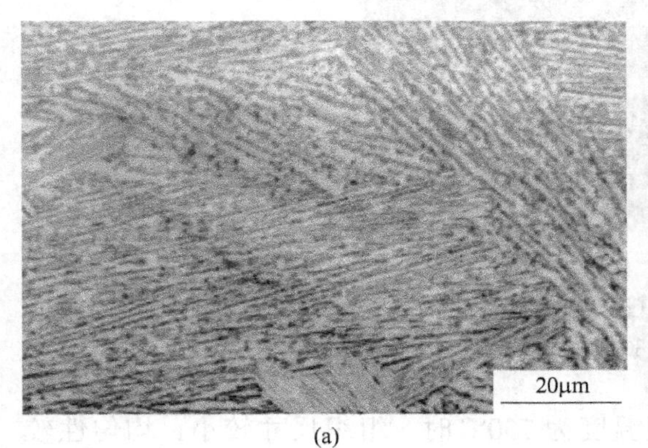

(a)

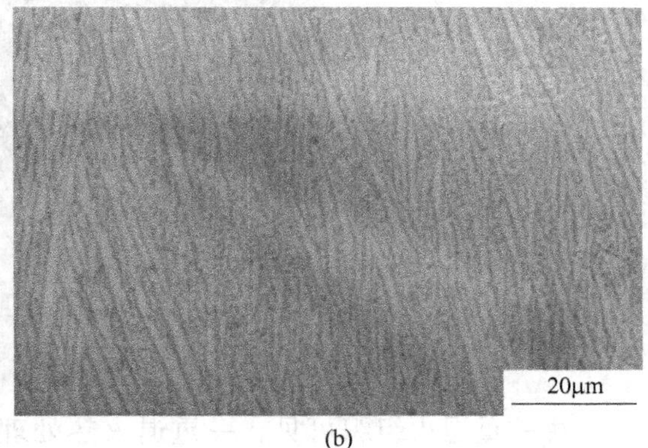

(b)

图10-10 原始显微组织及拉伸后的组织
（a）原始组织；（b）拉伸后的组织

对拉伸后的组织进行退火，退火工艺见表10-14，一重退火显微组织如图10-11所示，双重退火组织如图10-12所示。

表10-14 退火工艺

热处理工艺	温度/℃
一重退火（30min）	750
	800
	850

续表 10-14

热处理工艺	温度/℃
一重退火（30min）+二重退火（120min）	750+500 800+500 850+500 800+480 800+520

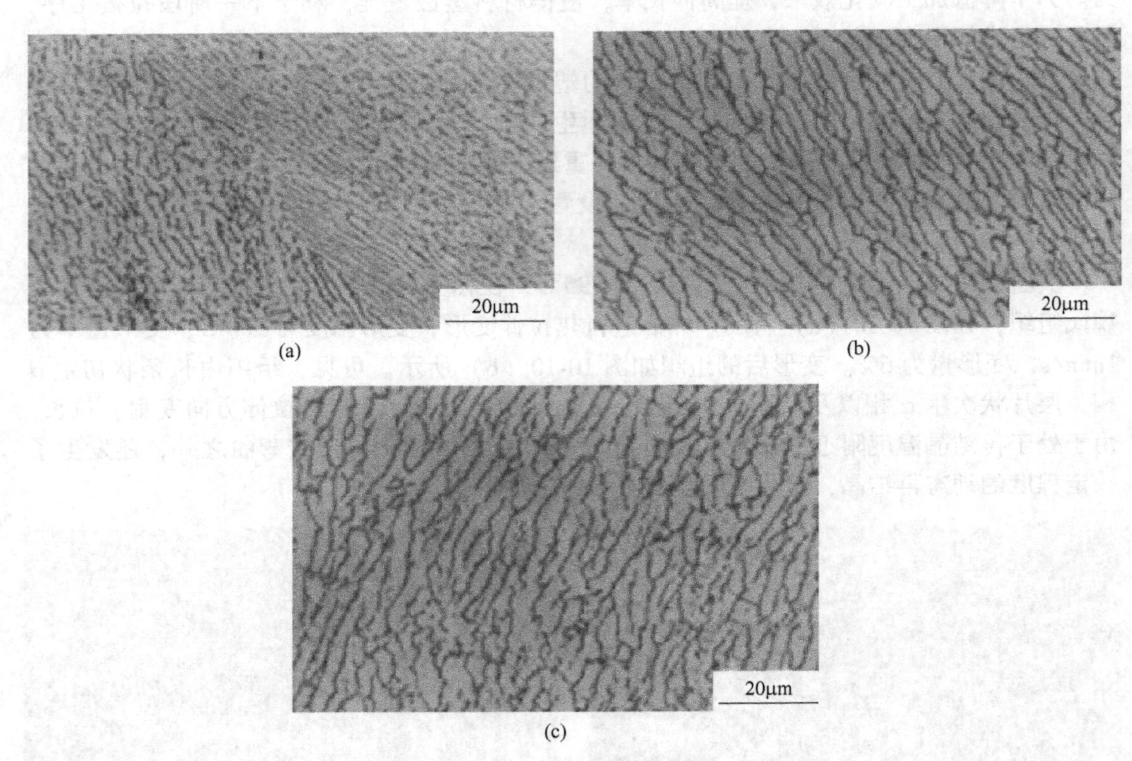

图 10-11　一重退火显微组织

（a）750℃；（b）800℃；（c）850℃

由一重退火组织可见，一重退火热处理温度为 750℃时，组织尺寸较小，均匀性较差；随着退火温度的升高，片层组织的厚度显著增大，大小较为均匀，低温退火的组织不均匀性随温度的升高而消失。由双重退火的显微组织可见，析出次生 α 相数量增多，尺寸增大，残留的变形组织也转变为短粗状 α 片层，得到一定程度的等轴化。随着第一重退火温度的升高，初生 α 相尺寸有所增加，并且析出的次生 α 相数量增多，尺寸增大，和初生 α 相连成一片，得到典型的等轴 α+晶间 β 组织。不同的二重退火温度的显微组织如图 10-13 所示。可见，不同二重退火工艺热处理后的组织均为等轴 α+晶间 β 组织，但是可明显观察到随二重退火温度的升高，α 相尺寸逐渐增大。

退火后，组织的变化必然会带来力学性能的变化。一重退火后的力学性能见表 10-15，可见，材料的强度随着退火温度的增加，明显下降且幅度较大；断面收缩率与伸长率则表现出了相反的趋势。二重退火后与一重退火表现出了相同的变化规律，见表 10-16。

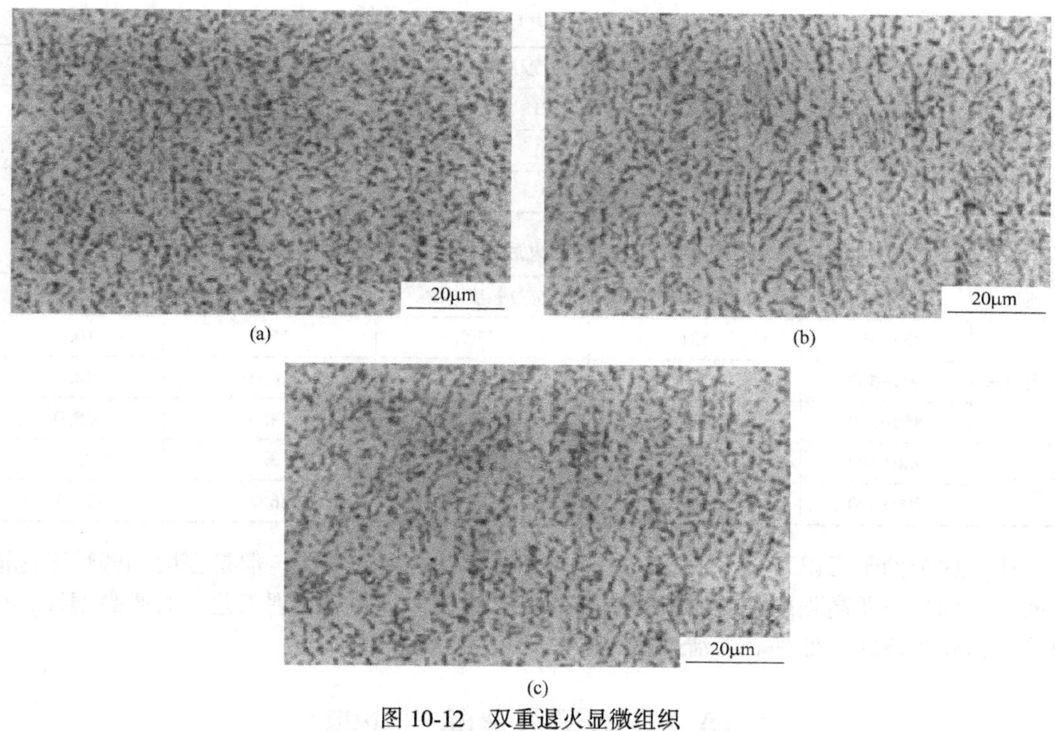

图 10-12 双重退火显微组织

（a）750℃+500℃；（b）800℃+500℃；（c）850℃+500℃

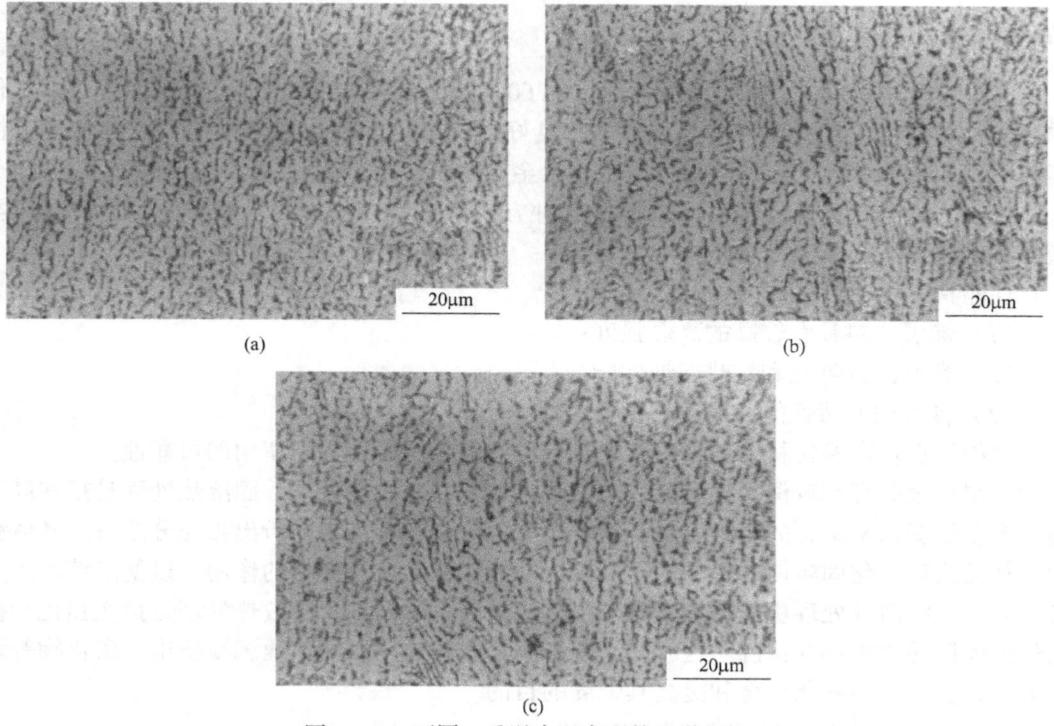

图 10-13 不同二重退火温度下的显微组织

（a）800℃+480℃；（b）800℃+500℃；（c）800℃+520℃

表 10-15 一重退火后力学性能的变化

退火工艺/℃	屈服强度/MPa	抗拉强度/MPa	断面收缩率/%	伸长率/%
750	766	771	10.9	5.9
800	720	721	12.1	5.8
850	698	703	16.9	6.2

表 10-16 二重退火后力学性能的变化

项目	温度/℃	屈服强度/MPa	抗拉强度/MPa	断面收缩率/%	伸长率/%
一重退火	750+500	531	759	15.7	10.9
	800+500	500	732	20.2	12.9
	850+500	475	687	24.6	15.0
二重退火	800+480	516	758	13.3	8.3
	800+520	487	708	26.7	15.1

通过这个例子可以看出，通过热处理能够改善钛合金的性能，但是强度和塑性不能同时提高，如果需要高强度，就要根据材料的特点选择合适的热处理工艺，需要高塑性，也要采用相同的模式去处理。弄清楚材料的热处理工艺至关重要。

10.5 高温合金的热处理

10.5.1 常见高温合金的热处理工艺

高温合金是指以铁、镍、钴为基，能在600℃以上的高温及一定应力作用下长期工作的一类金属材料，具有优异的高温强度，良好的抗氧化和抗热腐蚀性能，良好的疲劳性能、断裂韧性等综合性能，又被称为“超合金”，主要应用于航空航天领域和能源领域。

传统的划分高温合金材料可以根据三种方式来进行：按基体元素种类、合金强化类型、材料成型方式来进行划分。

性能特点：

（1）高温材料具有较高的高温强度；

（2）良好的抗氧化和抗热腐蚀性能；

（3）良好的疲劳性能、断裂韧性、塑性。

组织特点：高温材料在各种温度下具有良好的组织稳定性和使用的可靠性。

高温合金研究比较深入、系统的是固溶热处理和时效热处理。固溶热处理是指在高于高温合金组织内析出相的全溶温度，使合金中各种分布不均匀的析出相充分溶解至基体相中，从而实现强化固溶体并提高韧性及抗蚀性能，消除残余应力的作用，以便继续加工成型，并为后续时效处理析出均匀分布的强化相做准备的技术。时效热处理是指在强化相析出的温度区间内加热并保温一定时间，使高温合金的强化相均匀地沉淀析出，碳化物等均匀分布，从而实现硬化合金和提高其强度的目的。

10.5.1.1 铁基高温合金

铁基高温合金中的镍是形成和稳定奥氏体的主要元素，并在时效处理过程中形成

$Ni_3(Ti, Al)$ 沉淀强化相。铬主要用来提高抗氧化性、抗燃气腐蚀性。钼、钨用来强化固溶体。铝、钛、铌用于沉淀强化。碳、硼、锆等元素则用于强化晶界。铁基高温合金的基体为奥氏体，主要的沉淀强化相有 $\gamma'(Ni_3(Ti, Al))$ 和 $\gamma''(Ni_3Nb)$ 相两类。此外，还有微量碳化物、硼化物、Laves（如 Fe_2Mo）相和 δ 相等。与镍基高温合金组织相比，铁基合金中相组织较复杂，稳定性较差，容易析出 η（如 Ni_3Ti）、σ（如 Fe_xCr_y）、G（如 $Fe_6Ni_{16}Si_7$）、μ（如 Fe_7Mo_6）和 Laves 等有害相。

热处理主要是固溶处理和时效处理，以获得合适的晶粒度，分布合理和大小适宜的强化相，有利的晶界状态，使合金具有良好的综合性能。例如，用于制造涡轮盘件的材料，晶粒度一般在 4~5 级；γ′相大小为 100~50μm，均匀分布于基体；晶界有分布均匀的球化了的析出相（如碳化物、Laves 相等）。

10.5.1.2 镍基高温合金

不同热处理工艺对镍基高温合金的组织和性能造成不同的影响，合理的热处理工艺对合金十分重要。高温合金的热处理工艺主要分为固溶处理和时效处理。

A 固溶处理

固溶处理的目的：

（1）使得 γ′相溶解在基体中，为时效做准备。

（2）使得合金内部的组织均匀。影响固溶处理工艺的主要因素：加热温度、保温时间、冷却方式。加热温度越高，合金的元素溶解越充分，分布越均匀，但是容易引起合金晶粒的快速长大。保温时间对合金的影响和加热温度相似，促进第二相溶解但容易引起晶粒长大。冷却方式对合金中第二相的析出有较大影响，例如析出相的体积分数、形状、分布等，从而影响合金的性能。

B 时效处理

时效处理的目的：合金中析出第二相，强化合金性能。影响时效处理工艺的主要因素：时效温度和保温时间。合金的时效温度一般高于合金的使用温度，从而可以使合金在服役过程中保持第二相的尺寸、数量、形状的稳定。时效温度过高，沉淀相快速析出和长大，影响合金的性能，时效温度过高，沉淀相聚集长大，也会影响合金的性能。高温合金中也经常采用双时效工艺，即高温时效和低温时效，通过双时效控制合金中析出相的数量、尺寸和形状，达到析出相最优的匹配效果，从而强化合金。

10.5.1.3 钴基高温合金

钴基高温合金中最主要的碳化物是 MC 、$M_{23}C_6$ 和 M_6C，在铸造钴基合金中，$M_{23}C_6$ 是缓慢冷却时在晶界和枝晶间析出的。在有些合金中，细小的 $M_{23}C_6$ 能与基体 γ 形成共晶体。MC 碳化物颗粒过大，不能对位错直接产生显著的影响，因而对合金的强化效果不明显，而细小弥散的碳化物则有良好的强化作用。位于晶界上的碳化物（主要是 $M_{23}C_6$）能阻止晶界滑移，从而改善持久强度，钴基高温合金 HA-31（X-40）的显微组织为弥散的强化相为 $(CoCrW)_6C$ 型碳化物。在某些钴基高温合金中会出现的拓扑密排相如西格玛相和 Laves 等是有害的，会使合金变脆。钴基合金较少使用金属间化合物进行强化，因为 $Co_3(Ti, Al)$、Co_3Ta 等在高温下不够稳定，但使用金属间化合物进行强化的钴基合金也有所发展。

热处理可以合理调整合金组织中碳化物强化相的分布、大小、形态以及数量等，使合金的性能得到进一步发挥，提高合金的力学性能。固溶处理是使合金组织中的碳化物相溶解或者大部分溶解，然后采用空冷的方式冷却，降低或消除组织在凝固时形成的元素偏析现象，获得分布均匀、晶粒细小的合金组织。时效处理的目的是从固溶体中析出细小的强化相，通过改变时效处理的温度、时间以及冷却方式，控制碳化物的重新析出，适当调整各相的尺寸、大小、数量等。

10.5.2 高温合金热处理应用实例

10.5.2.1 镍基合金（GH3625）热处理实例

该实例来自兰州理工大学孟斌（参见文献［156］）。GH3625合金是一种镍基变形高温合金，是含有大量铬（20%～25%）、钼（8%～10%）、铁（5%），并以铌（3.5%～4.5%）为主要添加元素的固溶强化型镍基变形高温合金，具有优良的抗腐蚀、疲劳性能和耐盐雾气氛下的应力腐蚀性能以及良好的综合力学性能。合金是由基体相与析出相（γ′相、γ″相、MC、M_6C、$M_{23}C_6$）组成。通过固溶处理，将合金中各种分布不均匀的碳化物（MC、M_6C、$M_{23}C_6$）尽量溶解到基体当中，以得到单相合金；使合金组织充分再结晶，获得一定晶粒尺寸的等轴晶，满足综合性能要求；消除残余应力的作用，以便继续加工成型。通过时效处理再析出γ′、γ″强化相。

固溶处理温度分别为950℃、1000℃、1050℃、1100℃、1130℃、1150℃、1200℃和1250℃，保温时间为10～80min，冷却方式为水冷。时效处理的温度为600℃、700℃和800℃，时效时间为30h、60h、90h和120h，空冷。

图10-14为冷轧（$\varepsilon=62\%$）后的显微组织。从图10-14（a）中可以看出晶粒呈扁平的梭形，并出现大量与轧制方向大约成35°的（滑移带）变形带及孪晶带；晶界转动明显，出现了晶界与加载压力轴垂直排布的现象。孪晶界清晰可见，孪晶内部可见直线型滑移线，平行排列的滑移线终止于孪晶界（见图10-14（b）），孪晶界和晶界一样对位错有强烈的阻碍作用。可知，GH3625合金经冷轧后，晶粒会沿着轧制方向逐渐伸长，其晶内组织也会发生变形，如点阵畸变、产生空位、位错密度大大增加，产生亚结构（胞状结构）和形变孪晶等形变组织促使位错运动阻力增加，从而使合金的强度、硬度显著增加，塑性韧性急剧降低。经过轧制，抗拉强度由726MPa增加到1133MPa，伸长率由50%降低至6%。

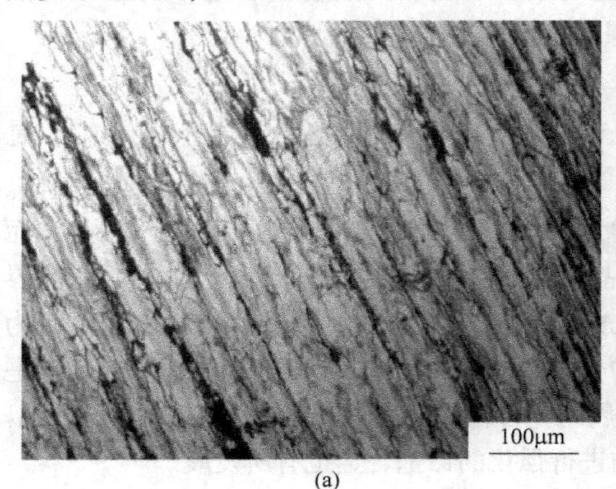

(a)

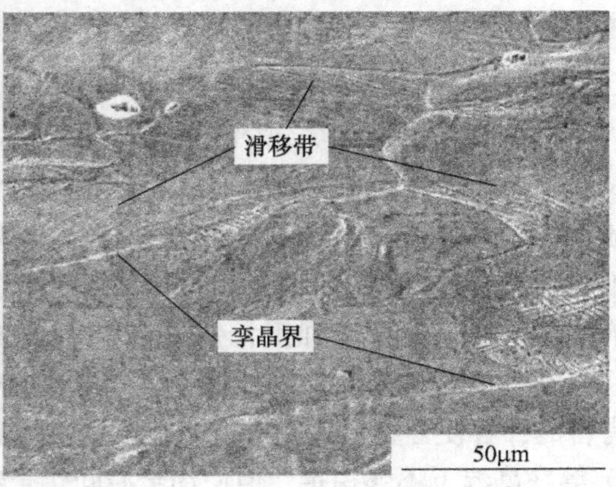

(b)

图10-14 轧制后显微组织

图 10-15 为合金在 1130℃保温不同时间水冷后的组织。可见，保温 10min 时，大部分晶粒完成再结晶，还有少部分晶粒保留原始组织形貌；20min 时，晶粒已基本上完成再结晶；保温时间超过 30min 后，晶粒尺寸无明显变化。

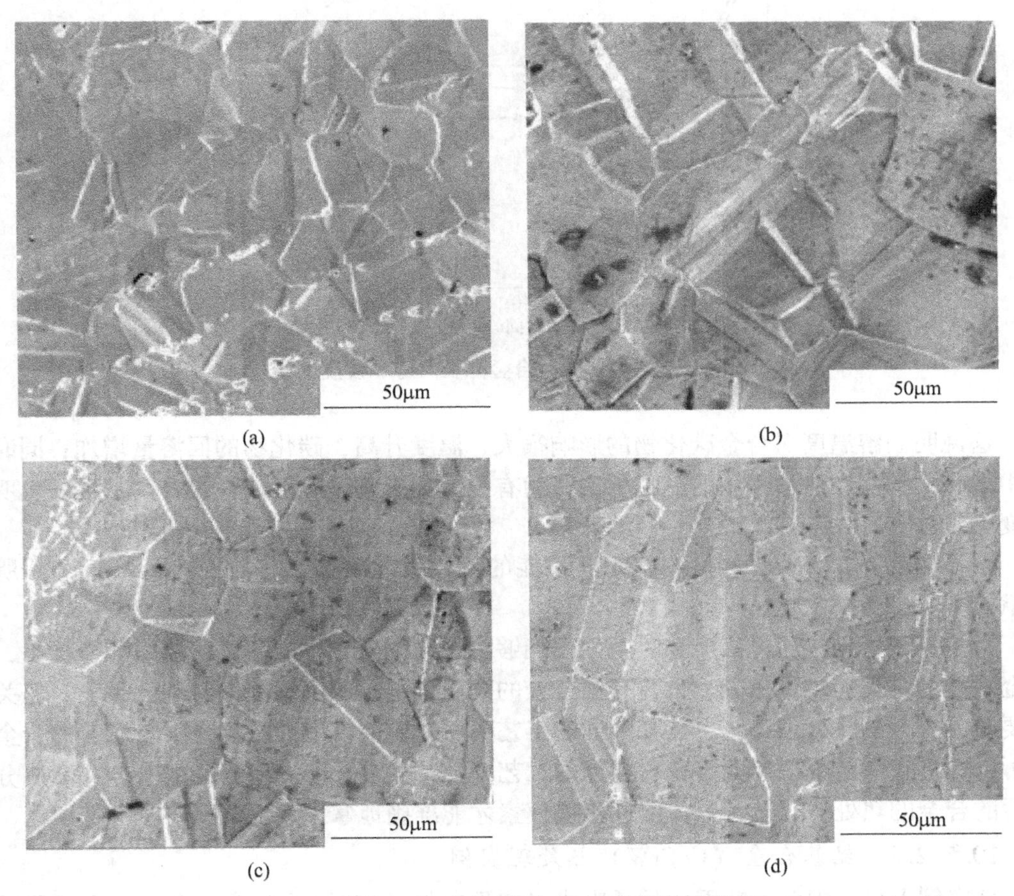

(a) (b) (c) (d)

图 10-15 1130℃保温不同时间合金的显微组织
(a) 10min；(b) 20min；(c) 30min；(d) 40min

图 10-16 为保温时间对合金晶粒尺寸和硬度的影响，从图中实线可以看出，随着保温时间的增加，晶粒长大速度先快速增加然后逐渐趋于平缓；虚线图表示合金的硬度随保温时间的变化情况，发现在相同固溶温度下，随保温时间的增长，硬度值降低，但是降幅并不明显，这说明保温时间影响合金力学性能的程度较弱。

图 10-17 为合金在不同固溶温度下保温 60min 后的显微组织。可见，950℃时，冷变形组织逐渐退化，形核并出现新的细小晶粒组织，但还可以看出部分冷变形组织；当温度升高到 1000℃时，冷变形组织基本消失，在原始晶界处出现了细小的再结晶晶粒；温度继续升高，在 1000~1130℃之间，晶粒均匀长大；当加热温度高于 1150℃时，晶粒快速长大。同时还观察到碳化物的数量随固溶温度的增加而逐渐减少，当固溶温度达到 1130℃时，原子扩散速率增加，碳化物继续向基体中溶解，此时合金基体中仅有少量碳化物残留。当固溶温度为 1150℃时，原子扩散比较充分，碳化物几乎完全回溶到奥氏体基

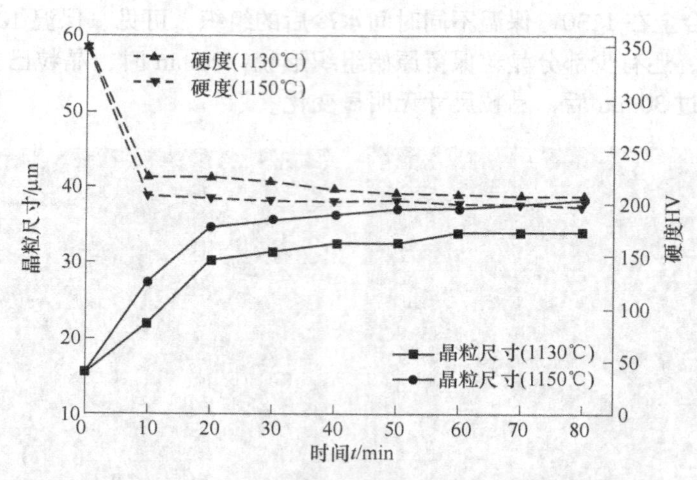

图 10-16　保温时间对合金晶粒尺寸和硬度的影响

体。这说明固溶温度对合金碳化物的影响很大，温度升高，碳化物的回溶量增加；同时合金中的碳化物对加热过程中的晶粒长大行为有很大的影响。温度进一步升高不再发生明显的变化。

因篇幅限制，有关时效后的组织和性能的变化在此略去，有需要者可自行查阅所引文献。

由该例子可见，通过固溶和时效处理能够有效地改变合金内部相的溶解和再析出，为合金性能的调控提供了基础，也为高温合金的高温稳定性的提高提供有利的手段。但关键是要掌握合金的热处理工艺，熟知不同的工艺下所对应的性能的特点。对于已有的合金型号可以通过查阅合金手册能够获得精准的工艺参数，但是对于一些新型的合金或者成分调整后的合金的热处理工艺参数需要逐步地摸索才能准确地掌握。

10.5.2.2　钴基合金（CoCrW）热处理实例

该实例引自沈阳航空航天大学聂庆武（参见文献［157］）。Stellite 合金，也就是通常所说的 Co-Cr-W 合金，它是以 Co 作为主要成分，含有一定数量的 Ni、Cr、W 和少量的 Mo、Nb、Ta、Ti、La 等合金元素，具有良好的抗氧化性，且能够承受各种类型磨损和腐蚀的硬质合金。该合金具有较高的强度和良好的耐磨性，被广泛应用于航空工业、工业燃气轮机、核工业、化学工业等高温、磨损、腐蚀领域。

该合金是由基体相和基体中分布的碳化物组成，铸造 CoCrW 合金在很大程度上主要通过碳化物强化，高温环境下 CoCrW 合金中碳化物的稳定性较好，在温度上升时碳化物缓慢地聚集长大，所以随着温度的升高，CoCrW 合金的强度缓慢下降。CoCrW 合金的另外一个特点是合金的中温强度低，但当温度高于 980℃时，合金的强度高、抗热疲劳和抗热腐蚀性能好。

CoCrW 合金主要通过固溶强化和碳化物强化的方式来强化合金的性能。固溶强化主要是通过基体中的 Cr、W、Mo、V 等合金元素，以溶质的形式存在的合金元素会与基体原子之间产生相互作用来提升合金的性能。固溶元素的晶格常数与基体的晶格常数相差很大，通过固溶元素的加入，基体的晶格膨胀，产生晶格畸变，阻碍位错的运动，提高性

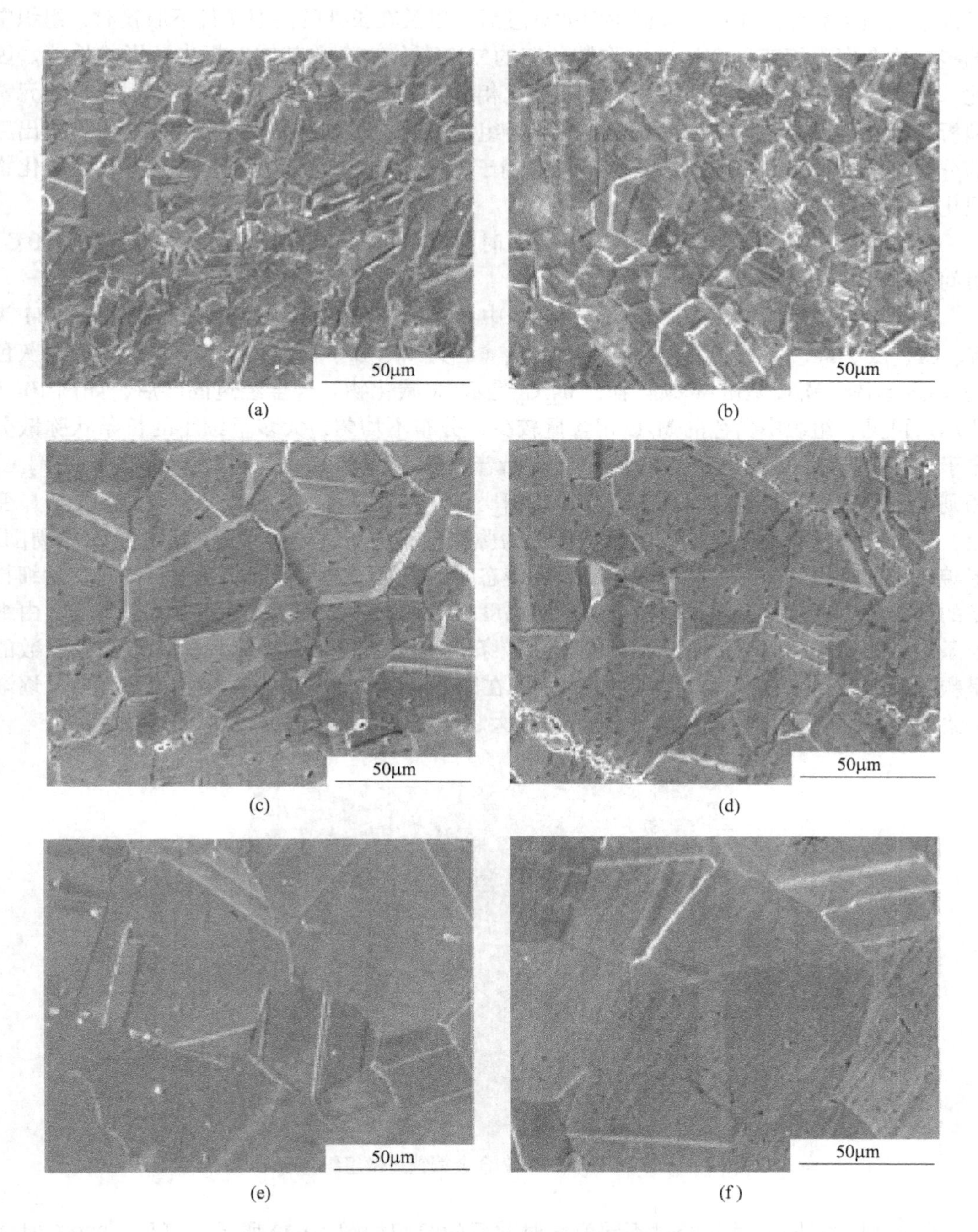

图 10-17 合金在不同温度下固溶处理后的显微组织
(a) 950℃; (b) 1000℃; (c) 1050℃; (d) 1100℃; (e) 1130℃; (f) 1150℃

能。碳化物强化是通过大量的碳化物弥散分布在基体中，通常碳化物越弥散，尺寸越小，则碳化物强化作用越强，但是当碳化物在晶界上会以链状的形态分布，降低了合金的塑性，使得合金的性能下降。合金在凝固时形成的初生碳化物主要分布在晶界以及枝晶间，可以起到强化晶界的作用，经固溶时效处理后，以及在长期的高温条件下服役时，组织中的碳化物会发生相变，大量细小弥散分布的二次碳化物会在基体上析出，影响性能。因此，需要固溶处理使合金组织中的主要强化相溶解，降低或消除组织在凝固时形成的元素偏析现象，获得分布均匀、晶粒细小的合金组织；通过时效处理控制碳化物的重新析出后的分布、形态，提高强化效果。这不仅适用于 CoCrW 合金，也适用于其他类似的碳化物强化的合金。

合金的固溶温度设定为1150~1250℃，时间为4h，空冷。时效温度为900℃和950℃，时间为5h。

合金的显微组织如图 10-18 所示，合金中存在的三种相分别是白色的 M_6C 相（M 为 W、Cr、Co、Fe、Ni、V），浅灰色的 $M_{23}C_6$（M 为 W、Cr、Co、Fe、Ni、V）相，深灰色是 γ-Co 基体，M_6C 是富 W 碳化物，$M_{23}C_6$是富 Cr 碳化物。合金经过固溶后，如图 10-19 所示。可见，组织中白色的 M_6C 相含量较少，分布不均匀，大多呈细小的长条状弥散分布于 γ-Co 基体及 $M_{23}C_6$相上，少部分 M_6C 沿着 γ-Co 基体与 $M_{23}C_6$相的相界分布，而 $M_{23}C_6$ 相则主要呈条块状及骨架状分布。与铸态相比，1150℃固溶后，合金的组织发生了明显变化，M_6C 相由铸态时的细小的长条状转变为弥散的颗粒状，零散地分布于 $M_{23}C_6$相周围，形貌较铸态时也发生了变化。固溶后，由铸态时的条块状以及骨架状几乎全部转变为细长条的骨架状，平行地分布于基体上。固溶温度提高到1200℃，M_6C 变化不大，$M_{23}C_6$由细长条的骨架状分解，变成不规则的圆形状及条块状。在 1250℃固溶后，M_6C 除极少数的呈颗粒状弥散地分布于 $M_{23}C_6$之上，剩余的在固溶时溶解于基体中，在冷却过程中又逐渐聚集长大呈不规则的块状。$M_{23}C_6$呈聚集长大趋势，呈大小不同的块状。

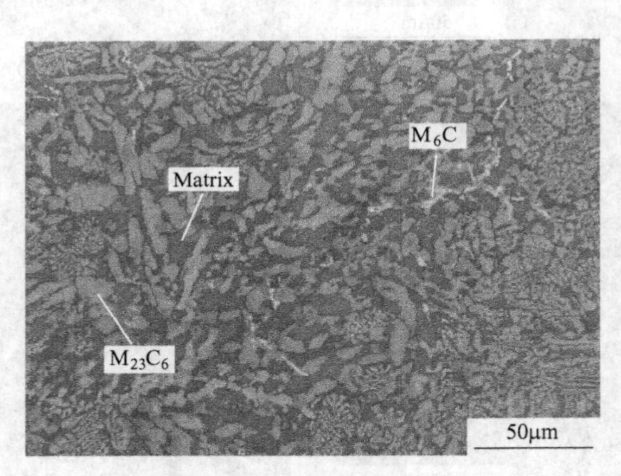

图 10-18　CoCrW 合金铸铁显微组织

合金 1150℃固溶后又经过不同温度时效后的组织如图 10-20 所示。可见，900℃时效后，部分 $M_{23}C_6$呈大小不规则的块状分布，另外一部分呈片状的骨架状分布；950℃时效后，M_6C 更加均匀地分布于基体中，未观察到大块状的基体相。

正如前文所提及的，经过热处理后合金的组织会发生变化，碳化物通过固溶+时效重新析出后分布得会更加均匀，可以预见，材料的力学性能和高温稳定性都会发生相应的变化。本部分力学性能就不再提及，需要的可以查阅原始文献。

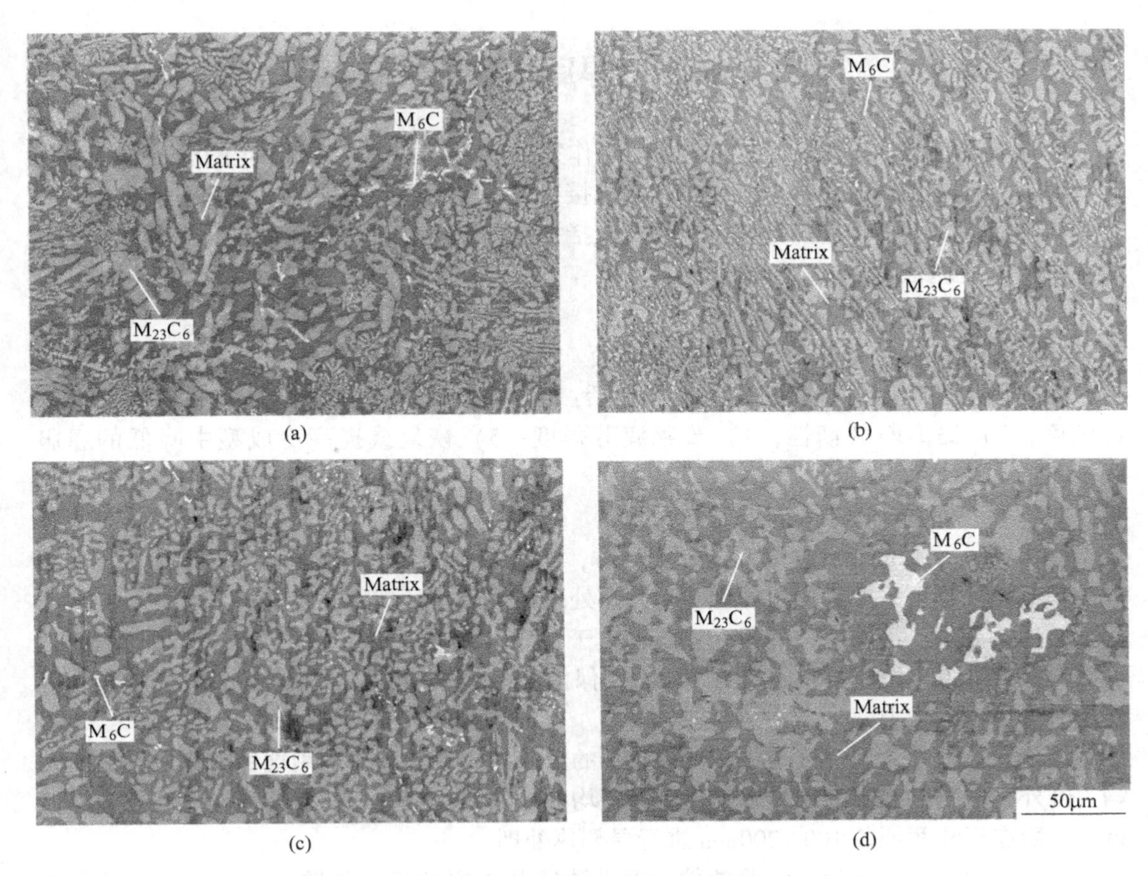

图 10-19 合金铸态及固溶组织对比

（a）铸态；（b）1150℃；（c）1200℃；（d）1250℃

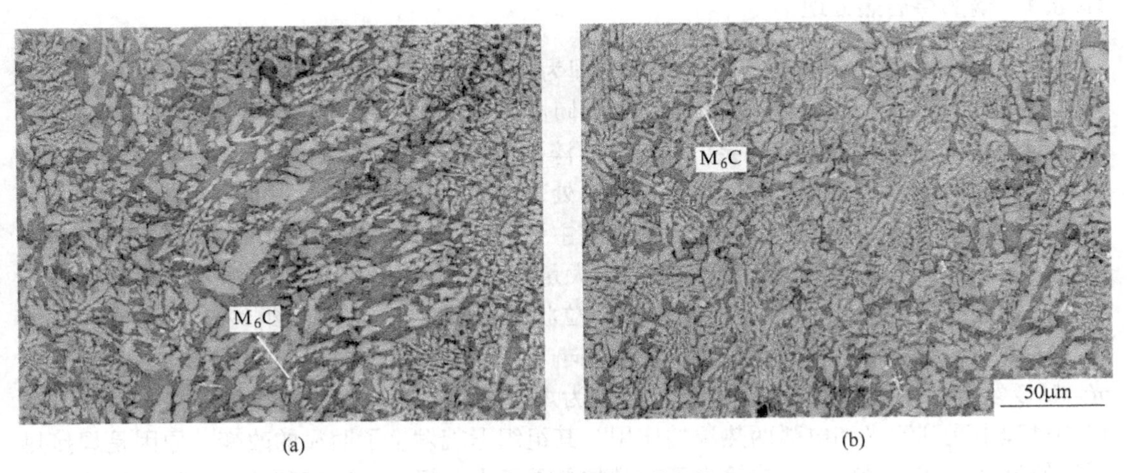

图 10-20 时效后的显微组织

（a）900℃；（b）950℃

10.6　焊后热处理

焊后热处理（PWHT）工艺是指焊接工作完成后，将焊件加热到一定的温度，保温一定的时间，使焊件缓慢冷却下来，以改善焊接接头的金相组织和性能或消除残余应力的一种焊接热处理工艺。焊后热处理工艺一般包括加热、保温、冷却三个过程。

焊后热处理目的：

（1）松弛焊接残余应力。

（2）稳定结构的形状和尺寸，减少畸变。

（3）改善母材、焊接接头的性能，包括：1）提高焊缝金属的塑性；2）降低热影响区硬度；3）提高断裂韧性；4）改善疲劳强度；5）恢复或提高冷成型中降低的屈服强度。

（4）提高抗应力腐蚀的能力。

（5）进一步释放焊缝金属中的有害气体，尤其是氢，防止产生延迟裂纹。

焊后热处理可采取炉内热处理，整体热处理或局部热处理的方法进行。

整体热处理：消除应力的程度主要决定于材质的成分、组织、加热温度和保温时间。低碳钢及部分低合金钢焊接构件在650℃，保温20~40h，可基本消除全部残余应力。另外还有爆炸消除应力。

局部热处理：大型焊接结构，受加热炉的限制或要求不高时采用这种方法。可采用火焰、红外、电阻、感应等加热方式，应保持均匀加热并具有一定的加热宽度。低合金高强钢，一般在焊缝两侧各100~200mm进行局部热处理。

机械拉伸、水压试验、温差拉伸、振动法等几种方法只能消除20%~50%的残余应力，前两种方法在生产上广泛应用。

10.6.1　钢的焊后热处理

本节以X90管线钢激光复合焊后热处理为例进行讲解（引自西南石油大学刘伟，参见文献[160]）。X90管线钢以其强度高、韧性好而成为下一代高强管线钢的理想选择。高强钢焊后，焊缝和热影响区会出现较大的淬硬倾向，使该区域塑性及韧性远低于母材，并且脆性倾向十分明显。因此，需要通过热处理的手段改善焊接接头的力学性能。

这种钢通过激光-MAG复合焊，焊缝区主要组织为块状铁素体、针状铁素体、贝氏体、M-A（岛状组织）。粗晶区组织主要由大量粗大板条马氏体组成，并发现铁素体魏氏组织。细晶区主要为细小的针状铁素体、粒状贝氏体及M-A岛状组织。其原始组织如图10-21所示，轧制后的母材晶粒沿轧制方向产生了变形。焊缝组织如图10-22所示。激光-MAG复合焊接头由三个部分组成，分别为焊缝区、热影响区及母材区。接头粗晶区在焊接过程中受到激光和电弧两热源的作用，其组织形貌发生了明显的改变。原因是焊接热循环使该区域在承受较大的热输入下，晶粒严重长大并粗化，这将和接头力学性能的变化有着直接的关系。在焊缝中上部分的晶粒呈倾向向上生长，焊缝下部分的晶粒却倾向向下生长。在焊接整个过程中，熔池的凝固属于一种非均质形核，因为依附在熔池边界未熔母材晶粒表面形核，这样可以在较小的过冷度下，以柱状晶形态向焊缝中心生长，且晶粒生长方向与散热反方向相一致，最有利于晶粒长大。但由于上下层区的散热方向不同，因此其生长方向有所差异。熔池在凝固时，柱状晶体将不断长大且固-液界面不断地向前推进，将导致溶质或杂质都被赶到焊缝中心区域，使焊缝中心区域存在较高的杂质浓度。当焊接速度较大时，其冷却速度也将加大，将使柱状晶生长速度变快，使其在焊缝中心直接相遇，导致焊缝中心在凝固后会出现较为严重的区域偏析，此时在应力作用下，焊缝极易产生裂纹。而激光-MAG 复合焊冷却速度较快，这将严重影响其接头韧性和塑性。

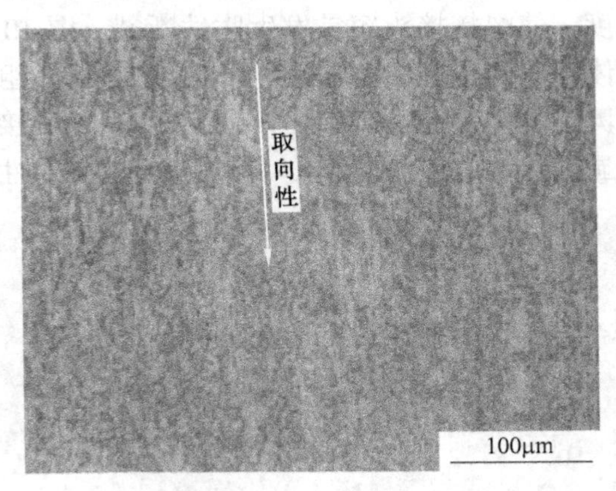

图 10-21　X90 原始组织

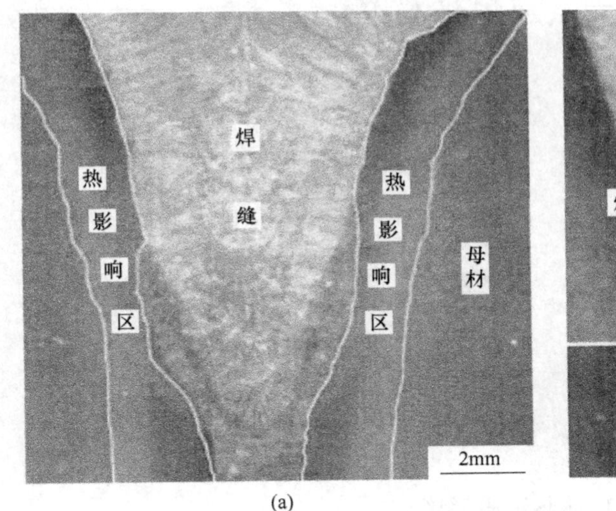

(a)

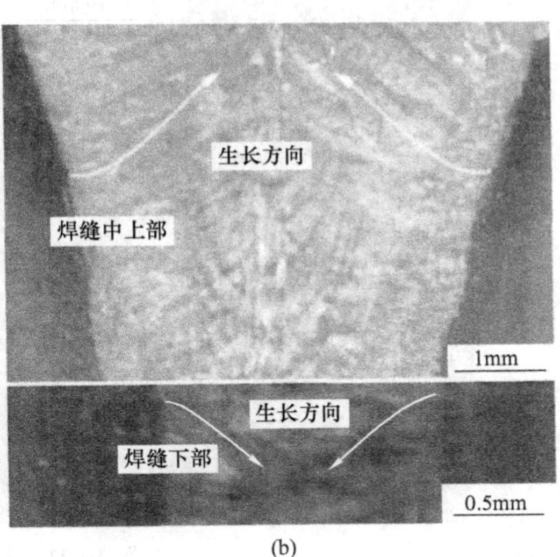

(b)

图 10-22　焊接接头组织

（a）宏观图；（b）晶粒成长取向

图 10-23 是未热处理组织，可见，熔池区粗大的原奥氏体晶界内部主要由粗大的贝氏体类组织及 M-A 岛状组织构成，贝氏体组织分为板条贝氏体和粒状贝氏体两种。在进行焊接过程中，由于板材初始温度较低，且有一定宽度的钝边，焊接时激光功率较大，热输入多，晶粒严重长大，且奥氏体晶界趋于平直，呈多边形。由图 10-23（b）和图 10-23（c）所示，热影响粗晶区组织可见粗晶区主要由大量的粗大板条马氏体组成。因为在焊

接热循环的作用下，粗晶区母材将被加热到 A_{c3} 以上 100~200℃到固相线温度区间，奥氏体晶粒严重长大，并使其快速冷却，过冷奥氏体将转变为过热的铁素体魏氏组织及粗大马氏体组织，尤其是图 10-23（c），发现了铁素体魏氏组织，魏氏组织中铁素体是按切变机制形成的。其形成原因是当加热温度过高并以较快速度冷却时，先共析铁素体从奥氏体晶界沿奥氏体一定晶面向晶内生长，呈针片状析出，奥氏体晶粒越粗大，越易形成魏氏组织。魏氏组织是一种过热组织，它使钢的力学性能，特别是冲击韧性和塑性有显著降低，并提高钢的脆性转折温度，使焊接接头容易发生脆性断裂。图 10-23（d）是细晶区，该区域主要为细小的铁素体和珠光体组织；与粗晶区相比，该区域组织显著细化。细晶区紧靠于粗晶区，该区组织奥氏体化时间短，晶粒来不及长大，在焊接热循环过程中，晶粒多次重结晶后，其晶粒明显得到细化，因此该区域具有良好的综合性能。

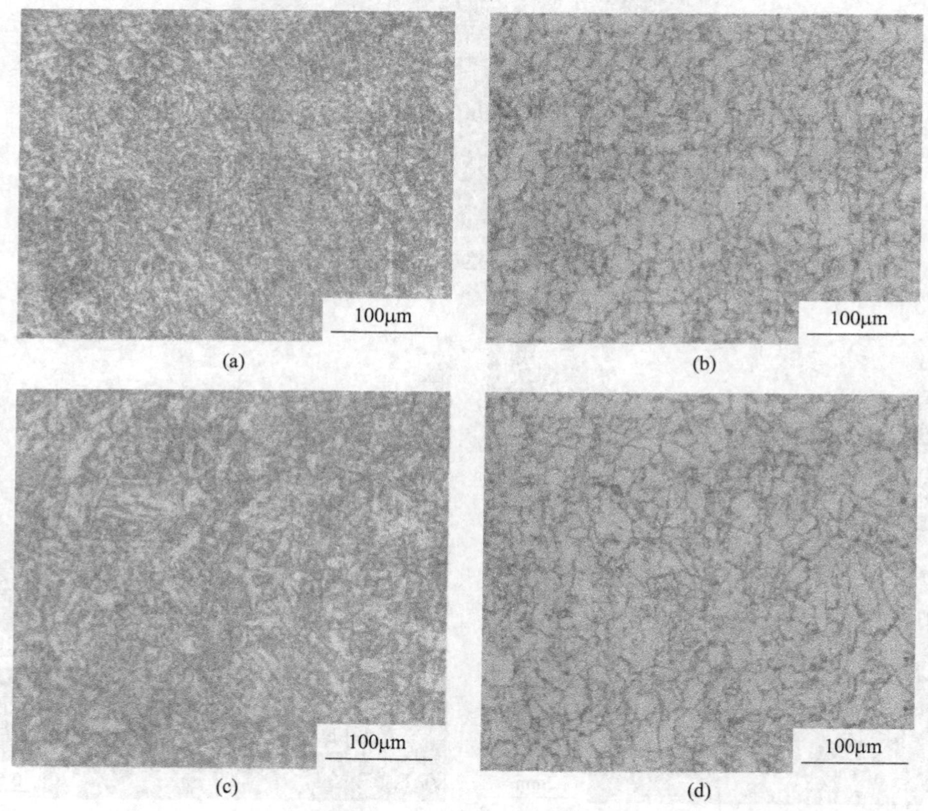

图 10-23 未热处理的组织

（a）焊缝；（b）（c）热影响区粗晶区；（d）细晶区

通过正火后组织发生了变化。图 10-24 是不同正火温度处理下焊缝区金相组织。可见，正火温度 850℃时，相当于进行了一次相变过程，此时温度已达到奥氏体化温度，但奥氏体晶粒未明显长大，晶粒尺度较小且分布均匀，板条贝氏体消失，焊缝区组织主要是由细小针状铁素体、粒状贝氏体和少量细小的块状铁素体和 M-A 岛状组织。950℃时，组织趋于均匀，以粗大的块状铁素体及沿块状铁素体晶界析出碳化物和 M-A 小岛构成。少量且细小的块状铁素体将迫使裂纹不断地在软、硬相之间进行穿梭，裂纹绕过硬相组织需要做更多的功，表现为强度的增加。但当组织主要由块状铁素体组成，且晶粒粗大，将会使韧性显著降低。正火后热影响区的显微组织如图 10-24（c）和图 10-24（d）所示。可见，粗晶区相貌有较大的改变，原奥氏体晶界、魏氏组织、马氏体消失，晶粒尺寸明显细化。但随着热处理温度的升高，粗晶区组织也略有不同。850℃由细小的板条贝氏体、块状铁素体、针状铁素体和 M-A 岛状组织构成。950℃组织主要是由块铁素体构成，其中有少量的粒状贝氏体和 M-A 岛状组织。

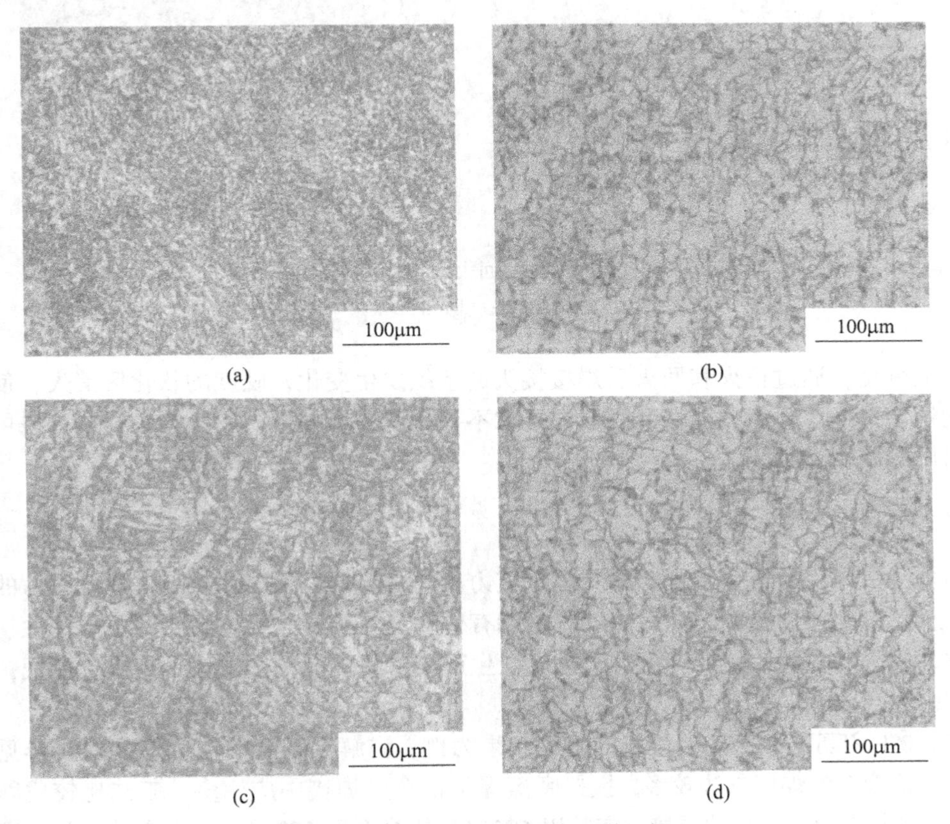

图 10-24　正火后焊接接头显微组织

（a）熔池区 850℃；（b）熔池区 950℃；（c）热影响区 850℃；（d）热影响区 950℃

回火后的显微组织如图 10-25 所示。可见焊缝区组织由板条贝氏体、粒状贝氏体、针状铁素体和块状铁素体组成。而在热影响区，高温回火时，马氏体中过饱和的碳和合金元素将析出，而析出物的大小和数量随着回火温度的改变而发生改变，马氏体也逐渐分解变少。

组织变化将会在力学性能上有所表现。首先是焊后处理的硬度情况。焊接接头上下边缘硬度从焊缝中心到母材处，硬度呈先减少再增大，上下边缘接头最大硬度都出现在接头粗晶区，为 304HV，粗晶区的组织是由魏氏组织及粗大板条马氏体组成，这将极大地增加粗晶区的硬度。软化区域在焊接接头热影响区中的不完全正火区，该区平均硬度为 250HV。正火处理后试样显微硬度发生了比较明显的变化，经正火处理后，均使接头区域的硬度显著降低，而且使焊缝区域和母材区域的硬度差别较大。正火处理后，焊缝及粗晶区硬度分布趋于均匀，约 250HV。母材硬度下降明显，低于 200HV。通过回火后，焊缝和母材的硬度又同时增加，焊缝区在290HV左右，母材的硬度在260HV左右。

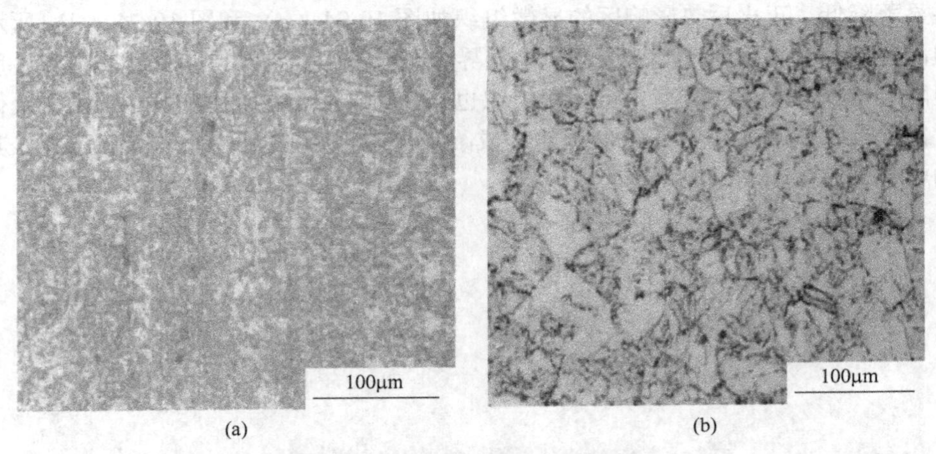

图10-25　650℃回火焊接接头的组织
（a）熔池区；（b）热影响区

由上可见，通过正火和回火后焊接接头的组织发生变化，硬度的软化区消失，使材料的性能均匀提升。强度和塑性数据在这里就不再提及，更加详细的实验过程和结果可以查阅所引用的原始文献。

10.6.2　铝合金的焊后热处理

铝合金在焊后通常会出现缺陷及组织应力，焊后热处理是消除缺陷、降低应力的有效手段，从而达到使用要求。焊后热处理也能有效提高焊接接头的显微硬度、塑韧性、组织均匀性、接头的耐腐蚀性能和可加工性能。生产中常将不同的热处理工艺进行搭配，以获得特定的铝合金性能。

本节将以江苏科技大学经中涛的研究结果为例，讲解铝合金的焊后热处理（参见文献[162]）。铝合金的焊接方法较多，搅拌摩擦焊是铝合金焊接中应用多、工艺比较成熟的工艺技术，尤其是异种材料的焊接。实验以6061-T6铝合金和7075-T651为实验材料，通过搅拌摩擦焊将两种材料进行连接。对比分析了焊后热处理对焊接接头的表面形貌、宏微观组织、物相成分、力学性能以及耐腐蚀性能的影响。热处理后，焊缝组织、力学性能及耐腐蚀性能发生很大改变。热处理后接头的抗拉强度均有不同程度的提高，第二相析出主要在晶界上，随温度升高其数量减小，尺寸增大，焊核区为等轴晶晶粒。恰当的热处理工艺参数，能使接头达到与6061-T6铝合金母材相当的抗拉强度，接头显微硬度整体提升，分布更加均匀。热处理后焊核区等轴晶变得更加均匀，焊接接头的腐蚀倾向减小，但是腐蚀速率变化各异。

图10-26是经过固溶+时效处理后的7075-T651和6061-T6微观组织，其热处理工艺为：480℃/75min+水淬+165℃/12h。由于板材均是挤压成形，两种合金的组织均为细长的板条状组织，呈现方向性。图10-27是焊缝热处理后焊核、热影响区和熔合线的显微组织。可见，焊接后焊核区金相为细小的等轴晶；热影响区组织尽管未受搅拌针及轴肩的直接搅拌作用，但由于紧邻焊核区，距离高速旋转的搅拌针和搅拌轴肩非常近，因此也受到剧烈的热和机械作用，热影响区存在被机械作用扭曲未破碎完全的板条状组织。焊核区这

种细小的晶粒不是热处理造成的，而是焊接过程受到搅拌针的机械搅拌产生的，但是析出相是由热处理过程产生的，这会影响力学性能。

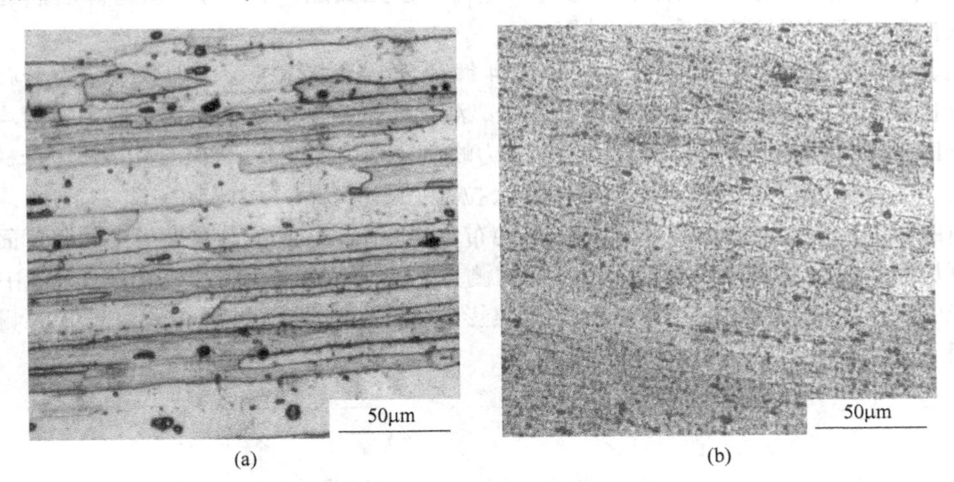

图 10-26　母材热处理的显微组织
（a）7075-T651；（b）6061-T6

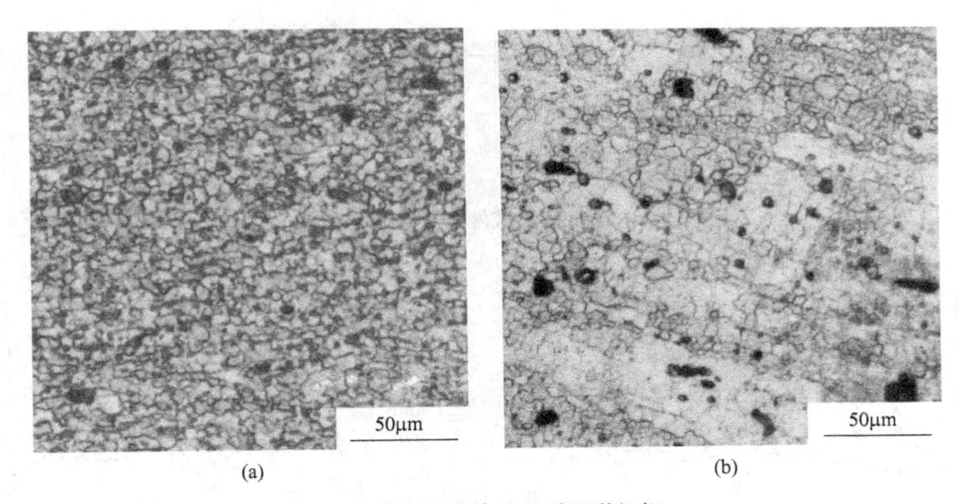

图 10-27　焊缝热处理后显微组织
（a）焊核；（b）热影响区

在一个较佳的工艺条件下，直接焊接这种中合金材料后抗拉强度为 268MPa，经过热处理后抗拉强度增加到 314MPa，性能提高明显。

10.6.3　钛合金的焊后热处理

钛合金在焊接过程中，由于高度集中的瞬时热输入和随后的快速冷却，会产生相当大的焊接残余应力。焊接残余应力的存在会降低焊接构件的刚性和尺寸稳定性，严重影响焊接接头的疲劳强度、抗脆断以及抗应力腐蚀开裂的能力。为了消除这些不利影响，一般要进行焊后热处理。

10.6.3.1 TC4 热处理降低应力实例

以《材料热处理学报》余陈研究结果为例（参见文献［164］），探讨焊后热处理对TC4钛合金电子束焊接头残余应力的影响。

实验采用X射线衍射法测量100mm TC4钛合金电子束焊接头表面残余应力分布，以此来分析焊后热处理对接头残余应力的影响。测试结果显示上下表面残余应力峰值均位于热影响区附近；上表面纵向与横向残余拉应力峰值分别为338MPa和401MPa，为母材屈服强度的39%和47%；下表面纵向与横向残余拉应力峰值分别为323MPa和372MPa，约为母材屈服强度的37%和43%。其中测试点的布置如图10-28所示，在接头正面和背面分别沿垂直焊缝方向取3个系列（*L*、*M*、*R*）的测点，测点位置按照“焊缝中心-焊缝中心与熔合线中点-熔合线-热影响区近熔合线处-热影响区近母材处”进行布置。具体的测试结果如图10-29所示。

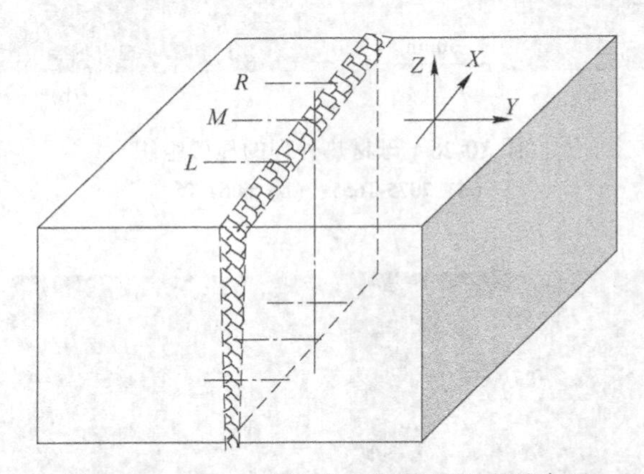

图10-28 100mm厚试件上下表面测点的布置

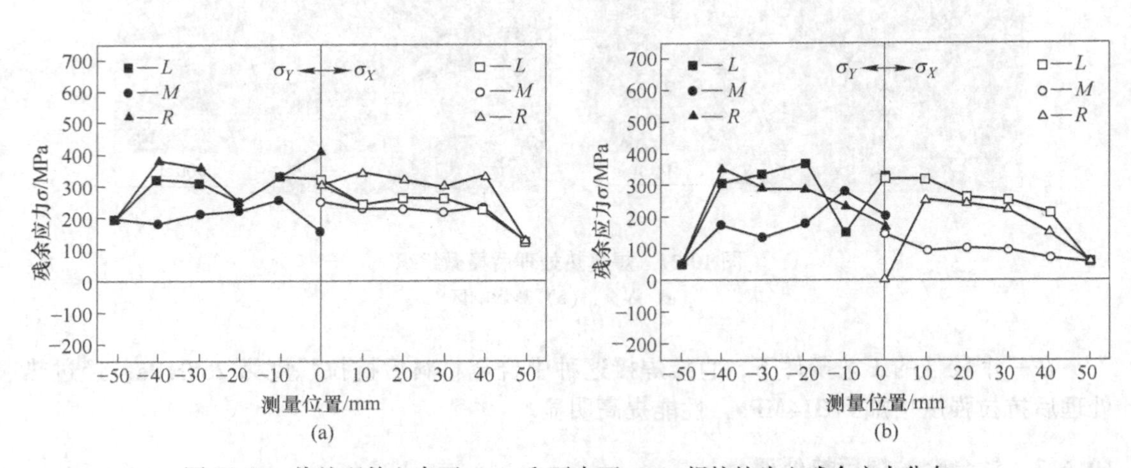

图10-29 热处理前上表面（a）和下表面（b）焊接接头上残余应力分布

可见，接头进行热处理前的焊态残余应力在上下表面均为拉应力，横向残余应力水平略高于纵向残余应力水平。经过600℃×2h热处理后（见图10-30），部分位置测得的残余应力下降幅度较为明显，数据呈现无规律的波动起伏。总体来看，平均残余应力水平有降

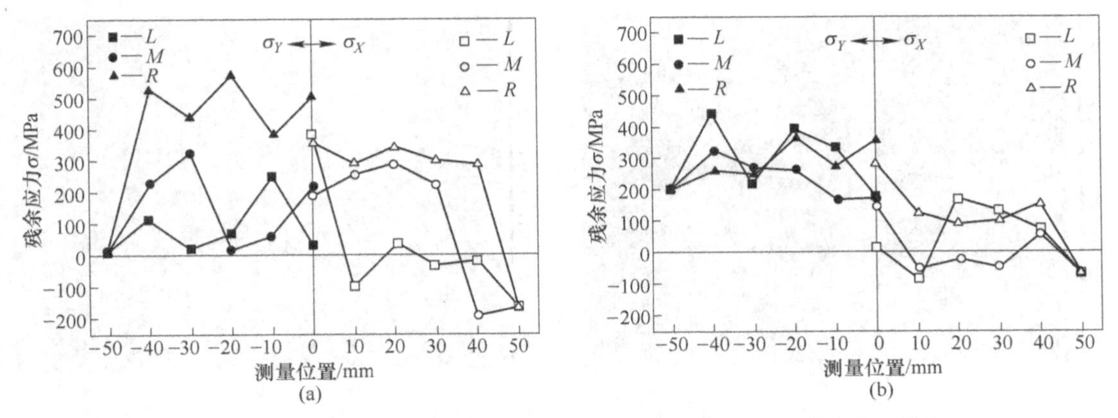

图 10-30 热处理后上表面（a）和下表面（b）焊接接头上残余应力分布

低，但在上下表面呈现不同效果。上表面横向和纵向残余应力水平都有一定程度降低，部分位置纵向残余应力由拉应力状态转变为压应力状态。下表面纵向残余应力消除效果明显，剩余残余应力峰值较低，部分呈现压应力状态。

由该实例可见，通过热处理不仅能够改变热应力的分布状态，还能够改变应力的性质，由拉应力变为压应力。某些情况，压应力的存在反而有利于裂纹的愈合，抑制裂纹的扩展。

10.6.3.2 TC11 热处理改善组织的实例

本节以王新宇、李文亚等的研究成果为例（参见文献［165］），目的是分析焊后热处理对 TC11 钛合金线性摩擦焊接头组织演变和力学性能的影响。结果显示，焊前热处理对焊接过程中接头的组织演变影响较小（见图 10-31），原始组织为典型的双态组织：β 转基体上分布着不连续的初生 α（α 初+针状 α+β），其中 α 相有两种形态，一种为等轴的初生 α 相（含量不超过 50%），另一种为转变 β 组织中的层片状 α 相。焊接接头的宏观形貌如图 10-32 所示，其中图 10-32（a）是未经过热处理的焊接接头，图 10-32（b）是 950℃+1h+空冷/540℃+6h+空冷的固溶时效处理的焊接接头形貌。

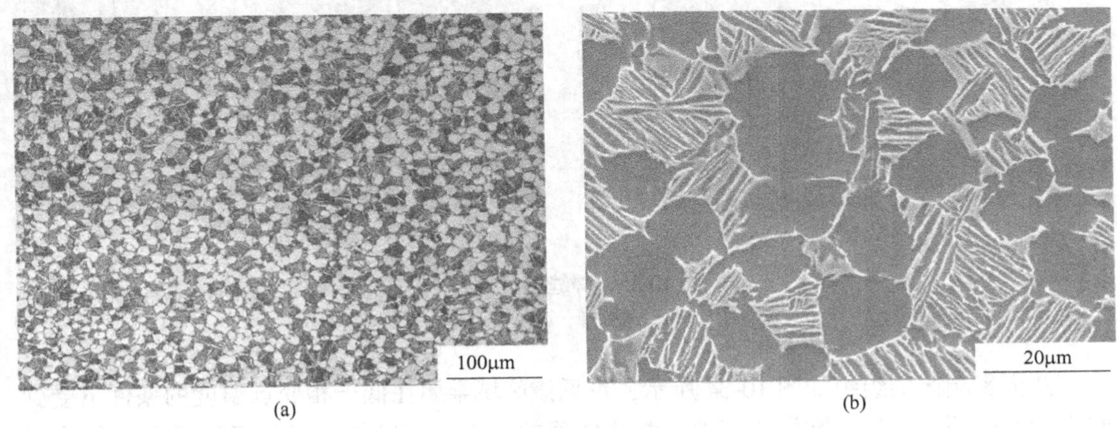

图 10-31 TC11 显微组织

（a）原始组织光镜；（b）原始组织扫描电镜

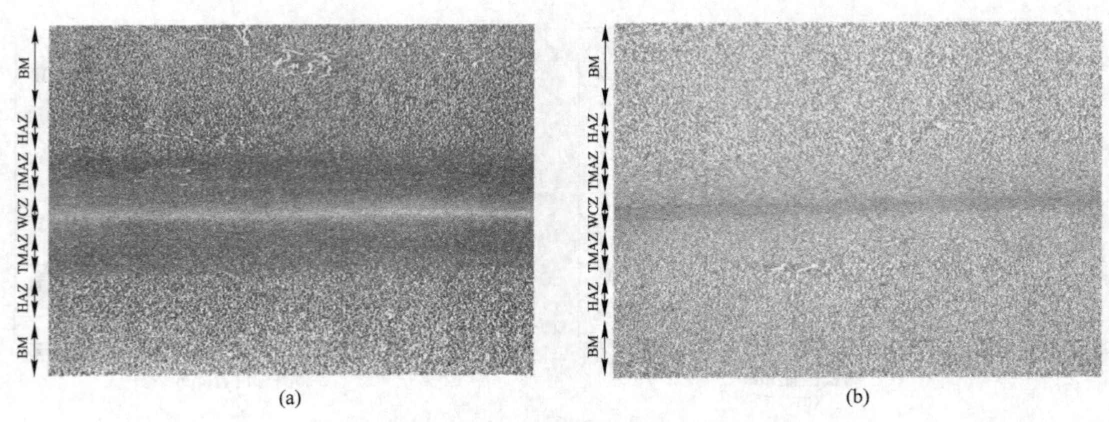

图 10-32　焊接接头的宏观形貌
（a）未处理；（b）热处理

通常情况下，接头分为三个区域：焊缝区（WCZ），热力影响区（TMAZ），母材区（BM）。部分研究会在热力影响区和母材区之间再划分出一个热影响区（HAZ）。该研究结果可见热影响区在当前倍数下并不能和母材有明显的区分。焊缝区组织如图 10-33 所示，可见，未处理的焊缝组织为马氏体和针状 α 组织，且初生 α 晶粒已完全消失。焊缝区这种组织特征表明在焊接过程中，该区域发生了完全的 α→β→α 相变。与母材相比，焊缝中的初生 β 晶粒发生细化，晶界弯曲，表明焊缝中的 β 相在高应变速率和高温下经历了动态再结晶。焊后热处理的组织显示马氏体组织完全消失，只能清楚地识别出粗针状 α 板条和转变 β 相，并且晶界 α 相也发生了球化和粗化。这表明在焊后热处理过程中马氏体结构已转变为针状 α 相。

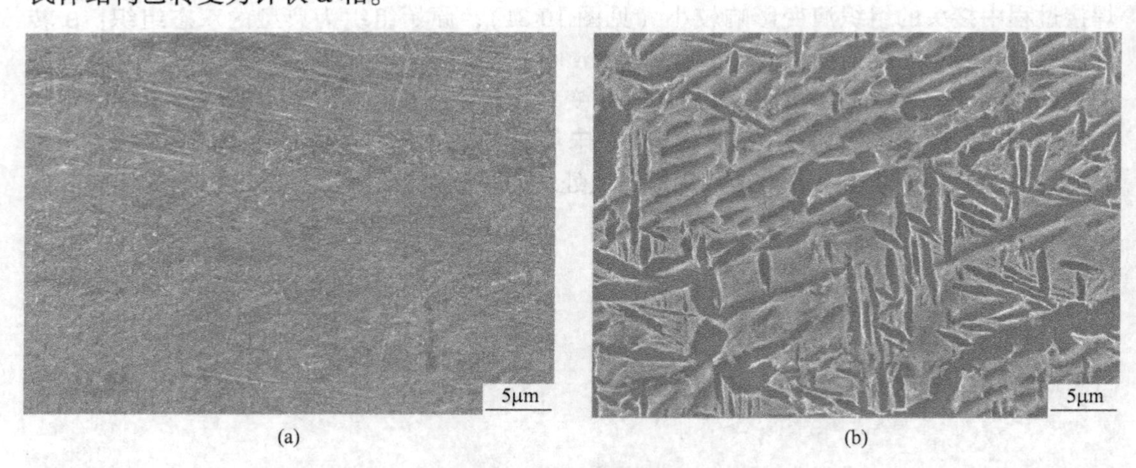

图 10-33　焊缝区显微组织
（a）未处理；（b）热处理

热力影响区的组织如图 10-34 所示，可见该区域金属在低于相变点温度的条件下受到热力耦合作用，产生了剧烈的变形。微热处理的组织在该区域，温度仅略低于 β 转变温度，因此大多数初生 α 相将转变为 β 相，只有少数初生 α 晶粒能够保留下来。在较高温度下，残余的初生α相和β相的变形阻力均明显降低，发生了剧烈的变形。冷却过程中，针状α板条从变形的β晶粒中沉淀出来。热处理后，变形的α晶粒和针状α板条的尺寸均有明显增加，变形的α和变形的β之间的边界变得清晰，与焊缝区的组织特征相似。由于热力影响区温度较低，该区域中针状α板条的厚度比焊缝区的薄。

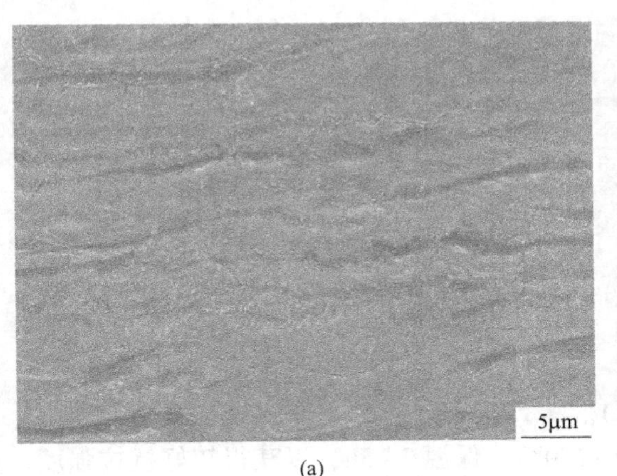

(a)

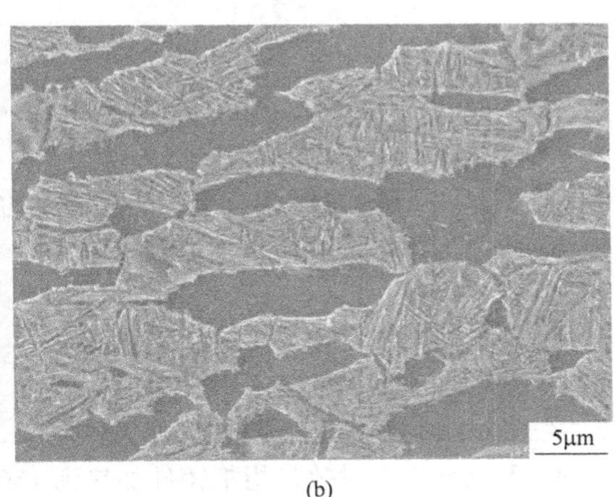

(b)

图 10-34 热力影响区显微组织

(a) 未处理；(b) 热处理

未处理的样品，热影响区中的初生α晶粒几乎没有发生变化，但转化β相变化很大。从图 10-35 可见，层状次生α和β相之间的边界变得模糊，次生α的比例减少。热处理之后，层状二级α和β相之间模糊的边界再次变得清晰，并且大部分层状次生α变得细小，伴随着一些大的α板条，其尺寸类似于母材中次生α的尺寸。

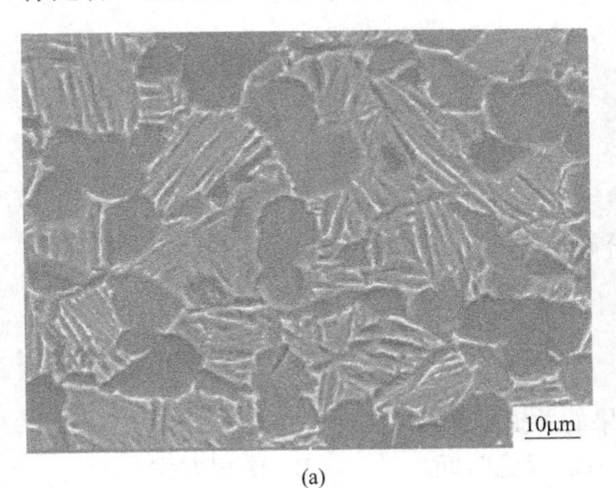

(a)

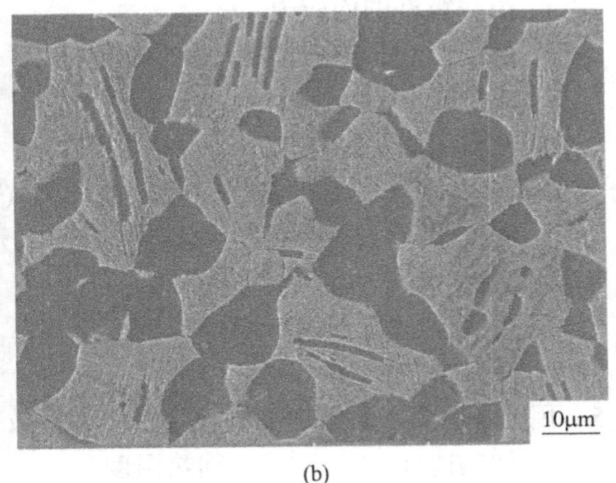

(b)

图 10-35 热影响区显微组织

(a) 未处理；(b) 热处理

硬度测试结果显示未处理的样品由焊缝向母材方向，硬度逐渐下降。焊后热处理接头，其焊缝区和热力影响区硬度均出现下降，但母材硬度上升。焊后热处理使得焊缝区和热力影响区的马氏体相分解，细小的α板条长大，同时残余应力得到释放。强度测试显示焊后热处理的接头屈服强度和抗拉强度均高于未处理的焊接接头，但同时接头的伸长率均低于未热处理的接头。

该例子可见，通过热处理改善组织，改变应力，能够提高材料的强度，如果改变热处理工艺，可以提高材料的塑性，但是强度值可能会受到影响。

习　题

一、选择题

1. 下列哪一项不是铸造铝合金的热处理目的（　　）。
   A. 提高力学性能和耐腐蚀性能
   B. 稳定尺寸
   C. 改善切削加工和焊接等加工性能
   D. 获得性能优异的回火索氏体
2. 关于人工时效，下面说法错误的是（　　）。
   A. 不完全人工时效是指把铸件加热到150~170℃，保温3~5h，以获得较好抗拉强度、良好的塑性和韧性，但抗蚀性较低的热处理工艺
   B. 完全人工时效是指把铸件加热到175~185℃，保温5~24h，以获得足够的抗拉强度（即最高的硬度），但伸长率较低的热处理工艺
   C. 过时效是指把铸件加热到190~230℃，保温4~9h，使强度有所下降，塑性有所提高，以获得较好的抗应力、抗腐蚀能力的工艺，也称稳定化回火
   D. 以上有两种说法是错误的
3. 下列哪一项不是铝合金退火处理的目的（　　）。
   A. 消除铸件的内应力
   B. 稳定尺寸、提高塑性
   C. 减少变形
   D. 使得组织更加均匀
4. 下列哪一项不是钛合金时效处理的目的（　　）。
   A. 促进固溶处理产生的亚稳定β相发生分解
   B. 使钛合金产生强化效果
   C. 使钛合金发生固溶强化
   D. 使钛合金发生弥散强化
5. 下列哪一项不是影响高温合金固溶处理效果的关键因素（　　）。
   A. 加热速度　　B. 加热温度　　C. 保温时间　　D. 冷却方式
6. 铜合金的再结晶退火温度与下列哪个因素无关（　　）。
   A. 预先的冷变形程度　　B. 金属的成分
   C. 原始晶粒尺寸　　D. 冷却速度
7. 下列哪一项不是影响钛合金消除应力退火时间的重要因素（　　）。
   A. 工件的厚度　　B. 残余应力大小
   C. 退火温度以及希望消除应力的程度　　D. 以上都不对

8. 下列哪一项不是金属热处理过程中常出现的强化机制（　　）。
   A. 固溶强化　　B. 弥散强化　　C. 细晶强化　　D. 加工硬化

二、问答题

1. 铸铁热处理的目的是什么？
2. 铝合金热处理的几种基本工艺类型是什么？
3. 铜合金热处理的基本工艺类型是什么？
4. 钛合金热处理的常见工艺类型是什么？
5. 镍基高温合金的热处理工艺类型是什么？

三、综合分析题

1. 运用本章所掌握的典型材料的热处理知识，以 2 系铝合金为例，阐述铝合金有哪几种热处理工艺，并分析如何进行热处理能够提高强度，如何能够提高塑性，并简述其中的原因。
2. 运用本章知识试分析如何通过热处理的方式提高 TC4 钛合金的耐磨性。

四、创新性实验

本题不给定具体的材料，根据所学知识从常见的高温合金中挑选出一种，通过热处理、表面处理等手段提高其力学性能，使其能够在更宽广的范围内应用，或者在有实验条件的基础上，通过添加合金元素、调控合金成分、特种热处理手段改变组织性能，以提高材料的力学性能。

参 考 文 献

[1] 曾涛. 时效处理对 LY12 铝合金微观组织及性能的影响 [D]. 大连：大连理工大学.
[2] 延川. Cu-Be-Co-Ni 合金组织性能及时效硬化行为研究 [D]. 北京：北京科技大学，2017.
[3] 雍岐龙. 钢铁材料中的第二相 [M]. 北京：冶金工业出版社，2006：39~58.
[4] 刘海平. Ag，Cu，Mg 对 Al-Cu-Mg-Ag 合金组织与时效硬化行为的影响 [D]. 锦州：辽宁工业大学，2015.
[5] 刘志义，李云涛，刘延斌，等. Al-Cu-Mg-Ag 合金析出相的研究进展 [J]. 中国有色金属学报，2007，17（12）：1905~1915.
[6] 侯贤华. Al-Cu-Mg 合金固态相变机理研究及其对合金性能的影响 [D]. 南宁：广西大学，2006.
[7] 夏卿坤，刘志义，余日成，等. 时效制度对 Al-Cu-Mg-Ag 合金组织和性能的影响 [J]. 材料热处理，2006，35（18）：22~24.
[8] Niessen A K，de Boer F R，Boom R，et al. Model predietions for enthalpy of transition metal alloys Ⅱ [J]. Calphad，1983，7（1）：51~70.
[9] 肖代红，王健农，丁冬雁. 预拉伸处理对 Al-5. 3Cu-0. 8Mg-0. 3Ag 合金性能和时效过程影响 [J]. 热加工工艺，2003，4：1~5.
[10] 李恒德. 现代材料科学与工程辞典 [M]. 济南：山东科学技术出版社，2001：196.
[11] 中国冶金百科全书总编辑委员会《金属材料卷》编辑委员会. 中国冶金百科全书·金属材料 [M]. 北京：冶金工业出版社，2001：337~338.
[12] 孙珍宝，朱谱藩，林慧国，等. 合金钢手册（上册）[M]. 北京：冶金工业出版社，1984.
[13] 钢铁研究总院结构材料研究所. 钢的微观组织图像精选 [M]. 北京：冶金工业出版社，2009.
[14] 苏德达，李家俊. 钢的高温金相学 [M]. 天津：天津大学出版社，2007.
[15] 戚正风. 金属热处理原理 [M]. 北京：机械工业出版社，1987.
[16] 刘宗昌，任慧平. 过冷奥氏体扩散型相变 [M]. 北京：科学出版社，2007.
[17] 樊东黎，潘建生，徐跃明，等. 中国材料工程大典（第 15 卷：材料热处理工程）[M]. 北京：化学工业出版社，2005.
[18] 陈晓农，戴起勋，邵红红. 材料固态相变与扩散 [M]. 北京：化学工业出版，2005.
[19] 刘云旭. 金属热处理原理 [M]. 北京：机械工业出版社，1981.
[20] 林慧国，傅代直. 钢的奥氏体转变曲线 [M]. 北京：机械工业出版社，1988.
[21] 陈景榕，李承基. 金属与合金的固态相变 [M]. 北京：冶金工业出版社，1997.
[22] 肖纪美. 合金相与相变 [M]. 北京：冶金工业出版社，2004.
[23] 刘宗昌，任慧平，宋义全. 金属固态相变教程 [M]. 北京：冶金工业出版社，2003.
[24] 王广生. 金属热处理缺陷及案例 [M]. 北京：机械工业出版社，2002.
[25] 刘宗昌. 珠光体转变与退火 [M]. 北京：化学工业出版社，2007.
[26] 毕凤琴，张旭昀. 热处理原理及工艺 [M]. 北京：石油工业出版社，2009.
[27] 赵运堂，尚成嘉，贺信莱，等. 低碳 Mo-Cu-Nb-B 系微合金钢的中温转变组织类型 [J]. 金属学报，2006，42（1）：54~58.
[28] 张明星，王军，康沫狂. 硅在低碳合金钢中作用的研究（Ⅰ）——硅对过冷奥氏体转变动力学的影响 [J]. 金属热处理，1992（8）：5~9.
[29] 王国红，宗斌，魏建忠. 碳钢盘条中珠光体类型组织的区分和判定 [J]. 冶金标准化与质量，2005（4）：13~16.
[30] 王传雅，吴秋红. 典型冷作模具钢经强韧化奥氏体化后的过冷奥氏体中温转变研究 [J]. 大连交通大学学报，1991（3）.

[31] 董占吉. 高碳含硅钢中束状贝氏体的形成机制研究 [D]. 天津: 天津理工大学, 2011.
[32] 乔桂英, 肖福仁, 胡怡, 等. 热变形对86CrMoV7钢过冷奥氏体连续冷却转变的影响 [J]. 钢铁研究学报, 2000, 34 (1): 42~46.
[33] Levitas V I, Preston D L. Three-dimensional Landau theory for multivariant stress-induced martensitic phase transformations. I. Austenite-martensite [J]. 2002, 66 (13): 134207.
[34] 王顺兴. 金属热处理原理与工艺 [M]. 哈尔滨: 哈尔滨工业大学出版社, 2009.
[35] 韩利战, 顾剑锋, 潘健生. 超临界转子钢X12CrMoWVNbN10-1-1的等温转变动力学 [J]. 材料热处理学报, 2010 (1): 35~39.
[36] 魏国清. 热冲压钢22MnB5等温转变曲线测定 [C]// 第十届中国钢铁年会暨第六届宝钢学术年会. 2015.
[37] Minoru Umemoto, 谭家俊. 由等温转变曲线图预测淬透性 [J]. 热处理技术与装备, 1985, 7 (6): 38~49.
[38] 徐杨, 周世康. 分级淬火奥贝球铁的组织与性能 [J]. 中国农业大学学报, 1997 (2): 77~81.
[39] 张新明, 刘文军, 刘胜胆, 等. 7050铝合金的TTP曲线 [J]. 中国有色金属学报, 2009, 19 (5): 861~868.
[40] 沈桂琴, 王世洪, 梁佑明, 等. Ti-15V-3Cr-3Sn-3Al合金的等温转变研究 [J]. 材料热处理学报, 1996 (1): 10~15.
[41] 叶学贤. 等温淬火球墨铸铁 (ADI) 的性能及其应用 [C]// 第8届中国铸造科工贸大会论文集. 2008.
[42] 余新平. TC21钛合金热变形及热处理微观组织演变研究 [D]. 南昌: 南昌航空大学, 2015.
[43] 吴化. 低合金高强度高塑性复相钢材的成分设计 [D]. 上海: 东华大学, 2007.
[44] Dudás, Zdtán. Comparison of measured phase volumes with calculated ones created by TTC-CCT diagram transformation [J]. Materials Science Forum, 2007: 497~504.
[45] 李红英, 王法云, 曾翠婷, 等. 3Cr2Mo钢CCT曲线的测定与分析 [J]. 中南大学学报 (自然科学版), 2011 (7): 1928~1933.
[46] 秦跃林, 吕学伟, 张杰, 等. 高炉熔渣完全形成玻璃体的临界冷却速度研究 [C]// 2014年全国冶金物理化学学术会议. 2014.
[47] Sato Y, Nakai C, Wakeda M, et al. Predictive modeling of Time-Temperature-Transformation diagram of metallic glasses based on atomistically-informed classical nucleation theory [J]. 2017, 7 (1): 7194~7196.
[48] 正洪. 钢中珠光体相变机制的研究进展 [J]. 材料热处理学报, 2003, 24 (3): 1~72.
[49] 刘云旭. 金属热处理原理 [M]. 北京: 机械工业出版社, 1981.
[50] 陈景榕, 李承基. 金属与合金中的固态相变 [M]. 北京: 冶金工业出版社, 1997.
[51] Honeyeombe RW K. Steel microstructure and properties [M]. University of Cambridge, 2006.
[52] Marder A R, Bramfitt B L. Pearlite growth rate of Fe-C-X eutectoid alloys [J]. 1976, 7 (6): 902~905.
[53] W·C·莱斯利. 钢的物理冶金学 [M]. 北京: 冶金工业出版社, 1988.
[54] 刘宗昌. 材料组织结构转变原理 [M]. 北京: 冶金工业出版社, 2006.
[55] 刘宗昌. 钢的系统整合特性 [J]. 钢铁研究学报, 2002, 14 (5): 35~418
[56] 吕旭东, 刘宗昌, 王贵. T8Mn钢珠光体连续冷却转变动力学 [J]. 特殊钢, 2000, 21 (3): 9.
[57] Stephen A Hackney, Gary J Shiflet. Anisotropic interfacial energy at pearlite lamellar boundaries in a high purity Fe0. 80% C alloy [J]. Scripta Metallurgica, 1986, 20 (3): 389~394.
[58] 刘宗昌, 杨植玑. 钒在正火钢中的相分布及稀土的影响 [J]. 金属学报, 1987, 13 (6): 90~92.
[59] 刘宗昌, 杨植矶. 钒, 钛, 稀土元素在正火钢中的存在 [J]. 包头钢铁学院学报, 1991, 10 (2): 32~39.

[60] 谭玉华，马跃新．马氏体新形态学［M］．北京：冶金工业出版社，2013.
[61] S，J，Donachie，et al. The effect of quench rate on the properties and morphology of ferrous martensite［J］. Metallurgical Transactions A，1975，9（6）：1863~1874.
[62] Krauss G，Marder A R. The morphology of martensite in iron alloys［J］. Metallurgical Transactions，1971，2（9）：2343~2357.
[63] Li J，Ohmura T，Tsuzaki K. Microstructure effect on nanohardness distribution for medium-carbon martensitic steel［J］. 中国科学：技术科学，2006，49（1）：10~19.
[64] 佚名．钢中马氏体的形态、性质及其应用［J］．机械设计与制造工程，1976（2）：5~35.
[65] 徐洲，门学勇，姚忠凯．板条状马氏体组织的金相方法研究［J］．物理测试，1984（6）：18~32.
[66] 贡海．板条马氏体研究的新进展［J］．大连交通大学学报，1981（4）.
[67] Hsu T Y，Xu Z Y. Design of structure，composition and heat treatment process for high strength steel［J］. Materials Science Forum，2007，561：2283~2286.
[68] Maki T，Tsuzaki K，Tamura I. The morphology of microstructure composed of lath martensite in steels［J］. Advancing Astrophysics with the Square Kilometre Array，1980，20：207~214.
[69] Kitahara H，Ueji R，Tsuji N，et al. Crystallographic features of lath martensite in low-carbon steel［J］. Acta Materialia，2006，54（5）：1279~1288.
[70] Luo Z F，Liang Y L，Long S L，et al. Effects of ultra-refine grain and micro-nano twins on mechanical properties of 51CrV4 spring steel［J］. Materials Science and Engineering：A，2017，690：225~232.
[71] 谷南驹，刘庆锁．马氏体惯习面，形态及其转化［J］．河北冶金，1992（6）：30~37.
[72] 徐祖耀．低碳钢中的残余奥氏体［J］．上海金属，1995（1）：1~6.
[73] 刘新新．热处理工艺对12Cr10Co3MoW1VNbNB钢组织与性能的影响［D］．哈尔滨：哈尔滨工业大学.
[74] 刘晓，康沫狂．马氏体点阵参数与含碳量的定量关系：新的X射线衍射实验研究［J］．金属热处理学报，2000，21（2）：68~77.
[75] 郑会．马氏体相变切变角和点阵常数测定的新方法［D］．上海：上海交通大学，2008.
[76] 张寿禄．电子背散射衍射技术及其应用［J］．电子显微学报，2002（5）：703~704.
[77] Huang G L，Matlock DK，Krauss G. Martensite formation，strain rate sensitivity，and deformation behavior of type 304 stainless steel sheet［J］. Metallurgical Transactions A，1989，20（7）：1239~1246.
[78] 刘俊峰．Fe-Mn-Si形状记忆合金设计及其试验研究［D］．武汉：武汉理工大学，2005.
[79] 孟庆平，徐祖耀．马氏体相变过程中自促发效应和塑性应变对形核的影响［C］//全国固态相变、凝固及应用学术会议，2009.
[80] 朱祖昌．马氏体转变（六）［J］．热处理技术与装备，2012，33（4）：61~64.
[81] 李麟，徐祖耀．多元合金钢M_s的计算及其在热处理的应用［J］．材料热处理学报，1985（2）：47~52.
[82] 武淑珍，陈敬超．钢铁淬火冷却用介质的研究进展［J］．钢铁研究，2009（1）.
[83] 刘宗昌．钢件的淬火开裂及防止方法［M］．北京：冶金工业出版社，2008.
[84] 陈春怀，朱祖昌．钢的淬火介质的冷却机制［J］．热处理，2011，26（4）：70~75.
[85] 杨志刚，方鸿生，王家军，等．扫描隧道显微镜研究钢中贝氏体和马氏体浮突［J］．科学通报，1995，40（19）：1822~1822.
[86] 方鸿生，杨志刚，杨金波，等．钢中贝氏体相变机制的研究［J］．金属学报，2005，41(5)：449~457.
[87] 方鸿生，王家军，杨志刚，等．贝氏体相变［M］．北京：科学出版社，1999：80~220.
[88] 徐祖耀．贝氏体相变简介［J］．热处理，2006（2）.
[89] 杨平，孙祖庆，毛卫民．取向成像：一种有效研究晶体材料组织、结构及取向的技术［J］．中国体

视学与图像分析，2001，6（1）：50~54.

[90] Der-Hung Huang，Thomas G. Structure and mechanical properties of tempered martensite and lower bainite in Fe-Ni-Mn-C steels [J]. Metallurgical Transactions，1971，2（6）：1587~1598.

[91] Sourmail T，Smanio V. Low temperature kinetics of bainite formation in high carbon steels [J]. Acta Materialia，2013，61（7）：2639~2648.

[92] Smanio，Véronique，Sourmail，Thomas. Effect of partial martensite transformation on bainite reaction kinetics in different 1%C steels [J]. Solid State Phenomena，2011，1662~9779（172~174）：821~826.

[93] Habraken L. Some special aspects of the bainitic structure [M]. Springer Berlin Heidelberg，1960.

[94] 丁厚福. WC溶解对钢结硬质合金组织的影响 [J]. 材料科学与工艺，1997，5（1）：86~89.

[95] Xing X L，Yuan X M，Zhou Y F，et al. Effect of bainite layer by LSMCT on wear resistance of medium-carbon steel at different temperature [J]. Surface and Coatings Technology，2017，325：462~472.

[96] 郭明阳. 淬火-分配工艺对超级贝氏体组织相变影响的研究 [D]. 长春：长春工业大学，2016.

[97] 燕来生，张伟华. 碳钢等温淬火最佳参数的研究 [J]. 内蒙古工业大学学报（自然科学版），1998（2）：50~54.

[98] 胡锋. 纳米结构双相钢中残留奥氏体微结构调控及其对力学性能的影响 [D]. 武汉：武汉科技大学，2014.

[99] Tian J，Xu G，Zhou M，et al. Refined bainite microstructure and mechanical properties of a high-strength low-carbon bainitic steel treated by austempering below and above M_s [J]. Steel Research International，2018：1700469.

[100] 王敏. 奥氏体变形对一种Fe-C-Mn-Si先进贝氏体钢相变动力学和组织的影响 [D]. 武汉：武汉科技大学，2016.

[101] 高杨，牛永吉，李振瑞，等. 超细晶钢铁材料研究进展综述 [J]. 金属材料研究，2017（3）：33~37.

[102] 徐祖耀，刘世楷. 贝氏体相变及贝氏体 [M]. 北京：科学出版社，1991.

[103] 朱洪涛. 多元钢先共析铁素体析出及珠光体转变热力学研究 [D]. 上海：上海交通大学，2002.

[104] 朱瑞富，张福成. Fe-Mn-Cr高碳四元合金马氏体相变热力学计算 [J]. 金属热处理学报，1996，017（001）：39~43.

[105] Hehemarm R F. PhaseTransformations：Aaronson [M]. H. I，Ed，ASM，MetalsPARK，OH，1970：397~432.

[106] Mujahid S A，Bhadeshia H K D H. Coupled diffusional/displacive transformations：addition of substitutional alloying elements [J]. Journal of Physics D Applied Physics，2001，34（17）：2573.

[107] 敖青，秦超，孟凡妍，等. 贝氏体铁素体精细结构孪晶及纳米结构 [J]. 材料热处理学报，2002，23（3）：20~23.

[108] 蔡恒君，高喆，宋仁伯，等. 低碳低合金高强钢的连续转变行为及其相变模型 [J]. 材料热处理学报，2015，36（3）：214~219.

[109] 刘宗昌. 贝氏体相变的过渡性 [J]. 金属热处理学报，2003（2）：38~42，79.

[110] 康沫狂. 贝氏体相变理论研究工作的主要回顾 [J]. 金属热处理学报，2000，21（2）：2~8.

[111] 鲁统轮. 钢的B_0与B_s温度的进一步探讨 [J]. 热处理技术与装备，2001，22（2）：40~41.

[112] 刘宗昌，于健，宋义全，等. P20塑料模具钢的相变动力学曲线 [J]. 特殊钢，2001（4）：16~17.

[113] 刘世楷，杨柳，张筠，等. Si和Mn对钢中贝氏体形态和转变动力学的影响 [J]. 金属学报，1992，28（12）：1~8.

[114] 明娟，潘健生. 化学热处理原理 [M]. 上海：上海交通大学出版社，1996.

[115] 潘邻. 表面改性热处理技术与应用 [M]. 北京：机械工业出版社，2006.
[116] 姜江，彭其风. 表面淬火技术 [M]. 北京：化学工业出版社，2006.
[117] 崔忠圻，刘北兴. 金属学与热处理 [M]. 哈尔滨：哈尔滨工业大学出版社，2004.
[118] 许天己. 钢铁热处理实用技术 [M]. 北京：化学工业出版社，2005.
[119] 叶卫平，张覃轶. 热处理实用数据速查手册 [M]. 北京：机械工业出版社，2005.
[120] 王国佐，王万智. 钢的化学热处理 [M]. 北京：中国铁道出版社，1980.
[121] 陈仁悟，林建生. 化学热处理原理 [M]. 北京：机械工业出版社，1988.
[122] 齐宝森，陈路宾，王忠诚，等. 化学热处理技术 [M]. 北京：化学工业出版社，2006.
[123] 潘邻. 化学热处理应用技术 [M]. 北京：机械工业出版社，2004.
[124] 黄守伦. 实用化学热处理与表面强化技术 [M]. 北京：机械工业出版社，2002.
[125] 高恺. 三维曲面局部连续移动感应淬火强化机理与规律研究 [D]. 武汉：武汉理工大学，2018.
[126] 中国机械工程学会热处理学会. 热处理手册（工艺基础）[M]. 4 版. 北京：机械工业出版社，2008.
[127] 闫野. 精密滚珠丝杠表面感应加热淬火工艺研究 [D]. 济南：山东大学，2019.
[128] 杜冈峰. 曲轴圆角感应淬火工艺研究 [D]. 长春：吉林大学，2017.
[129] 汪舟. 马氏体不锈钢激光淬硬和喷丸实验研究与数值模拟 [D]. 上海：上海交通大学，2011.
[130] 李颖杰，王瑜，周琴，等. 4145H 钻具钢的激光淬火工艺 [J]. 金属热处理，2019，44（8）：169~174.
[131] 韩彩霞，陈安民. 40Cr 钢激光表面淬火显微组织分析 [J]. 热加工工艺，2019，48（14）：125~127.
[132] 易云志. 球墨铸铁电子束表面淬火的温度场及应力场仿真与实验研究 [D]. 桂林：桂林电子科技大学，2011.
[133] 佟璐. 强磁场对 WMo5Cr4V2 高速钢回火过程中 M6C 型碳化物析出行为的影响 [D]. 沈阳：东北大学，2014.
[134] Kohno Y，Konishi H，Shibata K，et al. Effects of reheating after solution treatment and magnetic fields on′ martensite formation in SUS304L steel during isothermal holding at cryogenic temperature [J]. Materials Science and Engineering，1999（A273-275）：333~336.
[135] 王西宁，陈铮，刘兵. 磁场对材料固态相变影响的研究进展 [J]. 材料导报，2002，16（2）：25~27.
[136] 陈龙. 强磁场和回火温度对高铬钢碳化物析出和位错密度的影响 [D]. 武汉：武汉科技大学，2018.
[137] 张瑞祥，李青春，张月，等. 脉冲磁场处理对超细贝氏体转变的影响 [J]. 铸造，2019，68（1）：7~11.
[138] 南文明，李莉娟，李青春，等. 脉冲磁场强度对 Cr5 钢等温贝氏体转变的影响 [J]. 金属热处理，2017，42（1）：40~43.
[139] 宫明龙. 强磁场对 Fe-C 相图及高碳钢显微组织的影响 [D]. 沈阳：东北大学，2008.
[140] 吴开明，周珍妮，张国宏，等. 强磁场对铁基合金中奥氏体分解的影响 [J]. 材料工程，2010（6）：84~89.
[141] 张清华. 低碳合金钢强烈淬火强韧化机理研究 [D]. 哈尔滨：哈尔滨工程大学，2012.
[142] 刘臣. 渗碳合金钢强烈淬火组织与性能研究 [D]. 哈尔滨：哈尔滨工程大学，2008.
[143] 潘健生，王婧，顾剑锋. 热处理数值模拟进展之一——扩展求解域热处理数值模拟 [J]. 金属热处理，2012，1：7~13.
[144] 李小宝. 回火工艺对低碳高强贝氏体钢组织和性能的影响 [D]. 沈阳：东北大学，2011.

[145] 李松瑞，周善初. 金属热处理 [M]. 长沙：中南大学出版社，2003.

[146] 黄春峰. 50 种常用钢材的回火方程 [J]. 金属热处理，1994 (7)：3.

[147] 陈辉作. 淬火温度和回火温度的选择 [J]. 金属热处理，1979 (1)：43~44.

[148] 郭云月. 2024 铝合金冷轧板固溶时效处理工艺参数优化 [D]. 济南：山东大学，2019.

[149] 石悦. 2024 铝合金变形及热处理过程中组织演变及性能研究 [D]. 哈尔滨：哈尔滨工业大学，2013.

[150] 秦庆东. Al-Mg2Si 复合材料 [M]. 北京：冶金工业出版社，2018.

[151] 秦庆东. Mg2Si/Al 复合材料组织与性能的研究 [D]. 长春：吉林大学，2008.

[152] 韩高高. 铜合金桨毂铸造及热处理工艺研究 [D]. 哈尔滨：哈尔滨工业大学，2016.

[153] 李建，陆磊，周昌玉，等. 热处理对裂尖不同塑性变形状态下工业纯钛疲劳裂纹扩展行为的影响 [J]. 稀有金属材料与工程，2019，48 (11)：3745~3752.

[154] 龙玮，夏麒帆，张松，等. 双重退火对形变 TC4 钛合金组织与性能的影响 [J]. 贵州大学学报 (自然科学版)，2019，36 (5)：50~54.

[155] 崔令江，林熙原，朱强，等. 高温合金热处理工艺研究进展 [J]. 材料导报，30 (7)：106~110.

[156] 孟斌. 热处理对 GH3625 合金管材组织及性能的影响 [D]. 兰州：兰州理工大学，2018.

[157] 聂庆武. 成分与热处理对 CoCrW 合金组织及力学性能的影响 [D]. 沈阳：沈阳航空航天大学，2016.

[158] 刘健. 元素对 γ′沉淀强化型钴基高温合金组织及力学性能的影响 [D]. 合肥：中国科学技术大学，2019.

[159] 陈海田. 高速铁路钢轨厂焊接头焊后热处理优化研究 [D]. 北京：中国铁道科学研究院，2016.

[160] 刘伟. X90 管线钢激光复合焊焊后热处理研究 [D]. 成都：西南石油大学，2018.

[161] 赵毅. 焊后热处理对 7N01-T4 铝合金搅拌摩擦焊接头组织与性能的影响 [D]. 济南：山东大学，2019.

[162] 经中涛. 焊接工艺及焊后热处理对异种铝合金 FSW 接头性能的影响 [D]. 镇江：江苏科技大学，2019.

[163] 王君俊. TA15 钛合金薄壁锥筒件焊后热处理校形数值模拟研究 [D]. 哈尔滨：哈尔滨工业大学，2015.

[164] 余陈，张宇鹏，房卫萍，等. 焊后热处理对 100mm TC4 钛合金电子束焊接头残余应力的影响 [J]. 材料热处理学报，2018，39 (7)：151~155.

[165] 王新宇，李文亚，马铁军，等. 焊前及焊后热处理对 TC11 钛合金线性摩擦焊接头组织性能的影响 [J]. 精密成形工程，2019，11 (6)：1~7.

冶金工业出版社部分图书推荐

书　名	作　者	定价(元)
物理化学(第4版)(国规教材)	王淑兰	45.00
钢铁冶金学(炼铁部分)(第4版)(本科教材)	吴胜利	65.00
现代冶金工艺学——钢铁冶金卷(第2版)(国规教材)	朱苗勇	75.00
冶金物理化学研究方法(第4版)(本科教材)	王常珍	69.00
冶金与材料热力学(本科教材)	李文超	65.00
热工测量仪表(第2版)(国规教材)	张　华	46.00
金属材料学(第3版)(国规教材)	强文江	66.00
钢铁冶金原理(第4版)(本科教材)	黄希祜	82.00
冶金物理化学(本科教材)	张家芸	39.00
金属学原理(第3版)(上册)(本科教材)	余永宁	78.00
金属学原理(第3版)(中册)(本科教材)	余永宁	64.00
金属学原理(第3版)(下册)(本科教材)	余永宁	55.00
冶金设备基础(本科教材)	朱　云	55.00
冶金宏观动力学基础(本科教材)	孟繁明	36.00
金属热处理原理及工艺(本科教材)	刘宗昌	42.00
金属学及热处理(本科教材)	范培耕	38.00
相图分析及应用(本科教材)	陈树江	20.00
冶金传输原理(本科教材)	刘　坤	46.00
冶金传输原理习题集(本科教材)	刘忠锁	10.00
钢冶金学(本科教材)	高泽平	49.00
耐火材料(第2版)(本科教材)	薛群虎	35.00
钢铁冶金原燃料及辅助材料(本科教材)	储满生	59.00
炼铁工艺学(本科教材)	那树人	45.00
炼铁学(本科教材)	梁中渝	45.00
冶金与材料近代物理化学研究方法(上册)	李　钒	56.00
硬质合金生产原理和质量控制	周书助	39.00
金属压力加工概论(第3版)	李生智	32.00
物理化学(第2版)(高职高专国规教材)	邓基芹	36.00
特色冶金资源非焦冶炼技术	储满生	70.00
冶金原理(第2版)(高职高专国规教材)	卢宇飞	45.00
冶金技术概论(高职高专教材)	王庆义	28.00
炼铁技术(高职高专教材)	卢宇飞	29.00
高炉冶炼操作与控制(高职高专教材)	侯向东	49.00
转炉炼钢操作与控制(高职高专教材)	李　荣	39.00
连续铸钢操作与控制(高职高专教材)	冯　捷	39.00
铁合金生产工艺与设备(第2版)(高职高专国规教材)	刘　卫	45.00
矿热炉控制与操作(第2版)(高职高专国规教材)	石　富	39.00